WATERWORKS LAW AND REGULATIONS

水道法
関係法令集

監修：水道法令研究会

令和6年
4月版

本書は、水道事業の運営及び水道施設の管理に必要とされる水道法及び関連する法令・告示を収載したものである。令和6年4月25日までに発行された官報を原典に内容を更新した。

水道法・水道法施行令・水道法施行規則については、委任事項・参照条文への理解を深められるよう、法の条数に沿って3段対照表とした。このうち水道法施行令・施行規則は、適宜、法と対応する位置に収載したことにより、一部条項数順となっていない箇所がある。準用・読替規定がある条文では、それらに続けて準用・読替え後の条文を再掲した。この場合、準用・読替え後の語句は赤色で示し、全体を斜体文字により1字下げて収載した。

その他の委任事項・参照条文（水質基準に関する省令など）については、3段対照表中の該当か所に赤色で題名及び参照ページを付し、3段対照表とは別に収載した。

未施行分については、改正後の条文を〔参考〕として3段対照表の末尾に収載した。〔参考〕では、改正のあった箇所を赤色で示し、下線を付した。

水道法は令和5年5月26日公布の生活衛生等関係行政の機能強化のための関係法律の整備に関する法律（令和5年法律第36号）により改正された（令和6年4月1日施行)。水道整備・管理行政の機能強化のため、社会資本整備や災害対応に関する専門的な能力・知見を有する国土交通省と、河川等の環境中の水質に関する専門的な能力・知見を有する環境省へ水道法関係行政を移管することとされた。主な改正内容は以下の通り。

① 水道に関する水質基準の策定等、水質又は衛生に関する水道行政に係る事務について、厚生労働大臣から環境大臣に移管する。

② ①以外の水道行政に係る事務について、厚生労働大臣から国土交通大臣に移管する。当該事務の一部は国土交通省地方整備局長又は北海道開発局長に委任できる。

③ 水道整備・管理行政について、国土交通大臣と環境大臣の連携規定が設けられる。

<table>
<tr><th></th><th>水質又は衛生に関する水道行政</th><th>水道整備・管理行政（左記以外）</th></tr>
<tr><td>事務の具体例</td><td>・水質基準の策定
・水道事業者が実施する水質検査の方法の策定</td><td>・水道基盤の強化のための基本方針の策定
・水道事業等の認可、改善指示、報告徴収・立入検査</td></tr>
<tr><td>所管</td><td>厚生労働大臣→環境大臣</td><td>厚生労働大臣→国土交通大臣</td></tr>
<tr><td>水道整備・管理行政の円滑な実施（国土交通大臣と環境大臣の連携）</td><td colspan="2">○ 国土交通大臣及び環境大臣は、水道に起因する衛生上の危害の発生防止のため、相互の密接な連携の確保に努める。
・ 国土交通大臣は国土交通省令の制定等に当たり、環境大臣の意見を聴かなければならない。
・ 環境大臣は環境省令の制定等に当たり、国土交通大臣の意見を聴かなければならない。
・ 国土交通大臣は環境大臣に対し、環境省令の制定等を求めることができる。
・ 環境大臣は国土交通大臣に対し、国土交通省令の制定等を求めることができる。
・ 国土交通大臣は環境大臣に対し、水道事業者等からの届出の内容を通知するものとする。</td></tr>
</table>

目 次

水道法関係法令集－令和６年４月版－

1　水道法・水道法施行令・水道法施行規則

水　道　法

（昭和32年6月15日
法 律 第 177 号）

改正　昭和35年6月23日法律第102号
同　37年9月15日同　第161号
同　52年6月23日同　第 73号
同　61年12月26日同　第109号
同　62年9月4日同　第 87号
平成3年5月21日同　第 79号
同　5年11月12日同　第 89号
同　6年7月1日同　第 84号
同　8年6月26日同　第107号
同　11年7月16日同　第 87号
同　11年12月8日同　第151号
同　11年12月22日同　第160号
同　13年7月4日同　第100号
同　14年2月8日同　第 1号
同　15年7月2日同　第102号
同　16年6月9日同　第 84号
同　16年12月1日同　第150号
同　17年5月2日同　第 39号
同　17年7月26日同　第 87号
同　18年6月2日同　第 50号
同　23年8月30日同　第105号
同　26年6月13日同　第 69号
同　29年5月31日同　第 41号
同　30年12月12日同　第 92号
令和元年6月14日同　第 37号
同　5年5月26日同　第 36号
（未施行分は〔参考〕としてP.148に掲載）

水道法施行令

（昭和32年12月12日
政 令 第 336 号）

改正　昭和36年12月26日政令第427号
同　52年7月1日同　第226号
同　53年4月7日同　第123号
同　60年5月21日同　第141号
同　60年11月6日同　第293号
同　62年9月4日同　第292号
平成2年12月27日同　第369号
同　4年4月10日同　第121号
同　9年3月19日同　第 36号
同　9年12月25日同　第380号
同　10年10月30日同　第351号
同　11年12月8日同　第393号
同　12年3月17日同　第 65号
同　12年6月7日同　第309号
同　13年12月19日同　第413号
同　14年2月8日同　第 27号
同　15年12月19日同　第533号
同　16年3月19日同　第 46号
同　28年3月31日同　第102号
同　29年9月1日同　第232号
同　31年4月17日同　第154号
令和元年12月13日同　第183号
同　4年5月27日同　第210号
同　6年3月29日同　第102号
（未施行分は〔参考〕としてP.149以降に掲載）

内閣は、水道法（昭和32年法律第177号）第3条第6項ただし書及び第9項、第12条第2項（第31条において準用する場合を含む。）、第16条、第19条第3項（第31条及び第34条第1項において準用する場合を含む。）、第44条、第46条並びに第48条の規定に基き、この政令を制定する。

水道法施行規則

（昭和32年12月14日
厚生省令第45号）

改正　昭和35年6月1日厚生省令第 20号
同　41年5月6日同　第 12号
同　53年4月25日同　第 23号
同　62年1月31日同　第 8号
平成元年3月24日同　第 10号
同　3年9月25日同　第 47号
同　4年12月21日同　第 70号
同　6年7月1日同　第 47号
同　6年12月14日同　第 77号
同　8年12月20日同　第 69号
同　9年8月11日同　第 59号
同　10年3月27日同　第 34号
同　10年11月2日同　第 87号
同　11年12月28日同　第100号
同　12年6月13日同　第101号
同　12年10月20日同　第127号
同　13年3月30日厚生労働省令第 99号
同　14年3月27日同　第 41号
同　14年3月27日同　第 42号
同　15年9月29日同　第142号
同　16年3月24日同　第 36号
同　16年12月24日同　第176号
同　17年3月7日同　第 25号
同　18年4月28日同　第116号
同　19年3月30日同　第 43号
同　19年3月30日同　第 53号
同　19年11月14日同　第136号
同　20年11月28日同　第163号
同　20年12月22日同　第175号
同　22年3月25日同　第 30号
同　23年10月3日同　第125号
同　24年6月29日同　第 97号
同　24年9月6日同　第124号
同　26年2月28日同　第 15号
同　30年2月16日同　第 15号
同　30年12月26日同　第148号
令和元年5月7日同　第 1号
同　元年6月28日同　第 20号
同　元年9月13日同　第 46号
同　元年9月30日同　第 57号
同　2年6月10日同　第120号
同　2年12月25日同　第208号
同　3年3月22日同　第 53号
同　3年4月20日同　第 88号
同　4年3月14日同　第 36号
同　5年3月22日同　第 25号
同　5年12月26日同　第164号
同　6年3月29日同　第 65号
同　6年4月1日国土交通・環境省令第 3号
（未施行分は〔参考〕としてP.150以降に掲載）

水道法(昭和32年法律第177号)第7条第1項、第2項第8号及び第3項第8号（第10条第2項において準用する場合を含む。）、第13条第1項（第31条及び第34条第1項において準用する場合を含む。）、第14条第2項、第20条第1項（第31条及び第34条第1項において準用する場合を含む。）、第21条第1項（第31条及び第34条第1項において準用する場合を含む。）、第22条（第31条及び第34条第1項において準用する場合を含む。）、第27条第1項、第2項第6号及び第3項第7号（第30条第2項において準用する場合を含む。）、第33条第1項及び第2項第8号及び

水道法	水道法施行令	水道法施行規則
目次 第1章　総則（第1条―第5条） 第2章　水道の基盤の強化（第5条の2―第5条の4） 第3章　水道事業 第1節　事業の認可等（第6条―第13条） 第2節　業務（第14条―第25条） 第3節　指定給水装置工事事業者（第25条の2―第25条の11） 第4節　指定試験機関（第25条の12―第25条の27） 第4章　水道用水供給事業（第26条―第31条） 第5章　専用水道（第32条―第34条） 第6章　簡易専用水道（第34条の2―第34条の4） 第7章　監督（第35条―第39条） 第8章　雑則（第39条の2―第50条の3） 第9章　罰則（第51条―第57条） 附則 **第1章**　総則 （この法律の目的） **第1条**　この法律は、水道の布設及び管理を適正かつ合理的ならしめるとともに、水道の基盤を強化することによつて、清浄にして豊富低廉な水の供給を図り、もつて公衆衛生の向上と生活環境の改善とに寄与することを目的とする。 （責務） **第2条**　国及び地方公共団体は、水道が国民の日常生活に直結し、その健康を守るために欠くことのできないものであり、かつ、水が貴重な資源であることにかんがみ、水源及び水道施設並びにこれらの周辺の清潔保持並びに水の適正かつ合理的な使用に関し必要な施策を講じなければならない。 2　国民は、前項の国及び地方公共団体の施策に協力するとともに、自らも、水源及び水道施設並びにこれらの周辺の清潔保持並びに水の適正かつ合理的な使用に努めなければならない。 **第2条の2**　国は、水道の基盤の強化に関する基本的かつ総合的な施策を策定し、及びこれを推進するとともに、都道府県及び市町村並びに水道事業者及び水道用水供給事業者（以下「水道事業者等」という。）に対し、必要な技術的及び財政的な援助を行うよう努めなければならない。 2　都道府県は、その区域の自然的社会的諸条件に応じて、その区域内における市町村の区域を超えた広域的な水道事業者等の間の連携等（水道事業者等の間の連携及び2以上の水道事業又は水道用水供給事業の一体的な経営をいう。以下同じ。）の推進その他の水道の基盤の強化に関する施策を策定し、及びこれを実施するよう努めなければならない。 3　市町村は、その区域の自然的社会的諸条件に応じて、その区域内における水道事業者等の間の連携等の推進その他の水道の基盤の強化に関する施策を策定し、及びこれを実施するよう努めなければならない。 4　水道事業者等は、その経営する事業を適正かつ能率的に運営するとともに、その事業の基盤の強化に努めなければならない。		附則第6条第1項並びに水道法施行令（昭和32年政令第336号）第3条第1項第6号及び第5条第1項第4号の規定に基き、並びに同法を実施するため、水道法施行規則を次のように定める。 目次 第1章　水道事業 第1節　事業の認可等（第1条―第17条の12） 第2節　指定給水装置工事事業者（第18条―第36条） 第3節　指定試験機関（第37条―第48条） 第2章　水道用水供給事業（第49条―第52条） 第3章　専用水道（第53条・第54条） 第4章　簡易専用水道（第55条―第56条の9） 第5章　雑則 第1節　立入検査（第57条） 第2節　権限の委任（第58条） 第3節　情報通信の技術の利用（第59条―第68条） 附則

水道法	水道法施行令	水道法施行規則
（用語の定義） **第３条**　この法律において「水道」とは、導管及びその他の工作物により、水を人の飲用に適する水として供給する施設の総体をいう。ただし、臨時に施設されたものを除く。 ２　この法律において「水道事業」とは、一般の需要に応じて、水道により水を供給する事業をいう。ただし、給水人口が100人以下である水道によるものを除く。 ３　この法律において「簡易水道事業」とは、給水人口が5000人以下である水道により、水を供給する水道事業をいう。 ４　この法律において「水道用水供給事業」とは、水道により、水道事業者に対してその用水を供給する事業をいう。ただし、水道事業者又は専用水道の設置者が他の水道事業者に分水する場合を除く。 ５　この法律において「水道事業者」とは、第６条第１項の規定による認可を受けて水道事業を経営する者をいい、「水道用水供給事業者」とは、第26条の規定による認可を受けて水道用水供給事業を経営する者をいう。		
６　この法律において「専用水道」とは、寄宿舎、社宅、療養所等における自家用の水道その他水道事業の用に供する水道以外の水道であつて、次の各号のいずれかに該当するものをいう。ただし、他の水道から供給を受ける水のみを水源とし、かつ、その水道施設のうち地中又は地表に施設されている部分の規模が政令で定める基準以下である水道を除く。 一　100人を超える者にその居住に必要な水を供給するもの	（専用水道の基準） **第１条**　水道法（以下「法」という。）第３条第６項ただし書に規定する政令で定める基準は、次のとおりとする。 一　口径25ミリメートル以上の導管の全長　1500メートル 二　水槽の有効容量の合計　100立方メートル	
二　その水道施設の１日最大給水量（１日に給水することができる最大の水量をいう。以下同じ。）が政令で定める基準を超えるもの	２　法第３条第６項第２号に規定する政令で定める基準は、人の飲用その他の国土交通省令で定める目的のために使用する水量が20立方メートルであることとする。	**第１章**　水道事業 **第１節**　事業の認可等 （令第１条第２項の国土交通省令で定める目的） **第１条**　水道法施行令（昭和32年政令第336号。以下「令」という。）第１条第２項に規定する国土交通省令で定める目的は、人の飲用、炊事用、浴用その他人の生活の用に供することとする。
７　この法律において「簡易専用水道」とは、水道事業の用に供する水道及び専用水道以外の水道であつて、水道事業の用に供する水道から供給を受ける水のみを水源とするものをいう。ただし、その用に供する施設の規模が政令で定める基準以下のものを除く。 ８　この法律において「水道施設」とは、水道のための取水施設、貯水施設、導水施設、浄水施設、送水施設及び配水施設（専用水道にあつては、給水の施設を含むものとし、建築物に設けられたものを除く。以下同じ。）であつて、当該水道事業者、水道用水供給事業者又は専用水道の設置者の管理に属するものをいう。 ９　この法律において「給水装置」とは、需要者に水を供給するために水道事業者の施設した配水管から分岐して設けられた給水管及びこれに直結する給水用具をいう。	（簡易専用水道の適用除外の基準） **第２条**　法第３条第７項ただし書に規定する政令で定める基準は、水道事業の用に供する水道から水の供給を受けるために設けられる水槽の有効容量の合計が10立方メートルであることとする。	
10　この法律において「水道の布設工事」とは、水道施設の新設又は政令で定めるその増設若しくは改造の工事をいう。	（水道施設の増設及び改造の工事） **第３条**　法第３条第10項に規定する政令で定める水道施設の増設又は改造の工事は、次の各号に掲げるものとする。 一　１日最大給水量、水源の種別、取水地点又は浄水方法の変更に係る工事 二　沈でん池、濾過池、浄水池、消毒設備又は配水池の新設、増設又は大規模の改造に係る工事	

水道法	水道法施行令	水道法施行規則
11　この法律において「給水装置工事」とは、給水装置の設置又は変更の工事をいう。 12　この法律において「給水区域」、「給水人口」及び「給水量」とは、それぞれ事業計画において定める給水区域、給水人口及び給水量をいう。 （水質基準） **第4条**　水道により供給される水は、次の各号に掲げる要件を備えるものでなければならない。 一　病原生物に汚染され、又は病原生物に汚染されたことを疑わせるような生物若しくは物質を含むものでないこと。 二　シアン、水銀その他の有毒物質を含まないこと。 三　銅、鉄、弗（ふっ）素、フエノールその他の物質をその許容量を超えて含まないこと。 四　異常な酸性又はアルカリ性を呈しないこと。 五　異常な臭味がないこと。ただし、消毒による臭味を除く。 六　外観は、ほとんど無色透明であること。 2　前項各号の基準に関して必要な事項は、環境省令（水質基準に関する省令（P.152））で定める。 （施設基準） **第5条**　水道は、原水の質及び量、地理的条件、当該水道の形態等に応じ、取水施設、貯水施設、導水施設、浄水施設、送水施設及び配水施設の全部又は一部を有すべきものとし、その各施設は、次の各号に掲げる要件を備えるものでなければならない。 一　取水施設は、できるだけ良質の原水を必要量取り入れることができるものであること。 二　貯水施設は、渇水時においても必要量の原水を供給するのに必要な貯水能力を有するものであること。 三　導水施設は、必要量の原水を送るのに必要なポンプ、導水管その他の設備を有すること。 四　浄水施設は、原水の質及び量に応じて、前条の規定による水質基準に適合する必要量の浄水を得るのに必要なちんでん池、濾（ろ）過池その他の設備を有し、かつ、消毒設備を備えていること。 五　送水施設は、必要量の浄水を送るのに必要なポンプ、送水管その他の設備を有すること。 六　配水施設は、必要量の浄水を一定以上の圧力で連続して供給するのに必要な配水池、ポンプ、配水管その他の設備を有すること。 2　水道施設の位置及び配列を定めるにあたつては、その布設及び維持管理ができるだけ経済的で、かつ、容易になるようにするとともに、給水の確実性をも考慮しなければならない。 3　水道施設の構造及び材質は、水圧、土圧、地震力その他の荷重に対して充分な耐力を有し、かつ、水が汚染され、又は漏れるおそれがないものでなければならない。 4　前3項に規定するもののほか、水道施設に関して必要な技術的基準は、国土交通省令（前条の規定による水質基準に適合する浄水を得るため、又は当該浄水の水質を保持するために必要な技術的基準については、国土交通省令・環境省令）（水道施設の技術的基準を定		

水　道　法	水道法施行令	水道法施行規則
める省令（P.153））で定める。 **第2章　水道の基盤の強化** （基本方針） **第5条の2**　国土交通大臣は、水道の基盤を強化するための基本的な方針（水道の基盤を強化するための基本的な方針（P.165））（以下「基本方針」という。）を定めるものとする。 2　基本方針においては、次に掲げる事項を定めるものとする。 一　水道の基盤の強化に関する基本的事項 二　水道施設の維持管理及び計画的な更新に関する事項 三　水道事業及び水道用水供給事業（以下「水道事業等」という。）の健全な経営の確保に関する事項 四　水道事業等の運営に必要な人材の確保及び育成に関する事項 五　水道事業者等の間の連携等の推進に関する事項 六　その他水道の基盤の強化に関する重要事項 3　国土交通大臣は、基本方針を定め、又はこれを変更したときは、遅滞なく、これを公表しなければならない。 （水道基盤強化計画） **第5条の3**　都道府県は、水道の基盤の強化のため必要があると認めるときは、水道の基盤の強化に関する計画（以下この条において「水道基盤強化計画」という。）を定めることができる。 2　水道基盤強化計画においては、その区域（以下この条において「計画区域」という。）を定めるほか、おおむね次に掲げる事項を定めるものとする。 一　水道の基盤の強化に関する基本的事項 二　水道基盤強化計画の期間 三　計画区域における水道の現況及び基盤の強化の目標 四　計画区域における水道の基盤の強化のために都道府県及び市町村が講ずべき施策並びに水道事業者等が講ずべき措置に関する事項 五　都道府県及び市町村による水道事業者等の間の連携等の推進の対象となる区域（市町村の区域を超えた広域的なものに限る。次号及び第7号において「連携等推進対象区域」という。） 六　連携等推進対象区域における水道事業者等の間の連携等に関する事項 七　連携等推進対象区域において水道事業者等の間の連携等を行うに当たり必要な施設整備に関する事項 3　水道基盤強化計画は、基本方針に基づいて定めるものとする。 4　都道府県は、水道基盤強化計画を定めようとするときは、あらかじめ計画区域内の市町村並びに計画区域を給水区域に含む水道事業者及び当該水道事業者が水道用水の供給を受ける水道用水供給事業者の同意を得なければならない。 5　市町村の区域を超えた広域的な水道事業者等の間の連携等を推進しようとする2以上の市町村は、あらかじめその区域を給水区域に含む水道事業者及び当該水道事業者が水道用水の供給を受ける水道用水供給事業者の同意を得て、共同して、都道府県に対し、国土交通省令で定めるところにより、水道基盤強化計画を定めることを要請することができる。		（水道基盤強化計画の作成の要請） **第1条の2**　市町村の区域を超えた広域的な水道事業者等（水道法（昭和32年法律第177号。以下「法」という。）第2条の2第1項に規定する水道事業者等をいう。）の間の連携等（同条第2項に規定する連携等をいう。）を推進しようとする2以上の市町村は、法第5条の3第5項の規定により都道府県に対し同

水道法	水道法施行令	水道法施行規則
6　都道府県は、前項の規定による要請があつた場合において、水道の基盤の強化のため必要があると認めるときは、水道基盤強化計画を定めるものとする。 7　都道府県は、水道基盤強化計画を定めようとするときは、計画区域に次条第1項に規定する協議会の区域の全部又は一部が含まれる場合には、あらかじめ当該協議会の意見を聴かなければならない。 8　都道府県は、水道基盤強化計画を定めたときは、遅滞なく、国土交通大臣に報告するとともに、計画区域内の市町村並びに計画区域を給水区域に含む水道事業者及び当該水道事業者が水道用水の供給を受ける水道用水供給事業者に通知しなければならない。 9　都道府県は、水道基盤強化計画を定めたときは、これを公表するよう努めなければならない。 10　第4項から前項までの規定は、水道基盤強化計画の変更について準用する。 **（準用後の第5条の3第4～9項）** *（水道基盤強化計画の変更）* *4　都道府県は、水道基盤強化計画を~~定め~~変更しようとするときは、あらかじめ計画区域内の市町村並びに計画区域を給水区域に含む水道事業者及び当該水道事業者が水道用水の供給を受ける水道用水供給事業者の同意を得なければならない。* *5　市町村の区域を超えた広域的な水道事業者等の間の連携等を推進しようとする2以上の市町村は、あらかじめその区域を給水区域に含む水道事業者及び当該水道事業者が水道用水の供給を受ける水道用水供給事業者の同意を得て、共同して、都道府県に対し、国土交通省令で定めるところにより、水道基盤強化計画を~~定め~~変更することを要請することができる。* *6　都道府県は、前項の規定による要請があつた場合において、水道の基盤の強化のため必要があると認めるときは、水道基盤強化計画を~~定め~~変更するものとする。* *7　都道府県は、水道基盤強化計画を~~定め~~変更しようとするときは、計画区域に次条第1項に規定する協議会の区域の全部又は一部が含まれる場合には、あらかじめ当該協議会の意見を聴かなければならない。* *8　都道府県は、水道基盤強化計画を~~定め~~変更したときは、遅滞なく、国土交通大臣に報告するとともに、計画区域内の市町村並びに計画区域を給水区域に含む水道事業者及び当該水道事業者が水道用水の供給を受ける水道用水供給事業者に通知しなければならない。* *9　都道府県は、水道基盤強化計画を~~定め~~変更したときは、これを公表するよう努めなければならない。* （広域的連携等推進協議会） **第5条の4**　都道府県は、市町村の区域を超えた広域的な水道事業者等の間の連携等の推進に関し必要な協議を行うため、当該都道府県が定める区域において広域的連携等推進協議会（以下この条において「協議会」という。）を組織することができる。 2　協議会は、次に掲げる構成員をもつて構成する。 一　前項の都道府県 二　協議会の区域をその区域に含む市町村 三　協議会の区域を給水区域に含む水道事業		条第1項に規定する水道基盤強化計画（以下「水道基盤強化計画」という。）を定めることを要請する場合においては、法第5条の2第1項に規定する基本方針に基づいて当該要請に係る水道基盤強化計画の素案を作成して、これを提示しなければならない。

水　道　法	水道法施行令	水道法施行規則
者及び当該水道事業者が水道用水の供給を受ける水道用水供給事業者 四　学識経験を有する者その他の都道府県が必要と認める者 3　協議会において協議が調つた事項については、協議会の構成員は、その協議の結果を尊重しなければならない。 4　前3項に定めるもののほか、協議会の運営に関し必要な事項は、協議会が定める。 **第3章　水道事業** **第1節　事業の認可等** （事業の認可及び経営主体） **第6条**　水道事業を経営しようとする者は、国土交通大臣の認可を受けなければならない。 2　水道事業は、原則として市町村が経営するものとし、市町村以外の者は、給水しようとする区域をその区域に含む市町村の同意を得た場合に限り、水道事業を経営することができるものとする。		
（認可の申請） **第7条**　水道事業経営の認可の申請をするには、申請書に、事業計画書、工事設計書その他国土交通省令で定める書類(図面を含む。)を添えて、これを国土交通大臣に提出しなければならない。		（認可申請書の添付書類等） **第1条の3**　法第7条第1項に規定する国土交通省令で定める書類及び図面は、次に掲げるものとする。 一　地方公共団体以外の者である場合は、水道事業経営を必要とする理由を記載した書類 二　地方公共団体以外の法人又は組合である場合は、水道事業経営に関する意思決定を証する書類 三　市町村以外の者である場合は、法第6条第2項の同意を得た旨を証する書類 四　取水が確実かどうかの事情を明らかにする書類 五　地方公共団体以外の法人又は組合である場合は、定款又は規約 六　給水区域が他の水道事業の給水区域と重複しないこと及び給水区域内における専用水道の状況を明らかにする書類及びこれらを示した給水区域を明らかにする地図 七　水道施設の位置を明らかにする地図 八　水源の周辺の概況を明らかにする地図 九　主要な水道施設（次号に掲げるものを除く。）の構造を明らかにする平面図、立面図、断面図及び構造図 十　導水管きよ、送水管及び主要な配水管の配置状況を明らかにする平面図及び縦断面図 2　地方公共団体が申請者である場合であつて、当該申請が他の水道事業の全部を譲り受けることに伴うものであるときは、法第7条第1項に規定する国土交通省令で定める書類及び図面は、前項の規定にかかわらず、同項第3号、第6号及び第7号に掲げるものとする。
2　前項の申請書には、次に掲げる事項を記載しなければならない。 一　申請者の住所及び氏名（法人又は組合にあつては、主たる事務所の所在地及び名称並びに代表者の氏名） 二　水道事務所の所在地 3　水道事業者は、前項に規定する申請書の記載事項に変更を生じたときは、速やかに、その旨を国土交通大臣に届け出なければならない。 4　第1項の事業計画書には、次に掲げる事項を記載しなければならない。 一　給水区域、給水人口及び給水量 二　水道施設の概要		

水道法	水道法施行令	水道法施行規則
三　給水開始の予定年月日 四　工事費の予定総額及びその予定財源 五　給水人口及び給水量の算出根拠 六　経常収支の概算 七　料金、給水装置工事の費用の負担区分その他の供給条件 八　その他国土交通省令で定める事項		（事業計画書の記載事項） **第2条**　法第7条第4項第8号に規定する国土交通省令で定める事項は、次の各号に掲げるものとする。 一　工事費の算出根拠 二　借入金の償還方法 三　料金の算出根拠 四　給水装置工事の費用の負担区分を定めた根拠及びその額の算出方法
5　第1項の工事設計書には、次に掲げる事項を記載しなければならない。 一　1日最大給水量及び1日平均給水量 二　水源の種別及び取水地点 三　水源の水量の概算及び水質試験の結果		（工事設計書に記載すべき水質試験の結果） **第3条**　法第7条第5項第3号（法第10条第2項において準用する場合を含む。）に規定する水質試験の結果は、水質基準に関する省令（平成15年厚生労働省令第101号）(P.152)の表の上欄に掲げる事項に関して水質が最も低下する時期における試験の結果とする。 2　前項の試験は、水質基準に関する省令に規定する環境大臣が定める方法によつて行うものとする。
四　水道施設の位置（標高及び水位を含む。）、規模及び構造 五　浄水方法 六　配水管における最大静水圧及び最小動水圧 七　工事の着手及び完了の予定年月日 八　その他国土交通省令で定める事項		（工事設計書の記載事項） **第4条**　法第7条第5項第8号に規定する国土交通省令で定める事項は、次の各号に掲げるものとする。 一　主要な水理計算 二　主要な構造計算
（認可基準） **第8条**　水道事業経営の認可は、その申請が次の各号のいずれにも適合していると認められるときでなければ、与えてはならない。 一　当該水道事業の開始が一般の需要に適合すること。 二　当該水道事業の計画が確実かつ合理的であること。 三　水道施設の工事の設計が第5条の規定による施設基準に適合すること。 四　給水区域が他の水道事業の給水区域と重複しないこと。 五　供給条件が第14条第2項各号に掲げる要件に適合すること。 六　地方公共団体以外の者の申請に係る水道事業にあつては、当該事業を遂行するに足りる経理的基礎があること。 七　その他当該水道事業の開始が公益上必要であること。 2　前項各号に規定する基準を適用するについて必要な技術的細目は、国土交通省令で定める。		（法第8条第1項各号を適用するについて必要な技術的細目） **第5条**　法第8条第2項に規定する技術的細目のうち、同条第1項第1号に関するものは、次に掲げるものとする。 一　当該水道事業の開始が、当該水道事業に係る区域における不特定多数の者の需要に対応するものであること。

水　道　法	水道法施行令	水道法施行規則
（認可の期限又は条件） **第9条**　国土交通大臣は、地方公共団体以外の者に対して水道事業経営の認可を与える場合には、これに必要な期限又は条件を付することができる。 2　前項の期限又は条件は、公共の利益を増進し、又は当該水道事業の確実な遂行を図るために必要な最少限度のものに限り、かつ、当該水道事業者に不当な義務を課することとな		二　当該水道事業の開始が、需要者の意向を勘案したものであること。 **第6条**　法第8条第2項に規定する技術的細目のうち、同条第1項第2号に関するものは、次に掲げるものとする。 一　給水区域が、当該地域における水系、地形その他の自然的条件及び人口、土地利用その他の社会的条件、水道により供給される水の需要に関する長期的な見通し並びに当該地域における水道の整備の状況を勘案して、合理的に設定されたものであること。 二　給水区域が、水道の整備が行われていない区域の解消及び同一の市町村の既存の水道事業との統合について配慮して設定されたものであること。 三　給水人口が、人口、土地利用、水道の普及率その他の社会的条件を基礎として、各年度ごとに合理的に設定されたものであること。 四　給水量が、過去の用途別の給水量を基礎として、各年度ごとに合理的に設定されたものであること。 五　給水人口、給水量及び水道施設の整備の見通しが一定の確実性を有し、かつ、経常収支が適切に設定できるよう期間が設定されたものであること。 六　工事費の調達、借入金の償還、給水収益、水道施設の運転に要する費用等に関する収支の見通しが確実かつ合理的なものであること。 七　水質検査、点検等の維持管理の共同化について配慮されたものであること。 八　水道基盤強化計画が定められている地域にあつては、当該計画と整合性のとれたものであること。 九　水道用水供給事業者から用水の供給を受ける水道事業者にあつては、水道用水供給事業者との契約により必要量の用水の確実な供給が確保されていること。 十　取水に当たつて河川法（昭和39年法律第167号）第23条の規定に基づく流水の占用の許可を必要とする場合にあつては、当該許可を受けているか、又は許可を受けることが確実であると見込まれること。 十一　取水に当たつて河川法第23条の規定に基づく流水の占用の許可を必要としない場合にあつては、水源の状況に応じて取水量が確実に得られると見込まれること。 十二　ダムの建設等により水源を確保する場合にあつては、特定多目的ダム法（昭和32年法律第35号）第4条第1項に規定する基本計画においてダム使用権の設定予定者とされている等により、当該ダムを使用できることが確実であると見込まれること。 **第7条**　法第8条第2項に規定する技術的細目のうち、同条第1項第6号に関するものは、当該申請者が当該水道事業の遂行に必要となる資金の調達及び返済の能力を有することとする。

水道法	水道法施行令	水道法施行規則
るものであつてはならない。 （事業の変更） **第10条**　水道事業者は、給水区域を拡張し、給水人口若しくは給水量を増加させ、又は水源の種別、取水地点若しくは浄水方法を変更しようとするとき（次の各号のいずれかに該当するときを除く。）は、国土交通大臣の認可を受けなければならない。この場合において、給水区域の拡張により新たに他の市町村の区域が給水区域に含まれることとなるときは、当該他の市町村の同意を得なければ、当該認可を受けることができない。		
一　その変更が国土交通省令で定める軽微なものであるとき。		（事業の変更の認可を要しない軽微な変更） **第7条の2**　法第10条第1項第1号の国土交通省令で定める軽微な変更は、次のいずれかの変更とする。 一　水道施設（送水施設（内径が250ミリメートル以下の送水管及びその附属設備（ポンプを含む。）に限る。）並びに配水施設を除く。以下この号において同じ。）の整備を伴わない変更のうち、給水区域の拡張又は給水人口若しくは給水量の増加に係る変更であつて次のいずれにも該当しないもの（ただし、水道施設の整備を伴わない変更のうち、給水人口のみが増加する場合においては、ロの規定は適用しない。）。 イ　変更後の給水区域が他の水道事業の給水区域と重複するものであること。 ロ　変更後の給水人口と認可給水人口（法第7条第4項の規定により事業計画書に記載した給水人口（法第10条第1項又は第3項の規定により給水人口の変更（同条第1項第1号に該当するものを除く。）を行つたときは、直近の変更後の給水人口とする。）をいう。）との差が当該認可給水人口の10分の1を超えるものであること。 ハ　変更後の給水量と認可給水量（法第7条第4項の規定により事業計画書に記載した給水量（法第10条第1項又は第3項の規定により給水量の変更（同条第1項第1号に該当するものを除く。）を行つたときは、直近の変更後の給水量とする。）をいう。次号において同じ。）との差が当該認可給水量の10分の1を超えるものであること。 二　現在の給水量が認可給水量を超えない事業における、次に掲げるいずれかの浄水施設を用いる浄水方法への変更のうち、給水区域の拡張、給水人口若しくは給水量の増加又は水源の種別若しくは取水地点の変更を伴わないもの。ただし、ヌ又はルに掲げる浄水施設を用いる浄水方法への変更については、変更前の浄水方法に当該浄水施設を用いるものを追加する場合に限る。 イ　普通沈殿池 ロ　薬品沈殿池 ハ　高速凝集沈殿池 ニ　緩速濾過池 ホ　急速濾過池 ヘ　膜濾過設備 ト　エアレーション設備 チ　除鉄設備 リ　除マンガン設備 ヌ　粉末活性炭処理設備 ル　粒状活性炭処理設備 三　河川の流水を水源とする取水地点の変更のうち、給水区域の拡張、給水人口若しくく

水　　道　　法	水道法施行令	水道法施行規則
二　その変更が他の水道事業の全部を譲り受けることに伴うものであるとき。 2　第7条から前条までの規定は、前項の認可について準用する。 **（準用後の第7条）** *（変更認可の申請）* ***第7条***　*水道事業経営の変更の認可の申請をするには、申請書に、変更後の事業計画書、工事設計書その他国土交通省令で定める書類（図面を含む。）を添えて、これを国土交通大臣に提出しなければならない。*		は給水量の増加又は水源の種別若しくは浄水方法の変更を伴わないものであつて、次に掲げる事由その他の事由により、当該河川の現在の取水地点から変更後の取水地点までの区間（イ及びロにおいて「特定区間」という。）における原水の水質が大きく変わるおそれがないもの。 イ　特定区間に流入する河川がないとき。 ロ　特定区間に汚染物質を排出する施設がないとき。 （変更認可申請書の添付書類等） **第8条**　第1条の3第1項の規定は、法第10条第2項において準用する法第7条第1項に規定する国土交通省令で定める書類及び図面について準用する。この場合において、第1条の3第1項中「次に」とあるのは「次の各号（給水区域を拡張しようとする場合にあつては第4号及び第8号を除き、給水人口を増加させようとする場合にあつては第3号、第4号及び第8号を除き、給水量を増加させようとする場合にあつては第3号を除き、水源の種別又は取水地点を変更しようとする場合にあつては第2号、第3号、第5号及び第6号を除き、浄水方法を変更しようとする場合にあつては第2号から第6号までを除く。）に」と、同項第9号中「除く。）」とあるのは「除く。）であつて、新設、増設又は改造されるもの」と、同項第10号中「配水管」とあるのは「配水管であつて、新設、増設又は改造されるもの」とそれぞれ読み替えるものとする。 **（準用後の第1条の3第1項）** *（認可申請書の添付書類等）* ***第1条の3***　*法第7条第1項に規定する国土交通省令で定める書類及び図面は、~~次に~~次の各号（給水区域を拡張しようとする場合にあつては第4号及び第8号を除き、給水人口を増加させようとする場合にあつては第3号、第4号及び第8号を除き、給水量を増加させようとする場合にあつては第3号を除き、水源の種別又は取水地点を変更しようとする場合にあつては第2号、第3号、第5号及び第6号を除き、浄水方法を変更しようとする場合にあつては第2号から第6号までを除く。）に掲げるものとする。* *一　地方公共団体以外の者である場合は、水道事業経営を必要とする理由を記載した書類* *二　地方公共団体以外の法人又は組合である場合は、水道事業経営に関する意思決定を証する書類* *三　市町村以外の者である場合は、法第6条第2項の同意を得た旨を証する書類* *四　取水が確実かどうかの事情を明らかにする書類* *五　地方公共団体以外の法人又は組合である場合は、定款又は規約* *六　給水区域が他の水道事業の給水区域と重複しないこと及び給水区域内における専用水道の状況を明らかにする書類及びこれらを示した給水区域を明らかにする地図* *七　水道施設の位置を明らかにする地図* *八　水源の周辺の概況を明らかにする地図*

水道法	水道法施行令	水道法施行規則
		九　主要な水道施設（次号に掲げるものを~~除く。）~~除く。）であつて、新設、増設又は改造されるものの構造を明らかにする平面図、立面図、断面図及び構造図 十　導水管きよ、送水管及び主要な~~配水管~~配水管であつて、新設、増設又は改造されるものの配置状況を明らかにする平面図及び縦断面図
2　前項の申請書には、次に掲げる事項を記載しなければならない。 一　申請者の住所及び氏名（法人又は組合にあつては、主たる事務所の所在地及び名称並びに代表者の氏名） 二　水道事務所の所在地 3　水道事業者は、前項に規定する申請書の記載事項に変更を生じたときは、速やかに、その旨を国土交通大臣に届け出なければならない。 4　第１項の事業計画書には、次に掲げる事項を記載しなければならない。 一　給水区域、給水人口及び給水量 二　水道施設の概要 三　給水開始の予定年月日 四　工事費の予定総額及びその予定財源 五　給水人口及び給水量の算出根拠 六　経常収支の概算 七　料金、給水装置工事の費用の負担区分その他の供給条件 八　その他国土交通省令で定める事項		2　第２条の規定は、法第10条第２項において準用する法第７条第４項第８号に規定する国土交通省令で定める事項について準用する。この場合において、第２条中「各号」とあるのは、「各号（水源の種別、取水地点又は浄水方法の変更以外の変更を伴わない場合にあつては、第４号を除く。）」と読み替えるものとする。 （準用後の第２条） （事業計画書の記載事項） **第２条**　法第７条第４項第８号に規定する国土交通省令で定める事項は、次の~~各号~~各号（水源の種別、取水地点又は浄水方法の変更以外の変更を伴わない場合にあつては、第４号を除く。）に掲げるものとする。 一　工事費の算出根拠 二　借入金の償還方法 三　料金の算出根拠 四　給水装置工事の費用の負担区分を定めた根拠及びその額の算出方法
5　第１項の工事設計書には、次に掲げる事項を記載しなければならない。 一　１日最大給水量及び１日平均給水量 二　水源の種別及び取水地点 三　水源の水量の概算及び水質試験の結果 四　水道施設の位置（標高及び水位を含む。）、規模及び構造 五　浄水方法 六　配水管における最大静水圧及び最小動水圧 七　工事の着手及び完了の予定年月日 八　その他国土交通省令で定める事項		3　第４条の規定は、法第10条第２項において準用する法第７条第５項第８号に規定する国土交通省令で定める事項について準用する。この場合において、第４条第１号及び第２号中「主要」とあるのは、「新設、増設又は改造される水道施設に関する主要」と読み替えるものとする。 （準用後の第４条） （工事設計書の記載事項）

水　　道　　法	水道法施行令	水道法施行規則
		第4条　法第7条第5項第8号に規定する国土交通省令で定める事項は、次の各号に掲げるものとする。 一　~~主要~~新設、増設又は改造される水道施設に関する主要な水理計算 二　~~主要~~新設、増設又は改造される水道施設に関する主要な構造計算
（準用後の第8条） （変更認可の基準） **第8条**　水道事業経営の変更の認可は、その申請が次の各号のいずれにも適合していると認められるときでなければ、与えてはならない。 一　当該水道事業の~~開始~~変更が一般の需要に適合すること。 二　当該水道事業の変更計画が確実かつ合理的であること。 三　水道施設の工事の設計が第5条の規定による施設基準に適合すること。 四　給水区域が他の水道事業の給水区域と重複しないこと。 五　供給条件が第14条第2項各号に掲げる要件に適合すること。 六　地方公共団体以外の者の申請に係る水道事業にあつては、変更後の当該事業を遂行するに足りる経理的基礎があること。 七　その他当該水道事業の~~開始~~変更が公益上必要であること。		
2　前項各号に規定する基準を適用するについて必要な技術的細目は、国土交通省令で定める。		（法第8条第1項各号を適用するについて必要な技術的細目） **第5条**　法第8条第2項に規定する技術的細目のうち、同条第1項第1号に関するものは、次に掲げるものとする。 一　当該水道事業の開始が、当該水道事業に係る区域における不特定多数の者の需要に対応するものであること。 二　当該水道事業の開始が、需要者の意向を勘案したものであること。 **第6条**　法第8条第2項に規定する技術的細目のうち、同条第1項第2号に関するものは、次に掲げるものとする。 一　給水区域が、当該地域における水系、地形その他の自然的条件及び人口、土地利用その他の社会的条件、水道により供給される水の需要に関する長期的な見通し並びに当該地域における水道の整備の状況を勘案して、合理的に設定されたものであること。 二　給水区域が、水道の整備が行われていない区域の解消及び同一の市町村の既存の水道事業との統合について配慮して設定されたものであること。 三　給水人口が、人口、土地利用、水道の普及率その他の社会的条件を基礎として、各年度ごとに合理的に設定されたものであること。 四　給水量が、過去の用途別の給水量を基礎として、各年度ごとに合理的に設定されたものであること。 五　給水人口、給水量及び水道施設の整備の見通しが一定の確実性を有し、かつ、経常収支が適切に設定できるよう期間が設定されたものであること。 六　工事費の調達、借入金の償還、給水収益、水道施設の運転に要する費用等に関する収支の見通しが確実かつ合理的なものであること。 七　水質検査、点検等の維持管理の共同化

水道法	水道法施行令	水道法施行規則
（準用後の第９条） （変更認可の期限又は条件） **第９条**　国土交通大臣は、地方公共団体以外の者に対して水道事業経営の変更の認可を与える場合には、これに必要な期限又は条件を付することができる。 ２　前項の期限又は条件は、公共の利益を増進し、又は変更後の当該水道事業の確実な遂行を図るために必要な最少限度のものに限り、かつ、当該水道事業者に不当な義務を課することとなるものであつてはならない。 ３　水道事業者は、第１項各号のいずれかに該当する変更を行うときは、あらかじめ、国土交通省令で定めるところにより、その旨を国土交通大臣に届け出なければならない。		について配慮されたものであること。 八　水道基盤強化計画が定められている地域にあつては、当該計画と整合性のとれたものであること。 九　水道用水供給事業者から用水の供給を受ける水道事業者にあつては、水道用水供給事業者との契約により必要量の用水の確実な供給が確保されていること。 十　取水に当たつて河川法（昭和39年法律第167号）第23条の規定に基づく流水の占用の許可を必要とする場合にあつては、当該許可を受けているか、又は許可を受けることが確実であると見込まれること。 十一　取水に当たつて河川法第23条の規定に基づく流水の占用の許可を必要としない場合にあつては、水源の状況に応じて取水量が確実に得られると見込まれること。 十二　ダムの建設等により水源を確保する場合にあつては、特定多目的ダム法（昭和32年法律第35号）第４条第１項に規定する基本計画においてダム使用権の設定予定者とされている等により、当該ダムを使用できることが確実であると見込まれること。 **第７条**　法第８条第２項に規定する技術的細目のうち、同条第１項第６号に関するものは、当該申請者が当該水道事業の遂行に必要となる資金の調達及び返済の能力を有することとする。 （事業の変更の届出） **第８条の２**　法第10条第３項の届出をしようとする水道事業者は、次に掲げる事項を記載した届出書を国土交通大臣に提出しなければならない。 一　届出者の住所及び氏名（法人又は組合にあつては、主たる事務所の所在地及び名称並びに代表者の氏名） 二　水道事務所の所在地 ２　前項の届出書には、次に掲げる書類（図面を含む。）を添えなければならない。 一　次に掲げる事項を記載した事業計画書 イ　変更後の給水区域、給水人口及び給水量 ロ　水道施設の概要 ハ　給水開始の予定年月日 ニ　変更後の給水人口及び給水量の算出根拠 ホ　法第10条第１項第２号に該当する場合にあつては、当該譲受けの年月日、変更後の経常収支の概算及び料金並びに給水装置工事の費用の負担区分その他の供給条件 二　次に掲げる事項を記載した工事設計書 イ　工事の着手及び完了の予定年月日

水道法	水道法施行令	水道法施行規則
		ロ　第７条の２第１号又は法第10条第１項第２号に該当する場合にあつては、配水管における最大静水圧及び最小動水圧 ハ　第７条の２第２号に該当する場合にあつては、変更される浄水施設に係る水源の種別、取水地点、水源の水量の概算、水質試験の結果及び変更後の浄水方法 ニ　第７条の２第３号に該当する場合にあつては、変更される取水施設に係る水源の種別、水源の水量の概算、水質試験の結果及び変更後の取水地点 三　水道施設の位置を明らかにする地図 四　第７条の２第１号（水道事業者が給水区域を拡張しようとする場合に限る。次号及び第６号において同じ。）又は法第10条第１項第２号に該当し、かつ、水道事業者が地方公共団体以外の者である場合にあつては、水道事業経営を必要とする理由を記載した書類 五　第７条の２第１号又は法第10条第１項第２号に該当し、かつ、水道事業者が地方公共団体以外の法人又は組合である場合にあつては、水道事業経営に関する意思決定を証する書類 六　第７条の２第１号又は法第10条第１項第２号に該当し、かつ、水道事業者が市町村以外の者である場合にあつては、法第６条第２項の同意を得た旨を証する書類 七　第７条の２第１号又は法第10条第１項第２号に該当する場合にあつては、給水区域が他の水道事業の給水区域と重複しないこと及び給水区域内における専用水道の状況を明らかにする書類及びこれらを示した給水区域を明らかにする地図 八　第７条の２第２号に該当する場合にあつては、主要な水道施設であつて、新設、増設又は改造されるものの構造を明らかにする平面図、立面図、断面図及び構造図 九　第７条の２第３号に該当する場合にあつては、主要な水道施設であつて、新設、増設又は改造されるものの構造を明らかにする平面図、立面図、断面図及び構造図並びに変更される水源からの取水が確実かどうかの事情を明らかにする書類
（事業の休止及び廃止） **第11条**　水道事業者は、給水を開始した後においては、国土交通省令で定めるところにより、国土交通大臣の許可を受けなければ、その水道事業の全部又は一部を休止し、又は廃止してはならない。ただし、その水道事業の全部を他の水道事業を行う水道事業者に譲り渡すことにより、その水道事業の全部を廃止することとなるときは、この限りでない。		（事業の休廃止の許可の申請） **第８条の３**　法第11条第１項の許可を申請する水道事業者は、申請書に、休廃止計画書及び次に掲げる書類（図面を含む。）を添えて、国土交通大臣に提出しなければならない。 一　水道事業の休止又は廃止により公共の利益が阻害されるおそれがないことを証する書類 二　休止又は廃止する給水区域を明らかにする地図 三　地方公共団体以外の水道事業者（給水人口が令第４条で定める基準を超えるものに限る。）である場合は、当該水道事業の給水区域をその区域に含む市町村に協議したことを証する書類 ２　前項の申請書には、次に掲げる事項を記載しなければならない。 一　申請者の住所及び氏名（法人又は組合にあつては、主たる事務所の所在地及び名称並びに代表者の氏名） 二　水道事務所の所在地 ３　第１項の休廃止計画書には、次に掲げる事項を記載しなければならない。 一　休止又は廃止する給水区域

水　道　法	水道法施行令	水道法施行規則
		二　休止又は廃止の予定年月日 三　休止又は廃止する理由 四　水道事業の全部又は一部を休止する場合にあつては、事業の全部又は一部の再開の予定年月日 五　水道事業の一部を廃止する場合にあつては、当該廃止後の給水区域、給水人口及び給水量 六　水道事業の一部を廃止する場合にあつては、当該廃止後の給水人口及び給水量の算出根拠 （事業の休廃止の許可の基準） **第８条の４**　国土交通大臣は、水道事業の全部又は一部の休止又は廃止により公共の利益が阻害されるおそれがないと認められるときでなければ、法第11条第１項の許可をしてはならない。
２　地方公共団体以外の水道事業者（給水人口が政令で定める基準を超えるものに限る。）が、前項の許可の申請をしようとするときは、あらかじめ、当該水道事業の給水区域をその区域に含む市町村に協議しなければならない。 ３　第１項ただし書の場合においては、水道事業者は、あらかじめ、その旨を国土交通大臣に届け出なければならない。 （技術者による布設工事の監督） **第12条**　水道事業者は、水道の布設工事（当該水道事業者が地方公共団体である場合にあつては、当該地方公共団体の条例で定める水道の布設工事に限る。）を自ら施行し、又は他人に施行させる場合においては、その職員を指名し、又は第三者に委嘱して、その工事の施行に関する技術上の監督業務を行わせなければならない。	（法第11条第２項に規定する給水人口の基準） **第４条**　法第11条第２項に規定する政令で定める基準は、給水人口が5000人であることとする。	
２　前項の業務を行う者は、政令で定める資格（当該水道事業者が地方公共団体である場合にあつては、当該資格を参酌して当該地方公共団体の条例で定める資格）を有する者でなければならない。	（布設工事監督者の資格） **第５条**　法第12条第２項（法第31条において準用する場合を含む。）に規定する政令で定める資格は、次のとおりとする。 一　学校教育法（昭和22年法律第26号）による大学（短期大学を除く。以下同じ。）の土木工学科若しくはこれに相当する課程において衛生工学若しくは水道工学に関する学科目を修めて卒業した後、又は旧大学令（大正７年勅令第388号）による大学において土木工学科若しくはこれに相当する課程を修めて卒業した後、２年以上水道に関する技術上の実務に従事した経験を有する者 二　学校教育法による大学の土木工学科又はこれに相当する課程において衛生工学及び水道工学に関する学科目以外の学科目を修めて卒業した後、３年以上水道に関する技術上の実務に従事した経験を有する者 三　学校教育法による短期大学（同法による専門職大学の前期課程を含む。）若しくは高等専門学校又は旧専門学校令（明治36年勅令第61号）による専門学校において土木科又はこれに相当する課程を修めて卒業した後（同法による専門職大学の前期課程にあつては、修了した後）、５年以上水道に関する技術上の実務に従事した経験を有する者 四　学校教育法による高等学校若しくは中等教育学校又は旧中等学校令（昭和18年勅令第36号）による中等学校において土木科又はこれに相当する課程を修めて卒業した後、７年以上水道に関する技術上の実務に従事した経験を有する者	

水　　道　　法	水　道　法　施　行　令	水　道　法　施　行　規　則
	五　10年以上水道の工事に関する技術上の実務に従事した経験を有する者 六　国土交通省令の定めるところにより、前各号に掲げる者と同等以上の技能を有すると認められる者	（布設工事監督者の資格） **第９条**　令第５条第１項第６号の規定により同項第１号から第５号までに掲げる者と同等以上の技能を有すると認められる者は、次のとおりとする。 一　令第５条第１項第１号又は第２号の卒業者であつて、学校教育法（昭和22年法律第26号）に基づく大学院研究科において１年以上衛生工学若しくは水道工学に関する課程を専攻した後、又は大学の専攻科において衛生工学若しくは水道工学に関する専攻を修了した後、同項第１号の卒業者にあつては１年（簡易水道の場合は、６箇月）以上、同項第２号の卒業者にあつては２年（簡易水道の場合は、１年）以上水道に関する技術上の実務に従事した経験を有する者 二　外国の学校において、令第５条第１項第１号若しくは第２号に規定する課程及び学科目又は第３号若しくは第４号に規定する課程に相当する課程又は学科目を、それぞれ当該各号に規定する学校において修得する程度と同等以上に修得した後、それぞれ当該各号に規定する最低経験年数（簡易水道の場合は、それぞれ当該各号に規定する最低経験年数の２分の１）以上水道に関する技術上の実務に従事した経験を有する者 三　技術士法（昭和58年法律第25号）第４条第１項の規定による第２次試験のうち上下水道部門に合格した者（選択科目として上水道及び工業用水道を選択したものに限る。）であつて、１年（簡易水道の場合は、６箇月）以上水道に関する技術上の実務に従事した経験を有する者
	２　簡易水道事業の用に供する水道（以下「簡易水道」という。）については、前項第１号中「２年以上」とあるのは「１年以上」と、同項第２号中「３年以上」とあるのは「１年６箇月以上」と、同項第３号中「５年以上」とあるのは「２年６箇月以上」と、同項第４号中「７年以上」とあるのは「３年６箇月以上」と、同項第５号中「10年以上」とあるのは「５年以上」とそれぞれ読み替えるものとする。 **（読替え後の第５条第１項）** *（布設工事監督者の資格）* ***第５条***　*法第12条第２項（法第31条において準用する場合を含む。）に規定する政令で定める資格は、次のとおりとする。* *一　学校教育法（昭和22年法律第26号）による大学（短期大学を除く。以下同じ。）の土木工学科若しくはこれに相当する課程において衛生工学若しくは水道工学に関する学科目を修めて卒業した後、又は旧大学令（大正７年勅令第388号）による大学において土木工学科若しくはこれに相当する課程を修めて卒業した後、~~２年以上~~１年以上水道に関する技術上の実務に従事した経験を有する者* *二　学校教育法による大学の土木工学科又はこれに相当する課程において衛生工学及び水道工学に関する学科目以外の学科目を修めて卒業した後、~~３年以上~~１年６箇月以上水道に関する技術上の実務に従事した経験を有する者* *三　学校教育法による短期大学（同法による専門職大学の前期課程を含む。）若し*	

水　道　法	水道法施行令	水道法施行規則
	くは高等専門学校又は旧専門学校令（明治36年勅令第61号）による専門学校において土木科又はこれに相当する課程を修めて卒業した後（同法による専門職大学の前期課程にあつては、修了した後）、~~5年以上~~2年6箇月以上水道に関する技術上の実務に従事した経験を有する者 四　学校教育法による高等学校若しくは中等教育学校又は旧中等学校令（昭和18年勅令第36号）による中等学校において土木科又はこれに相当する課程を修めて卒業した後、~~7年以上~~3年6箇月以上水道に関する技術上の実務に従事した経験を有する者 五　~~10年以上~~5年以上水道の工事に関する技術上の実務に従事した経験を有する者	
（給水開始前の届出及び検査） **第13条**　水道事業者は、配水施設以外の水道施設又は配水池を新設し、増設し、又は改造した場合において、その新設、増設又は改造に係る施設を使用して給水を開始しようとするときは、あらかじめ、国土交通大臣にその旨を届け出て、かつ、環境省令の定めるところにより水質検査を行い、及び国土交通省令の定めるところにより施設検査を行わなければならない。 2　水道事業者は、前項の規定による水質検査及び施設検査を行つたときは、これに関する記録を作成し、その検査を行つた日から起算して5年間、これを保存しなければならない。		（給水開始前の水質検査） **第10条**　法第13条第1項の規定により行う水質検査は、当該水道により供給される水が水質基準に適合するかしないかを判断することができる場所において、水質基準に関する省令の表の上欄に掲げる事項及び消毒の残留効果について行うものとする。 2　前項の検査のうち水質基準に関する省令の表の上欄に掲げる事項の検査は、同令に規定する環境大臣が定める方法によつて行うものとする。 （給水開始前の施設検査） **第11条**　法第13条第1項の規定により行う施設検査は、浄水及び消毒の能力、流量、圧力、耐力、汚染並びに漏水のうち、施設の新設、増設又は改造による影響のある事項に関し、新設、増設又は改造に係る施設及び当該影響に関係があると認められる水道施設（給水装置を含む。）について行うものとする。
第2節　業務 （供給規程） **第14条**　水道事業者は、料金、給水装置工事の費用の負担区分その他の供給条件について、供給規程を定めなければならない。 2　前項の供給規程は、次に掲げる要件に適合するものでなければならない。 一　料金が、能率的な経営の下における適正な原価に照らし、健全な経営を確保することができる公正妥当なものであること。 二　料金が、定率又は定額をもつて明確に定められていること。 三　水道事業者及び水道の需要者の責任に関する事項並びに給水装置工事の費用の負担区分及びその額の算出方法が、適正かつ明確に定められていること。 四　特定の者に対して不当な差別的取扱いをするものでないこと。 五　貯水槽水道（水道事業の用に供する水道及び専用水道以外の水道であつて、水道事業の用に供する水道から供給を受ける水のみを水源とするものをいう。以下この号において同じ。）が設置される場合においては、貯水槽水道に関し、水道事業者及び当該貯水槽水道の設置者の責任に関する事項が、適正かつ明確に定められていること。 3　前項各号に規定する基準を適用するについて必要な技術的細目は、国土交通省令で定める。		（法第14条第2項各号を適用するについて必要な技術的細目） **第12条**　法第14条第3項に規定する技術的細目

水　　道　　法	水道法施行令	水道法施行規則
		のうち、地方公共団体が水道事業を経営する場合に係る同条第２項第１号に関するものは、次に掲げるものとする。 一　料金が、イに掲げる額とロに掲げる額の合算額からハに掲げる額を控除して算定された額を基礎として、合理的かつ明確な根拠に基づき設定されたものであること。 イ　人件費、薬品費、動力費、修繕費、受水費、減価償却費、資産減耗費その他営業費用の合算額 ロ　支払利息と資産維持費（水道施設の計画的な更新等の原資として内部留保すべき額をいう。）との合算額 ハ　営業収益の額から給水収益を控除した額 二　第17条の４第１項の試算を行つた場合にあつては、前号イからハまでに掲げる額が、当該試算に基づき、算定時からおおむね３年後から５年後までの期間について算定されたものであること。 三　前号に規定する場合にあつては、料金が、同号の期間ごとの適切な時期に見直しを行うこととされていること。 四　第２号に規定する場合以外の場合にあつては、料金が、おおむね３年を通じ財政の均衡を保つことができるよう設定されたものであること。 五　料金が、水道の需要者相互の間の負担の公平性、水利用の合理性及び水道事業の安定性を勘案して設定されたものであること。 **第12条の２**　法第14条第３項に規定する技術的細目のうち、地方公共団体以外の者が水道事業を経営する場合に係る同条第２項第１号に関するものは、次に掲げるものとする。 一　料金が、イに掲げる額とロに掲げる額の合算額からハに掲げる額を控除して算定された額を基礎として、合理的かつ明確な根拠に基づき設定されたものであること。 イ　人件費、薬品費、動力費、修繕費、受水費、減価償却費、資産減耗費、公租公課、その他営業費用の合算額 ロ　事業報酬の額 ハ　営業収益の額から給水収益を控除した額 二　第17条の４第１項の試算を行つた場合にあつては、前号イ及びハに掲げる額が、当該試算に基づき、算定時からおおむね３年後から５年後までの期間について算定されたものであること。 三　前号に規定する場合にあつては、料金が、同号の期間ごとの適切な時期に見直しを行うこととされていること。 四　第２号に規定する場合以外の場合にあつては、料金が、おおむね３年を通じ財政の均衡を保つことができるよう設定されたものであること。 五　料金が、水道の需要者相互の間の負担の公平性、水利用の合理性及び水道事業の安定性を勘案して設定されたものであること。 **第12条の３**　法第14条第３項に規定する技術的細目のうち、同条第２項第３号に関するものは、次に掲げるものとする。 一　水道事業者の責任に関する事項として、必要に応じて、次に掲げる事項が定められていること。 イ　給水区域 ロ　料金、給水装置工事の費用等の徴収方法

水道法	水道法施行令	水道法施行規則
4　水道事業者は、供給規程を、その実施の日までに一般に周知させる措置をとらなければならない。 5　水道事業者が地方公共団体である場合にあつては、供給規程に定められた事項のうち料金を変更したときは、国土交通省令で定めるところにより、その旨を国土交通大臣に届け出なければならない。 6　水道事業者が地方公共団体以外の者である場合にあつては、供給規程に定められた供給条件を変更しようとするときは、国土交通大臣の認可を受けなければならない。 7　国土交通大臣は、前項の認可の申請が第２項各号に掲げる要件に適合していると認めるときは、その認可を与えなければならない。 （給水義務） **第15条**　水道事業者は、事業計画に定める給水区域内の需要者から給水契約の申込みを受けたときは、正当の理由がなければ、これを拒んではならない。		ハ　給水装置工事の施行方法 ニ　給水装置の検査及び水質検査の方法 ホ　給水の原則及び給水を制限し、又は停止する場合の手続 二　水道の需要者の責任に関する事項として、必要に応じて、次に掲げる事項が定められていること。 イ　給水契約の申込みの手続 ロ　料金、給水装置工事の費用等の支払義務及びその支払遅延又は不払の場合の措置 ハ　水道メーターの設置場所の提供及び保管責任 ニ　水道メーターの賃貸料等の特別の費用負担を課する場合にあつては、その事項及び金額 ホ　給水装置の設置又は変更の手続 ヘ　給水装置の構造及び材質が法第16条の規定により定める基準に適合していない場合の措置 ト　給水装置の検査を拒んだ場合の措置 チ　給水装置の管理責任 リ　水の不正使用の禁止及び違反した場合の措置 **第12条の４**　法第14条第３項に規定する技術的細目のうち、同条第２項第４号に関するものは、次に掲げるものとする。 一　料金に区分を設定する場合にあつては、給水管の口径、水道の使用形態等の合理的な区分に基づき設定されたものであること。 二　料金及び給水装置工事の費用のほか、水道の需要者が負担すべき費用がある場合にあつては、その金額が、合理的かつ明確な根拠に基づき設定されたものであること。 **第12条の５**　法第14条第３項に規定する技術的細目のうち、同条第２項第５号に関するものは、次に掲げるものとする。 一　水道事業者の責任に関する事項として、必要に応じて、次に掲げる事項が定められていること。 イ　貯水槽水道の設置者に対する指導、助言及び勧告 ロ　貯水槽水道の利用者に対する情報提供 二　貯水槽水道の設置者の責任に関する事項として、必要に応じて、次に掲げる事項が定められていること。 イ　貯水槽水道の管理責任及び管理の基準 ロ　貯水槽水道の管理の状況に関する検査 （料金の変更の届出） **第12条の６**　法第14条第５項の規定による料金の変更の届出は、届出書に、料金の算出根拠及び経常収支の概算を記載した書類を添えて、速やかに行うものとする。

水　　道　　法	水　道　法　施　行　令	水　道　法　施　行　規　則
２　水道事業者は、当該水道により給水を受ける者に対し、常時水を供給しなければならない。ただし、第40条第１項の規定による水の供給命令を受けた場合又は災害その他正当な理由があつてやむを得ない場合には、給水区域の全部又は一部につきその間給水を停止することができる。この場合には、やむを得ない事情がある場合を除き、給水を停止しようとする区域及び期間をあらかじめ関係者に周知させる措置をとらなければならない。 ３　水道事業者は、当該水道により給水を受ける者が料金を支払わないとき、正当な理由なしに給水装置の検査を拒んだとき、その他正当な理由があるときは、前項本文の規定にかかわらず、その理由が継続する間、供給規程の定めるところにより、その者に対する給水を停止することができる。		
（給水装置の構造及び材質） **第16条**　水道事業者は、当該水道によつて水の供給を受ける者の給水装置の構造及び材質が、政令で定める基準に適合していないときは、供給規程の定めるところにより、その者の給水契約の申込を拒み、又はその者が給水装置をその基準に適合させるまでの間その者に対する給水を停止することができる。	（給水装置の構造及び材質の基準） **第６条**　法第16条の規定による給水装置の構造及び材質は、次のとおりとする。 一　配水管への取付口の位置は、他の給水装置の取付口から30センチメートル以上離れていること。 二　配水管への取付口における給水管の口径は、当該給水装置による水の使用量に比し、著しく過大でないこと。 三　配水管の水圧に影響を及ぼすおそれのあるポンプに直接連結されていないこと。 四　水圧、土圧その他の荷重に対して充分な耐力を有し、かつ、水が汚染され、又は漏れるおそれがないものであること。 五　凍結、破壊、侵食等を防止するための適当な措置が講ぜられていること。 六　当該給水装置以外の水管その他の設備に直接連結されていないこと。 七　水槽、プール、流しその他水を入れ、又は受ける器具、施設等に給水する給水装置にあつては、水の逆流を防止するための適当な措置が講ぜられていること。 ２　前項各号に規定する基準を適用するについて必要な技術的細目は、国土交通省令（浄水の水質を保持するために必要な技術的細目にあつては、国土交通省令・環境省令）（給水装置の構造及び材質の基準に関する省令（P.160））で定める。 ３　国土交通大臣は、前項の国土交通省令を制定し、又は改廃しようとするときは、環境大臣の水道により供給される水の水質の保全又は水道の衛生の見地からの意見を聴かなければならない。 ４　環境大臣は、水道により供給される水の水質の保全又は水道の衛生の見地から必要があると認めるときは、国土交通大臣に対し、第２項の国土交通省令を制定し、又は改廃することを求めることができる。	
（給水装置工事） **第16条の２**　水道事業者は、当該水道によつて水の供給を受ける者の給水装置の構造及び材質が前条の規定に基づく政令で定める基準に適合することを確保するため、当該水道事業者の給水区域において給水装置工事を適正に施行することができると認められる者の指定をすることができる。 ２　水道事業者は、前項の指定をしたときは、供給規程の定めるところにより、当該水道によつて水の供給を受ける者の給水装置が当該水道事業者又は当該指定を受けた者（以下「指定給水装置工事事業者」という。）の施行し		

水　道　法	水道法施行令	水道法施行規則
た給水装置工事に係るものであることを供給条件とすることができる。 ３　前項の場合において、水道事業者は、当該水道によつて水の供給を受ける者の給水装置が当該水道事業者又は指定給水装置工事事業者の施行した給水装置工事に係るものでないときは、供給規程の定めるところにより、その者の給水契約の申込みを拒み、又はその者に対する給水を停止することができる。ただし、国土交通省令で定める給水装置の軽微な変更であるとき、又は当該給水装置の構造及び材質が前条の規定に基づく政令で定める基準に適合していることが確認されたときは、この限りでない。		（給水装置の軽微な変更） **第13条**　法第16条の２第３項の国土交通省令で定める給水装置の軽微な変更は、単独水栓の取替え及び補修並びにこま、パッキン等給水装置の末端に設置される給水用具の部品の取替え（配管を伴わないものに限る。）とする。
（給水装置の検査） **第17条**　水道事業者は、日出後日没前に限り、その職員をして、当該水道によつて水の供給を受ける者の土地又は建物に立ち入り、給水装置を検査させることができる。ただし、人の看守し、若しくは人の住居に使用する建物又は閉鎖された門内に立ち入るときは、その看守者、居住者又はこれらに代るべき者の同意を得なければならない。 ２　前項の規定により給水装置の検査に従事する職員は、その身分を示す証明書を携帯し、関係者の請求があつたときは、これを提示しなければならない。 （検査の請求） **第18条**　水道事業によつて水の供給を受ける者は、当該水道事業者に対して、給水装置の検査及び供給を受ける水の水質検査を請求することができる。 ２　水道事業者は、前項の規定による請求を受けたときは、すみやかに検査を行い、その結果を請求者に通知しなければならない。 （水道技術管理者） **第19条**　水道事業者は、水道の管理について技術上の業務を担当させるため、水道技術管理者１人を置かなければならない。ただし、自ら水道技術管理者となることを妨げない。 ２　水道技術管理者は、次に掲げる事項に関する事務に従事し、及びこれらの事務に従事する他の職員を監督しなければならない。 一　水道施設が第５条の規定による施設基準に適合しているかどうかの検査（第22条の２第２項に規定する点検を含む。） 二　第13条第１項の規定による水質検査及び施設検査 三　給水装置の構造及び材質が第16条の政令で定める基準に適合しているかどうかの検査 四　次条第１項の規定による水質検査 五　第21条第１項の規定による健康診断 六　第22条の規定による衛生上の措置 七　第22条の３第１項の台帳の作成 八　第23条第１項の規定による給水の緊急停止 九　第37条前段の規定による給水停止		
３　水道技術管理者は、政令で定める資格（当該水道事業者が地方公共団体である場合にあつては、当該資格を参酌して当該地方公共団体の条例で定める資格）を有する者でなければならない。	（水道技術管理者の資格） **第７条**　法第19条第３項（法第31条及び第34条第１項において準用する場合を含む。）に規定する政令で定める資格は、次のとおりとする。 一　第５条の規定により簡易水道以外の水道の布設工事監督者たる資格を有する者 二　第５条第１項第１号、第３号及び第４号に規定する学校において土木工学以外の工学、理学、農学、医学若しくは薬学に関す	

水　道　法	水道法施行令	水道法施行規則
	る学科目又はこれらに相当する学科目を修めて卒業した後（学校教育法による専門職大学の前期課程にあつては、修了した後）、同項第1号に規定する学校を卒業した者については4年以上、同項第3号に規定する学校を卒業した者（同法による専門職大学の前期課程にあつては、修了した者）については6年以上、同項第4号に規定する学校を卒業した者については8年以上水道に関する技術上の実務に従事した経験を有する者 三　10年以上水道に関する技術上の実務に従事した経験を有する者 四　国土交通省令・環境省令の定めるところにより、前2号に掲げる者と同等以上の技能を有すると認められる者	（水道技術管理者の資格） **第14条**　令第7条第1項第4号の規定により同項第2号及び第3号に掲げる者と同等以上の技能を有すると認められる者は、次のとおりとする。 一　令第5条第1項第1号、第3号及び第4号に規定する学校において、工学、理学、農学、医学及び薬学に関する学科目並びにこれらに相当する学科目以外の学科目を修めて卒業した（当該学科目を修めて学校教育法に基づく専門職大学の前期課程（以下この号及び第40条第2号において「専門職大学前期課程」という。）を修了した場合を含む。）後、同項第1号に規定する学校の卒業者については5年（簡易水道及び1日最大給水量が1000立方メートル以下である専用水道（以下この号及び次号において「簡易水道等」という。）の場合は、2年6箇月）以上、同項第3号に規定する学校の卒業者（専門職大学前期課程の修了者を含む。次号において同じ。）については7年（簡易水道等の場合は、3年6箇月）以上、同項第4号に規定する学校の卒業者については9年（簡易水道等の場合は、4年6箇月）以上水道に関する技術上の実務に従事した経験を有する者 二　外国の学校において、令第7条第1項第2号に規定する学科目又は前号に規定する学科目に相当する学科目を、それぞれ当該各号に規定する学校において修得する程度と同等以上に修得した後、それぞれ当該各号の卒業者ごとに規定する最低経験年数（簡易水道等の場合は、それぞれ当該各号の卒業者ごとに規定する最低経験年数の2分の1）以上水道に関する技術上の実務に従事した経験を有する者 三　国土交通大臣及び環境大臣の登録を受けた者が行う水道の管理に関する講習（以下「登録講習」という。）の課程を修了した者
	2　簡易水道又は1日最大給水量が1000立方メートル以下である専用水道については、前項第1号中「簡易水道以外の水道」とあるのは「簡易水道」と、同項第2号中「4年以上」とあるのは「2年以上」と、「6年以上」とあるのは「3年以上」と、「8年以上」とあるのは「4年以上」と、同項第3号中「10年以上」とあるのは「5年以上」とそれぞれ読み替えるものとする。 **（読替え後の第7条第1項）** *（水道技術管理者の資格）* ***第7条***　*法第19条第3項（法第31条及び第34条第1項において準用する場合を含む。）に規定する政令で定める資格は、次のとおりとする。* *一　第5条の規定により*~~*簡易水道以外の水*~~	

水　　道　　法	水道法施行令	水道法施行規則
	道簡易水道の布設工事監督者たる資格を有する者 二　第５条第１項第１号、第３号及び第４号に規定する学校において土木工学以外の工学、理学、農学、医学若しくは薬学に関する学科目又はこれらに相当する学科目を修めて卒業した後（学校教育法による専門職大学の前期課程にあつては、修了した後）、同項第１号に規定する学校を卒業した者については~~４年以上~~２年以上、同項第３号に規定する学校を卒業した者（同法による専門職大学の前期課程にあつては、修了した者）については~~６年以上~~３年以上、同項第４号に規定する学校を卒業した者については~~８年以上~~４年以上水道に関する技術上の実務に従事した経験を有する者 三　~~10年以上~~５年以上水道に関する技術上の実務に従事した経験を有する者	（登録） **第14条の２**　前条第３号の登録は、登録講習を行おうとする者の申請により行う。 ２　前条第３号の登録を受けようとする者は、次に掲げる事項を記載した申請書を国土交通大臣及び環境大臣に提出しなければならない。 一　申請者の氏名又は名称並びに法人にあつては、その代表者の氏名 二　登録講習を行おうとする主たる事務所の名称及び所在地 三　登録講習を開始しようとする年月日 ３　前項の申請書には、次に掲げる書類を添付しなければならない。 一　申請者が個人である場合は、その住民票の写し 二　申請者が法人である場合は、その定款及び登記事項証明書 三　申請者が次条各号の規定に該当しないことを説明した書類 四　講師の氏名、職業及び略歴 五　学科講習の科目及び時間数 六　実務講習の実施方法及び期間 七　登録講習の業務以外の業務を行つている場合には、その業務の種類及び概要を記載した書類 八　その他参考となる事項を記載した書類 （欠格条項） **第14条の３**　次の各号のいずれかに該当する者は、第14条第３号の登録を受けることができない。 一　法又は法に基づく命令に違反し、罰金以上の刑に処せられ、その執行を終わり、又は執行を受けることがなくなつた日から２年を経過しない者 二　第14条の13の規定により第14条第３号の登録を取り消され、その取消しの日から２年を経過しない者 三　法人であつて、その業務を行う役員のうちに前２号のいずれかに該当する者がある者 （登録基準） **第14条の４**　国土交通大臣及び環境大臣は、第14条の２の規定により登録を申請した者が次に掲げる要件のすべてに適合しているときは、その登録をしなければならない。 一　学科講習の科目及び時間数は、次のとおりであること。 イ　水道行政　　　　　２時間以上

水道法	水道法施行令	水道法施行規則
		ロ　公衆衛生・衛生管理　２時間以上 ハ　水道経営　３時間以上 ニ　水道基礎工学概論　21時間以上 ホ　水質管理　12時間以上 ヘ　水道施設管理　33時間以上 二　学科講習の講師が次のいずれかに該当するものであること。 イ　学校教育法に基づく大学若しくは高等専門学校において前号に掲げる科目に相当する学科を担当する教授、准教授若しくは講師の職にある者又はこれらの職にあつた者 ロ　法第３条第２項に規定する水道事業又は同条第４項に規定する水道用水供給事業に関する実務に10年以上従事した経験を有する者 ハ　イ又はロに掲げる者と同等以上の知識及び経験を有すると認められる者 三　水道施設の技術的基準を定める省令（平成12年厚生省令第15号）第５条に適合する濾過設備を有する水道施設において、15日間以上の実務講習（１日につき５時間以上実施されるものに限る。）が行われること。 ２　登録は、登録講習機関登録簿に次に掲げる事項を記載してするものとする。 一　登録年月日及び登録番号 二　登録を受けた者の氏名又は名称及び住所並びに法人にあつては、その代表者の氏名 三　登録を受けた者が登録講習を行う主たる事業所の名称及び所在地 （登録の更新） **第14条の５**　第14条第３号の登録は、５年ごとにその更新を受けなければ、その期間の経過によつて、その効力を失う。 ２　前３条の規定は、前項の登録の更新について準用する。 （実施義務） **第14条の６**　第14条第３号の登録を受けた者（以下「登録講習機関」という。）は、正当な理由がある場合を除き、毎事業年度、次に掲げる事項を記載した登録講習の実施に関する計画を作成し、これに従つて公正に登録講習を行わなければならない。 一　学科講習の実施時期、実施場所、科目、時間及び受講定員に関する事項 二　実務講習の実施時期、実施場所及び受講定員に関する事項 ２　登録講習機関は、毎事業年度の開始前に、前項の規定により作成した計画を国土交通大臣及び環境大臣に届け出なければならない。これを変更しようとするときも、同様とする。 （変更の届出） **第14条の７**　登録講習機関は、その氏名若しくは名称又は住所の変更をしようとするときは、変更しようとする日の２週間前までに、その旨を国土交通大臣及び環境大臣に届け出なければならない。 （業務規程） **第14条の８**　登録講習機関は、登録講習の業務の開始前に、次に掲げる事項を記載した登録講習の業務に関する規程を定め、国土交通大臣及び環境大臣に届け出なければならない。これを変更しようとするときも、同様とする。 一　登録講習の受講申請に関する事項 二　登録講習の受講手数料に関する事項 三　前号の手数料の収納の方法に関する事項

水　道　法	水道法施行令	水道法施行規則
		四　登録講習の講師の選任及び解任に関する事項 五　登録講習の修了証書の交付及び再交付に関する事項 六　登録講習の業務に関する帳簿及び書類の保存に関する事項 七　第14条の10第２項第２号及び第４号の請求に係る費用に関する事項 八　前各号に掲げるもののほか、登録講習の実施に関し必要な事項 （業務の休廃止） **第14条の９**　登録講習機関は、登録講習の業務の全部又は一部を休止し、又は廃止しようとするときは、あらかじめ、次に掲げる事項を国土交通大臣及び環境大臣に届け出なければならない。 一　休止又は廃止の理由及びその予定期日 二　休止しようとする場合にあつては、休止の予定期間 （財務諸表等の備付け及び閲覧等） **第14条の10**　登録講習機関は、毎事業年度経過後３月以内に、その事業年度の財産目録、貸借対照表及び損益計算書又は収支計算書並びに事業報告書（その作成に代えて電磁的記録（電子的方式、磁気的方式その他の人の知覚によつては認識することができない方式で作られる記録であつて、電子計算機による情報処理の用に供されるものをいう。以下同じ。）の作成がされている場合における当該電磁的記録を含む。次項において「財務諸表等」という。）を作成し、５年間事務所に備えて置かなければならない。 ２　登録講習を受験しようとする者その他の利害関係人は、登録講習機関の業務時間内は、いつでも、次に掲げる請求をすることができる。ただし、第２号又は第４号の請求をするには、登録講習機関の定めた費用を支払わなければならない。 一　財務諸表等が書面をもつて作成されているときは、当該書面の閲覧又は謄写の請求 二　前号の書面の謄本又は抄本の請求 三　財務諸表等が電磁的記録をもつて作成されているときは、当該電磁的記録に記録された事項を紙面又は出力装置の映像面に表示する方法により表示したものの閲覧又は謄写の請求 四　前号の電磁的記録に記録された事項を電磁的方法であつて次のいずれかのものにより提供することの請求又は当該事項を記載した書面の交付の請求 イ　送信者の使用に係る電子計算機と受信者の使用に係る電子計算機とを電気通信回線で接続した電子情報処理組織を使用する方法であつて、当該電気通信回線を通じて情報が送信され、受信者の使用に係る電子計算機に備えられたファイルに当該情報が記録されるもの ロ　電磁的記録媒体（電磁的記録に係る記録媒体をいう。以下同じ。）をもつて調製するファイルに情報を記録したものを交付する方法 （適合命令） **第14条の11**　国土交通大臣及び環境大臣は、登録講習機関が第14条の４第１項各号のいずれかに適合しなくなつたと認めるときは、その登録講習機関に対し、これらの規定に適合するため必要な措置をとるべきことを命ずることができる。

水道法	水道法施行令	水道法施行規則
（水質検査） **第20条**　水道事業者は、環境省令の定めるところにより、定期及び臨時の水質検査を行わなければならない。		（改善命令） **第14条の12**　国土交通大臣及び環境大臣は、登録講習機関が第14条の６第１項の規定に違反していると認めるときは、その登録講習機関に対し、登録講習を行うべきこと又は登録講習の実施方法その他の業務の方法の改善に関し必要な措置をとるべきことを命ずることができる。 （登録の取消し等） **第14条の13**　国土交通大臣及び環境大臣は、登録講習機関が次の各号のいずれかに該当するときは、その登録を取り消し、又は期間を定めて登録講習の業務の全部若しくは一部の停止を命ずることができる。 一　第14条の３第１号又は第３号に該当するに至つたとき。 二　第14条の６第２項、第14条の７から第14条の９まで、第14条の10第１項又は次条の規定に違反したとき。 三　正当な理由がないのに第14条の10第２項各号の規定による請求を拒んだとき。 四　第14条の11又は前条の規定による命令に違反したとき。 五　不正の手段により第14条第３号の登録を受けたとき。 （帳簿の備付け） **第14条の14**　登録講習機関は、次に掲げる事項を記載した帳簿を備え、登録講習の業務を廃止するまでこれを保存しなければならない。 一　学科講習、実務講習ごとの講習実施年月日、実施場所、参加者氏名及び住所 二　学科講習の講師の氏名 三　講習修了者の氏名、生年月日及び修了年月日 （報告の徴収） **第14条の15**　国土交通大臣及び環境大臣は、登録講習の実施のため必要な限度において、登録講習機関に対し、登録講習事務又は経理の状況に関し報告させることができる。 （公示） **第14条の16**　国土交通大臣及び環境大臣は、次の場合には、その旨を公示しなければならない。 一　第14条第３号の登録をしたとき。 二　第14条の７の規定による届出があつたとき。 三　第14条の９の規定による届出があつたとき。 四　第14条の13の規定により第14条第３号の登録を取り消し、又は登録講習の業務の停止を命じたとき。 （定期及び臨時の水質検査） **第15条**　法第20条第１項の規定により行う定期の水質検査は、次に掲げるところにより行うものとする。 一　次に掲げる検査を行うこと。 イ　１日１回以上行う色及び濁り並びに消毒の残留効果に関する検査 ロ　第３号に定める回数以上行う水質基準に関する省令の表（以下この項及び次項において「基準の表」という。）の上欄に掲げる事項についての検査 二　検査に供する水（以下「試料」という。）の採取の場所は、給水栓を原則とし、水道施設の構造等を考慮して、当該水道により供給される水が水質基準に適合するかどうかを判断することができる場所を選定すること。ただし、基準の表中３の項から５の

水　道　法	水道法施行令	水道法施行規則
		項まで、7の項、9の項、11の項から20の項まで、36の項、39の項から41の項まで、44の項及び45の項の上欄に掲げる事項については、送水施設及び配水施設内で濃度が上昇しないことが明らかであると認められる場合にあつては、給水栓のほか、浄水施設の出口、送水施設又は配水施設のいずれかの場所を採取の場所として選定することができる。 三　第1号ロの検査の回数は、次に掲げるところによること。 イ　基準の表中1の項、2の項、38の項及び46の項から51の項までの上欄に掲げる事項に関する検査については、おおむね1箇月に1回以上とすること。ただし、同表中38の項及び46の項から51の項までの上欄に掲げる事項に関する検査については、水道により供給される水に係る当該事項について連続的に計測及び記録がなされている場合にあつては、おおむね3箇月に1回以上とすることができる。 ロ　基準の表中42の項及び43の項の上欄に掲げる事項に関する検査については、水源における当該事項を産出する藻類の発生が少ないものとして、当該事項について検査を行う必要がないことが明らかであると認められる期間を除き、おおむね1箇月に1回以上とすること。 ハ　基準の表中3の項から37の項まで、39の項から41の項まで、44の項及び45の項の上欄に掲げる事項に関する検査については、おおむね3箇月に1回以上とすること。ただし、同表中3の項から9の項まで、11の項から20の項まで、32の項から37の項まで、39の項から41の項まで、44の項及び45の項の上欄に掲げる事項に関する検査については、水源に水又は汚染物質を排出する施設の設置の状況等から原水の水質が大きく変わるおそれが少ないと認められる場合（過去3年間において水源の種別、取水地点又は浄水方法を変更した場合を除く。）であつて、過去3年間における当該事項についての検査の結果がすべて当該事項に係る水質基準値（基準の表の下欄に掲げる許容限度の値をいう。以下この項において「基準値」という。）の5分の1以下であるときは、おおむね1年に1回以上と、過去3年間における当該事項についての検査の結果がすべて基準値の10分の1以下であるときは、おおむね3年に1回以上とすることができる。 四　次の表の上欄に掲げる事項に関する検査は、当該事項についての過去の検査の結果が基準値の2分の1を超えたことがなく、かつ、同表の下欄に掲げる事項を勘案してその全部又は一部を行う必要がないことが明らかであると認められる場合は、第1号及び前号の規定にかかわらず、省略することができること。

基準の表中3の項から5の項まで、7の項、12の項、13の項（海水を原水とする場合を除く。）、26の項（浄水処理にオゾン処理を用いる場合	原水並びに水源及びその周辺の状況

水　道　法	水 道 法 施 行 令	水 道 法 施 行 規 則

及び消毒に次亜塩素酸を用いる場合を除く。）、36の項、37の項、39の項から41の項まで、44の項及び45の項の上欄に掲げる事項	
基準の表中６の項、８の項及び32の項から35の項までの上欄に掲げる事項	原水、水源及びその周辺の状況並びに水道施設の技術的基準を定める省令（平成12年厚生省令第15号）第１条第14号の薬品等及び同条第17号の資機材等の使用状況
基準の表中14の項から20の項までの上欄に掲げる事項	原水並びに水源及びその周辺の状況（地下水を水源とする場合は、近傍の地域における地下水の状況を含む。）
基準の表中42の項及び43の項の上欄に掲げる事項	原水並びに水源及びその周辺の状況（湖沼等水が停滞しやすい水域を水源とする場合は、上欄に掲げる事項を産出する藻類の発生状況を含む。）

2　法第20条第１項の規定により行う臨時の水質検査は、次に掲げるところにより行うものとする。
一　水道により供給される水が水質基準に適合しないおそれがある場合に基準の表の上欄に掲げる事項について検査を行うこと。
二　試料の採取の場所に関しては、前項第２号の規定の例によること。
三　基準の表中１の項、２の項、38の項及び46の項から51の項までの上欄に掲げる事項以外の事項に関する検査は、その全部又は一部を行う必要がないことが明らかであると認められる場合は、第１号の規定にかかわらず、省略することができること。

3　第１項第１号ロの検査及び第２項の検査は、水質基準に関する省令に規定する環境大臣が定める方法によつて行うものとする。

4　第１項第１号イの検査のうち色及び濁りに関する検査は、同号ロの規定により色度及び濁度に関する検査を行つた日においては、行うことを要しない。

5　第１項第１号ロの検査は、第２項の検査を行つた月においては、行うことを要しない。

6　水道事業者は、毎事業年度の開始前に第１項及び第２項の検査の計画（以下「水質検査計画」という。）を策定しなければならない。

7　水質検査計画には、次に掲げる事項を記載しなければならない。
一　水質管理において留意すべき事項のうち水質検査計画に係るもの
二　第１項の検査を行う項目については、当

水道法	水道法施行令	水道法施行規則
		該項目、採水の場所、検査の回数及びその理由 三　第１項の検査を省略する項目については、当該項目及びその理由 四　第２項の検査に関する事項 五　法第20条第３項の規定により水質検査を委託する場合における当該委託の内容 六　その他水質検査の実施に際し配慮すべき事項
2　水道事業者は、前項の規定による水質検査を行つたときは、これに関する記録を作成し、水質検査を行つた日から起算して５年間、これを保存しなければならない。		
3　水道事業者は、第１項の規定による水質検査を行うため、必要な検査施設を設けなければならない。ただし、当該水質検査を、国土交通省令の定めるところにより、地方公共団体の機関又は国土交通大臣及び環境大臣の登録を受けた者に委託して行うときは、この限りでない。		8　法第20条第３項ただし書（法第31条及び法第34条第１項において準用する場合を含む。）の規定により、水道事業者が第１項及び第２項の検査を地方公共団体の機関又は登録水質検査機関（以下この項において「水質検査機関」という。）に委託して行うときは、次に掲げるところにより行うものとする。 一　委託契約は、書面により行い、当該委託契約書には、次に掲げる事項（第２項の検査のみを委託する場合にあつては、ロ及びへを除く。）を含むこと。 イ　委託する水質検査の項目 ロ　第１項の検査の時期及び回数 ハ　委託に係る料金（以下この項において「委託料」という。） ニ　試料の採取又は運搬を委託するときは、その採取又は運搬の方法 ホ　水質検査の結果の根拠となる書類 ヘ　第２項の検査の実施の有無 二　委託契約書をその契約の終了の日から５年間保存すること。 三　委託料が受託業務を遂行するに足りる額であること。 四　試料の採取又は運搬を水質検査機関に委託するときは、その委託を受ける水質検査機関は、試料の採取又は運搬及び水質検査を速やかに行うことができる水質検査機関であること。 五　試料の採取又は運搬を水道事業者が自ら行うときは、当該水道事業者は、採取した試料を水質検査機関に速やかに引き渡すこと。 六　水質検査の実施状況を第１号ホに規定する書類又は調査その他の方法により確認すること。
（登録） **第20条の２**　前条第３項の登録は、国土交通省令・環境省令で定めるところにより、水質検査を行おうとする者の申請により行う。		（登録の申請） **第15条の２**　法第20条の２の登録の申請をしようとする者は、様式第13による申請書に次に掲げる書類を添えて、国土交通大臣及び環境大臣に提出しなければならない。 一　申請者が個人である場合は、その住民票の写し 二　申請者が法人である場合は、その定款及び登記事項証明書 三　申請者が法第20条の３各号の規定に該当しないことを説明した書類 四　法第20条の４第１項第１号の必要な検査施設を有していることを示す次に掲げる書類 イ　試料及び水質検査に用いる機械器具の汚染を防止するために必要な設備並びに適切に区分されている検査室を有していることを説明した書類（検査室を撮影した写真並びに縮尺及び寸法を記載した平面図を含む。）

水道法	水道法施行令	水道法施行規則
（欠格条項） **第20条の３**　次の各号のいずれかに該当する者は、第20条第３項の登録を受けることができない。 一　この法律又はこの法律に基づく命令に違反し、罰金以上の刑に処せられ、その執行を終わり、又は執行を受けることがなくなつた日から２年を経過しない者 二　第20条の13の規定により登録を取り消され、その取消しの日から２年を経過しない者 三　法人であつて、その業務を行う役員のうちに前２号のいずれかに該当する者があるもの （登録基準） **第20条の４**　国土交通大臣及び環境大臣は、第20条の２の規定により登録を申請した者が次に掲げる要件の全てに適合しているときは、その登録をしなければならない。 一　第20条第１項に規定する水質検査を行うために必要な検査施設を有し、これを用いて水質検査を行うものであること。 二　別表第１に掲げるいずれかの条件に適合する知識経験を有する者が水質検査を実施し、その人数が５名以上であること。 三　次に掲げる水質検査の信頼性の確保のための措置がとられていること。		ロ　次に掲げる水質検査を行うための機械器具に関する書類 (1)　前条第１項第１号の水質検査の項目ごとに水質検査に用いる機械器具の名称及びその数を記載した書類 (2)　水質検査に用いる機械器具ごとの性能を記載した書類 (3)　水質検査に用いる機械器具ごとの所有又は借入れの別について説明した書類（借り入れている場合は、当該機械器具に係る借入れの期限を記載すること。） (4)　水質検査に用いる機械器具ごとに撮影した写真 五　法第20条の４第１項第２号の水質検査を実施する者（以下「検査員」という。）の氏名及び略歴 六　法第20条の４第１項第３号イに規定する部門（以下「水質検査部門」という。）及び同号ハに規定する専任の部門（以下「信頼性確保部門」という。）が置かれていることを説明した書類 七　法第20条の４第１項第３号ロに規定する文書として、第15条の４第６号に規定する標準作業書及び同条第７号イからルまでに掲げる文書 八　水質検査を行う区域内の場所と水質検査を行う事業所との間の試料の運搬の経路及び方法並びにその運搬に要する時間を説明した書類 九　次に掲げる事項を記載した書面 イ　検査員の氏名及び担当する水質検査の区分 ロ　法第20条の４第１項第３号イの管理者（以下「水質検査部門管理者」という。）の氏名及び第15条の４第３号に規定する検査区分責任者の氏名 ハ　第15条の４第４号に規定する信頼性確保部門管理者の氏名 ニ　水質検査を行う項目ごとの定量下限値 ホ　現に行つている事業の概要

水道法	水道法施行令	水道法施行規則
イ　水質検査を行う部門に専任の管理者が置かれていること。 ロ　水質検査の業務の管理及び精度の確保に関する文書が作成されていること。 ハ　ロに掲げる文書に記載されたところに従い、専ら水質検査の業務の管理及び精度の確保を行う部門が置かれていること。 ２　登録は、水質検査機関登録簿に次に掲げる事項を記載してするものとする。 一　登録年月日及び登録番号 二　登録を受けた者の氏名又は名称及び住所並びに法人にあつては、その代表者の氏名 三　登録を受けた者が水質検査を行う区域及び登録を受けた者が水質検査を行う事業所の所在地		
（登録の更新） **第20条の５**　第20条第３項の登録は、３年を下らない政令で定める期間ごとにその更新を受けなければ、その期間の経過によつて、その効力を失う。	（登録水質検査機関等の登録の有効期間） **第８条**　法第20条の５第１項（法第34条の４において準用する場合を含む。）の政令で定める期間は、３年とする。	（登録の更新） **第15条の３**　法第20条の５第１項の登録の更新を申請しようとする者は、様式第14による申請書に次に掲げる書類を添えて、国土交通大臣及び環境大臣に提出しなければならない。 一　前条各号に掲げる書類（同条第７号に掲げる文書にあつては、変更がある事項に係る新旧の対照を明示すること。） 二　直近の３事業年度の各事業年度における水質検査を受託した実績を記載した書類
２　前３条の規定は、前項の登録の更新について準用する。		
（準用後の第20条の２） （登録の更新） **第20条の２**　~~前条第３項~~第20条の５第１項の登録の更新は、国土交通省令・環境省令で定めるところにより、水質検査を行おうとする者の申請により行う。		（登録の更新の申請） **第15条の２**　~~法第20条の２~~法第20条の５第１項の登録の更新の申請をしようとする者は、~~様式第13~~様式第14による申請書に次に掲げる書類を添えて、国土交通大臣及び環境大臣に提出しなければならない。 一　申請者が個人である場合は、その住民票の写し 二　申請者が法人である場合は、その定款及び登記事項証明書 三　申請者が法第20条の３各号の規定に該当しないことを説明した書類 四　法第20条の４第１項第１号の必要な検査施設を有していることを示す次に掲げる書類 イ　試料及び水質検査に用いる機械器具の汚染を防止するために必要な設備並びに適切に区分されている検査室を有していることを説明した書類（検査室を撮影した写真並びに縮尺及び寸法を記載した平面図を含む。） ロ　次に掲げる水質検査を行うための機械器具に関する書類 (1)　前条第１項第１号の水質検査の項目ごとに水質検査に用いる機械器具の名称及びその数を記載した書類 (2)　水質検査に用いる機械器具ごとの性能を記載した書類 (3)　水質検査に用いる機械器具ごとの所有又は借入れの別について説明した書類（借り入れている場合は、当該機械器具に係る借入れの期限を記載すること。） (4)　水質検査に用いる機械器具ごとに撮影した写真 五　法第20条の４第１項第２号の水質検査を実施する者（以下「検査員」という。）の氏名及び略歴 六　法第20条の４第１項第３号イに規定する部門（以下「水質検査部門」という。）

水道法	水道法施行令	水道法施行規則
（準用後の第20条の３） （欠格条項） **第20条の３**　次の各号のいずれかに該当する者は、~~第20条第３項~~第20条の５第１項の登録の更新を受けることができない。 一　この法律又はこの法律に基づく命令に違反し、罰金以上の刑に処せられ、その執行を終わり、又は執行を受けることがなくなつた日から２年を経過しない者 二　第20条の13の規定により登録を取り消され、その取消しの日から２年を経過しない者 三　法人であつて、その業務を行う役員のうちに前２号のいずれかに該当する者があるもの （準用後の第20条の４） （登録の更新基準） **第20条の４**　国土交通大臣及び環境大臣は、~~第20条の２~~第20条の５第１項の規定により登録の更新を申請した者が次に掲げる要件の全てに適合しているときは、その登録の更新をしなければならない。 一　第20条第１項に規定する水質検査を行うために必要な検査施設を有し、これを用いて水質検査を行うものであること。 二　別表第１に掲げるいずれかの条件に適合する知識経験を有する者が水質検査を実施し、その人数が５名以上であること。 三　次に掲げる水質検査の信頼性の確保のための措置がとられていること。 イ　水質検査を行う部門に専任の管理者が置かれていること。 ロ　水質検査の業務の管理及び精度の確保に関する文書が作成されていること。 ハ　ロに掲げる文書に記載されたところに従い、専ら水質検査の業務の管理及び精度の確保を行う部門が置かれていること。 ２　登録の更新は、水質検査機関登録簿に次に掲げる事項を記載してするものとする。 一　登録の更新年月日及び登録の更新番号 二　登録の更新を受けた者の氏名又は名称及び住所並びに法人にあつては、その代表者の氏名 三　登録の更新を受けた者が水質検査を行		及び同号ハに規定する専任の部門（以下「信頼性確保部門」という。）が置かれていることを説明した書類 七　法第20条の４第１項第３号ロに規定する文書として、第15条の４第６号に規定する標準作業書及び同条第７号イからルまでに掲げる文書 八　水質検査を行う区域内の場所と水質検査を行う事業所との間の試料の運搬の経路及び方法並びにその運搬に要する時間を説明した書類 九　次に掲げる事項を記載した書面 イ　検査員の氏名及び担当する水質検査の区分 ロ　法第20条の４第１項第３号イの管理者（以下「水質検査部門管理者」という。）の氏名及び第15条の４第３号に規定する検査区分責任者の氏名 ハ　第15条の４第４号に規定する信頼性確保部門管理者の氏名 ニ　水質検査を行う項目ごとの定量下限値 ホ　現に行つている事業の概要

水道法	水道法施行令	水道法施行規則
う区域及び登録の更新を受けた者が水質検査を行う事業所の所在地 （受託義務等） **第20条の６**　第20条第３項の登録を受けた者（以下「登録水質検査機関」という。）は、同項の水質検査の委託の申込みがあつたときは、正当な理由がある場合を除き、その受託を拒んではならない。 ２　登録水質検査機関は、公正に、かつ、国土交通省令・環境省令で定める方法により水質検査を行わなければならない。		（検査の方法） **第15条の４**　法第20条の６第２項の国土交通省令・環境省令で定める方法は、次のとおりとする。 一　水質基準に関する省令の表の上欄に掲げる事項の検査は、同令に規定する環境大臣が定める方法により行うこと。 二　精度管理（検査に従事する者の技能水準の確保その他の方法により検査の精度を適正に保つことをいう。以下同じ。）を定期的に実施するとともに、外部精度管理調査（国又は都道府県その他の適当と認められる者が行う精度管理に関する調査をいう。以下同じ。）を定期的に受けること。 三　水質検査部門管理者は、次に掲げる業務を行うこと。ただし、ハについては、あらかじめ検査員の中から理化学的検査及び生物学的検査の区分ごとに指定した者（以下「検査区分責任者」という。）に行わせることができるものとする。 イ　水質検査部門の業務を統括すること。 ロ　次号ハの規定により報告を受けた文書に従い、当該業務について速やかに是正処置を講ずること。 ハ　水質検査について第６号に規定する標準作業書に基づき、適切に実施されていることを確認し、標準作業書から逸脱した方法により水質検査が行われた場合には、その内容を評価し、必要な措置を講ずること。 ニ　その他必要な業務 四　信頼性確保部門につき、次に掲げる業務を自ら行い、又は業務の内容に応じてあらかじめ指定した者に行わせる者（以下「信頼性確保部門管理者」という。）が置かれていること。 イ　第７号ヘの文書に基づき、水質検査の業務の管理について内部監査を定期的に行うこと。 ロ　第７号トの文書に基づく精度管理を定期的に実施するための事務、外部精度管理調査を定期的に受けるための事務及び日常業務確認調査（国、水道事業者、水道用水供給事業者及び専用水道の設置者が行う水質検査の業務の確認に関する調査をいう。以下同じ。）を受けるための事務を行うこと。 ハ　イの内部監査並びにロの精度管理、外部精度管理調査及び日常業務確認調査の結果（是正処置が必要な場合にあつては、当該是正処置の内容を含む。）を水質検査部門管理者に対して文書により報告するとともに、その記録を法第20条の14の帳簿に記載すること。 ニ　その他必要な業務 五　水質検査部門管理者及び信頼性確保部門管理者が登録水質検査機関の役員又は当該部門を管理する上で必要な権限を有する者

水道法	水道法施行令	水道法施行規則

（水道法施行規則）

であること。

六　次の表に定めるところにより、標準作業書を作成し、これに基づき検査を実施すること。

作成すべき標準作業書の種類	記載すべき事項
検査実施標準作業書	一　水質検査の項目及び項目ごとの分析方法の名称 二　水質検査の項目ごとに記載した試薬、試液、培地、標準品及び標準液（以下「試薬等」という。）の選択並びに調製の方法、試料の調製の方法並びに水質検査に用いる機械器具の操作の方法 三　水質検査に当たつての注意事項 四　水質検査により得られた値の処理の方法 五　水質検査に関する記録の作成要領 六　作成及び改定年月日
試料取扱標準作業書	一　試料の採取の方法 二　試料の運搬の方法 三　試料の受領の方法 四　試料の管理の方法 五　試料の管理に関する記録の作成要領 六　作成及び改定年月日
試薬等管理標準作業書	一　試薬等の容器にすべき表示の方法 二　試薬等の管理に関する注意事項 三　試薬等の管理に関する記録の作成要領 四　作成及び改定年月日
機械器具保守管理標準作業書	一　機械器具の名称 二　常時行うべき保守点検の方法 三　定期的な保守点検に関する計画 四　故障が起こつた場合の対応の方法 五　機械器具の保守管理に関する記録の作成要領 六　作成及び改定年月日

七　次に掲げる文書を作成すること。
　イ　組織内の各部門の権限、責任及び相互関係等について記載した文書
　ロ　文書の管理について記載した文書
　ハ　記録の管理について記載した文書
　ニ　教育訓練について記載した文書
　ホ　不適合業務及び是正処置等について記載した文書
　ヘ　内部監査の方法を記載した文書
　ト　精度管理の方法及び外部精度管理調査を定期的に受けるための計画を記載した文書
　チ　水質検査結果書の発行の方法を記載した文書

水道法	水道法施行令	水道法施行規則
		リ　受託の方法を記載した文書 ヌ　物品の購入の方法を記載した文書 ル　その他水質検査の業務の管理及び精度の確保に関する事項を記載した文書
（変更の届出） **第20条の７**　登録水質検査機関は、氏名若しくは名称、住所、水質検査を行う区域又は水質検査を行う事業所の所在地を変更しようとするときは、変更しようとする日の２週間前までに、その旨を国土交通大臣及び環境大臣に届け出なければならない。		（変更の届出） **第15条の５**　法第20条の７の規定により変更の届出をしようとする者は、様式第15による届出書を国土交通大臣及び環境大臣に提出しなければならない。 ２　水質検査を行う区域又は水質検査を行う事業所の所在地の変更を行う場合に提出する前項の届出書には、第15条の２第８号に掲げる書類を添えなければならない。
（業務規程） **第20条の８**　登録水質検査機関は、水質検査の業務に関する規程（以下「水質検査業務規程」という。）を定め、水質検査の業務の開始前に、国土交通大臣及び環境大臣に届け出なければならない。これを変更しようとするときも、同様とする。 ２　水質検査業務規程には、水質検査の実施方法、水質検査に関する料金その他の国土交通省令・環境省令で定める事項を定めておかなければならない。		（水質検査業務規程） **第15条の６**　法第20条の８第２項の国土交通省令・環境省令で定める事項は、次のとおりとする。 一　水質検査の業務の実施及び管理の方法に関する事項 二　水質検査の業務を行う時間及び休日に関する事項 三　水質検査の委託を受けることができる件数の上限に関する事項 四　水質検査の業務を行う事業所の場所に関する事項 五　水質検査に関する料金及びその収納の方法に関する事項 六　水質検査部門管理者及び信頼性確保部門管理者の氏名並びに検査員の名簿 七　水質検査部門管理者及び信頼性確保部門管理者の選任及び解任に関する事項 八　法第20条の10第２項第２号及び第４号の請求に係る費用に関する事項 九　前各号に掲げるもののほか、水質検査の業務に関し必要な事項 ２　登録水質検査機関は、法第20条の８第１項前段の規定により水質検査業務規程の届出をしようとするときは、様式第16による届出書に次に掲げる書類を添えて、国土交通大臣及び環境大臣に提出しなければならない。 一　前項第３号の規定により定める水質検査の委託を受けることができる件数の上限の設定根拠を明らかにする書類 二　前項第５号の規定により定める水質検査に関する料金の算出根拠を明らかにする書類 ３　登録水質検査機関は、法第20条の８第１項後段の規定により水質検査業務規程の変更の届出をしようとするときは、様式第16の２による届出書に前項各号に掲げる書類を添えて、国土交通大臣及び環境大臣に提出しなければならない。ただし、第１項第３号及び第５号に定める事項（水質検査に関する料金の収納の方法に関する事項を除く。）の変更を行わない場合には、前項各号に掲げる書類を添えることを要しない。
（業務の休廃止） **第20条の９**　登録水質検査機関は、水質検査の業務の全部又は一部を休止し、又は廃止しようとするときは、休止又は廃止しようとする日の２週間前までに、その旨を国土交通大臣		（業務の休廃止の届出） **第15条の７**　登録水質検査機関は、法第20条の９の規定により水質検査の業務の全部又は一部の休止又は廃止の届出をしようとするときは、様式第16の３による届出書を国土交通大

水道法	水道法施行令	水道法施行規則
及び環境大臣に届け出なければならない。		臣及び環境大臣に提出しなければならない。
（財務諸表等の備付け及び閲覧等） **第20条の10**　登録水質検査機関は、毎事業年度経過後３月以内に、その事業年度の財産目録、貸借対照表及び損益計算書又は収支計算書並びに事業報告書（その作成に代えて電磁的記録（電子的方式、磁気的方式その他の人の知覚によつては認識することができない方式で作られる記録であつて、電子計算機による情報処理の用に供されるものをいう。以下同じ。）の作成がされている場合における当該電磁的記録を含む。次項において「財務諸表等」という。）を作成し、５年間事業所に備えて置かなければならない。 ２　水道事業者その他の利害関係人は、登録水質検査機関の業務時間内は、いつでも、次に掲げる請求をすることができる。ただし、第２号又は第４号の請求をするには、登録水質検査機関の定めた費用を支払わなければならない。 一　財務諸表等が書面をもつて作成されているときは、当該書面の閲覧又は謄写の請求 二　前号の書面の謄本又は抄本の請求		
三　財務諸表等が電磁的記録をもつて作成されているときは、当該電磁的記録に記録された事項を国土交通省令・環境省令で定める方法により表示したものの閲覧又は謄写の請求		（電磁的記録に記録された情報の内容を表示する方法） **第15条の８**　法第20条の10第２項第３号の国土交通省令・環境省令で定める方法は、当該電磁的記録に記録された事項を紙面又は出力装置の映像面に表示する方法とする。
四　前号の電磁的記録に記録された事項を電磁的方法であつて国土交通省令・環境省令で定めるものにより提供することの請求又は当該事項を記載した書面の交付の請求		（情報通信の技術を利用する方法） **第15条の９**　法第20条の10第２項第４号に規定する国土交通省令・環境省令で定める電磁的方法は、次の各号に掲げるもののうちいずれかの方法とする。 一　送信者の使用に係る電子計算機と受信者の使用に係る電子計算機とを電気通信回線で接続した電子情報処理組織を使用する方法であつて、当該電気通信回線を通じて情報が送信され、受信者の使用に係る電子計算機に備えられたファイルに当該情報が記録されるもの 二　電磁的記録媒体をもつて調製するファイルに情報を記録したものを交付する方法
（適合命令） **第20条の11**　国土交通大臣及び環境大臣は、登録水質検査機関が第20条の４第１項各号のいずれかに適合しなくなつたと認めるときは、その登録水質検査機関に対し、これらの規定に適合するため必要な措置をとるべきことを命ずることができる。 （改善命令） **第20条の12**　国土交通大臣及び環境大臣は、登録水質検査機関が第20条の６第１項又は第２項の規定に違反していると認めるときは、その登録水質検査機関に対し、水質検査を受託すべきこと又は水質検査の方法その他の業務の方法の改善に関し必要な措置をとるべきことを命ずることができる。 （登録の取消し等） **第20条の13**　国土交通大臣及び環境大臣は、登録水質検査機関が次の各号のいずれかに該当するときは、その登録を取り消し、又は期間を定めて水質検査の業務の全部若しくは一部の停止を命ずることができる。 一　第20条の３第１号又は第３号に該当するに至つたとき。 二　第20条の７から第20条の９まで、第20条の10第１項又は次条の規定に違反したとき。		

水道法	水道法施行令	水道法施行規則
三　正当な理由がないのに第20条の10第２項各号の規定による請求を拒んだとき。 四　第20条の11又は前条の規定による命令に違反したとき。 五　不正の手段により第20条第３項の登録を受けたとき。		
（帳簿の備付け） **第20条の14**　登録水質検査機関は、国土交通省令・環境省令で定めるところにより、水質検査に関する事項で厚生労働省令で定めるものを記載した帳簿を備え、これを保存しなければならない。		（帳簿の備付け） **第15条の10**　登録水質検査機関は、書面又は電磁的記録によつて水質検査に関する事項であつて次項に掲げるものを記載した帳簿を備え、水質検査を実施した日から起算して５年間、これを保存しなければならない。 ２　法第20条の14の国土交通省令・環境省令で定める事項は次のとおりとする。 一　水質検査を委託した者の氏名及び住所（法人にあつては、主たる事務所の所在地及び名称並びに代表者の氏名） 二　水質検査の委託を受けた年月日 三　試料を採取した場所 四　試料の運搬の方法 五　水質検査の開始及び終了の年月日時 六　水質検査の項目 七　水質検査を行つた検査員の氏名 八　水質検査の結果及びその根拠となる書類 九　第15条の４第４号ハにより帳簿に記載すべきこととされている事項 十　第15条の４第７号ハの文書において帳簿に記載すべきこととされている事項 十一　第15条の４第７号ニの教育訓練に関する記録
（報告の徴収及び立入検査） **第20条の15**　国土交通大臣及び環境大臣は、水質検査の適正な実施を確保するため必要があると認めるときは､登録水質検査機関に対し、業務の状況に関し必要な報告を求め、又は当該職員に、登録水質検査機関の事務所又は事業所に立ち入り、業務の状況若しくは検査施設、帳簿、書類その他の物件を検査させることができる。 ２　前項の規定により立入検査を行う職員は、その身分を示す証明書を携帯し、関係者の請求があつたときは、これを提示しなければならない。 ３　第１項の規定による権限は、犯罪捜査のために認められたものと解釈してはならない。		（証明書の様式） **第57条**　法第20条の15第２項（法第31条、法第34条第１項及び法第34条の４において準用する場合を含む。）、法第25条の22第２項及び法第39条第４項（法第24条の３第６項及び法第24条の８第２項の規定によりみなして適用する場合を含む。）の規定により国土交通省又は環境省の職員の携帯する証明書は、様式第12とする。
（公示） **第20条の16**　国土交通大臣及び環境大臣は、次の場合には、その旨を公示しなければならない。 一　第20条第３項の登録をしたとき。 二　第20条の７の規定による届出があつたとき。 三　第20条の９の規定による届出があつたとき。 四　第20条の13の規定により第20条第３項の登録を取り消し、又は水質検査の業務の停止を命じたとき。		
（健康診断） **第21条**　水道事業者は、水道の取水場、浄水場又は配水池において業務に従事している者及びこれらの施設の設置場所の構内に居住している者について、環境省令の定めるところにより、定期及び臨時の健康診断を行わなければならない。 ２　水道事業者は、前項の規定による健康診断		（健康診断） **第16条**　法第21条第１項の規定により行う定期の健康診断は、おおむね６箇月ごとに、病原体がし尿に排せつされる感染症の患者（病原体の保有者を含む。）の有無に関して、行うものとする。 ２　法第21条第１項の規定により行う臨時の健康診断は、同項に掲げる者に前項の感染症が

水道法	水道法施行令	水道法施行規則
を行つたときは、これに関する記録を作成し、健康診断を行つた日から起算して１年間、これを保存しなければならない。		発生した場合又は発生するおそれがある場合に、発生した感染症又は発生するおそれがある感染症について、前項の例により行うものとする。 ３　第１項の検査は、前項の検査を行つた月においては、同項の規定により行つた検査に係る感染症に関しては、行うことを要しない。 ４　他の法令（地方公共団体の条例及び規則を含む。以下本項において同じ。）に基いて行われた健康診断の内容が、第１項に規定する感染症の全部又は一部に関する健康診断の内容に相当するものであるときは、その健康診断の相当する部分は、同項に規定するその部分に相当する健康診断とみなす。この場合において、法第21条第２項の規定に基いて作成し、保管すべき記録は、他の法令に基いて行われた健康診断の記録をもつて代えるものとする。
（衛生上の措置） **第22条**　水道事業者は、環境省令の定めるところにより、水道施設の管理及び運営に関し、消毒その他衛生上必要な措置を講じなければならない。		（衛生上必要な措置） **第17条**　法第22条の規定により水道事業者が講じなければならない衛生上必要な措置は、次の各号に掲げるものとする 一　取水場、貯水池、導水きよ、浄水場、配水池及びポンプせいは、常に清潔にし、水の汚染の防止を充分にすること。 二　前号の施設には、かぎを掛け、さくを設ける等みだりに人畜が施設に立ち入つて水が汚染されるのを防止するのに必要な措置を講ずること。 三　給水栓における水が、遊離残留塩素を0.1mg／L（結合残留塩素の場合は、0.4mg／L）以上保持するように塩素消毒をすること。ただし、供給する水が病原生物に著しく汚染されるおそれがある場合又は病原生物に汚染されたことを疑わせるような生物若しくは物質を多量に含むおそれがある場合の給水栓における水の遊離残留塩素は、0.2mg／L（結合残留塩素の場合は、1.5mg／L）以上とする。 ２　前項第３号の遊離残留塩素及び結合残留塩素の検査方法は、環境大臣が定める（水道法施行規則第17条第２項の規定に基づき環境大臣が定める遊離残留塩素及び結合残留塩素の検査方法（P.169））。
（水道施設の維持及び修繕） **第22条の２**　水道事業者は、国土交通省令で定める基準に従い、水道施設を良好な状態に保つため、その維持及び修繕を行わなければならない。 ２　前項の基準は、水道施設の修繕を能率的に行うための点検に関する基準を含むものとする。		（水道施設の維持及び修繕） **第17条の２**　法第22条の２第１項の国土交通省令で定める基準は、次のとおりとする。 一　水道施設の構造、位置、維持又は修繕の状況その他の水道施設の状況（次号において「水道施設の状況」という。）を勘案して、流量、水圧、水質その他の水道施設の運転状態を監視し、及び適切な時期に、水道施設の巡視を行い、並びに清掃その他の当該水道施設を維持するために必要な措置を講ずること。 二　水道施設の状況を勘案して、適切な時期に、目視又はこれと同等以上の方法その他適切な方法により点検を行うこと。 三　前号の点検は、コンクリート構造物（水密性を有し、水道施設の運転に影響を与えない範囲において目視が可能なものに限る。次項及び第３項において同じ。）及び道路、河川、鉄道等を架空横断する管路等（損傷、腐食その他の劣化その他の異状が生じた場合に水の供給又は当該道路、河川、鉄道等に大きな支障を及ぼすおそれがあるものに限る。次項及び第３項において同じ。）にあつては、おおむね５年に１回以

水道法	水道法施行令	水道法施行規則
		上の適切な頻度で行うこと。 四　第２号の点検その他の方法により水道施設の損傷、腐食その他の劣化その他の異状があることを把握したときは、水道施設を良好な状態に保つように、修繕その他の必要な措置を講ずること。 ２　水道事業者は、前項第２号の点検（コンクリート構造物及び道路、河川、鉄道等を架空横断する管路等に係るものに限る。）を行つた場合に、次に掲げる事項を記録し、これを次に点検を行うまでの期間保存しなければならない。 一　点検の年月日 二　点検を実施した者の氏名 三　点検の結果 ３　水道事業者は、第１項第２号の点検その他の方法によりコンクリート構造物又は道路、河川、鉄道等を架空横断する管路等の損傷、腐食その他の劣化その他の異状があることを把握し、同項第４号の措置（修繕に限る。）を講じた場合には、その内容を記録し、当該コンクリート構造物又は道路、河川、鉄道等を架空横断する管路等を利用している期間保存しなければならない。
（水道施設台帳） **第22条の３**　水道事業者は、水道施設の台帳を作成し、これを保管しなければならない。 ２　前項の台帳の記載事項その他その作成及び保管に関し必要な事項は、国土交通省令で定める。		（水道施設台帳） **第17条の３**　法第22条の３第１項に規定する水道施設の台帳は、調書及び図面をもつて組成するものとする。 ２　調書には、少なくとも次に掲げる事項を記載するものとする。 一　導水管きよ、送水管及び配水管（次号及び次項において「管路等」という。）にあつては、その区分、設置年度、口径、材質及び継手形式（以下この号において「区分等」という。）並びに区分等ごとの延長 二　水道施設（管路等を除く。）にあつては、その名称、設置年度、数量、構造又は形式及び能力 ３　図面は、一般図及び施設平面図を作成するほか、必要に応じ、その他の図面を作成するものとし、水道施設につき、少なくとも次に掲げるところにより記載するものとする。 一　一般図は、次に掲げる事項を記載した地形図とすること。 イ　市町村名及びその境界線 ロ　給水区域の境界線 ハ　主要な水道施設の位置及び名称 ニ　主要な管路等の位置 ホ　方位、縮尺、凡例及び作成の年月日 二　施設平面図は、次に掲げる事項を記載したものとすること。 イ　前号（ロを除く。）に掲げる事項 ロ　管路等の位置、口径及び材質 ハ　制水弁、空気弁、消火栓、減圧弁及び排水設備の位置及び種類 ニ　管路等以外の施設の名称、位置及び敷地の境界線 ホ　付近の道路、河川、鉄道等の位置 三　一般図、施設平面図又はその他の図面のいずれかにおいて、次に掲げる事項を記載すること。 イ　管路等の設置年度、継手形式及び土かぶり ロ　制水弁、空気弁、消火栓、減圧弁及び排水設備の形式及び口径

水　道　法	水道法施行令	水道法施行規則
		ハ　止水栓の位置 ニ　道路、河川、鉄道等を架空横断する管路等の構造形式、条数及び延長 ４　調書及び図面の記載事項に変更があつたときは、速やかに、これを訂正しなければならない。
（水道施設の計画的な更新等） **第22条の４**　水道事業者は、長期的な観点から、給水区域における一般の水の需要に鑑み、水道施設の計画的な更新に努めなければならない。 ２　水道事業者は、国土交通省令で定めるところにより、水道施設の更新に要する費用を含むその事業に係る収支の見通しを作成し、これを公表するよう努めなければならない。		（水道事業に係る収支の見通しの作成及び公表） **第17条の４**　水道事業者は、法第22条の４第２項の収支の見通しを作成するに当たり、30年以上の期間（次項において「算定期間」という。）を定めて、その事業に係る長期的な収支を試算するものとする。 ２　前項の試算は、算定期間における給水収益を適切に予測するとともに、水道施設の損傷、腐食その他の劣化の状況を適切に把握又は予測した上で水道施設の新設、増設又は改造（当該状況により必要となる水道施設の更新に係るものに限る。）の需要を算出するものとする。 ３　前項の需要の算出に当たつては、水道施設の規模及び配置の適正化、費用の平準化並びに災害その他非常の場合における給水能力を考慮するものとする。 ４　水道事業者は、第１項の試算に基づき、10年以上を基準とした合理的な期間について収支の見通しを作成し、これを公表するよう努めなければならない。 ５　水道事業者は、収支の見通しを作成したときは、おおむね３年から５年ごとに見直すよう努めなければならない。
（給水の緊急停止） **第23条**　水道事業者は、その供給する水が人の健康を害するおそれがあることを知つたときは、直ちに給水を停止し、かつ、その水を使用することが危険である旨を関係者に周知させる措置を講じなければならない。 ２　水道事業者の供給する水が人の健康を害するおそれがあることを知つた者は、直ちにその旨を当該水道事業者に通報しなければならない。 （消火栓） **第24条**　水道事業者は、当該水道に公共の消防のための消火栓を設置しなければならない。 ２　市町村は、その区域内に消火栓を設置した水道事業者に対し、その消火栓の設置及び管理に要する費用その他その水道が消防用に使用されることに伴い増加した水道施設の設置及び管理に要する費用につき、当該水道事業者との協議により、相当額の補償をしなければならない。 ３　水道事業者は、公共の消防用として使用された水の料金を徴収することができない。		
（情報提供） **第24条の２**　水道事業者は、水道の需要者に対し、国土交通省令で定めるところにより、第20条第１項の規定による水質検査の結果その他水道事業に関する情報を提供しなければならない。		（情報提供） **第17条の５**　法第24条の２の規定による情報の提供は、第１号から第６号までに掲げるものにあつては毎年１回以上定期に（第１号の水質検査計画にあつては、毎事業年度の開始前に）、第７号及び第８号に掲げるものにあつては必要が生じたときに速やかに、水道の需要者の閲覧に供する等水道の需要者が当該情報を容易に入手することができるような方法で行うものとする。 一　水質検査計画及び法第20条第１項の規定

水　道　法	水道法施行令	水道法施行規則
		により行う定期の水質検査の結果その他水道により供給される水の安全に関する事項 二　水道事業の実施体制に関する事項（法第24条の３第１項の規定による委託及び法第24条の４第１項の規定による水道施設運営権の設定の内容を含む。） 三　水道施設の整備その他水道事業に要する費用に関する事項 四　水道料金その他需要者の負担に関する事項 五　給水装置及び貯水槽水道の管理等に関する事項 六　水道施設の耐震性能、耐震性の向上に関する取組等の状況に関する事項 七　法第20条第１項の規定により行う臨時の水質検査の結果 八　災害、水質事故等の非常時における水道の危機管理に関する事項
（業務の委託） **第24条の３**　水道事業者は、政令で定めるところにより、水道の管理に関する技術上の業務の全部又は一部を他の水道事業者若しくは水道用水供給事業者又は当該業務を適正かつ確実に実施することができる者として政令で定める要件に該当するものに委託することができる。	（業務の委託） **第９条**　法第24条の３第１項（法第31条及び第34条第１項において準用する場合を含む。）の規定による水道の管理に関する技術上の業務の委託は、次に定めるところにより行うものとする。 一　水道施設の全部又は一部の管理に関する技術上の業務を委託する場合にあつては、技術上の観点から一体として行わなければならない業務の全部を一の者に委託するものであること。 二　給水装置の管理に関する技術上の業務を委託する場合にあつては、当該水道事業者の給水区域内に存する給水装置の管理に関する技術上の業務の全部を委託するものであること。 三　次に掲げる事項についての条項を含む委託契約書を作成すること。 イ　委託に係る業務の内容に関する事項 ロ　委託契約の期間及びその解除に関する事項 ハ　その他国土交通省令で定める事項	（委託契約書の記載事項） **第17条の６**　令第９条第３号ハに規定する国土交通省令で定める事項は、委託に係る業務の実施体制に関する事項とする。
	第10条　法第24条の３第１項（法第31条及び第34条第１項において準用する場合を含む。）に規定する政令で定める要件は、法第24条の３第１項の規定により委託を受けて行う業務を適正かつ確実に遂行するに足りる経理的及び技術的な基礎を有するものであることとする。	
２　水道事業者は、前項の規定により業務を委託したときは、遅滞なく、国土交通省令で定める事項を国土交通大臣に届け出なければならない。委託に係る契約が効力を失つたときも、同様とする。		（業務の委託の届出） **第17条の７**　法第24条の３第２項の規定による業務の委託の届出に係る国土交通省令で定める事項は、次のとおりとする。 一　水道事業者の氏名又は名称 二　水道管理業務受託者の住所及び氏名（法人又は組合（２以上の法人が、一の場所において行われる業務を共同連帯して請け負つた場合を含む。）にあつては、主たる事務所の所在地及び名称並びに代表者の氏名） 三　受託水道業務技術管理者の氏名 四　委託した業務の範囲 五　契約期間 ２　法第24条の３第２項の規定による委託に係る契約が効力を失つたときの届出に係る国土交通省令で定める事項は、前項各号に掲げるもののほか、当該契約が効力を失つた理由とする。

水　道　法	水　道　法　施　行　令	水　道　法　施　行　規　則
３　第１項の規定により業務の委託を受ける者（以下「水道管理業務受託者」という。）は、水道の管理について技術上の業務を担当させるため、受託水道業務技術管理者１人を置かなければならない。 ４　受託水道業務技術管理者は、第１項の規定により委託された業務の範囲内において第19条第２項各号に掲げる事項に関する事務に従事し、及びこれらの事務に従事する他の職員を監督しなければならない。		
５　受託水道業務技術管理者は、政令で定める資格を有する者でなければならない。	（受託水道業務技術管理者の資格） **第11条**　法第24条の３第５項（法第31条及び第34条第１項において準用する場合を含む。）に規定する政令で定める資格は、第７条の規定により水道技術管理者たる資格を有する者とする。	
６　第１項の規定により水道の管理に関する技術上の業務を委託する場合においては、当該委託された業務の範囲内において、水道管理業務受託者を水道事業者と、受託水道業務技術管理者を水道技術管理者とみなして、第13条第１項（水質検査及び施設検査の実施に係る部分に限る。）及び第２項、第17条、第20条から第22条の３まで、第23条第１項、第25条の９、第36条第２項並びに第39条（第２項及び第３項を除く。）の規定（これらの規定に係る罰則を含む。）を適用する。この場合において、当該委託された業務の範囲内において、水道事業者及び水道技術管理者については、これらの規定は、適用しない。 ７　前項の規定により水道管理業務受託者を水道事業者とみなして第25条の９の規定を適用する場合における第25条の11第１項の規定の適用については、同項第５号中「水道事業者」とあるのは、「水道管理業務受託者」とする。 ８　第１項の規定により水道の管理に関する技術上の業務を委託する場合においては、当該委託された業務の範囲内において、水道技術管理者については第19条第２項の規定は適用せず、受託水道業務技術管理者が同項各号に掲げる事項に関する全ての事務に従事し、及びこれらの事務に従事する他の職員を監督する場合においては、水道事業者については、同条第１項の規定は、適用しない。 （水道施設運営権の設定の許可） **第24条の４**　地方公共団体である水道事業者は、民間資金等の活用による公共施設等の整備等の促進に関する法律（平成11年法律第117号。以下「民間資金法」という。）第19条第１項の規定により水道施設運営等事業（水道施設の全部又は一部の運営等（民間資金法第２条第６項に規定する運営等をいう。）であつて、当該水道施設の利用に係る料金（以下「利用料金」という。）を当該運営等を行う者が自らの収入として収受する事業をいう。以下同じ。）に係る民間資金法第２条第７項に規定する公共施設等運営権（以下「水道施設運営権」という。）を設定しようとするときは、あらかじめ、国土交通大臣の許可を受けなければならない。この場合において、当該水道事業者は、第11条第１項の規定にかかわらず、同項の許可（水道事業の休止に係るものに限る。）を受けることを要しない。 ２　水道施設運営等事業は、地方公共団体である水道事業者が、民間資金法第19条第１項の規定により水道施設運営権を設定した場合に限り、実施することができるものとする。 ３　水道施設運営権を有する者（以下「水道施		（業務の委託に関する特例） **第17条の８**　法第24条の３第６項の規定により水道管理業務受託者を水道事業者とみなして法第20条第３項ただし書、第22条及び第22条の２第１項の規定を適用する場合における第15条第８項、第17条第１項並びに第17条の２第２項及び第３項の規定の適用については、これらの規定中「水道事業者」とあるのは、「水道管理業務受託者」とする。

水　道　法	水道法施行令	水道法施行規則
設運営権者」という。）が水道施設運営等事業を実施する場合には、第6条第1項の規定にかかわらず、水道事業経営の認可を受けることを要しない。		
（許可の申請） **第24条の5**　前条第1項前段の許可の申請をするには、申請書に、水道施設運営等事業実施計画書その他国土交通省令で定める書類（図面を含む。）を添えて、これを国土交通大臣に提出しなければならない。		（水道施設運営権の設定の許可の申請） **第17条の9**　法第24条の5第1項に規定する国土交通省令で定める書類（図面を含む。）は、次に掲げるものとする。 一　申請者が水道施設運営権を設定しようとする民間資金等の活用による公共施設等の整備等の促進に関する法律（平成11年法律第117号）第2条第5項に規定する選定事業者（以下「選定事業者」という。）の定款又は規約 二　水道施設運営等事業の対象となる水道施設の位置を明らかにする地図
2　前項の申請書には、次に掲げる事項を記載しなければならない。 一　申請者の主たる事務所の所在地及び名称並びに代表者の氏名 二　申請者が水道施設運営権を設定しようとする民間資金法第2条第5項に規定する選定事業者（以下この条及び次条第1項において単に「選定事業者」という。）の主たる事務所の所在地及び名称並びに代表者の氏名 三　選定事業者の水道事務所の所在地 3　第1項の水道施設運営等事業実施計画書には、次に掲げる事項を記載しなければならない。 一　水道施設運営等事業の対象となる水道施設の名称及び立地 二　水道施設運営等事業の内容 三　水道施設運営権の存続期間 四　水道施設運営等事業の開始の予定年月日 五　水道事業者が、選定事業者が実施することとなる水道施設運営等事業の適正を期するために講ずる措置 六　災害その他非常の場合における水道事業の継続のための措置 七　水道施設運営等事業の継続が困難となつた場合における措置 八　選定事業者の経常収支の概算 九　選定事業者が自らの収入として収受しようとする水道施設運営等事業の対象となる水道施設の利用料金 十　その他国土交通省令で定める事項		（水道施設運営等事業実施計画書） **第17条の10**　法第24条の5第3項第10号の国土交通省令で定める事項は、次に掲げるものとする。 一　選定事業者が水道施設運営等事業を適正に遂行するに足りる専門的能力及び経理的基礎を有するものであることを証する書類 二　水道施設運営等事業の対象となる水道施設の維持管理及び計画的な更新に要する費用の予定総額及びその算出根拠並びにその調達方法並びに借入金の償還方法 三　水道施設運営等事業の対象となる水道施設の利用料金の算出根拠 四　水道施設運営等事業の実施による水道の基盤の強化の効果 五　契約終了時の措置
（許可基準） **第24条の6**　第24条の4第1項前段の許可は、その申請が次の各号のいずれにも適合していると認められるときでなければ、与えてはならない。 一　当該水道施設運営等事業の計画が確実か		

水　道　法	水道法施行令	水道法施行規則
つ合理的であること。 二　当該水道施設運営等事業の対象となる水道施設の利用料金が、選定事業者を水道施設運営権者とみなして第24条の８第１項の規定により読み替えられた第14条第２項（第１号、第２号及び第４号に係る部分に限る。以下この号において同じ。）の規定を適用するとしたならば同項に掲げる要件に適合すること。 三　当該水道施設運営等事業の実施により水道の基盤の強化が見込まれること。 ２　前項各号に規定する基準を適用するについて必要な技術的細目は、国土交通省令で定める。 （水道施設運営等事業技術管理者） **第24条の７**　水道施設運営権者は、水道施設運営等事業について技術上の業務を担当させるため、水道施設運営等事業技術管理者１人を		（水道施設運営権の設定の許可基準） **第17条の11**　法第24条の６第２項に規定する技術的細目のうち、同条第１項第１号に関するものは、次に掲げるものとする。 一　水道施設運営等事業の対象となる水道施設及び当該水道施設に係る業務の範囲が、技術上の観点から合理的に設定され、かつ、選定事業者を水道施設運営権者とみなした場合の当該選定事業者と水道事業者の責任分担が明確にされていること。 二　水道施設運営権の存続期間が水道により供給される水の需要、水道施設の維持管理及び更新に関する長期的な見通しを踏まえたものであり、かつ、経常収支が適切に設定できるよう当該期間が設定されたものであること。 三　水道施設運営等事業の適正を期するために、水道事業者が選定事業者を水道施設運営権者とみなした場合の当該選定事業者の業務及び経理の状況を確認する適切な体制が確保され、かつ、当該確認すべき事項及び頻度が具体的に定められていること。 四　災害その他非常の場合における水道事業者及び選定事業者による水道事業を継続するための措置が、水道事業の適正かつ確実な実施のために適切なものであること。 五　水道施設運営等事業の継続が困難となつた場合における水道事業者が行う措置が、水道事業の適正かつ確実な実施のために適切なものであること。 六　選定事業者の工事費の調達、借入金の償還、給水収益及び水道施設の運営に要する費用等に関する収支の見通しが、水道施設運営等事業の適正かつ確実な実施のために適切なものであること。 七　水道施設運営等事業に関する契約終了時の措置が、水道事業の適正かつ確実な実施のために適切なものであること。 八　選定事業者が水道施設運営等事業を適正に遂行するに足りる専門的能力及び経理的基礎を有するものであること。 ２　法第24条の６第２項に規定する技術的細目のうち、同条第１項第２号に関するものは、選定事業者を水道施設運営権者とみなして次条の規定により第12条の２各号及び第12条の４各号の規定を適用することとしたならばこれに掲げる要件に適合することとする。 ３　法第24条の６第２項に規定する技術的細目のうち、同条第１項第３号に関するものは、水道施設運営等事業の実施により、当該水道事業における水道施設の維持管理及び計画的な更新、健全な経営の確保並びに運営に必要な人材の確保が図られることとする。

水道法	水道法施行令	水道法施行規則
置かなければならない。 ２　水道施設運営等事業技術管理者は、水道施設運営等事業に係る業務の範囲内において、第19条第２項各号に掲げる事項に関する事務に従事し、及びこれらの事務に従事する他の職員を監督しなければならない。 ３　水道施設運営等事業技術管理者は、第24条の３第５項の政令で定める資格を有する者でなければならない。		
（水道施設運営等事業に関する特例） **第24条の８**　水道施設運営権者が水道施設運営等事業を実施する場合における第14条第１項、第２項及び第５項、第15条第２項及び第３項、第23条第２項、第24条第３項並びに第40条第１項、第５項及び第８項の規定の適用については、第14条第１項中「料金」とあるのは「料金（第24条の４第３項に規定する水道施設運営権者（次項、次条第２項及び第23条第２項において「水道施設運営権者」という。）が自らの収入として収受する水道施設の利用に係る料金（次項において「水道施設運営権者に係る利用料金」という。）を含む。次項第１号及び第２号、第５項、次条第３項並びに第24条第３項において同じ。）」と、同条第２項中「次に」とあるのは「水道施設運営権者に係る利用料金について、水道施設運営権者は水道の需要者に対して直接にその支払を請求する権利を有する旨が明確に定められていることのほか、次に」と、第15条第２項ただし書中「受けた場合」とあるのは「受けた場合（水道施設運営権者が当該供給命令を受けた場合を含む。）」と、第23条第２項中「水道事業者の」とあるのは「水道事業者（水道施設運営権者を含む。以下この項及び次条第３項において同じ。）の」と、第40条第１項及び第５項中「又は水道用水供給事業者」とあるのは「若しくは水道用水供給事業者又は水道施設運営権者」と、同条第８項中「水道用水供給事業者」とあるのは「水道用水供給事業者若しくは水道施設運営権者」とする。この場合において、水道施設運営権者は、当然に給水契約の利益（水道施設運営等事業の対象となる水道施設の利用料金の支払を請求する権利に係る部分に限る。）を享受する。		（水道施設運営等事業に関する特例） **第17条の12**　法第24条の８第１項の規定により水道施設運営権者が水道施設運営等事業を実施する場合における第12条から第12条の４まで、第12条の６及び第58条の規定の適用については、第12条第１号中「料金」とあるのは「料金（水道施設運営権者が自らの収入として収受する水道施設の利用に係る料金を含む。第３号から第５号並びに次条から第12条の４まで、第12条の６及び第58条第３号において同じ。）」とする。
２　水道施設運営権者が水道施設運営等事業を実施する場合においては、当該水道施設運営等事業に係る業務の範囲内において、水道施設運営権者を水道事業者と、水道施設運営等事業技術管理者を水道技術管理者とみなして、第12条、第13条第１項（水質検査及び施設検査の実施に係る部分に限る。）及び第２項、第17条、第20条から第22条の４まで、第23条第１項、第25条の９、第36条第１項及び第２項、第37条並びに第39条（第２項及び第３項を除く。）の規定（これらの規定に係る罰則を含む。）を適用する。この場合において、当該水道施設運営等事業に係る業務の範囲内において、水道事業者及び水道技術管理者については、これらの規定は適用せず、第22条の４第１項中「更新」とあるのは、「更新（民間資金等の活用による公共施設等の整備等の促進に関する法律（平成11年法律第117号）第２条第６項に規定する運営等として行うものに限る。次項において同じ。）」とする。		２　法第24条の８第２項の規定により水道施設運営権者を水道事業者とみなして法第20条第３項ただし書、法第22条、法第22条の２第１項及び法第22条の４第２項の規定を適用する場合における第15条、第17条、第17条の２及び第17条の４の規定の適用については、第15条第８項、第17条第１項、第17条の２第２項及び第３項並びに第17条の４第１項中「水道事業者」とあるのは「水道施設運営権者」と、同条第２項中「更新」とあるのは「更新（民間資金等の活用による公共施設等の整備等の促進に関する法律（平成11年法律第117号）第２条第６項に規定する運営等として行うものに限る。）」とする。
３　前項の規定により水道施設運営権者を水道事業者とみなして第25条の９の規定を適用する場合における第25条の11第１項の規定の適		

水道法	水道法施行令	水道法施行規則
用については、同項第５号中「水道事業者」とあるのは、「水道施設運営権者」とする。 ４　水道施設運営権者が水道施設運営等事業を実施する場合においては、当該水道施設運営等事業に係る業務の範囲内において、水道技術管理者については第19条第２項の規定は適用せず、水道施設運営等事業技術管理者が同項各号に掲げる事項に関する全ての事務に従事し、及びこれらの事務に従事する他の職員を監督する場合においては、水道事業者については、同条第１項の規定は、適用しない。 （水道施設運営等事業の開始の通知） **第24条の９**　地方公共団体である水道事業者は、水道施設運営権者から水道施設運営等事業の開始に係る民間資金法第21条第３項の規定による届出を受けたときは、遅滞なく、その旨を国土交通大臣に通知するものとする。 （水道施設運営権者に係る変更の届出） **第24条の10**　水道施設運営権者は、次に掲げる事項に変更を生じたときは、遅滞なく、その旨を水道施設運営権を設定した地方公共団体である水道事業者及び国土交通大臣に届け出なければならない。 一　水道施設運営権者の主たる事務所の所在地及び名称並びに代表者の氏名 二　水道施設運営権者の水道事務所の所在地 （水道施設運営権の移転の協議） **第24条の11**　地方公共団体である水道事業者は、水道施設運営等事業に係る民間資金法第26条第２項の許可をしようとするときは、あらかじめ、国土交通大臣に協議しなければならない。 （水道施設運営権の取消し等の要求） **第24条の12**　国土交通大臣は、水道施設運営権者がこの法律又はこの法律に基づく命令の規定に違反した場合には、民間資金法第29条第１項第１号（トに係る部分に限る。）に掲げる場合に該当するとして、水道施設運営権を設定した地方公共団体である水道事業者に対して、同項の規定による処分をなすべきことを求めることができる。 （水道施設運営権の取消し等の通知） **第24条の13**　地方公共団体である水道事業者は、次に掲げる場合には、遅滞なく、その旨を国土交通大臣に通知するものとする。 一　民間資金法第29条第１項の規定により水道施設運営権を取り消し、若しくはその行使の停止を命じたとき、又はその停止を解除したとき。 二　水道施設運営権の存続期間の満了に伴い、民間資金法第29条第４項の規定により、又は水道施設運営権者が水道施設運営権を放棄したことにより、水道施設運営権が消滅したとき。 （簡易水道事業に関する特例） **第25条**　簡易水道事業については、当該水道が、消毒設備以外の浄水施設を必要とせず、かつ、自然流下のみによつて給水することができるものであるときは、第19条第３項の規定を適用しない。 ２　給水人口が2000人以下である簡易水道事業を経営する水道事業者は、第24条第１項の規定にかかわらず、消防組織法（昭和22年法律第226号）第７条に規定する市町村長との協議により、当該水道に消火栓を設置しないことができる。 **第３節**　指定給水装置工事事業者 （指定の申請）		

水　　道　　法	水 道 法 施 行 令	水 道 法 施 行 規 則
第25条の２　第16条の２第１項の指定は、給水装置工事の事業を行う者の申請により行う。 ２　第16条の２第１項の指定を受けようとする者は、国土交通省令で定めるところにより、次に掲げる事項を記載した申請書を水道事業者に提出しなければならない。		**第２節**　指定給水装置工事事業者 （指定の申請） **第18条**　法第25条の２第２項の申請書は、様式第１によるものとする。 ２　前項の申請書には、次に掲げる書類を添えなければならない。 一　法第25条の３第１項第３号イからへまでのいずれにも該当しない者であることを誓約する書類 二　法人にあつては定款及び登記事項証明書、個人にあつてはその住民票の写し ３　前項第１号の書類は、様式第２によるものとする。
一　氏名又は名称及び住所並びに法人にあつては、その代表者の氏名 二　当該水道事業者の給水区域について給水装置工事の事業を行う事業所（以下この節において単に「事業所」という。）の名称及び所在地並びに第25条の４第１項の規定によりそれぞれの事業所において選任されることとなる給水装置工事主任技術者の氏名 三　給水装置工事を行うための機械器具の名称、性能及び数 四　その他国土交通省令で定める事項		**第19条**　法第25条の２第２項第４号の国土交通省令で定める事項は、次の各号に掲げるものとする。 一　法人にあつては、役員の氏名 二　指定を受けようとする水道事業者の給水区域について給水装置工事の事業を行う事業所（第21条第３項において単に「事業所」という。）において給水装置工事主任技術者として選任されることとなる者が法第25条の５第１項の規定により交付を受けている給水装置工事主任技術者免状（以下「免状」という。）の交付番号 三　事業の範囲
（指定の基準） **第25条の３**　水道事業者は、第16条の２第１項の指定の申請をした者が次の各号のいずれにも適合していると認めるときは、同項の指定をしなければならない。 一　事業所ごとに、第25条の４第１項の規定により給水装置工事主任技術者として選任されることとなる者を置く者であること。 二　国土交通省令で定める機械器具を有する者であること。		（国土交通省令で定める機械器具） **第20条**　法第25条の３第１項第２号の国土交通省令で定める機械器具は、次の各号に掲げるものとする。 一　金切りのこその他の管の切断用の機械器具 二　やすり、パイプねじ切り器その他の管の加工用の機械器具 三　トーチランプ、パイプレンチその他の接合用の機械器具 四　水圧テストポンプ
三　次のいずれにも該当しない者であること。 イ　心身の故障により給水装置工事の事業を適正に行うことができない者として国土交通省令で定めるもの ロ　破産手続開始の決定を受けて復権を得ない者 ハ　この法律に違反して、刑に処せられ、その執行を終わり、又は執行を受けることがなくなつた日から２年を経過しない者		（国土交通省令で定める者） **第20条の２**　法第25条の３第１項第３号イの国土交通省令で定める者は、精神の機能の障害により給水装置工事の事業を適正に行うに当たつて必要な認知、判断及び意思疎通を適切に行うことができない者とする。

水道法	水道法施行令	水道法施行規則
ニ　第25条の11第1項の規定により指定を取り消され、その取消しの日から2年を経過しない者 ホ　その業務に関し不正又は不誠実な行為をするおそれがあると認めるに足りる相当の理由がある者 ヘ　法人であつて、その役員のうちにイからホまでのいずれかに該当する者があるもの 2　水道事業者は、第16条の2第1項の指定をしたときは、遅滞なく、その旨を一般に周知させる措置をとらなければならない。 （指定の更新） **第25条の3の2**　第16条の2第1項の指定は、5年ごとにその更新を受けなければ、その期間の経過によつて、その効力を失う。 2　前項の更新の申請があつた場合において、同項の期間（以下この項及び次項において「指定の有効期間」という。）の満了の日までにその申請に対する決定がされないときは、従前の指定は、指定の有効期間の満了後もその決定がされるまでの間は、なおその効力を有する。 3　前項の場合において、指定の更新がされたときは、その指定の有効期間は、従前の指定の有効期間の満了の日の翌日から起算するものとする。 4　前2条の規定は、第1項の指定の更新について準用する。 （準用後の第25条の2） *（指定の更新の申請）* ***第25条の2***　*~~第16条の2第1項~~第25条の3の2第1項の指定の更新は、給水装置工事の事業を行う者の申請により行う。*		
2　~~第16条の2第1項~~第25条の3の2第1項の指定の更新を受けようとする者は、国土交通省令で定めるところにより、次に掲げる事項を記載した申請書を水道事業者に提出しなければならない。 *一　氏名又は名称及び住所並びに法人にあつては、その代表者の氏名* *二　当該水道事業者の給水区域について給水装置工事の事業を行う事業所（以下この節において単に「事業所」という。）の名称及び所在地並びに第25条の4第1項の規定によりそれぞれの事業所において選任されることとなる給水装置工事主任技術者の氏名* *三　給水装置工事を行うための機械器具の名称、性能及び数* *四　その他国土交通省令で定める事項*		*（指定の更新の申請）* ***第18条***　*法第25条の2第2項の申請書は、様式第1によるものとする。* *2　前項の申請書には、次に掲げる書類を添えなければならない。* *一　法第25条の3第1項第3号イからヘまでのいずれにも該当しない者であることを誓約する書類* *二　法人にあつては定款及び登記事項証明書、個人にあつてはその住民票の写し* *3　前項第1号の書類は、様式第2によるものとする。* ***第19条***　*法第25条の2第2項第4号の国土交通省令で定める事項は、次の各号に掲げるものとする。* *一　法人にあつては、役員の氏名* *二　指定の更新を受けようとする水道事業者の給水区域について給水装置工事の事業を行う事業所（第21条第3項において単に「事業所」という。）において給水装置工事主任技術者として選任されることとなる者が法第25条の5第1項の規定により交付を受けている給水装置工事主任技術者免状（以下「免状」という。）の交付番号* *三　事業の範囲*
（準用後の第25条の3） *（指定の更新の基準）* ***第25条の3***　*水道事業者は、~~第16条の2第1項~~第25条の3の2第1項の指定の更新の申*		

水道法	水道法施行令	水道法施行規則
請をした者が次の各号のいずれにも適合していると認めるときは、同項の指定の更新をしなければならない。 一　事業所ごとに、第25条の４第１項の規定により給水装置工事主任技術者として選任されることとなる者を置く者であること。 二　国土交通省令で定める機械器具を有する者であること。		（国土交通省令で定める機械器具） **第20条**　法第25条の３第１項第２号の国土交通省令で定める機械器具は、次の各号に掲げるものとする。 一　金切りのこその他の管の切断用の機械器具 二　やすり、パイプねじ切り器その他の管の加工用の機械器具 三　トーチランプ、パイプレンチその他の接合用の機械器具 四　水圧テストポンプ
三　次のいずれにも該当しない者であること。 イ　心身の故障により給水装置工事の事業を適正に行うことができない者として国土交通省令で定めるもの		（国土交通省令で定める者） **第20条の２**　法第25条の３第１項第３号イの国土交通省令で定める者は、精神の機能の障害により給水装置工事の事業を適正に行うに当たつて必要な認知、判断及び意思疎通を適切に行うことができない者とする。
ロ　破産手続開始の決定を受けて復権を得ない者 ハ　この法律に違反して、刑に処せられ、その執行を終わり、又は執行を受けることがなくなつた日から２年を経過しない者 ニ　第25条の11第１項の規定により指定を取り消され、その取消しの日から２年を経過しない者 ホ　その業務に関し不正又は不誠実な行為をするおそれがあると認めるに足りる相当の理由がある者 ヘ　法人であつて、その役員のうちにイからホまでのいずれかに該当する者があるもの ２　水道事業者は、~~第16条の２第１項~~第25条の３の２の指定の更新をしたときは、遅滞なく、その旨を一般に周知させる措置をとらなければならない。		
（給水装置工事主任技術者） **第25条の４**　指定給水装置工事事業者は、事業所ごとに、第３項各号に掲げる職務をさせるため、国土交通省令で定めるところにより、給水装置工事主任技術者免状の交付を受けている者のうちから、給水装置工事主任技術者を選任しなければならない。		（給水装置工事主任技術者の選任） **第21条**　指定給水装置工事事業者は、法第16条の２の指定を受けた日から２週間以内に給水装置工事主任技術者を選任しなければならない。 ２　指定給水装置工事事業者は、その選任した給水装置工事主任技術者が欠けるに至つたときは、当該事由が発生した日から２週間以内に新たに給水装置工事主任技術者を選任しなければならない。 ３　指定給水装置工事事業者は、前２項の規定による選任を行う場合において、選任しようとする者が同時に２以上の事業所の給水装置工事主任技術者を兼ねることとなるときには、当該２以上の事業所の給水装置工事主任技術者となつてもその職務を行うに当たつて支障がないことを確認しなければならない。
２　指定給水装置工事事業者は、給水装置工事主任技術者を選任したときは、遅滞なく、その旨を水道事業者に届け出なければならない。これを解任したときも、同様とする。 ３　給水装置工事主任技術者は、次に掲げる職務を誠実に行わなければならない。		**第22条**　法第25条の４第２項の規定による給水装置工事主任技術者の選任又は解任の届出は、様式第３によるものとする。

水　　　道　　　法	水　道　法　施　行　令	水　道　法　施　行　規　則
一　給水装置工事に関する技術上の管理 二　給水装置工事に従事する者の技術上の指導監督 三　給水装置工事に係る給水装置の構造及び材質が第16条の規定に基づく政令で定める基準に適合していることの確認 四　その他国土交通省令で定める職務		（給水装置工事主任技術者の職務） **第23条**　法第25条の４第３項第４号の国土交通省令で定める給水装置工事主任技術者の職務は、水道事業者の給水区域において施行する給水装置工事に関し、当該水道事業者と次の各号に掲げる連絡又は調整を行うこととする。 一　配水管から分岐して給水管を設ける工事を施行しようとする場合における配水管の位置の確認に関する連絡調整 二　第36条第１項第２号に掲げる工事に係る工法、工期その他の工事上の条件に関する連絡調整 三　給水装置工事（第13条に規定する給水装置の軽微な変更を除く。）を完了した旨の連絡
４　給水装置工事に従事する者は、給水装置工事主任技術者がその職務として行う指導に従わなければならない。		
（給水装置工事主任技術者免状） **第25条の５**　給水装置工事主任技術者免状は、給水装置工事主任技術者試験に合格した者に対し、国土交通大臣及び環境大臣が交付する。		（免状の交付申請） **第24条**　法第25条の５第１項の規定により給水装置工事主任技術者免状（以下「免状」という。）の交付を受けようとする者は、様式第４による免状交付申請書に次に掲げる書類を添えて、これを国土交通大臣及び環境大臣に提出しなければならない。 一　戸籍抄本又は住民票の抄本（日本の国籍を有しない者にあつては、これに代わる書面） 二　第33条の規定により交付する合格証書の写し （免状の様式） **第25条**　法第25条の５第１項の規定により交付する免状の様式は、様式第５による。
２　国土交通大臣及び環境大臣は、次の各号のいずれかに該当する者に対しては、給水装置工事主任技術者免状の交付を行わないことができる。 一　次項の規定により給水装置工事主任技術者免状の返納を命ぜられ、その日から１年を経過しない者 二　この法律に違反して、刑に処せられ、その執行を終わり、又は執行を受けることがなくなつた日から２年を経過しない者 ３　国土交通大臣及び環境大臣は、給水装置工事主任技術者免状の交付を受けている者がこの法律に違反したときは、その給水装置工事主任技術者免状の返納を命ずることができる。 ４　給水装置工事主任技術者免状の交付、書換え交付、再交付及び返納の事務は、国土交通大臣が行う。		
５　前各項に規定するもののほか、給水装置工事主任技術者免状の交付、書換え交付、再交付及び返納に関し必要な事項は、国土交通省令・環境省令で定める。		（免状の書換え交付申請） **第26条**　免状の交付を受けている者は、免状の記載事項に変更を生じたときは、免状に戸籍抄本又は住民票の抄本（日本の国籍を有しない者にあつては、これに代わる書面）を添えて、国土交通大臣及び環境大臣に免状の書換え交付を申請することができる。 ２　前項の免状の書換え交付の申請書の様式は、様式第６による。 （免状の再交付申請） **第27条**　免状の交付を受けている者は、免状を破り、汚し、又は失つたときは、国土交通大

水　　道　　法	水 道 法 施 行 令	水 道 法 施 行 規 則
		臣及び環境大臣に免状の再交付を申請することができる。 ２　前項の免状の再交付の申請書の様式は、様式第７による。 ３　免状を破り、又は汚した者が第１項の申請をする場合には、申請書にその免状を添えなければならない。 ４　免状の交付を受けている者は、免状の再交付を受けた後、失つた免状を発見したときは、５日以内に、これを国土交通大臣及び環境大臣に返納するものとする。 （免状の返納） **第28条**　免状の交付を受けている者が死亡し、又は失そうの宣告を受けたときは、戸籍法（昭和22年法律第224号）に規定する死亡又は失そうの届出義務者は、１月以内に、国土交通大臣及び環境大臣に免状を返納するものとする。
（給水装置工事主任技術者試験） **第25条の６**　給水装置工事主任技術者試験は、給水装置工事主任技術者として必要な知識及び技能について、国土交通大臣及び環境大臣が行う。		（試験の公示） **第29条**　国土交通大臣及び環境大臣又は法第25条の12第１項に規定する指定試験機関（以下「指定試験機関」という。）は、法第25条の６第１項の規定による給水装置工事主任技術者試験（以下「試験」という。）を行う期日及び場所、受験願書の提出期限及び提出先その他試験の施行に関し必要な事項を、あらかじめ、官報に公示するものとする。
２　給水装置工事主任技術者試験は、給水装置工事に関して３年以上の実務の経験を有する者でなければ、受けることができない。 ３　給水装置工事主任技術者試験の試験科目、受験手続その他給水装置工事主任技術者試験の実施細目は、国土交通省令・環境省令で定める。		（試験科目） **第30条**　試験の科目は、次のとおりとする。 一　公衆衛生概論 二　水道行政 三　給水装置の概要 四　給水装置の構造及び性能 五　給水装置工事法 六　給水装置施工管理法 七　給水装置計画論 八　給水装置工事事務論 （試験科目の一部免除） **第31条**　建設業法施行令（昭和31年政令第273号）第34条第１項の表に掲げる検定種目のうち、管工事施工管理の種目に係る１級又は２級の技術検定に合格した者は、試験科目のうち給水装置の概要及び給水装置施工管理法の免除を受けることができる。 （受験の申請） **第32条**　試験（指定試験機関がその試験事務を行うものを除く。）を受けようとする者は、様式第８による受験願書に次に掲げる書類を添えて、これを国土交通大臣及び環境大臣に提出しなければならない。 一　法第25条の６第２項に該当する者であることを証する書類 二　写真（旅券法施行規則（令和４年外務省令第10号）別表第１に定める要件を満たしたものとする。） 三　前条の規定により試験科目の一部の免除を受けようとする場合には、様式第９による給水装置工事主任技術者試験一部免除申請書及び前条に該当する者であることを証する書類 ２　指定試験機関がその試験事務を行う試験を受けようとする者は、当該指定試験機関が定めるところにより、受験願書に前項各号に掲げる書類を添えて、これを当該指定試験機関に提出しなければならない。

水　道　法	水道法施行令	水道法施行規則
		（合格証書の交付） **第33条**　国土交通大臣及び環境大臣（指定試験機関が合格証書の交付に関する事務を行う場合にあつては、指定試験機関）は、試験に合格した者に合格証書を交付しなければならない。
（変更の届出等） **第25条の7**　指定給水装置工事事業者は、事業所の名称及び所在地その他国土交通省令で定める事項に変更があつたとき、又は給水装置工事の事業を廃止し、休止し、若しくは再開したときは、国土交通省令で定めるところにより、その旨を水道事業者に届け出なければならない。		（変更の届出） **第34条**　法第25条の7の国土交通省令で定める事項は、次の各号に掲げるものとする。 一　氏名又は名称及び住所並びに法人にあつては、その代表者の氏名 二　法人にあつては、役員の氏名 三　給水装置工事主任技術者の氏名又は給水装置工事主任技術者が交付を受けた免状の交付番号 2　法第25条の7の規定により変更の届出をしようとする者は、当該変更のあつた日から30日以内に様式第10による届出書に次に掲げる書類を添えて、水道事業者に提出しなければならない。 一　前項第1号に掲げる事項の変更の場合には、法人にあつては定款及び登記事項証明書、個人にあつては住民票の写し 二　前項第2号に掲げる事項の変更の場合には、様式第2による法第25条の3第1項第3号イからヘまでのいずれにも該当しない者であることを誓約する書類及び登記事項証明書 （廃止等の届出） **第35条**　法第25条の7の規定により事業の廃止、休止又は再開の届出をしようとする者は、事業を廃止し、又は休止したときは、当該廃止又は休止の日から30日以内に、事業を再開したときは、当該再開の日から10日以内に、様式第11による届出書を水道事業者に提出しなければならない。
（事業の基準） **第25条の8**　指定給水装置工事事業者は、国土交通省令で定める給水装置工事の事業の運営に関する基準に従い、適正な給水装置工事の事業の運営に努めなければならない。		（事業の運営の基準） **第36条**　法第25条の8に規定する国土交通省令で定める給水装置工事の事業の運営に関する基準は、次に掲げるものとする。 一　給水装置工事（第13条に規定する給水装置の軽微な変更を除く。）ごとに、法第25条の4第1項の規定により選任した給水装置工事主任技術者のうちから、当該工事に関して法第25条の4第3項各号に掲げる職務を行う者を指名すること。 二　配水管から分岐して給水管を設ける工事及び給水装置の配水管への取付口から水道メーターまでの工事を施行する場合において、当該配水管及び他の地下埋設物に変形、破損その他の異常を生じさせることがないよう適切に作業を行うことができる技能を有する者を従事させ、又はその者に当該工事に従事する他の者を実施に監督させること。 三　水道事業者の給水区域において前号に掲げる工事を施行するときは、あらかじめ当該水道事業者の承認を受けた工法、工期その他の工事上の条件に適合するように当該工事を施行すること。 四　給水装置工事主任技術者及びその他の給水装置工事に従事する者の給水装置工事の施行技術の向上のために、研修の機会を確保するよう努めること。 五　次に掲げる行為を行わないこと。 イ　令第6条に規定する基準に適合しない給水装置を設置すること。 ロ　給水管及び給水用具の切断、加工、接

水　　　道　　　法	水　道　法　施　行　令	水　道　法　施　行　規　則
（給水装置工事主任技術者の立会い） **第25条の９**　水道事業者は、第17条第１項の規定による給水装置の検査を行うときは、当該給水装置に係る給水装置工事を施行した指定給水装置工事事業者に対し、当該給水装置工事を施行した事業所に係る給水装置工事主任技術者を検査に立ち会わせることを求めることができる。 （報告又は資料の提出） **第25条の10**　水道事業者は、指定給水装置工事事業者に対し、当該指定給水装置工事事業者が給水区域において施行した給水装置工事に関し必要な報告又は資料の提出を求めることができる。 （指定の取消し） **第25条の11**　水道事業者は、指定給水装置工事事業者が次の各号のいずれかに該当するときは、第16条の２第１項の指定を取り消すことができる。 一　第25条の３第１項各号のいずれかに適合しなくなつたとき。 二　第25条の４第１項又は第２項の規定に違反したとき。 三　第25条の７の規定による届出をせず、又は虚偽の届出をしたとき。 四　第25条の８に規定する給水装置工事の事業の運営に関する基準に従つた適正な給水装置工事の事業の運営をすることができないと認められるとき。 五　第25条の９の規定による水道事業者の求めに対し、正当な理由なくこれに応じないとき。 六　前条の規定による水道事業者の求めに対し、正当な理由なくこれに応じず、又は虚偽の報告若しくは資料の提出をしたとき。 七　その施行する給水装置工事が水道施設の機能に障害を与え、又は与えるおそれが大であるとき。 八　不正の手段により第16条の２第１項の指定を受けたとき。 ２　第25条の３第２項の規定は、前項の場合に準用する。 （準用後の第25条の３第２項） *２　水道事業者は、第16条の２第１項の指定を取り消したときは、遅滞なく、その旨を一般に周知させる措置をとらなければならない。* **第４節**　指定試験機関 （指定試験機関の指定） **第25条の12**　国土交通大臣及び環境大臣は、その指定する者（以下「指定試験機関」という。） （水道法第25条の12第１項に規定する指定試		合等に適さない機械器具を使用すること。 六　施行した給水装置工事（第13条に規定する給水装置の軽微な変更を除く。）ごとに、第１号の規定により指名した給水装置工事主任技術者に次の各号に掲げる事項に関する記録を作成させ、当該記録をその作成の日から３年間保存すること。 イ　施主の氏名又は名称 ロ　施行の場所 ハ　施行完了年月日 ニ　給水装置工事主任技術者の氏名 ホ　竣工図 ヘ　給水装置工事に使用した給水管及び給水用具に関する事項 ト　法第25条の４第３項第３号の確認の方法及びその結果

水道法

験機関を指定する省令（P.164））に、給水装置工事主任技術者試験の実施に関する事務（以下「試験事務」という。）を行わせることができる。

2　指定試験機関の指定は、試験事務を行おうとする者の申請により行う。

（指定の基準）

第25条の13　国土交通大臣及び環境大臣は、他に指定を受けた者がなく、かつ、前条第２項の規定による申請が次の要件を満たしていると認めるときでなければ、指定試験機関の指定をしてはならない。

一　職員、設備、試験事務の実施の方法その他の事項についての試験事務の実施に関する計画が試験事務の適正かつ確実な実施のために適切なものであること。

二　前号の試験事務の実施に関する計画の適正かつ確実な実施に必要な経理的及び技術的な基礎を有するものであること。

三　申請者が、試験事務以外の業務を行つている場合には、その業務を行うことによつて試験事務が不公正になるおそれがないこと。

2　国土交通大臣及び環境大臣は、前条第２項の規定による申請をした者が、次の各号のいずれかに該当するときは、指定試験機関の指定をしてはならない。

一　一般社団法人又は一般財団法人以外の者であること。

二　第25条の24第１項又は第２項の規定により指定を取り消され、その取消しの日から起算して２年を経過しない者であること。

三　その役員のうちに、次のいずれかに該当する者があること。

イ　この法律に違反して、刑に処せられ、その執行を終わり、又は執行を受けることがなくなつた日から起算して２年を経過しない者

ロ　第25条の15第２項の規定による命令により解任され、その解任の日から起算して２年を経過しない者

（指定の公示等）

第25条の14　国土交通大臣及び環境大臣は、第25条の12第１項の規定による指定をしたとき

水道法施行令

水道法施行規則

第３節　指定試験機関

（指定試験機関の指定の申請）

第37条　法第25条の12第２項の規定による申請は、次に掲げる事項を記載した申請書によつて行わなければならない。

一　名称及び主たる事務所の所在地

二　行おうとする試験事務の範囲

三　指定を受けようとする年月日

2　前項の申請書には、次に掲げる書類を添えなければならない。

一　定款及び登記事項証明書

二　申請の日を含む事業年度の直前の事業年度における財産目録及び貸借対照表（申請の日を含む事業年度に設立された法人にあつては、その設立時における財産目録）

三　申請の日を含む事業年度の事業計画書及び収支予算書

四　申請に係る意思の決定を証する書類

五　役員の氏名及び略歴を記載した書類

六　現に行つている業務の概要を記載した書類

七　試験事務を行おうとする事務所の名称及び所在地を記載した書類

八　試験事務の実施の方法に関する計画を記載した書類

九　その他参考となる事項を記載した書類

水道法	水道法施行令	水道法施行規則
は、指定試験機関の名称及び主たる事務所の所在地並びに当該指定をした日を公示しなければならない。		
2　指定試験機関は、その名称又は主たる事務所の所在地を変更しようとするときは、変更しようとする日の2週間前までに、その旨を国土交通大臣及び環境大臣に届け出なければならない。		（指定試験機関の名称等の変更の届出） **第38条**　法第25条の14第2項の規定による指定試験機関の名称又は主たる事務所の所在地の変更の届出は、次に掲げる事項を記載した届出書によつて行わなければならない。 一　変更後の指定試験機関の名称又は主たる事務所の所在地 二　変更しようとする年月日 三　変更の理由 2　指定試験機関は、試験事務を行う事務所を新設し、又は廃止しようとするときは、次に掲げる事項を記載した届出書を国土交通大臣及び環境大臣に提出しなければならない。 一　新設し、又は廃止しようとする事務所の名称及び所在地 二　新設し、又は廃止しようとする事務所において試験事務を開始し、又は廃止しようとする年月日 三　新設又は廃止の理由
3　国土交通大臣及び環境大臣は、前項の規定による届出があつたときは、その旨を公示しなければならない。		
（役員の選任及び解任） **第25条の15**　指定試験機関の役員の選任及び解任は、国土交通大臣及び環境大臣の認可を受けなければ、その効力を生じない。		（役員の選任又は解任の認可の申請） **第39条**　指定試験機関は、法第25条の15第1項の規定により役員の選任又は解任の認可を受けようとするときは、次に掲げる事項を記載した申請書を国土交通大臣及び環境大臣に提出しなければならない。 一　役員として選任しようとする者の氏名、住所及び略歴又は解任しようとする者の氏名 二　選任し、又は解任しようとする年月日 三　選任又は解任の理由
2　国土交通大臣及び環境大臣は、指定試験機関の役員が、この法律（これに基づく命令又は処分を含む。）若しくは第25条の18第1項に規定する試験事務規程に違反する行為をしたとき、又は試験事務に関し著しく不適当な行為をしたときは、指定試験機関に対し、当該役員を解任すべきことを命ずることができる。		
（試験委員） **第25条の16**　指定試験機関は、試験事務のうち、給水装置工事主任技術者として必要な知識及び技能を有するかどうかの判定に関する事務を行う場合には、試験委員にその事務を行わせなければならない。		
2　指定試験機関は、試験委員を選任しようとするときは、国土交通省令・環境省令で定める要件を備える者のうちから選任しなければならない。		（試験委員の要件） **第40条**　法第25条の16第2項の国土交通省令・環境省令で定める要件は、次の各号のいずれかに該当する者であることとする。 一　学校教育法に基づく大学若しくは高等専門学校において水道に関する科目を担当する教授若しくは准教授の職にあり、又はあつた者 二　学校教育法に基づく大学若しくは高等専門学校において理科系統の正規の課程を修めて卒業した者（当該課程を修めて専門職大学前期課程を修了した者を含む。）で、その後10年以上国、地方公共団体、一般社団法人又は一般財団法人その他これらに準ずるものの研究機関において水道に関する研究の業務に従事した経験を有するもの 三　国土交通大臣及び環境大臣が前2号に掲げる者と同等以上の知識及び経験を有する

水道法	水道法施行令	水道法施行規則
		と認める者
3　指定試験機関は、試験委員を選任したときは、国土交通省令・環境省令で定めるところにより、遅滞なく、その旨を国土交通大臣及び環境大臣に届け出なければならない。試験委員に変更があつたときも、同様とする。		（試験委員の選任又は変更の届出） **第41条**　法第25条の16第3項の規定による試験委員の選任又は変更の届出は、次に掲げる事項を記載した届出書によつて行わなければならない。 一　選任した試験委員の氏名、住所及び略歴又は変更した試験委員の氏名 二　選任し、又は変更した年月日 三　選任又は変更の理由
4　前条第2項の規定は、試験委員の解任について準用する。 （準用後の第25条の15第2項） *2　国土交通大臣及び環境大臣は、指定試験機関の~~役員~~試験委員が、この法律（これに基づく命令又は処分を含む。）若しくは第25条の18第1項に規定する試験事務規程に違反する行為をしたとき、又は試験事務に関し著しく不適当な行為をしたときは、指定試験機関に対し、当該~~役員~~試験委員を解任すべきことを命ずることができる。*		
（秘密保持義務等） **第25条の17**　指定試験機関の役員若しくは職員（試験委員を含む。次項において同じ。）又はこれらの職にあつた者は、試験事務に関して知り得た秘密を漏らしてはならない。 2　試験事務に従事する指定試験機関の役員又は職員は、刑法（明治40年法律第45号）その他の罰則の適用については、法令により公務に従事する職員とみなす。		
（試験事務規程） **第25条の18**　指定試験機関は、試験事務の開始前に、試験事務の実施に関する規程（以下「試験事務規程」という。）を定め、国土交通大臣及び環境大臣の認可を受けなければならない。これを変更しようとするときも、同様とする。		（試験事務規程の認可の申請） **第42条**　指定試験機関は、法第25条の18第1項前段の規定により試験事務規程の認可を受けようとするときは、その旨を記載した申請書に当該試験事務規程を添えて、これを国土交通大臣及び環境大臣に提出しなければならない。 2　指定試験機関は、法第25条の18第1項後段の規定により試験事務規程の変更の認可を受けようとするときは、次に掲げる事項を記載した申請書を国土交通大臣及び環境大臣に提出しなければならない。 一　変更の内容 二　変更しようとする年月日 三　変更の理由
2　試験事務規程で定めるべき事項は、国土交通省令・環境省令で定める。		（試験事務規程の記載事項） **第43条**　法第25条の18第2項の国土交通省令・環境省令で定める試験事務規程で定めるべき事項は、次のとおりとする。 一　試験事務の実施の方法に関する事項 二　受験手数料の収納に関する事項 三　試験事務に関して知り得た秘密の保持に関する事項 四　試験事務に関する帳簿及び書類の保存に関する事項 五　その他試験事務の実施に関し必要な事項
3　国土交通大臣及び環境大臣は、第1項の規定により認可をした試験事務規程が試験事務の適正かつ確実な実施上不適当となつたと認めるときは、指定試験機関に対し、これを変更すべきことを命ずることができる。		
（事業計画の認可等） **第25条の19**　指定試験機関は、毎事業年度、事業計画及び収支予算を作成し、当該事業年度の開始前に（第25条の12第1項の規定による指定を受けた日の属する事業年度にあつては、その指定を受けた後遅滞なく）、国土交通大臣及び環境大臣の認可を受けなければな		（事業計画及び収支予算の認可の申請） **第44条**　指定試験機関は、法第25条の19第1項前段の規定により事業計画及び収支予算の認可を受けようとするときは、その旨を記載した申請書に事業計画書及び収支予算書を添えて、これを国土交通大臣及び環境大臣に提出しなければならない。

水道法	水道法施行令	水道法施行規則
らない。これを変更しようとするときも、同様とする。		2　第42条第2項の規定は、法第25条の19第1項後段の規定による事業計画及び収支予算の変更の認可について準用する。 **（準用後の第42条第2項）** *2　指定試験機関は、~~法第25条の18~~法第25条の19第1項後段の規定により~~試験事務規程~~事業計画及び収支予算の変更の認可を受けようとするときは、次に掲げる事項を記載した申請書を国土交通大臣及び環境大臣に提出しなければならない。* *一　変更の内容* *二　変更しようとする年月日* *三　変更の理由*
2　指定試験機関は、毎事業年度、事業報告書及び収支決算書を作成し、当該事業年度の終了後3月以内に、国土交通大臣及び環境大臣に提出しなければならない。		
（帳簿の備付け） **第25条の20**　指定試験機関は、国土交通省令・環境省令で定めるところにより、試験事務に関する事項で国土交通省令・環境省令で定めるものを記載した帳簿を備え、これを保存しなければならない。		（帳簿） **第45条**　法第25条の20の国土交通省令・環境省令で定める事項は、次のとおりとする。 一　試験を施行した日 二　試験地 三　受験者の受験番号、氏名、住所、生年月日及び合否の別 2　法第25条の20に規定する帳簿は、試験事務を廃止するまで保存しなければならない。
（監督命令） **第25条の21**　国土交通大臣及び環境大臣は、試験事務の適正な実施を確保するため必要があると認めるときは、指定試験機関に対し、試験事務に関し監督上必要な命令をすることができる。		
（報告、検査等） **第25条の22**　国土交通大臣及び環境大臣は、試験事務の適正な実施を確保するため必要があると認めるときは、指定試験機関に対し、試験事務の状況に関し必要な報告を求め、又はその職員に、指定試験機関の事務所に立ち入り、試験事務の状況若しくは設備、帳簿、書類その他の物件を検査させることができる。		（試験結果の報告） **第46条**　指定試験機関は、試験を実施したときは、遅滞なく、次に掲げる事項を記載した報告書を国土交通大臣及び環境大臣に提出しなければならない。 一　試験を施行した日 二　試験地 三　受験申込者数 四　受験者数 五　合格者数 2　前項の報告書には、合格した者の受験番号、氏名、住所及び生年月日を記載した合格者一覧を添えなければならない。
2　前項の規定により立入検査を行う職員は、その身分を示す証明書を携帯し、関係者の請求があつたときは、これを提示しなければならない。 3　第1項の規定による権限は、犯罪捜査のために認められたものと解してはならない。		（証明書の様式） **第57条**　法第20条の15第2項（法第31条、法第34条第1項及び法第34条の4において準用する場合を含む。）、法第25条の22第2項及び法第39条第4項（法第24条の3第6項及び法第24条の8第2項の規定によりみなして適用する場合を含む。）の規定により国土交通省又は環境省の職員の携帯する証明書は、様式第12とする。
（試験事務の休廃止） **第25条の23**　指定試験機関は、国土交通大臣及び環境大臣の許可を受けなければ、試験事務の全部又は一部を休止し、又は廃止してはならない。		（試験事務の休止又は廃止の許可の申請） **第47条**　指定試験機関は、法第25条の23第1項の規定により試験事務の休止又は廃止の許可を受けようとするときは、次に掲げる事項を記載した申請書を国土交通大臣及び環境大臣に提出しなければならない。 一　休止し、又は廃止しようとする試験事務の範囲 二　休止しようとする年月日及びその期間又は廃止しようとする年月日 三　休止又は廃止の理由
2　国土交通大臣及び環境大臣は、指定試験機関の試験事務の全部又は一部の休止又は廃止により試験事務の適正かつ確実な実施が損な		

水　道　法	水道法施行令	水道法施行規則
われるおそれがないと認めるときでなければ、前項の規定による許可をしてはならない。 3　国土交通大臣及び環境大臣は、第１項の規定による許可をしたときは、その旨を公示しなければならない。 （指定の取消し等） **第25条の24**　国土交通大臣及び環境大臣は、指定試験機関が第25条の13第２項第１号又は第３号に該当するに至つたときは、その指定を取り消さなければならない。 2　国土交通大臣及び環境大臣は、指定試験機関が次の各号のいずれかに該当するときは、その指定を取り消し、又は期間を定めて試験事務の全部若しくは一部の停止を命ずることができる。 一　第25条の13第１項各号の要件を満たさなくなつたと認められるとき。 二　第25条の15第２項（第25条の16第４項において準用する場合を含む。）、第25条の18第３項又は第25条の21の規定による命令に違反したとき。 三　第25条の16第１項、第25条の19、第25条の20又は前条第１項の規定に違反したとき。 四　第25条の18第１項の規定により認可を受けた試験事務規程によらないで試験事務を行つたとき。 五　不正な手段により指定試験機関の指定を受けたとき。 3　国土交通大臣及び環境大臣は、前２項の規定により指定を取り消し、又は前項の規定により試験事務の全部若しくは一部の停止を命じたときは、その旨を公示しなければならない。 （指定等の条件） **第25条の25**　第25条の12第１項、第25条の15第１項、第25条の18第１項、第25条の19第１項又は第25条の23第１項の規定による指定、認可又は許可には、条件を付し、及びこれを変更することができる。 2　前項の条件は、当該指定、認可又は許可に係る事項の確実な実施を図るため必要な最小限度のものに限り、かつ、当該指定、認可又は許可を受ける者に不当な義務を課することとなるものであつてはならない。 （国土交通大臣及び環境大臣による試験事務の実施） **第25条の26**　国土交通大臣及び環境大臣は、指定試験機関の指定をしたときは、試験事務を行わないものとする。 2　国土交通大臣及び環境大臣は、指定試験機関が第25条の23第１項の規定による許可を受けて試験事務の全部若しくは一部を休止したとき、第25条の24第２項の規定により指定試		（試験事務の引継ぎ等） **第48条**　指定試験機関は、法第25条の23第１項の規定による許可を受けて試験事務の全部若しくは一部を廃止する場合、法第25条の24第１項の規定により指定を取り消された場合又は法第25条の26第２項の規定により国土交通大臣及び環境大臣が試験事務の全部若しくは一部を自ら行う場合には、次に掲げる事項を行わなければならない。 一　試験事務を国土交通大臣及び環境大臣に引き継ぐこと。 二　試験事務に関する帳簿及び書類を国土交通大臣及び環境大臣に引き渡すこと。 三　その他国土交通大臣及び環境大臣が必要と認める事項を行うこと。

水道法	水道法施行令	水道法施行規則
験機関に対し試験事務の全部若しくは一部の停止を命じたとき、又は指定試験機関が天災その他の事由により試験事務の全部若しくは一部を実施することが困難となつた場合において必要があると認めるときは、当該試験事務の全部又は一部を自ら行うものとする。 3　国土交通大臣及び環境大臣は、前項の規定により試験事務の全部若しくは一部を自ら行うこととするとき、又は自ら行つていた試験事務の全部若しくは一部を行わないこととするときは、その旨を公示しなければならない。 （国土交通省令・環境省令への委任） **第25条の27**　この法律に規定するもののほか、指定試験機関及びその行う試験事務並びに試験事務の引継ぎに関し必要な事項は、国土交通省令・環境省令で定める。 **第4章**　水道用水供給事業 （事業の認可） **第26条**　水道用水供給事業を経営しようとする者は、国土交通大臣の認可を受けなければならない。 （認可の申請） **第27条**　水道用水供給事業経営の認可の申請をするには、申請書に、事業計画書、工事設計書その他国土交通省令で定める書類（図面を含む。）を添えて、これを国土交通大臣に提出しなければならない。		**第2章**　水道用水供給事業 （認可申請書の添付書類等） **第49条**　法第27条第1項に規定する国土交通省令で定める書類及び図面は、次の各号に掲げるものとする。 一　地方公共団体以外の者である場合は、水道用水供給事業経営を必要とする理由を記載した書類 二　地方公共団体以外の法人又は組合である場合は、水道用水供給事業経営に関する意思決定を証する書類 三　取水が確実かどうかの事情を明らかにする書類 四　地方公共団体以外の法人又は組合である場合は、定款又は規約 五　水道施設の位置を明らかにする地図 六　水源の周辺の概況を明らかにする地図 七　主要な水道施設（次号に掲げるものを除く。）の構造を明らかにする平面図、立面図、断面図及び構造図 八　導水管きよ及び送水管の配置状況を明らかにする平面図及び縦断面図 2　地方公共団体が申請者である場合であつて、当該申請が他の水道用水供給事業の全部を譲り受けることに伴うものであるときは、法第27条第1項に規定する国土交通省令で定める書類及び図面は、前項の規定にかかわらず、同項第5号に掲げるものとする。
2　前項の申請書には、次に掲げる事項を記載しなければならない。 一　申請者の住所及び氏名（法人又は組合にあつては、主たる事務所の所在地及び名称並びに代表者の氏名） 二　水道事務所の所在地 3　水道用水供給事業者は、前項に規定する申請書の記載事項に変更を生じたときは、速やかに、その旨を国土交通大臣に届け出なければならない。 4　第1項の事業計画書には、次に掲げる事項を記載しなければならない。 一　給水対象及び給水量 二　水道施設の概要 三　給水開始の予定年月日 四　工事費の予定総額及びその予定財源 五　経常収支の概算 六　その他国土交通省令で定める事項		（事業計画書の記載事項） **第50条**　法第27条第4項第6号に規定する国土

水　道　法	水道法施行令	水道法施行規則
		交通省令で定める事項は、工事費の算出根拠及び借入金の償還方法とする。
５　第１項の工事設計書には、次に掲げる事項を記載しなければならない。 一　１日最大給水量及び１日平均給水量 二　水源の種別及び取水地点 三　水源の水量の概算及び水質試験の結果		（第52条による準用後の第３条） *（工事設計書に記載すべき水質試験の結果）* ***第３条***　*法~~第７条第５項第３号~~第27条第５項第３号（法~~第10条第２項~~第30条第２項において準用する場合を含む。）に規定する水質試験の結果は、水質基準に関する省令（平成15年厚生労働省令第101号）の表の上欄に掲げる事項に関して水質が最も低下する時期における試験の結果とする。* *２　前項の試験は、水質基準に関する省令に規定する環境大臣が定める方法によつて行うものとする。*
四　水道施設の位置（標高及び水位を含む。）、規模及び構造 五　浄水方法 六　工事の着手及び完了の予定年月日 七　その他国土交通省令で定める事項		（第52条による準用後の第４条） *（工事設計書の記載事項）* ***第４条***　*法~~第７条第５項第８号~~第27条第５項第７号に規定する国土交通省令で定める事項は、次の各号に掲げるものとする。* *一　主要な水理計算* *二　主要な構造計算*
（認可基準） **第28条**　水道用水供給事業経営の認可は、その申請が次の各号のいずれにも適合していると認められるときでなければ、与えてはならない。 一　当該水道用水供給事業の計画が確実かつ合理的であること。 二　水道施設の工事の設計が第５条の規定による施設基準に適合すること。 三　地方公共団体以外の者の申請に係る水道用水供給事業にあつては、当該事業を遂行するに足りる経理的基礎があること。 四　その他当該水道用水供給事業の開始が公益上必要であること。 ２　前項各号に規定する基準を適用するについて必要な技術的細目は、国土交通省令で定める。		（法第28条第１項各号を適用するについて必要な技術的細目） **第51条の２**　法第28条第２項に規定する技術的細目のうち、同条第１項第１号に関するものは、次に掲げるものとする。 一　給水対象が、当該地域における水系、地形その他の自然的条件及び人口、土地利用その他の社会的条件、水道により供給される水の需要に関する長期的な見通し並びに当該地域における水道の整備の状況を勘案して、合理的に設定されたものであること。 二　給水量が、給水対象の給水量及び水源の水量を基礎として、各年度ごとに合理的に設定されたものであること。 三　給水量及び水道施設の整備の見通しが一定の確実性を有し、かつ、経常収支が適切に設定できるよう期間が設定されたものであること。 四　工事費の調達、借入金の償還、給水収益、水道施設の運転に要する費用等に関する収支の見通しが確実かつ合理的なものであること。 五　水道基盤強化計画が定められている地域にあつては、当該計画と整合性のとれたものであること。

水道法	水道法施行令	水道法施行規則
		六　取水に当たつて河川法第23条の規定に基づく流水の占用の許可を必要とする場合にあつては、当該許可を受けているか、又は許可を受けることが確実であると見込まれること。 七　取水に当たつて河川法第23条の規定に基づく流水の占用の許可を必要としない場合にあつては、水源の状況に応じて取水量が確実に得られると見込まれること。 八　ダムの建設等により水源を確保する場合にあつては、特定多目的ダム法第４条第１項に規定する基本計画においてダム使用権の設定予定者とされている等により、当該ダムを使用できることが確実であると見込まれること。 **第51条の３**　法第28条第２項に規定する技術的細目のうち、同条第１項第３号に関するものは、当該申請者が当該水道用水供給事業の遂行に必要となる資金の調達及び返済の能力を有することとする。
（認可の条件） **第29条**　国土交通大臣は、地方公共団体以外の者に対して水道用水供給事業経営の認可を与える場合には、これに必要な条件を付することができる。 ２　第９条第２項の規定は、前項の条件について準用する。 **（準用後の第９条第２項）** *２　前項の~~期限又は~~条件は、公共の利益を増進し、又は当該~~水道事業~~水道用水供給事業の確実な遂行を図るために必要な最少限度のものに限り、かつ、当該~~水道事業者~~水道用水供給事業者に不当な義務を課することとなるものであつてはならない。*		
（事業の変更） **第30条**　水道用水供給事業者は、給水対象若しくは給水量を増加させ、又は水源の種別、取水地点若しくは浄水方法を変更しようとするとき（次の各号のいずれかに該当するときを除く。）は、国土交通大臣の認可を受けなければならない。 一　その変更が国土交通省令で定める軽微なものであるとき。		（事業の変更の認可を要しない軽微な変更） **第51条の４**　法第30条第１項第１号の国土交通省令で定める軽微な変更は、次のいずれかの変更とする。 一　水源の種別、取水地点又は浄水方法の変更を伴わない変更のうち、給水対象又は給水量の増加に係る変更であつて、変更後の給水量と認可給水量（法第27条第４項の規定により事業計画書に記載した給水量（法第30条第１項又は第３項の規定により給水量の変更（同条第１項第１号に該当するものを除く。）を行つたときは、直近の変更後の給水量とする。）をいう。次号において同じ。）との差が認可給水量の10分の１を超えないもの。 二　現在の給水量が認可給水量を超えない事業における、次に掲げるいずれかの浄水施設を用いる浄水方法への変更のうち、給水対象若しくは給水量の増加又は水源の種別若しくは取水地点の変更を伴わないもの。ただし、ヌ又はルに掲げる浄水施設を用いる浄水方法への変更については、変更前の浄水方法に当該浄水施設を用いるものを追加する場合に限る。 イ　普通沈殿池 ロ　薬品沈殿池 ハ　高速凝集沈殿池

水道法	水道法施行令	水道法施行規則
		ニ　緩速濾過池 ホ　急速濾過池 ヘ　膜濾過設備 ト　エアレーション設備 チ　除鉄設備 リ　除マンガン設備 ヌ　粉末活性炭処理設備 ル　粒状活性炭処理設備 三　河川の流水を水源とする取水地点の変更のうち、給水対象若しくは給水量の増加又は水源の種別若しくは浄水方法の変更を伴わないものであつて、次に掲げる事由その他の事由により、当該河川の現在の取水地点と変更後の取水地点の間の流域（イ及びロにおいて「特定区間」という。）における原水の水質が大きく変わるおそれがないもの。 イ　特定区間に流入する河川がないとき。 ロ　特定区間に汚染物質を排出する施設がないとき。
二　その変更が他の水道用水供給事業の全部を譲り受けることに伴うものであるとき。 ２　前３条の規定は、前項の認可について準用する。 （準用後の第27条） *（変更認可の申請）* ***第27条***　*水道用水供給事業経営の変更の認可の申請をするには、申請書に、変更後の事業計画書、工事設計書その他国土交通省令で定める書類（図面を含む。）を添えて、これを国土交通大臣に提出しなければならない。*		（変更認可申請書の添付書類等） **第51条** ２　第49条の規定は、法第30条第２項において準用する法第27条第１項に規定する国土交通省令で定める書類及び図面について準用する。この場合において、第49条第１項中「各号」とあるのは「各号（給水対象を増加させようとする場合にあつては第３号及び第６号を除き、水源の種別又は取水地点を変更しようとする場合にあつては第２号及び第４号を除き、浄水方法を変更しようとする場合にあつては第２号、第３号及び第４号を除く。）」と、同項第７号中「除く。）」とあるのは「除く。）であつて、新設、増設又は改造されるもの」と、同項第８号中「送水管」とあるのは「送水管であつて、新設、増設又は改造されるもの」とそれぞれ読み替えるものとする。 （準用後の第49条） *（変更認可申請書の添付書類等）* ***第49条***　*法第27条第１項に規定する国土交通省令で定める書類及び図面は、次の~~各号~~各号（給水対象を増加させようとする場合にあつては第３号及び第６号を除き、水源の種別又は取水地点を変更しようとする場合にあつては第２号及び第４号を除き、浄水方法を変更しようとする場合にあつては第２号、第３号及び第４号を除く。）に掲げるものとする。* *一　地方公共団体以外の者である場合は、水道用水供給事業経営を必要とする理由を記載した書類* *二　地方公共団体以外の法人又は組合である場合は、水道用水供給事業経営に関する意思決定を証する書類* *三　取水が確実かどうかの事情を明らかにする書類* *四　地方公共団体以外の法人又は組合である場合は、定款又は規約* *五　水道施設の位置を明らかにする地図* *六　水源の周辺の概況を明らかにする地図* *七　主要な水道施設（次号に掲げるものを~~除く。）~~除く。）であつて、新設、増設又は改造されるものの構造を明らかにする平面図、立面図、断面図及び構造図*

水　　道　　法	水　道　法　施　行　令	水　道　法　施　行　規　則
		八　導水管きよ及び~~送水管~~送水管であつて、新設、増設又は改造されるものの配置状況を明らかにする平面図及び縦断面図 2　地方公共団体が申請者である場合であつて、当該申請が他の水道用水供給事業の全部を譲り受けることに伴うものであるときは、法第27条第1項に規定する国土交通省令で定める書類及び図面は、前項の規定にかかわらず、同項第5号に掲げるものとする。
2　前項の申請書には、次に掲げる事項を記載しなければならない。 一　申請者の住所及び氏名（法人又は組合にあつては、主たる事務所の所在地及び名称並びに代表者の氏名） 二　水道事務所の所在地 3　水道用水供給事業者は、前項に規定する申請書の記載事項に変更を生じたときは、速やかに、その旨を国土交通大臣に届け出なければならない。 4　第1項の事業計画書には、次に掲げる事項を記載しなければならない。 一　給水対象及び給水量 二　水道施設の概要 三　給水開始の予定年月日 四　工事費の予定総額及びその予定財源 五　経常収支の概算 六　その他国土交通省令で定める事項		3　前条の規定は、法第30条第2項において準用する法第27条第4項第6号に規定する国土交通省令で定める事項について準用する。 （準用後の第50条） （事業計画書の記載事項） **第50条**　法第27条第4項第6号に規定する国土交通省令で定める事項は、工事費の算出根拠及び借入金の償還方法とする。
5　第1項の工事設計書には、次に掲げる事項を記載しなければならない。 一　1日最大給水量及び1日平均給水量 二　水源の種別及び取水地点 三　水源の水量の概算及び水質試験の結果		（第52条による準用後の第3条） （工事設計書に記載すべき水質試験の結果） **第3条**　法~~第7条第5項第3号~~第27条第5項第3号（法~~第10条第2項~~第30条第2項において準用する場合を含む。）に規定する水質試験の結果は、水質基準に関する省令（平成15年厚生労働省令第101号）の表の上欄に掲げる事項に関して水質が最も低下する時期における試験の結果とする。 2　前項の試験は、水質基準に関する省令に規定する環境大臣が定める方法によつて行うものとする。
四　水道施設の位置（標高及び水位を含む。）、規模及び構造 五　浄水方法 六　工事の着手及び完了の予定年月日 七　その他国土交通省令で定める事項		（変更認可申請書の添付書類等） **第51条**　第4条の規定は、法第30条第2項において準用する法第27条第5項第7号に規定する国土交通省令で定める事項について準用する。この場合において、第4条第1号及び第2号中「主要」とあるのは、「新設、増設又は改造される水道施設に関する主要」と読み替えるものとする。 （準用後の第4条） （工事設計書の記載事項） **第4条**　法~~第7条第5項第8号~~第27条第5項第7号に規定する国土交通省令で定める事

水　道　法	水道法施行令	水道法施行規則
（準用後の第28条） （変更認可の基準） **第28条**　水道用水供給事業経営の変更の認可は、その申請が次の各号のいずれにも適合していると認められるときでなければ、与えてはならない。 一　当該水道用水供給事業の計画変更が確実かつ合理的であること。 二　水道施設の工事の設計が第5条の規定による施設基準に適合すること。 三　地方公共団体以外の者の申請に係る水道用水供給事業にあつては、変更後の当該事業を遂行するに足りる経理的基礎があること。 四　その他当該水道用水供給事業の開始変更が公益上必要であること。 2　前項各号に規定する基準を適用するについて必要な技術的細目は、国土交通省令で定める。 （準用後の第29条）		項は、次の各号に掲げるものとする。 一　主要新設、増設又は改造される水道施設に関する主要な水理計算 二　主要新設、増設又は改造される水道施設に関する主要な構造計算 （法第28条第1項各号を適用するについて必要な技術的細目） **第51条の2**　法第28条第2項に規定する技術的細目のうち、同条第1項第1号に関するものは、次に掲げるものとする。 一　給水対象が、当該地域における水系、地形その他の自然的条件及び人口、土地利用その他の社会的条件、水道により供給される水の需要に関する長期的な見通し並びに当該地域における水道の整備の状況を勘案して、合理的に設定されたものであること。 二　給水量が、給水対象の給水量及び水源の水量を基礎として、各年度ごとに合理的に設定されたものであること。 三　給水量及び水道施設の整備の見通しが一定の確実性を有し、かつ、経常収支が適切に設定できるよう期間が設定されたものであること。 四　工事費の調達、借入金の償還、給水収益、水道施設の運転に要する費用等に関する収支の見通しが確実かつ合理的なものであること。 五　水道基盤強化計画が定められている地域にあつては、当該計画と整合性のとれたものであること。 六　取水に当たつて河川法第23条の規定に基づく流水の占用の許可を必要とする場合にあつては、当該許可を受けているか、又は許可を受けることが確実であると見込まれること。 七　取水に当たつて河川法第23条の規定に基づく流水の占用の許可を必要としない場合にあつては、水源の状況に応じて取水量が確実に得られると見込まれること。 八　ダムの建設等により水源を確保する場合にあつては、特定多目的ダム法第4条第1項に規定する基本計画においてダム使用権の設定予定者とされている等により、当該ダムを使用できることが確実であると見込まれること。 **第51条の3**　法第28条第2項に規定する技術的細目のうち、同条第1項第3号に関するものは、当該申請者が当該水道用水供給事業の遂行に必要となる資金の調達及び返済の能力を有することとする。

水道法	水道法施行令	水道法施行規則
（変更認可の条件） **第29条**　国土交通大臣は、地方公共団体以外の者に対して水道用水供給事業経営の変更の認可を与える場合には、これに必要な条件を付することができる。 ２　第９条第２項の規定は、前項の条件について準用する。 （準用後の第９条第２項） ２　前項の~~期限又は~~条件は、公共の利益を増進し、又は変更後の当該~~水道事業~~水道用水供給事業の確実な遂行を図るために必要な最少限度のものに限り、かつ、当該~~水道事業者~~水道用水供給事業者に不当な義務を課することとなるものであつてはならない。		
３　水道用水供給事業者は、第１項各号のいずれかに該当する変更を行うときは、あらかじめ、国土交通省令で定めるところにより、その旨を国土交通大臣に届け出なければならない。		（事業の変更の届出） **第51条の５**　法第30条第３項の届出をしようとする水道用水供給事業者は、次に掲げる事項を記載した届出書を国土交通大臣に提出しなければならない。 一　届出者の住所及び氏名（法人又は組合にあつては、主たる事務所の所在地及び名称並びに代表者の氏名） 二　水道事務所の所在地 ２　前項の届出書には、次に掲げる書類（図面を含む。）を添えなければならない。 一　次に掲げる事項を記載した事業計画書 イ　変更後の給水対象及び給水量 ロ　水道施設の概要 ハ　給水開始の予定年月日 ニ　法第30条第１項第２号に該当する場合にあつては、当該譲受けの年月日及び変更後の経常収支の概算 二　次に掲げる事項を記載した工事設計書 イ　工事の着手及び完了の予定年月日 ロ　前条第２号に該当する場合にあつては、変更される浄水施設に係る水源の種別、取水地点、水源の水量の概算、水質試験の結果及び変更後の浄水方法 ハ　前条第３号に該当する場合にあつては、変更される取水施設に係る水源の種別、取水地点、水源の水量の概算、水質試験の結果及び変更後の取水地点 三　水道施設の位置を明らかにする地図 四　前条第１号（水道用水供給事業者が給水対象を増加しようとする場合に限る。次号において同じ。）又は法第30条第１項第２号に該当し、かつ、水道用水供給事業者が地方公共団体以外の者である場合にあつては、水道用水供給事業経営を必要とする理由を記載した書類 五　前条第１号又は法第30条第１項第２号に該当し、かつ、水道用水供給事業者が地方公共団体以外の法人又は組合である場合にあつては、水道用水供給事業経営に関する意思決定を証する書類 六　前条第２号に該当する場合にあつては、主要な水道施設であつて、新設、増設又は改造されるものの構造を明らかにする平面図、立面図、断面図及び構造図 七　前条第３号に該当する場合にあつては、主要な水道施設であつて、新設、増設又は改造されるものの構造を明らかにする平面図、立面図、断面図及び構造図並びに変更される水源からの取水が確実かどうかの事情を明らかにする書類
（準用） **第31条**　第11条第１項及び第３項、第12条、第		（準用） **第52条**　第３条、第４条、第８条の３（第１項

水道法	水道法施行令	水道法施行規則

水道法

13条、第15条第2項、第19条（第2項第3号を除く。）、第20条から第23条まで、第24条の2、第24条の3（第7項を除く。）、第24条の4、第24条の5、第24条の6（第1項第2号を除く。）、第24条の7、第24条の8（第3項を除く。）、第24条の9から第24条の13までの規定は、水道用水供給事業者について準用する。この場合において、次の表の上欄に掲げる規定中同表の中欄に掲げる字句は、それぞれ同表の下欄に掲げる字句に読み替えるものとする。

第11条第1項	水道事業の全部又は	水道用水供給事業の全部又は
第11条第1項ただし書	水道事業の	水道用水供給事業の
	水道事業を	水道用水供給事業を
第15条第2項	給水を受ける者に対し、常時水	水道用水の供給を受ける水道事業者に対し、給水契約の定めるところにより水道用水
第15条第2項ただし書	給水区域	給水対象
	区域及び	対象及び
	関係者に周知させる	水道用水供給事業者が水道用水を供給する水道事業者に通知する
第19条第2項	事項	事項（第3号に掲げる事項を除く。）
第22条の4第1項	給水区域	水道用水供給事業者が水道用水を供給する水道事業者の給水区域
第23条第1項	関係者に周知させる	水道用水供給事業者が水道用水を供給する水道事業者に通知する
第24条の2	水道の	水道用水供給事業者が水道用水を供給する水道事業者の水道の
	水道事業に	水道用水供給事業に
第24条の3第4項	第19条第2項各号	第19条第2項各号（第3号を除く。）
第24条の3第6項	第17条、第20条	第20条
	第25条の9、第36条第2項	第36条第2項
第24条の3第8項	同項各号	同項各号（第3号を除く。）
第24条の4第1項	水道事業の	水道用水供給事業の
第24条の4第3項	第6条第1項	第26条
	水道事業経営	水道用水供給事業経営
第24条の5第3項	水道事業	水道用水供給事業

水道法施行規則

第3号を除く。）から第11条まで、第15条から第17条の3（第3項第1号ロを除く。）まで、第17条の4及び第17条の5（第5号を除く。）から第17条の12までの規定は、水道用水供給事業について準用する。この場合において、次の表の上欄に掲げる規定中同表の中欄に掲げる字句は、それぞれ同表の下欄に掲げる字句に読み替えるものとする。

第3条第1項	第7条第5項第3号	第27条第5項第3号
	第10条第2項	第30条第2項
第4条	第7条第5項第8号	第27条第5項第7号
第8条の3第1項	第11条第1項	第31条において準用する法第11条第1項
第8条の3第1項第2号	給水区域	給水対象
第8条の3第3項第1号	給水区域	給水対象
第8条の3第3項第5号	給水区域、給水人口	給水対象
第8条の3第3項第6号	給水人口及び給水量	給水量
第8条の4	第11条第1項	第31条において準用する法第11条第1項
第10条第1項	第13条第1項	第31条において準用する法第13条第1項
第11条	第13条第1項	第31条において準用する法第13条第1項
	水道施設（給水装置を含む。）	水道施設
第15条第1項	第20条第1項	第31条において準用する法第20条第1項
第15条第1項第2号	給水栓	当該水道用水供給事業者が水道用水を水道事業者に供給する場所
第15条第7項第5号	第20条第3項	第31条において準用する法第20条第3項
第15条第8項	第20条第3項ただし書	第31条において準用する法第20条第3項ただし書
第15条の2	第20条の2	第31条において準用する法第20条の2
第15条の2第3号	第20条の3各号	第31条において準用する法第20条の3各号
第15条の2第4号	第20条の4第1項第1号	第31条において準用する法第20条の4第1項第1号
第15条の2第5号	第20条の4第1項第2	第31条において準用する法第20条の4第

水道法		
第6号		
第24条の7第2項	第19条第2項各号	第19条第2項各号（第3号を除く。）
第24条の8第1項	第14条第1項、第2項及び第5項、第15条第2項及び第3項	第15条第2項
	、第24条第3項並びに	並びに
	第14条第1項中「料金」とあるのは「料金（第24条の4第3項に規定する水道施設運営権者（次項、次条第2項及び第23条第2項において「水道施設運営権者」という。）が自らの収入として収受する水道施設の利用に係る料金（次項において「水道施設運営権者に係る利用料金」という。）を含む。次項第1号及び第2号、第5項、次条第3項並びに第24条第3項において同じ。）」と、同条第2項中「次に」とあるのは「水道施設運営権者に係る利用料金について、水道施設運営権者は水道の需要者に対して直接にその支払を請求する権利を有する旨が明確に定められていることのほか、次に」	第15条第2項ただし書

水道法施行令

水道法施行規則		
	号	1項第2号
第15条の2第6号	第20条の4第1項第3号イ	第31条において準用する法第20条の4第1項第3号イ
	同号ハ	法第31条において準用する法第20条の4第1項第3号ハ
第15条の2第7号	第20条の4第1項第3号ロ	第31条において準用する法第20条の4第1項第3号ロ
第15条の2第9号ロ	第20条の4第1項第3号イ	第31条において準用する法第20条の4第1項第3号イ
第15条の3	第20条の5第1項	第31条において準用する法第20条の5第1項
第15条の4	第20条の6第2項	第31条において準用する法第20条の6第2項
第15条の4第4号ハ	第20条の14	第31条において準用する法第20条の14
第15条の5第1項	第20条の7	第31条において準用する法第20条の7
第15条の6第1項	第20条の8第2項	第31条において準用する法第20条の8第2項
第15条の6第1項第8号	第20条の10第2項第2号及び第4号	第31条において準用する法第20条の10第2項第2号及び第4号
第15条の6第2項	第20条の8第1項前段	第31条において準用する法第20条の8第1項前段
第15条の6第3項	第20条の8第1項後段	第31条において準用する法第20条の8第1項後段
第15条の7	第20条の9	第31条において準用する法第20条の9
第15条の8	第20条の10第2項第3号	第31条において準用する法第20条の10第2項第3号
第15条の9	第20条の10第2項第4号	第31条において準用する法第20条の10第2項第4号
第15条の10第2項	第20条の14	第31条において準用する法第20条の14
第16条第1項及び第2項	第21条第1項	第31条において準用する法第21条第1項
第16条第4項	第21条第2項	第31条において準用する法第21条第2項
第17条	第22条	第31条において準用する法第22条
第17条第1項第3号	給水栓	当該水道用水供給事業者が水道用水を水道事業者に供給する

水　道　法	水道法施行令	水道法施行規則

水道法

	と、第15条第２項ただし書	
	（水道施設運営権者が	（第24条の４第３項に規定する水道施設運営権者（第23条第２項において「水道施設運営権者」という。）が
	水道事業者（水道施設運営権者を含む。以下この項及び次条第３項	水道用水供給事業者（水道施設運営権者を含む。以下この項
	とする。この場合において、水道施設運営権者は、当然に給水契約の利益（水道施設運営等事業の対象となる水道施設の利用料金の支払を請求する権利に係る部分に限る。）を享受する	とする
第24条の８第２項	第17条、第20条	第20条
	第23条第１項、第25条の９	第23条第１項

水道法施行規則

		場所
第17条の２第１項	第22条の２第１項	第31条において準用する法第22条の２第１項
第17条の３第１項	第22条の３第１項	第31条において準用する法第22条の３第１項
第17条の３第３項第３号ハ	止水栓の位置	当該水道用水供給事業者が水道用水を水道事業者に供給する場所
第17条の４第１項	第22条の４第２項	第31条において準用する法第22条の４第２項
第17条の５	第24条の２	第31条において準用する法第24条の２
第17条の５第２号	第24条の３第１項の規定による委託及び法第24条の４第１項の規定による水道施設運営権の設定の内容	第31条において準用する法第24条の３第１項の規定による委託及び法第31条において準用する法第24条の４第１項の規定による水道施設運営権の設定の内容
第17条の５第７号	第20条第１項	第31条において準用する法第20条第１項
第17条の７	第24条の３第２項	第31条において準用する法第24条の３第２項
第17条の８	第24条の３第６項	第31条において準用する法第24条の３第６項
	第20条第３項ただし書	第31条において準用する法第20条第３項ただし書
第17条の９	第24条の５第１項	第31条において準用する法第24条の５第１項
第17条の10	第24条の５第３項第10号	第31条において準用する法第24条の５第３項第10号
第17条の11第１項	第24条の６第２項	第31条において準用する法第24条の６第２項
	同条第１項第１号	法第31条において準用する法第24条の６第１項第１号
第17条の11第３項	第24条の６第２項	第31条において準用する法第24条の６第２項
	同条第１項第３号	法第31条において準用する法第24条の６第１項第３号
第17条の12	第24条の８第２項	第31条において準用する法第24条の８第２項

水　道　法	水道法施行令	水道法施行規則

水道法

（準用後の第11条）

（事業の休止及び廃止）

第11条　~~水道事業者~~水道用水供給事業者は、給水を開始した後においては、国土交通省令で定めるところにより、国土交通大臣の許可を受けなければ、その~~水道事業の全部又は~~水道用水供給事業の全部又は一部を休止し、又は廃止してはならない。ただし、その~~水道事業の~~水道用水供給事業の全部を他の~~水道事業を~~水道用水供給事業を行う~~水道事業者~~水道用水供給事業者に譲り渡すことにより、その~~水道事業の~~水道用水供給事業の全部を廃止することとなるときは、この限りでない。

3　第１項ただし書の場合においては、~~水道事業者~~水道用水供給事業者は、あらかじめ、その旨を国土交通大臣に届け出なければならない。

（準用後の第12条）

（技術者による布設工事の監督）

第12条　~~水道事業者~~水道用水供給事業者は、水道の布設工事を自ら施行し、又は他人に施行させる場合においては、その職員を指

水道法施行規則

	第14条第３項	第31条において準用する法第14条第３項

（準用後の第３条）

（工事設計書に記載すべき水質試験の結果）

第３条　~~法第７条第５項第３号~~第27条第５項第３号（~~法第10条第２項~~第30条第２項において準用する場合を含む。）に規定する水質試験の結果は、水質基準に関する省令（平成15年厚生労働省令第101号）の表の上欄に掲げる事項に関して水質が最も低下する時期における試験の結果とする。

2　前項の試験は、水質基準に関する省令に規定する環境大臣が定める方法によつて行うものとする。

（準用後の第４条）

（工事設計書の記載事項）

第４条　~~法第７条第５項第８号~~第27条第５項第７号に規定する国土交通省令で定める事項は、次の各号に掲げるものとする。

一　主要な水理計算

二　主要な構造計算

（準用後の第８条の３）

（事業の休廃止の許可の申請）

第８条の３　~~法第11条第１項~~第31条において準用する法第11条第１項の許可を申請する~~水道事業者~~水道用水供給事業者は、申請書に、休廃止計画書及び次に掲げる書類（図面を含む。）を添えて、国土交通大臣に提出しなければならない。

一　~~水道事業~~水道用水供給事業の休止又は廃止により公共の利益が阻害されるおそれがないことを証する書類

二　休止又は廃止する~~給水区域~~給水対象を明らかにする地図

2　前項の申請書には、次に掲げる事項を記載しなければならない。

一　申請者の住所及び氏名（法人又は組合にあつては、主たる事務所の所在地及び名称並びに代表者の氏名）

二　水道事務所の所在地

3　第１項の休廃止計画書には、次に掲げる事項を記載しなければならない。

一　休止又は廃止する~~給水区域~~給水対象

二　休止又は廃止の予定年月日

三　休止又は廃止する理由

四　~~水道事業~~水道用水供給事業の全部又は一部を休止する場合にあつては、事業の全部又は一部の再開の予定年月日

五　~~水道事業~~水道用水供給事業の一部を廃止する場合にあつては、当該廃止後の~~給水区域、給水人口~~給水対象及び給水量

六　~~水道事業~~水道用水供給事業の一部を廃止する場合にあつては、当該廃止後の~~給水人口及び給水量~~給水量の算出根拠

（準用後の第８条の４）

（事業の休廃止の許可の基準）

第８条の４　国土交通大臣は、~~水道事業~~水道用水供給事業の全部又は一部の休止又は廃止により公共の利益が阻害されるおそれがないと認められるときでなければ、~~法第11条第１項~~第31条において準用する法第11条第１項の許可をしてはならない。

水道法	水道法施行令	水道法施行規則
名し、又は第三者に委嘱して、その工事の施行に関する技術上の監督業務を行わせなければならない。 2　前項の業務を行う者は、政令で定める資格（当該水道事業者が地方公共団体である場合にあつては、当該資格を参酌して当該地方公共団体の条例で定める資格）を有する者でなければならない。	（布設工事監督者の資格） **第5条**　法第12条第2項（法第31条において準用する場合を含む。）に規定する政令で定める資格は、次のとおりとする。 一　学校教育法（昭和22年法律第26号）による大学（短期大学を除く。以下同じ。）の土木工学科若しくはこれに相当する課程において衛生工学若しくは水道工学に関する学科目を修めて卒業した後、又は旧大学令（大正7年勅令第388号）による大学において土木工学科若しくはこれに相当する課程を修めて卒業した後、2年以上水道に関する技術上の実務に従事した経験を有する者 二　学校教育法による大学の土木工学科又はこれに相当する課程において衛生工学及び水道工学に関する学科目以外の学科目を修めて卒業した後、3年以上水道に関する技術上の実務に従事した経験を有する者 三　学校教育法による短期大学（同法による専門職大学の前期課程を含む。）若しくは高等専門学校又は旧専門学校令（明治36年勅令第61号）による専門学校において土木科又はこれに相当する課程を修めて卒業した後（同法による専門職大学の前期課程にあつては、修了した後）、5年以上水道に関する技術上の実務に従事した経験を有する者 四　学校教育法による高等学校若しくは中等教育学校又は旧中等学校令（昭和18年勅令第36号）による中等学校において土木科又はこれに相当する課程を修めて卒業した後、7年以上水道に関する技術上の実務に従事した経験を有する者 五　10年以上水道の工事に関する技術上の実務に従事した経験を有する者 六　国土交通省令の定めるところにより、前各号に掲げる者と同等以上の技能を有すると認められる者	（準用後の第9条） （布設工事監督者の資格） **第9条**　令第5条第1項第6号の規定により同項第1号から第5号までに掲げる者と同等以上の技能を有すると認められる者は、次のとおりとする。 一　令第5条第1項第1号又は第2号の卒業者であつて、学校教育法（昭和22年法律第26号）に基づく大学院研究科において1年以上衛生工学若しくは水道工学に関する課程を専攻した後、又は大学の専攻科において衛生工学若しくは水道工学に関する専攻を修了した後、同項第1号の卒業者にあつては1年（簡易水道の場合は、6箇月）以上、同項第2号の卒業者にあつては2年（簡易水道の場合は、1年）以上水道に関する技術上の実務に従事した経験を有する者 二　外国の学校において、令第5条第1項第1号若しくは第2号に規定する課程及び学科目又は第3号若しくは第4号に規定する課程に相当する課程又は学科目を、それぞれ当該各号に規定する学校において修得する程度と同等以上に修得した後、それぞれ当該各号に規定する最低経験年数（簡易水道の場合は、それぞれ当該各号に規定する最低経験年数の2分の1）以上水道に関する技術上の実務に

水　道　法	水道法施行令	水道法施行規則
		従事した経験を有する者 三　技術士法（昭和58年法律第25号）第4条第1項の規定による第2次試験のうち上下水道部門に合格した者（選択科目として上水道及び工業用水道を選択したものに限る。）であつて、1年（簡易水道の場合は、6箇月）以上水道に関する技術上の実務に従事した経験を有する者
（準用後の第13条） （給水開始前の届出及び検査） **第13条**　~~水道事業者~~水道用水供給事業者は、配水施設以外の水道施設又は配水池を新設し、増設し、又は改造した場合において、その新設、増設又は改造に係る施設を使用して給水を開始しようとするときは、あらかじめ、国土交通大臣にその旨を届け出て、かつ、環境省令の定めるところにより水質検査を行い、及び国土交通省令の定めるところにより施設検査を行わなければならない。		（準用後の第10条） （給水開始前の水質検査） **第10条**　~~法第13条第1項~~第31条において準用する法第13条第1項の規定により行う水質検査は、当該水道により供給される水が水質基準に適合するかしないかを判断することができる場所において、水質基準に関する省令の表の上欄に掲げる事項及び消毒の残留効果について行うものとする。 2　前項の検査のうち水質基準に関する省令の表の上欄に掲げる事項の検査は、同令に規定する環境大臣が定める方法によつて行うものとする。 （準用後の第11条） （給水開始前の施設検査） **第11条**　~~法第13条第1項~~第31条において準用する法第13条第1項の規定により行う施設検査は、浄水及び消毒の能力、流量、圧力、耐力、汚染並びに漏水のうち、施設の新設、増設又は改造による影響のある事項に関し、新設、増設又は改造に係る施設及び当該影響に関係があると認められる~~水道施設（給水装置を含む。）~~水道施設について行うものとする。
2　~~水道事業者~~水道用水供給事業者は、前項の規定による水質検査及び施設検査を行つたときは、これに関する記録を作成し、その検査を行つた日から起算して5年間、これを保存しなければならない。 （準用後の第15条第2項） 2　~~水道事業者~~水道用水供給事業者は、当該水道により~~給水を受ける者に対し、常時水~~水道用水の供給を受ける水道事業者に対し、給水契約の定めるところにより水道用水を供給しなければならない。ただし、第40条第1項の規定による水の供給命令を受けた場合又は災害その他正当な理由があつてやむを得ない場合には、~~給水区域~~給水対象の全部又は一部につきその間給水を停止することができる。この場合には、やむを得ない事情がある場合を除き、給水を停止しようとする~~区域及び~~対象及び期間をあらかじめ~~関係者に周知させる~~水道用水供給事業者が水道用水を供給する水道事業者に通知する措置をとらなければならない。 （準用後の第19条） （水道技術管理者） **第19条**　~~水道事業者~~水道用水供給事業者は、水道の管理について技術上の業務を担当させるため、水道技術管理者1人を置かなければならない。ただし、自ら水道技術管理者となることを妨げない。 2　水道技術管理者は、次に掲げる~~事項~~事項（第3号に掲げる事項を除く。）に関する事務に従事し、及びこれらの事務に従事する他の職員を監督しなければならない。 一　水道施設が第5条の規定による施設基準に適合しているかどうかの検査（第22条の2第2項に規定する点検を含む。） 二　第13条第1項の規定による水質検査及		

水道法	水道法施行令	水道法施行規則

水道法

び施設検査
四　次条第１項の規定による水質検査
五　第21条第１項の規定による健康診断
六　第22条の規定による衛生上の措置
七　第22条の３第１項の台帳の作成
八　第23条第１項の規定による給水の緊急停止
九　第37条前段の規定による給水停止

3　水道技術管理者は、政令で定める資格（当該水道事業者が地方公共団体である場合にあつては、当該資格を参酌して当該地方公共団体の条例で定める資格）を有する者でなければならない。

水道法施行令

（水道技術管理者の資格）

第７条　法第19条第３項（法第31条及び第34条第１項において準用する場合を含む。）に規定する政令で定める資格は、次のとおりとする。
一　第５条の規定により簡易水道以外の水道の布設工事監督者たる資格を有する者
二　第５条第１項第１号、第３号及び第４号に規定する学校において土木工学以外の工学、理学、農学、医学若しくは薬学に関する学科目又はこれらに相当する学科目を修めて卒業した後（学校教育法による専門職大学の前期課程にあつては、修了した後）、同項第１号に規定する学校を卒業した者については４年以上、同項第３号に規定する学校を卒業した者（同法による専門職大学の前期課程にあつては、修了した者）については６年以上、同項第４号に規定する学校を卒業した者については８年以上水道に関する技術上の実務に従事した経験を有する者
三　10年以上水道に関する技術上の実務に従事した経験を有する者
四　国土交通省令・環境省令の定めるところにより、前２号に掲げる者と同等以上の技能を有すると認められる者

水道法施行規則

（水道技術管理者の資格）

第14条　令第７条第１項第４号の規定により同項第２号及び第３号に掲げる者と同等以上の技能を有すると認められる者は、次のとおりとする。
一　令第５条第１項第１号、第３号及び第４号に規定する学校において、工学、理学、農学、医学及び薬学に関する学科目並びにこれらに相当する学科目以外の学科目を修めて卒業した（当該学科目を修めて学校教育法に基づく専門職大学の前期課程（以下この号及び第40条第２号において「専門職大学前期課程」という。）を修了した場合を含む。）後、同項第１号に規定する学校の卒業者については５年（簡易水道及び１日最大給水量が1000立方メートル以下である専用水道（以下この号及び次号において「簡易水道等」という。）の場合は、２年６箇月）以上、同項第３号に規定する学校の卒業者（専門職大学前期課程の修了者を含む。次号において同じ。）については７年（簡易水道等の場合は、３年６箇月）以上、同項第４号に規定する学校の卒業者については９年（簡易水道等の場合は、４年６箇月）以上水道に関する技術上の実務に従事した経験を有する者
二　外国の学校において、令第７条第１項第２号に規定する学科目又は前号に規定する学科目に相当する学科目を、それぞれ当該各号に規定する学校において修得する程度と同等以上に修得した後、それぞれ当該各号の卒業者ごとに規定する最低経験年数（簡易水道等の場合は、それぞれ当該各号の卒業者ごとに規定する最低経験年数の２分の１）以上水道に関す

水　　道　　法	水道法施行令	水道法施行規則
（準用後の第20条） （水質検査） **第20条**　~~水道事業者~~水道用水供給事業者は、環境省令の定めるところにより、定期及び臨時の水質検査を行わなければならない。		る技術上の実務に従事した経験を有する者 三　国土交通大臣及び環境大臣の登録を受けた者が行う水道の管理に関する講習（以下「登録講習」という。）の課程を修了した者 （準用後の第15条） （定期及び臨時の水質検査） **第15条**　~~法第20条第１項~~第31条において準用する法第20条第１項の規定により行う定期の水質検査は、次に掲げるところにより行うものとする。 一　次に掲げる検査を行うこと。 イ　１日１回以上行う色及び濁り並びに消毒の残留効果に関する検査 ロ　第３号に定める回数以上行う水質基準に関する省令の表（以下この項及び次項において「基準の表」という。）の上欄に掲げる事項についての検査 二　検査に供する水（以下「試料」という。）の採取の場所は、~~給水栓~~当該水道用水供給事業者が水道用水を水道事業者に供給する場所を原則とし、水道施設の構造等を考慮して、当該水道により供給される水が水質基準に適合するかどうかを判断することができる場所を選定すること。ただし、基準の表中３の項から５の項まで、７の項、９の項、11の項から20の項まで、36の項、39の項から41の項まで、44の項及び45の項の上欄に掲げる事項については、送水施設及び配水施設内で濃度が上昇しないことが明らかであると認められる場合にあつては、~~給水栓~~当該水道用水供給事業者が水道用水を水道事業者に供給する場所のほか、浄水施設の出口、送水施設又は配水施設のいずれかの場所を採取の場所として選定することができる。 三　第１号ロの検査の回数は、次に掲げるところによること。 イ　基準の表中１の項、２の項、38の項及び46の項から51の項までの上欄に掲げる事項に関する検査については、おおむね１箇月に１回以上とすること。ただし、同表中38の項及び46の項から51の項までの上欄に掲げる事項に関する検査については、水道により供給される水に係る当該事項について連続的に計測及び記録がなされている場合にあつては、おおむね３箇月に１回以上とすることができる。 ロ　基準の表中42の項及び43の項の上欄に掲げる事項に関する検査については、水源における当該事項を産出する藻類の発生が少ないものとして、当該事項について検査を行う必要がないことが明らかであると認められる期間を除き、おおむね１箇月に１回以上とすること。 ハ　基準の表中３の項から37の項まで、39の項から41の項まで、44の項及び45の項の上欄に掲げる事項に関する検査については、おおむね３箇月に１回以上とすること。ただし、同表中３の項から９の項まで、11の項から20の項まで、32の項から37の項まで、39の項から41の項まで、44の項及び45の項の上欄に掲げる事項に関する検査について

水　　道　　法	水　道　法　施　行　令	水　道　法　施　行　規　則
		は、水源に水又は汚染物質を排出する施設の設置の状況等から原水の水質が大きく変わるおそれが少ないと認められる場合（過去３年間において水源の種別、取水地点又は浄水方法を変更した場合を除く。）であつて、過去３年間における当該事項についての検査の結果がすべて当該事項に係る水質基準値（基準の表の下欄に掲げる許容限度の値をいう。以下この項において「基準値」という。）の５分の１以下であるときは、おおむね１年に１回以上と、過去３年間における当該事項についての検査の結果がすべて基準値の10分の１以下であるときは、おおむね３年に１回以上とすることができる。 四　次の表の上欄に掲げる事項に関する検査は、当該事項についての過去の検査の結果が基準値の２分の１を超えたことがなく、かつ、同表の下欄に掲げる事項を勘案してその全部又は一部を行う必要がないことが明らかであると認められる場合は、第１号及び前号の規定にかかわらず、省略することができること。

基準の表中３の項から５の項まで、７の項、12の項、13の項（海水を原水とする場合を除く。）、26の項（浄水処理にオゾン処理を用いる場合及び消毒に次亜塩素酸を用いる場合を除く。）、36の項、37の項、39の項から41の項まで、44の項及び45の項の上欄に掲げる事項	原水並びに水源及びその周辺の状況
基準の表中６の項、８の項及び32の項から35の項までの上欄に掲げる事項	原水、水源及びその周辺の状況並びに水道施設の技術的基準を定める省令（平成12年厚生省令第15号）第１条第14号の薬品等及び同条第17号の資機材等の使用状況
基準の表中14の項から20の項までの上欄に掲げる事項	原水並びに水源及びその周辺の状況（地下水を水源とする場合は、近傍の地域における地下水の状況を含む。）
基準の表中42の項及び43の項の上欄に掲げる事項	原水並びに水源及びその周辺の状況（湖沼等水が停滞しやすい水域を水源とする場合は、上欄に掲げる事項を産出する藻類の発生状況を含む。）

水道法	水道法施行令	水道法施行規則
		2　法第20条第1項の規定により行う臨時の水質検査は、次に掲げるところにより行うものとする。 一　水道により供給される水が水質基準に適合しないおそれがある場合に基準の表の上欄に掲げる事項について検査を行うこと。 二　試料の採取の場所に関しては、前項第2号の規定の例によること。 三　基準の表中1の項、2の項、38の項及び46の項から51の項までの上欄に掲げる事項以外の事項に関する検査は、その全部又は一部を行う必要がないことが明らかであると認められる場合は、第1号の規定にかかわらず、省略することができること。 3　第1項第1号ロの検査及び第2項の検査は、水質基準に関する省令に規定する環境大臣が定める方法によつて行うものとする。 4　第1項第1号イの検査のうち色及び濁りに関する検査は、同号ロの規定により色度及び濁度に関する検査を行つた日においては、行うことを要しない。 5　第1項第1号ロの検査は、第2項の検査を行つた月においては、行うことを要しない。 6　~~水道事業者~~水道用水供給事業者は、毎事業年度の開始前に第1項及び第2項の検査の計画（以下「水質検査計画」という。）を策定しなければならない。 7　水質検査計画には、次に掲げる事項を記載しなければならない。 一　水質管理において留意すべき事項のうち水質検査計画に係るもの 二　第1項の検査を行う項目については、当該項目、採水の場所、検査の回数及びその理由 三　第1項の検査を省略する項目については、当該項目及びその理由 四　第2項の検査に関する事項 五　法~~第20条第3項~~第31条において準用する法第20条第3項の規定により水質検査を委託する場合における当該委託の内容 六　その他水質検査の実施に際し配慮すべき事項
2　~~水道事業者~~水道用水供給事業者は、前項の規定による水質検査を行つたときは、これに関する記録を作成し、水質検査を行つた日から起算して5年間、これを保存しなければならない。 3　~~水道事業者~~水道用水供給事業者は、第1項の規定による水質検査を行うため、必要な検査施設を設けなければならない。ただし、当該水質検査を、国土交通省令の定めるところにより、地方公共団体の機関又は国土交通大臣及び環境大臣の登録を受けた者に委託して行うときは、この限りでない。		8　法~~第20条第3項ただし書~~第31条において準用する法第20条第3項ただし書の規定により、~~水道事業者~~水道用水供給事業者が第1項及び第2項の検査を地方公共団体の機関又は登録水質検査機関（以下この項において「水質検査機関」という。）に委託して行うときは、次に掲げるところにより行うものとする。 一　委託契約は、書面により行い、当該委託契約書には、次に掲げる事項（第2項の検査のみを委託する場合にあつては、ロ及びヘを除く。）を含むこと。 イ　委託する水質検査の項目 ロ　第1項の検査の時期及び回数 ハ　委託に係る料金（以下この項において「委託料」という。） ニ　試料の採取又は運搬を委託するとき

水道法	水道法施行令	水道法施行規則
（準用後の第20条の２） （登録） **第20条の２**　前条第３項の登録は、国土交通省令・環境省令で定めるところにより、水質検査を行おうとする者の申請により行う。		は、その採取又は運搬の方法 ホ　水質検査の結果の根拠となる書類 ヘ　第２項の検査の実施の有無 二　委託契約書をその契約の終了の日から５年間保存すること。 三　委託料が受託業務を遂行するに足りる額であること。 四　試料の採取又は運搬を水質検査機関に委託するときは、その委託を受ける水質検査機関は、試料の採取又は運搬及び水質検査を速やかに行うことができる水質検査機関であること。 五　試料の採取又は運搬を~~水道事業者~~水道用水供給事業者が自ら行うときは、当該~~水道事業者~~水道用水供給事業者は、採取した試料を水質検査機関に速やかに引き渡すこと。 六　水質検査の実施状況を第１号ホに規定する書類又は調査その他の方法により確認すること。 （準用後の第15条の２） （登録の申請） **第15条の２**　法~~第20条の２~~第31条において準用する法第20条の２の登録の申請をしようとする者は、様式第13による申請書に次に掲げる書類を添えて、国土交通大臣及び環境大臣に提出しなければならない。 一　申請者が個人である場合は、その住民票の写し 二　申請者が法人である場合は、その定款及び登記事項証明書 三　申請者が法~~第20条の３各号~~第31条において準用する法第20条の３各号の規定に該当しないことを説明した書類 四　法~~第20条の４第１項第１号~~第31条において準用する法第20条の４第１項第１号の必要な検査施設を有していることを示す次に掲げる書類 イ　試料及び水質検査に用いる機械器具の汚染を防止するために必要な設備並びに適切に区分されている検査室を有していることを説明した書類（検査室を撮影した写真並びに縮尺及び寸法を記載した平面図を含む。） ロ　次に掲げる水質検査を行うための機械器具に関する書類 ⑴　前条第１項第１号の水質検査の項目ごとに水質検査に用いる機械器具の名称及びその数を記載した書類 ⑵　水質検査に用いる機械器具ごとの性能を記載した書類 ⑶　水質検査に用いる機械器具ごとの所有又は借入れの別について説明した書類（借り入れている場合は、当該機械器具に係る借入れの期限を記載すること。） ⑷　水質検査に用いる機械器具ごとに撮影した写真 五　法~~第20条の４第１項第２号~~第31条において準用する法第20条の４第１項第２号の水質検査を実施する者（以下「検査員」という。）の氏名及び略歴 六　法~~第20条の４第１項第３号イ~~第31条において準用する法第20条の４第１項第３号イに規定する部門（以下「水質検査部門」という。）及び~~同号ハ~~法第31条において準用する法第20条の４第１項第３号ハに規定する専任の部門（以下「信頼性

水　道　法	水道法施行令	水道法施行規則
（準用後の第20条の３） （欠格条項） **第20条の３**　次の各号のいずれかに該当する者は、第20条第３項の登録を受けることができない。 一　この法律又はこの法律に基づく命令に違反し、罰金以上の刑に処せられ、その執行を終わり、又は執行を受けることがなくなつた日から２年を経過しない者 二　第20条の13の規定により登録を取り消され、その取消しの日から２年を経過しない者 三　法人であつて、その業務を行う役員のうちに前２号のいずれかに該当する者があるもの （準用後の第20条の４） （登録基準） **第20条の４**　国土交通大臣及び環境大臣は、第20条の２の規定により登録を申請した者が次に掲げる要件の全てに適合しているときは、その登録をしなければならない。 一　第20条第１項に規定する水質検査を行うために必要な検査施設を有し、これを用いて水質検査を行うものであること。 二　別表第１に掲げるいずれかの条件に適合する知識経験を有する者が水質検査を実施し、その人数が５名以上であること。 三　次に掲げる水質検査の信頼性の確保のための措置がとられていること。 イ　水質検査を行う部門に専任の管理者が置かれていること。 ロ　水質検査の業務の管理及び精度の確保に関する文書が作成されていること。 ハ　ロに掲げる文書に記載されたところに従い、専ら水質検査の業務の管理及び精度の確保を行う部門が置かれていること。 ２　登録は、水質検査機関登録簿に次に掲げる事項を記載してするものとする。 一　登録年月日及び登録番号 二　登録を受けた者の氏名又は名称及び住所並びに法人にあつては、その代表者の氏名		確保部門」という。）が置かれていることを説明した書類 七　法~~第20条の４第１項第３号ロ~~第31条において準用する法第20条の４第１項第３号ロに規定する文書として、第15条の４第６号に規定する標準作業書及び同条第７号イからルまでに掲げる文書 八　水質検査を行う区域内の場所と水質検査を行う事業所との間の試料の運搬の経路及び方法並びにその運搬に要する時間を説明した書類 九　次に掲げる事項を記載した書面 イ　検査員の氏名及び担当する水質検査の区分 ロ　法~~第20条の４第１項第３号イ~~第31条において準用する法第20条の４第１項第３号イの管理者（以下「水質検査部門管理者」という。）の氏名及び第15条の４第３号に規定する検査区分責任者の氏名 ハ　第15条の４第４号に規定する信頼性確保部門管理者の氏名 ニ　水質検査を行う項目ごとの定量下限値 ホ　現に行つている事業の概要

水道法	水道法施行令	水道法施行規則
三　登録を受けた者が水質検査を行う区域及び登録を受けた者が水質検査を行う事業所の所在地 （準用後の第20条の５） （登録の更新） **第20条の５**　第20条第３項の登録は、３年を下らない政令で定める期間ごとにその更新を受けなければ、その期間の経過によつて、その効力を失う。 ２　前３条の規定は、前項の登録の更新について準用する。 （準用後の第20条の２） （登録の更新） **第20条の２**　~~前条第３項~~第20条の５第１項の登録の更新は、国土交通省令・環境省令で定めるところにより、水質検査を行おうとする者の申請により行う。	（登録水質検査機関等の登録の有効期間） **第８条**　法第20条の５第１項（法第34条の４において準用する場合を含む。）の政令で定める期間は、３年とする。	（準用後の第15条の３） （登録の更新） **第15条の３**　法~~第20条の５第１項~~第31条において準用する法第20条の５第１項の登録の更新を申請しようとする者は、様式第14による申請書に次に掲げる書類を添えて、国土交通大臣及び環境大臣に提出しなければならない。 一　前条各号に掲げる書類（同条第７号に掲げる文書にあつては、変更がある事項に係る新旧の対照を明示すること。） 二　直近の３事業年度の各事業年度における水質検査を受託した実績を記載した書類 （準用後の第15条の２） （登録の更新の申請） **第15条の２**　法~~第20条の２~~第31条において準用する~~法第20条の２~~法第20条の５第１項の登録の更新の申請をしようとする者は、~~様式第13~~様式第14による申請書に次に掲げる書類を添えて、国土交通大臣及び環境大臣に提出しなければならない。 一　申請者が個人である場合は、その住民票の写し 二　申請者が法人である場合は、その定款及び登記事項証明書 三　申請者が法~~第20条の３各号~~第31条において準用する法第20条の５第２項において準用する法第20条の３各号の規定に該当しないことを説明した書類 四　法~~第20条の４第１項第１号~~第31条において準用する法第20条の５第２項において準用する法第20条の４第１項第１号の必要な検査施設を有していることを示す次に掲げる書類 イ　試料及び水質検査に用いる機械器具の汚染を防止するために必要な設備並びに適切に区分されている検査室を有していることを説明した書類（検査室を撮影した写真並びに縮尺及び寸法を記載した平面図を含む。） ロ　次に掲げる水質検査を行うための機械器具に関する書類 (1)　前条第１項第１号の水質検査の項目ごとに水質検査に用いる機械器具の名称及びその数を記載した書類 (2)　水質検査に用いる機械器具ごとの性能を記載した書類 (3)　水質検査に用いる機械器具ごとの所有又は借入れの別について説明した書類（借り入れている場合は、当該機械器具に係る借入れの期限を記載すること。） (4)　水質検査に用いる機械器具ごとに撮影した写真 五　法~~第20条の４第１項第２号~~第31条において準用する法第20条の５第２項において準用する法第20条の４第１項第２号の水質検査を実施する者（以下「検査員」という。）の氏名及び略歴 六　法~~第20条の４第１項第３号イ~~第31条において準用する法第20条の５第２項において準用する法第20条の４第１項第３号イに規定する部門（以下「水質

水　道　法	水道法施行令	水道法施行規則
（準用後の第20条の３） （欠格条項） **第20条の３**　次の各号のいずれかに該当する者は、~~第20条第３項~~第20条の５第１項の登録の更新を受けることができない。 一　この法律又はこの法律に基づく命令に違反し、罰金以上の刑に処せられ、その執行を終わり、又は執行を受けることがなくなつた日から２年を経過しない者 二　第20条の13の規定により登録を取り消され、その取消しの日から２年を経過しない者 三　法人であつて、その業務を行う役員のうちに前２号のいずれかに該当する者があるもの （準用後の第20条の４） （登録の更新基準） **第20条の４**　国土交通大臣及び環境大臣は、~~第20条の２~~第20条の５第１項の規定により登録の更新を申請した者が次に掲げる要件の全てに適合しているときは、その登録の更新をしなければならない。 一　第20条第１項に規定する水質検査を行うために必要な検査施設を有し、これを用いて水質検査を行うものであること。 二　別表第一に掲げるいずれかの条件に適合する知識経験を有する者が水質検査を実施し、その人数が５名以上であること。 三　次に掲げる水質検査の信頼性の確保のための措置がとられていること。 イ　水質検査を行う部門に専任の管理者が置かれていること。 ロ　水質検査の業務の管理及び精度の		検査部門」という。）及び同号ハに規定する専任の部門（以下「信頼性確保部門」という。）が置かれていることを説明した書類 七　法~~第20条の４第１項第３号ロ~~第31条において準用する法第20条の５第２項において準用する法第20条の４第１項第３号ロに規定する文書として、~~第15条の４第６号~~第52条において準用する第15条の４第６号に規定する標準作業書及び~~同条第７号イからルまで~~第52条において準用する第15条の４第７号イからルまでに掲げる文書 八　水質検査を行う区域内の場所と水質検査を行う事業所との間の試料の運搬の経路及び方法並びにその運搬に要する時間を説明した書類 九　次に掲げる事項を記載した書面 イ　検査員の氏名及び担当する水質検査の区分 ロ　法~~第20条の４第１項第３号イ~~第31条において準用する法第20条の５第２項において準用する法第20条の４第１項第３号イの管理者（以下「水質検査部門管理者」という。）の氏名及び第15条の４第３号に規定する検査区分責任者の氏名 ハ　第15条の４第４号に規定する信頼性確保部門管理者の氏名 ニ　水質検査を行う項目ごとの定量下限値 ホ　現に行つている事業の概要

水道法	水道法施行令	水道法施行規則
確保に関する文書が作成されていること。 ハ　ロに掲げる文書に記載されたところに従い、専ら水質検査の業務の管理及び精度の確保を行う部門が置かれていること。 2　登録の更新は、水質検査機関登録簿に次に掲げる事項を記載してするものとする。 一　登録の更新年月日及び登録の更新番号 二　登録の更新を受けた者の氏名又は名称及び住所並びに法人にあつては、その代表者の氏名 三　登録の更新を受けた者が水質検査を行う区域及び登録の更新を受けた者が水質検査を行う事業所の所在地 （準用後の第20条の６） （受託義務等） **第20条の６**　第20条第３項の登録を受けた者（以下「登録水質検査機関」という。）は、同項の水質検査の委託の申込みがあつたときは、正当な理由がある場合を除き、その受託を拒んではならない。 2　登録水質検査機関は、公正に、かつ、国土交通省令・環境省令で定める方法により水質検査を行わなければならない。		（準用後の第15条の４） （検査の方法） **第15条の４**　法~~第20条の６第２項~~第31条において準用する法第20条の６第２項の国土交通省令・環境省令で定める方法は、次のとおりとする。 一　水質基準に関する省令の表の上欄に掲げる事項の検査は、同令に規定する環境大臣が定める方法により行うこと。 二　精度管理（検査に従事する者の技能水準の確保その他の方法により検査の精度を適正に保つことをいう。以下同じ。）を定期的に実施するとともに、外部精度管理調査（国又は都道府県その他の適当と認められる者が行う精度管理に関する調査をいう。以下同じ。）を定期的に受けること。 三　水質検査部門管理者は、次に掲げる業務を行うこと。ただし、ハについては、あらかじめ検査員の中から理化学的検査及び生物学的検査の区分ごとに指定した者（以下「検査区分責任者」という。）に行わせることができるものとする。 イ　水質検査部門の業務を統括すること。 ロ　次号ハの規定により報告を受けた文書に従い、当該業務について速やかに是正処置を講ずること。 ハ　水質検査について第６号に規定する標準作業書に基づき、適切に実施されていることを確認し、標準作業書から逸脱した方法により水質検査が行われた場合には、その内容を評価し、必要な措置を講ずること。 ニ　その他必要な業務 四　信頼性確保部門につき、次に掲げる業務を自ら行い、又は業務の内容に応じてあらかじめ指定した者に行わせる者（以下「信頼性確保部門管理者」という。）が置かれていること。 イ　第７号への文書に基づき、水質検査の業務の管理について内部監査を定期的に行うこと。 ロ　第７号トの文書に基づく精度管理を定期的に実施するための事務、外部精

水道法	水道法施行令	水道法施行規則

度管理調査を定期的に受けるための事務及び日常業務確認調査（国、水道事業者、水道用水供給事業者及び専用水道の設置者が行う水質検査の業務の確認に関する調査をいう。以下同じ。）を受けるための事務を行うこと。

ハ　イの内部監査並びにロの精度管理、外部精度管理調査及び日常業務確認調査の結果（是正処置が必要な場合にあつては、当該是正処置の内容を含む。）を水質検査部門管理者に対して文書により報告するとともに、その記録を法~~第20条の14~~第31条において準用する法第20条の14の帳簿に記載すること。

ニ　その他必要な業務

五　水質検査部門管理者及び信頼性確保部門管理者が登録水質検査機関の役員又は当該部門を管理する上で必要な権限を有する者であること。

六　次の表に定めるところにより、標準作業書を作成し、これに基づき検査を実施すること。

作成すべき標準作業書の種類	記載すべき事項
検査実施標準作業書	一　水質検査の項目及び項目ごとの分析方法の名称 二　水質検査の項目ごとに記載した試薬、試液、培地、標準品及び標準液（以下「試薬等」という。）の選択並びに調製の方法、試料の調製の方法並びに水質検査に用いる機械器具の操作の方法 三　水質検査に当たつての注意事項 四　水質検査により得られた値の処理の方法 五　水質検査に関する記録の作成要領 六　作成及び改定年月日
試料取扱標準作業書	一　試料の採取の方法 二　試料の運搬の方法 三　試料の受領の方法 四　試料の管理の方法 五　試料の管理に関する記録の作成要領 六　作成及び改定年月日
試薬等管理標準作業書	一　試薬等の容器にすべき表示の方法 二　試薬等の管理に関する注意事項 三　試薬等の管理に関する記録の作成要領 四　作成及び改定年月日
機械器具保守管理標準作業	一　機械器具の名称 二　常時行うべき保守

水道法	水道法施行令	水道法施行規則
		書　点検の方法 三　定期的な保守点検に関する計画 四　故障が起こつた場合の対応の方法 五　機械器具の保守管理に関する記録の作成要領 六　作成及び改定年月日 七　次に掲げる文書を作成すること。 イ　組織内の各部門の権限、責任及び相互関係等について記載した文書 ロ　文書の管理について記載した文書 ハ　記録の管理について記載した文書 ニ　教育訓練について記載した文書 ホ　不適合業務及び是正処置等について記載した文書 ヘ　内部監査の方法を記載した文書 ト　精度管理の方法及び外部精度管理調査を定期的に受けるための計画を記載した文書 チ　水質検査結果書の発行の方法を記載した文書 リ　受託の方法を記載した文書 ヌ　物品の購入の方法を記載した文書 ル　その他水質検査の業務の管理及び精度の確保に関する事項を記載した文書
（準用後の第20条の７） （変更の届出） **第20条の７**　登録水質検査機関は、氏名若しくは名称、住所、水質検査を行う区域又は水質検査を行う事業所の所在地を変更しようとするときは、変更しようとする日の２週間前までに、その旨を国土交通大臣及び環境大臣に届け出なければならない。		（準用後の第15条の５） （変更の届出） **第15条の５**　法~~第20条の７~~第31条において準用する法第20条の７の規定により変更の届出をしようとする者は、様式第15による届出書を国土交通大臣及び環境大臣に提出しなければならない。 ２　水質検査を行う区域又は水質検査を行う事業所の所在地の変更を行う場合に提出する前項の届出書には、第15条の２第８号に掲げる書類を添えなければならない。
（準用後の第20条の８） （業務規程） **第20条の８**　登録水質検査機関は、水質検査の業務に関する規程（以下「水質検査業務規程」という。）を定め、水質検査の業務の開始前に、国土交通大臣及び環境大臣に届け出なければならない。これを変更しようとするときも、同様とする。 ２　水質検査業務規程には、水質検査の実施方法、水質検査に関する料金その他の国土交通省令・環境省令で定める事項を定めておかなければならない。		（準用後の第15条の６） （水質検査業務規程） **第15条の６**　法~~第20条の８第２項~~第31条において準用する法第20条の８第２項の国土交通省令・環境省令で定める事項は、次のとおりとする。 一　水質検査の業務の実施及び管理の方法に関する事項 二　水質検査の業務を行う時間及び休日に関する事項 三　水質検査の委託を受けることができる件数の上限に関する事項 四　水質検査の業務を行う事業所の場所に関する事項 五　水質検査に関する料金及びその収納の方法に関する事項 六　水質検査部門管理者及び信頼性確保部門管理者の氏名並びに検査員の名簿 七　水質検査部門管理者及び信頼性確保部門管理者の選任及び解任に関する事項 八　法~~第20条の10第２項第２号及び第４号~~第31条において準用する法第20条の10第２項第２号及び第４号の請求に係る費用に関する事項 九　前各号に掲げるもののほか、水質検査の業務に関し必要な事項 ２　登録水質検査機関は、法~~第20条の８第１~~

水　道　法	水道法施行令	水道法施行規則
		~~項前段~~第31条において準用する法第20条の8第1項前段の規定により水質検査業務規程の届出をしようとするときは、様式第16による届出書に次に掲げる書類を添えて、国土交通大臣及び環境大臣に提出しなければならない。 一　前項第3号の規定により定める水質検査の委託を受けることができる件数の上限の設定根拠を明らかにする書類 二　前項第5号の規定により定める水質検査に関する料金の算出根拠を明らかにする書類 3　登録水質検査機関は、法~~第20条の8第1項後段~~第31条において準用する法第20条の8第1項後段の規定により水質検査業務規程の変更の届出をしようとするときは、様式第16の2による届出書に前項各号に掲げる書類を添えて、国土交通大臣及び環境大臣に提出しなければならない。ただし、第1項第3号及び第5号に定める事項（水質検査に関する料金の収納の方法に関する事項を除く。）の変更を行わない場合には、前項各号に掲げる書類を添えることを要しない。
（準用後の第20条の9） （業務の休廃止） **第20条の9**　登録水質検査機関は、水質検査の業務の全部又は一部を休止し、又は廃止しようとするときは、休止又は廃止しようとする日の2週間前までに、その旨を国土交通大臣及び環境大臣に届け出なければならない。		（準用後の第15条の7） （業務の休廃止の届出） **第15条の7**　登録水質検査機関は、法~~第20条の9~~第31条において準用する法第20条の9の規定により水質検査の業務の全部又は一部の休止又は廃止の届出をしようとするときは、様式第16の3による届出書を国土交通大臣及び環境大臣に提出しなければならない。
（準用後の第20条の10） （財務諸表等の備付け及び閲覧等） **第20条の10**　登録水質検査機関は、毎事業年度経過後3月以内に、その事業年度の財産目録、貸借対照表及び損益計算書又は収支計算書並びに事業報告書（その作成に代えて電磁的記録（電子的方式、磁気的方式その他の人の知覚によつては認識することができない方式で作られる記録であつて、電子計算機による情報処理の用に供されるものをいう。以下同じ。）の作成がされている場合における当該電磁的記録を含む。次項において「財務諸表等」という。）を作成し、5年間事業所に備えて置かなければならない。 2　~~水道事業者その他の利害関係人~~水道用水供給事業者その他の利害関係人は、登録水質検査機関の業務時間内は、いつでも、次に掲げる請求をすることができる。ただし、第2号又は第4号の請求をするには、登録水質検査機関の定めた費用を支払わなければならない。 一　財務諸表等が書面をもつて作成されているときは、当該書面の閲覧又は謄写の請求 二　前号の書面の謄本又は抄本の請求 三　財務諸表等が電磁的記録をもつて作成されているときは、当該電磁的記録に記録された事項を国土交通省令・環境省令で定める方法により表示したものの閲覧又は謄写の請求		（準用後の第15条の8） （電磁的記録に記録された情報の内容を表示する方法） **第15条の8**　法~~第20条の10第2項第3号~~第31条において準用する法第20条の10第2項第3号の国土交通省令・環境省令で定める方法は、当該電磁的記録に記録された事項を紙面又は出力装置の映像面に表示する方法とする。

水道法

四　前号の電磁的記録に記録された事項を電磁的方法であつて国土交通省令・環境省令で定めるものにより提供することの請求又は当該事項を記載した書面の交付の請求

（準用後の第20条の11）

（適合命令）

第20条の11　国土交通大臣及び環境大臣は、登録水質検査機関が第20条の４第１項各号のいずれかに適合しなくなつたと認めるときは、その登録水質検査機関に対し、これらの規定に適合するため必要な措置をとるべきことを命ずることができる。

（準用後の第20条の12）

（改善命令）

第20条の12　国土交通大臣及び環境大臣は、登録水質検査機関が第20条の６第１項又は第２項の規定に違反していると認めるときは、その登録水質検査機関に対し、水質検査を受託すべきこと又は水質検査の方法その他の業務の方法の改善に関し必要な措置をとるべきことを命ずることができる。

（準用後の第20条の13）

（登録の取消し等）

第20条の13　国土交通大臣及び環境大臣は、登録水質検査機関が次の各号のいずれかに該当するときは、その登録を取り消し、又は期間を定めて水質検査の業務の全部若しくは一部の停止を命ずることができる。

一　第20条の３第１号又は第３号に該当するに至つたとき。

二　第20条の７から第20条の９まで、第20条の10第１項又は次条の規定に違反したとき。

三　正当な理由がないのに第20条の10第２項各号の規定による請求を拒んだとき。

四　第20条の11又は前条の規定による命令に違反したとき。

五　不正の手段により第20条第３項の登録を受けたとき。

（準用後の第20条の14）

（帳簿の備付け）

第20条の14　登録水質検査機関は、国土交通省令・環境省令で定めるところにより、水質検査に関する事項で国土交通省令・環境省令で定めるものを記載した帳簿を備え、これを保存しなければならない。

水道法施行令

水道法施行規則

（準用後の第15条の９）

（情報通信の技術を利用する方法）

第15条の９　法~~第20条の10第２項第４号~~第31条において準用する法第20条の10第２項第４号に規定する国土交通省令・環境省令で定める電磁的方法は、次の各号に掲げるもののうちいずれかの方法とする。

一　送信者の使用に係る電子計算機と受信者の使用に係る電子計算機とを電気通信回線で接続した電子情報処理組織を使用する方法であつて、当該電気通信回線を通じて情報が送信され、受信者の使用に係る電子計算機に備えられたファイルに当該情報が記録されるもの

二　電磁的記録媒体をもつて調製するファイルに情報を記録したものを交付する方法

（準用後の第15条の10）

（帳簿の備付け）

第15条の10　登録水質検査機関は、書面又は電磁的記録によつて水質検査に関する事項であつて次項に掲げるものを記載した帳簿を備え、水質検査を実施した日から起算して５年間、これを保存しなければならない。

２　法~~第20条の14~~第31条において準用する法第20条の14の国土交通省令・環境省令で定める事項は次のとおりとする。

一　水質検査を委託した者の氏名及び住所（法人にあつては、主たる事務所の所在地及び名称並びに代表者の氏名）

二　水質検査の委託を受けた年月日

三　試料を採取した場所

四　試料の運搬の方法

五　水質検査の開始及び終了の年月日時

水道法	水道法施行令	水道法施行規則
		六　水質検査の項目 七　水質検査を行つた検査員の氏名 八　水質検査の結果及びその根拠となる書類 九　第15条の4第4号ハにより帳簿に記載すべきこととされている事項 十　第15条の4第7号ハの文書において帳簿に記載すべきこととされている事項 十一　第15条の4第7号ニの教育訓練に関する記録
（準用後の第20条の15） （報告の徴収及び立入検査） **第20条の15**　国土交通大臣及び環境大臣は、水質検査の適正な実施を確保するため必要があると認めるときは、登録水質検査機関に対し、業務の状況に関し必要な報告を求め、又は当該職員に、登録水質検査機関の事務所又は事業所に立ち入り、業務の状況若しくは検査施設、帳簿、書類その他の物件を検査させることができる。 2　前項の規定により立入検査を行う職員は、その身分を示す証明書を携帯し、関係者の請求があつたときは、これを提示しなければならない。 3　第1項の規定による権限は、犯罪捜査のために認められたものと解釈してはならない。		（準用後の第57条） （証明書の様式） **第57条**　法第20条の15第2項（法第31条、法第34条第1項及び法第34条の4において準用する場合を含む。）、法第25条の22第2項及び法第39条第4項（法第24条の3第6項及び法第24条の8第2項の規定によりみなして適用する場合を含む。）の規定により国土交通省又は環境省の職員の携帯する証明書は、様式第12とする。
（準用後の第20条の16） （公示） **第20条の16**　国土交通大臣及び環境大臣は、次の場合には、その旨を公示しなければならない。 一　第20条第3項の登録をしたとき。 二　第20条の7の規定による届出があつたとき。 三　第20条の9の規定による届出があつたとき。 四　第20条の13の規定により第20条第3項の登録を取り消し、又は水質検査の業務の停止を命じたとき。		
（準用後の第21条） （健康診断） **第21条**　~~水道事業者~~水道用水供給事業者は、水道の取水場、浄水場又は配水池において業務に従事している者及びこれらの施設の設置場所の構内に居住している者について、環境省令の定めるところにより、定期及び臨時の健康診断を行わなければならない。 2　~~水道事業者~~水道用水供給事業者は、前項の規定による健康診断を行つたときは、これに関する記録を作成し、健康診断を行つた日から起算して1年間、これを保存しなければならない。		（準用後の第16条） （健康診断） **第16条**　~~法第21条第1項~~第31条において準用する法第21条第1項の規定により行う定期の健康診断は、おおむね6箇月ごとに、病原体がし尿に排せつされる感染症の患者（病原体の保有者を含む。）の有無に関して、行うものとする。 2　~~法第21条第1項~~第31条において準用する法第21条第1項の規定により行う臨時の健康診断は、同項に掲げる者に前項の感染症が発生した場合又は発生するおそれがある場合に、発生した感染症又は発生するおそれがある感染症について、前項の例により行うものとする。 3　第1項の検査は、前項の検査を行つた月においては、同項の規定により行つた検査に係る感染症に関しては、行うことを要しない。 4　他の法令（地方公共団体の条例及び規則を含む。以下本項において同じ。）に基いて行われた健康診断の内容が、第1項に規定する感染症の全部又は一部に関する健康診断の内容に相当するものであるときは、その健康診断の相当する部分は、同項に規定するその部分に相当する健康診断とみなす。この場合において、法~~第21条第2項~~第

水　　　道　　　法	水　道　法　施　行　令	水　道　法　施　行　規　則
		31条において準用する法第21条第２項の規定に基いて作成し、保管すべき記録は、他の法令に基いて行われた健康診断の記録をもつて代えるものとする。
（準用後の第22条） （衛生上の措置） **第22条**　~~水道事業者~~水道用水供給事業者は、環境省令の定めるところにより、水道施設の管理及び運営に関し、消毒その他衛生上必要な措置を講じなければならない。		（準用後の第17条） （衛生上必要な措置） **第17条**　法~~第22条~~第31条において準用する法第22条の規定により~~水道事業者~~水道用水供給事業者が講じなければならない衛生上必要な措置は、次の各号に掲げるものとする。 一　取水場、貯水池、導水きよ、浄水場、配水池及びポンプせいは、常に清潔にし、水の汚染の防止を充分にすること。 二　前号の施設には、かぎを掛け、さくを設ける等みだりに人畜が施設に立ち入つて水が汚染されるのを防止するのに必要な措置を講ずること。 三　~~給水栓~~当該水道用水供給事業者が水道用水を水道事業者に供給する場所における水が、遊離残留塩素を0.1mg／L（結合残留塩素の場合は、0.4mg／L）以上保持するように塩素消毒をすること。ただし、供給する水が病原生物に著しく汚染されるおそれがある場合又は病原生物に汚染されたことを疑わせるような生物若しくは物質を多量に含むおそれがある場合の~~給水栓~~当該水道用水供給事業者が水道用水を水道事業者に供給する場所における水の遊離残留塩素は、0.2mg／L（結合残留塩素の場合は、1.5mg／L）以上とする。 ２　前項第３号の遊離残留塩素及び結合残留塩素の検査方法は、環境大臣が定める。
（準用後の第22条の２） （水道施設の維持及び修繕） **第22条の２**　~~水道事業者~~水道用水供給事業者は、国土交通省令で定める基準に従い、水道施設を良好な状態に保つため、その維持及び修繕を行わなければならない。 ２　前項の基準は、水道施設の修繕を能率的に行うための点検に関する基準を含むものとする。		（準用後の第17条の２） （水道施設の維持及び修繕） **第17条の２**　法~~第22条の２第１項~~第31条において準用する法第22条の２第１項の国土交通省令で定める基準は、次のとおりとする。 一　水道施設の構造、位置、維持又は修繕の状況その他の水道施設の状況（次号において「水道施設の状況」という。）を勘案して、流量、水圧、水質その他の水道施設の運転状態を監視し、及び適切な時期に、水道施設の巡視を行い、並びに清掃その他の当該水道施設を維持するために必要な措置を講ずること。 二　水道施設の状況を勘案して、適切な時期に、目視又はこれと同等以上の方法その他適切な方法により点検を行うこと。 三　前号の点検は、コンクリート構造物（水密性を有し、水道施設の運転に影響を与えない範囲において目視が可能なものに限る。次項及び第３項において同じ。）及び道路、河川、鉄道等を架空横断する管路等（損傷、腐食その他の劣化その他の異状が生じた場合に水の供給又は当該道路、河川、鉄道等に大きな支障を及ぼすおそれがあるものに限る。次項及び第３項において同じ。）にあつては、おおむね５年に１回以上の適切な頻度で行うこと。 四　第２号の点検その他の方法により水道施設の損傷、腐食その他の劣化その他の異状があることを把握したときは、水道施設を良好な状態に保つように、修繕その他の必要な措置を講ずること。 ２　~~水道事業者~~水道用水供給事業者は、前項第２号の点検（コンクリート構造物及び道

水　　道　　法	水　道　法　施　行　令	水　道　法　施　行　規　則
（準用後の第22条の３） （水道施設台帳） **第22条の３**　~~水道事業者~~水道用水供給事業者は、水道施設の台帳を作成し、これを保管しなければならない。 ２　前項の台帳の記載事項その他その作成及び保管に関し必要な事項は、国土交通省令で定める。		路、河川、鉄道等を架空横断する管路等に係るものに限る。）を行つた場合に、次に掲げる事項を記録し、これを次に点検を行うまでの期間保存しなければならない。 一　点検の年月日 二　点検を実施した者の氏名 三　点検の結果 ３　~~水道事業者~~水道用水供給事業者は、第１項第２号の点検その他の方法によりコンクリート構造物又は道路、河川、鉄道等を架空横断する管路等の損傷、腐食その他の劣化その他の異状があることを把握し、同項第４号の措置（修繕に限る。）を講じた場合には、その内容を記録し、当該コンクリート構造物又は道路、河川、鉄道等を架空横断する管路等を利用している期間保存しなければならない。 （準用後の第17条の３） （水道施設台帳） **第17条の３**　法~~第22条の３第１項~~第31条において準用する法第22条の３第１項に規定する水道施設の台帳は、調書及び図面をもつて組成するものとする。 ２　調書には、少なくとも次に掲げる事項を記載するものとする。 一　導水管きよ、送水管及び配水管（次号及び次項において「管路等」という。）にあつては、その区分、設置年度、口径、材質及び継手形式（以下この号において「区分等」という。）並びに区分等ごとの延長 二　水道施設（管路等を除く。）にあつては、その名称、設置年度、数量、構造又は形式及び能力 ３　図面は、一般図及び施設平面図を作成するほか、必要に応じ、その他の図面を作成するものとし、水道施設につき、少なくとも次に掲げるところにより記載するものとする。 一　一般図は、次に掲げる事項を記載した地形図とすること。 イ　市町村名及びその境界線 ハ　主要な水道施設の位置及び名称 ニ　主要な管路等の位置 ホ　方位、縮尺、凡例及び作成の年月日 二　施設平面図は、次に掲げる事項を記載したものとすること。 イ　前号（ロを除く。）に掲げる事項 ロ　管路等の位置、口径及び材質 ハ　制水弁、空気弁、消火栓、減圧弁及び排水設備の位置及び種類 ニ　管路等以外の施設の名称、位置及び敷地の境界線 ホ　付近の道路、河川、鉄道等の位置 三　一般図、施設平面図又はその他の図面のいずれかにおいて、次に掲げる事項を記載すること。 イ　管路等の設置年度、継手形式及び土かぶり ロ　制水弁、空気弁、消火栓、減圧弁及び排水設備の形式及び口径 ハ　~~止水栓の位置~~当該水道用水供給事業者が水道用水を水道事業者に供給する

水　　道　　法	水道法施行令	水道法施行規則

水道法

（準用後の第22条の４）

（水道施設の計画的な更新等）

第22条の４　~~水道事業者~~水道用水供給事業者は、長期的な観点から、~~給水区域~~水道用水供給事業者が水道用水を供給する水道事業者の給水区域における一般の水の需要に鑑み、水道施設の計画的な更新に努めなければならない。

２　~~水道事業者~~水道用水供給事業者は、国土交通省令で定めるところにより、水道施設の更新に要する費用を含むその事業に係る収支の見通しを作成し、これを公表するよう努めなければならない。

（準用後の第23条）

（給水の緊急停止）

第23条　~~水道事業者~~水道用水供給事業者は、その供給する水が人の健康を害するおそれがあることを知つたときは、直ちに給水を停止し、かつ、その水を使用することが危険である旨を~~関係者に周知させる~~水道用水供給事業者が水道用水を供給する水道事業者に通知する措置を講じなければならない。

２　~~水道事業者~~水道用水供給事業者の供給する水が人の健康を害するおそれがあることを知つた者は、直ちにその旨を当該~~水道事業者~~水道用水供給事業者に通報しなければならない。

（準用後の第24条の２）

（情報提供）

第24条の２　~~水道事業者~~水道用水供給事業者は、~~水道の~~水道用水供給事業者が水道用水を供給する水道事業者の水道の需要者に対し、国土交通省令で定めるところにより、第20条第１項の規定による水質検査の結果その他~~水道事業に~~水道用水供給事業に関する情報を提供しなければならない。

水道法施行規則

場所

二　道路、河川、鉄道等を架空横断する管路等の構造形式、条数及び延長

４　調書及び図面の記載事項に変更があつたときは、速やかに、これを訂正しなければならない。

（準用後の第17条の４）

（~~水道事業~~水道用水供給事業に係る収支の見通しの作成及び公表）

第17条の４　~~水道事業者~~水道用水供給事業者は、法~~第22条の４第２項~~第31条において準用する法第22条の４第２項の収支の見通しを作成するに当たり、30年以上の期間（次項において「算定期間」という。）を定めて、その事業に係る長期的な収支を試算するものとする。

２　前項の試算は、算定期間における給水収益を適切に予測するとともに、水道施設の損傷、腐食その他の劣化の状況を適切に把握又は予測した上で水道施設の新設、増設又は改造（当該状況により必要となる水道施設の更新に係るものに限る。）の需要を算出するものとする。

３　前項の需要の算出に当たつては、水道施設の規模及び配置の適正化、費用の平準化並びに災害その他非常の場合における給水能力を考慮するものとする。

４　~~水道事業者~~水道用水供給事業者は、第１項の試算に基づき、10年以上を基準とした合理的な期間について収支の見通しを作成し、これを公表するよう努めなければならない。

５　~~水道事業者~~水道用水供給事業者は、収支の見通しを作成したときは、おおむね３年から５年ごとに見直すよう努めなければならない。

（準用後の第17条の５）

（情報提供）

第17条の５　法~~第24条の２~~第31条において準用する法第24条の２の規定による情報の提供は、第１号から第６号までに掲げるものにあつては毎年１回以上定期に（第１号の水質検査計画にあつては、毎事業年度の開始前に）、第７号及び第８号に掲げるものにあつては必要が生じたときに速やかに、水道の需要者の閲覧に供する等水道の需要

水道法	水道法施行令	水道法施行規則
		者が当該情報を容易に入手することができるような方法で行うものとする。 一　水質検査計画及び法第20条第１項の規定により行う定期の水質検査の結果その他水道により供給される水の安全に関する事項 二　~~水道事業~~水道用水供給事業の実施体制に関する事項（法~~第24条の３第１項の規定による委託及び法第24条の４第１項の規定による水道施設運営権の設定の内容~~第31条において準用する法第24条の３第１項の規定による委託及び法第31条において準用する法第24条の４第１項の規定による水道施設運営権の設定の内容を含む。） 三　水道施設の整備その他水道事業に要する費用に関する事項 四　水道料金その他需要者の負担に関する事項 六　水道施設の耐震性能、耐震性の向上に関する取組等の状況に関する事項 七　法~~第20条第１項~~第31条において準用する法第20条第１項の規定により行う臨時の水質検査の結果 八　災害、水質事故等の非常時における水道の危機管理に関する事項
（準用後の第24条の３） （業務の委託） **第24条の３**　~~水道事業者~~水道用水供給事業者は、政令で定めるところにより、水道の管理に関する技術上の業務の全部又は一部を他の水道事業者若しくは水道用水供給事業者又は当該業務を適正かつ確実に実施することができる者として政令で定める要件に該当するものに委託することができる。	（業務の委託） **第９条**　法第24条の３第１項（法第31条及び第34条第１項において準用する場合を含む。）の規定による水道の管理に関する技術上の業務の委託は、次に定めるところにより行うものとする。 一　水道施設の全部又は一部の管理に関する技術上の業務を委託する場合にあつては、技術上の観点から一体として行わなければならない業務の全部を一の者に委託するものであること。 二　給水装置の管理に関する技術上の業務を委託する場合にあつては、当該水道事業者の給水区域内に存する給水装置の管理に関する技術上の業務の全部を委託するものであること。 三　次に掲げる事項についての条項を含む委託契約書を作成すること。 イ　委託に係る業務の内容に関する事項 ロ　委託契約の期間及びその解除に関する事項 ハ　その他国土交通省令で定める事項	（委託契約書の記載事項） **第17条の６**　令第９条第３号ハに規定する国土交通省令で定める事項は、委託に係る業務の実施体制に関する事項とする。
	第10条　法第24条の３第１項（法第31条及び第34条第１項において準用する場合を含む。）に規定する政令で定める要件は、法第24条の３第１項の規定により委託を受けて行う業務を適正かつ確実に遂行するに足りる経理的及び技術的な基礎を有するものであることとする。	
２　~~水道事業者~~水道用水供給事業者は、前項の規定により業務を委託したときは、遅滞なく、国土交通省令で定める事項を国土交通大臣に届け出なければならない。委託に係る契約が効力を失つたときも、同様とする。		（準用後の第17条の７） （業務の委託の届出） **第17条の７**　法~~第24条の３第２項~~第31条において準用する法第24条の３第２項の規定による業務の委託の届出に係る国土交通省令で定める事項は、次のとおりとする。 一　~~水道事業者~~水道用水供給事業者の氏名又は名称 二　水道管理業務受託者の住所及び氏名

水道法	水道法施行令	水道法施行規則
		（法人又は組合（２以上の法人が、一の場所において行われる業務を共同連帯して請け負つた場合を含む。）にあつては、主たる事務所の所在地及び名称並びに代表者の氏名） 三　受託水道業務技術管理者の氏名 四　委託した業務の範囲 五　契約期間 ２　法第24条の３第２項の規定による委託に係る契約が効力を失つたときの届出に係る国土交通省令で定める事項は、前項各号に掲げるもののほか、当該契約が効力を失つた理由とする。
３　第１項の規定により業務の委託を受ける者（以下「水道管理業務受託者」という。）は、水道の管理について技術上の業務を担当させるため、受託水道業務技術管理者１人を置かなければならない。 ４　受託水道業務技術管理者は、第１項の規定により委託された業務の範囲内において~~第19条第２項各号~~第19条第２項各号（第３号を除く。）に掲げる事項に関する事務に従事し、及びこれらの事務に従事する他の職員を監督しなければならない。 ５　受託水道業務技術管理者は、政令で定める資格を有する者でなければならない。	（受託水道業務技術管理者の資格） **第11条**　法第24条の３第５項（法第31条及び第34条第１項において準用する場合を含む。）に規定する政令で定める資格は、第７条の規定により水道技術管理者たる資格を有する者とする。	
６　第１項の規定により水道の管理に関する技術上の業務を委託する場合においては、当該委託された業務の範囲内において、水道管理業務受託者を~~水道事業者~~水道用水供給事業者と、受託水道業務技術管理者を水道技術管理者とみなして、第13条第１項（水質検査及び施設検査の実施に係る部分に限る。）及び第２項、~~第17条、第20条~~第20条から第22条の３まで、第23条第１項、~~第25条の９、第36条第２項~~第36条第２項並びに第39条（第２項及び第３項を除く。）の規定（これらの規定に係る罰則を含む。）を適用する。この場合において、当該委託された業務の範囲内において、~~水道事業者~~水道用水供給事業者及び水道技術管理者については、これらの規定は、適用しない。 ８　第１項の規定により水道の管理に関する技術上の業務を委託する場合においては、当該委託された業務の範囲内において、水道技術管理者については第19条第２項の規定は適用せず、受託水道業務技術管理者が~~同項各号~~同項各号（第３号を除く。）に掲げる事項に関する全ての事務に従事し、及びこれらの事務に従事する他の職員を監督する場合においては、水道事業者については、同条第１項の規定は、適用しない。 （準用後の第24条の４） （水道施設運営権の設定の許可） **第24条の４**　地方公共団体である~~水道事業者~~水道用水供給事業者は、民間資金等の活用による公共施設等の整備等の促進に関する法律（平成11年法律第117号。以下「民間資金法」という。）第19条第１項の規定により水道施設運営等事業（水道施設の全部又は一部の運営等（民間資金法第２条第６項に規定する運営等をいう。）であつて、当該水道施設の利用に係る料金（以下「利用料金」という。）を当該運営等を行う者		（準用後の第17条の８） （業務の委託に関する特例） **第17条の８**　法~~第24条の３第６項~~第31条において準用する法第24条の３第６項の規定により水道管理業務受託者を~~水道事業者~~水道用水供給事業者とみなして法~~第20条第３項ただし書~~第31条において準用する法第20条第３項ただし書、第22条及び第22条の２第１項の規定を適用する場合における第15条第８項、第17条第１項並びに第17条の２第２項及び第３項の規定の適用については、これらの規定中「水道事業者」とあるのは、「水道管理業務受託者」とする。

水　道　法	水道法施行令	水道法施行規則
が自らの収入として収受する事業をいう。以下同じ。）に係る民間資金法第２条第７項に規定する公共施設等運営権（以下「水道施設運営権」という。）を設定しようとするときは、あらかじめ、国土交通大臣の許可を受けなければならない。この場合において、当該~~水道事業者~~水道用水供給事業者は、第11条第１項の規定にかかわらず、同項の許可（~~水道事業の~~水道用水供給事業の休止に係るものに限る。）を受けることを要しない。 ２　水道施設運営等事業は、地方公共団体である~~水道事業者~~水道用水供給事業者が、民間資金法第19条第１項の規定により水道施設運営権を設定した場合に限り、実施することができるものとする。 ３　水道施設運営権を有する者（以下「水道施設運営権者」という。）が水道施設運営等事業を実施する場合には、~~第６条第１項~~第26条の規定にかかわらず、~~水道事業経営~~水道用水供給事業経営の認可を受けることを要しない。		
（準用後の第24条の５） （許可の申請） **第24条の５**　前条第１項前段の許可の申請をするには、申請書に、水道施設運営等事業実施計画書その他国土交通省令で定める書類（図面を含む。）を添えて、これを国土交通大臣に提出しなければならない。 ２　前項の申請書には、次に掲げる事項を記載しなければならない。 一　申請者の主たる事務所の所在地及び名称並びに代表者の氏名 二　申請者が水道施設運営権を設定しようとする民間資金法第２条第５項に規定する選定事業者（以下この条及び次条第１項において単に「選定事業者」という。）の主たる事務所の所在地及び名称並びに代表者の氏名 三　選定事業者の水道事務所の所在地		（準用後の第17条の９） （水道施設運営権の設定の許可の申請） **第17条の９**　~~法第24条の５第１項~~第31条において準用する法第24条の５第１項に規定する国土交通省令で定める書類（図面を含む。）は、次に掲げるものとする。 一　申請者が水道施設運営権を設定しようとする民間資金等の活用による公共施設等の整備等の促進に関する法律（平成11年法律第117号）第２条第５項に規定する選定事業者（以下「選定事業者」という。）の定款又は規約 二　水道施設運営等事業の対象となる水道施設の位置を明らかにする地図
３　第１項の水道施設運営等事業実施計画書には、次に掲げる事項を記載しなければならない。 一　水道施設運営等事業の対象となる水道施設の名称及び立地 二　水道施設運営等事業の内容 三　水道施設運営権の存続期間 四　水道施設運営等事業の開始の予定年月日 五　~~水道事業者~~水道用水供給事業者が、選定事業者が実施することとなる水道施設運営等事業の適正を期するために講ずる措置 六　災害その他非常の場合における~~水道事業~~水道用水供給事業の継続のための措置 七　水道施設運営等事業の継続が困難となつた場合における措置 八　選定事業者の経常収支の概算 九　選定事業者が自らの収入として収受しようとする水道施設運営等事業の対象となる水道施設の利用料金 十　その他国土交通省令で定める事項		（準用後の第17条の10） （水道施設運営等事業実施計画書） **第17条の10**　~~法第24条の５第３項第10号~~第31条において準用する法第24条の５第３項第10号の国土交通省令で定める事項は、次に掲げるものとする。 一　選定事業者が水道施設運営等事業を適

水道法	水道法施行令	水道法施行規則
（準用後の第24条の６） （許可基準） **第24条の６**　第24条の４第１項前段の許可は、その申請が次の各号のいずれにも適合していると認められるときでなければ、与えてはならない。 一　当該水道施設運営等事業の計画が確実かつ合理的であること。 三　当該水道施設運営等事業の実施により水道の基盤の強化が見込まれること。 ２　前項各号に規定する基準を適用するについて必要な技術的細目は、国土交通省令で定める。		正に遂行するに足りる専門的能力及び経理的基礎を有するものであることを証する書類 二　水道施設運営等事業の対象となる水道施設の維持管理及び計画的な更新に要する費用の予定総額及びその算出根拠並びにその調達方法並びに借入金の償還方法 三　水道施設運営等事業の対象となる水道施設の利用料金の算出根拠 四　水道施設運営等事業の実施による水道の基盤の強化の効果 五　契約終了時の措置 （準用後の第17条の11） （水道施設運営権の設定の許可基準） **第17条の11**　法~~第24条の６第２項~~第31条において準用する法第24条の６第２項に規定する技術的細目のうち、~~同条第１項第１号~~法第31条において準用する法第24条の６第１項第１号に関するものは、次に掲げるものとする。 一　水道施設運営等事業の対象となる水道施設及び当該水道施設に係る業務の範囲が、技術上の観点から合理的に設定され、かつ、選定事業者を水道施設運営権者とみなした場合の当該選定事業者と~~水道事業者~~水道用水供給事業者の責任分担が明確にされていること。 二　水道施設運営権の存続期間が水道により供給される水の需要、水道施設の維持管理及び更新に関する長期的な見通しを踏まえたものであり、かつ、経常収支が適切に設定できるよう当該期間が設定されたものであること。 三　水道施設運営等事業の適正を期するために、~~水道事業者~~水道用水供給事業者が選定事業者を水道施設運営権者とみなした場合の当該選定事業者の業務及び経理の状況を確認する適切な体制が確保され、かつ、当該確認すべき事項及び頻度が具体的に定められていること。 四　災害その他非常の場合における~~水道事業者~~水道用水供給事業者及び選定事業者による~~水道事業~~水道用水供給事業を継続するための措置が、~~水道事業~~水道用水供給事業の適正かつ確実な実施のために適切なものであること。 五　水道施設運営等事業の継続が困難となつた場合における~~水道事業者~~水道用水供給事業者が行う措置が、~~水道事業~~水道用水供給事業の適正かつ確実な実施のために適切なものであること。 六　選定事業者の工事費の調達、借入金の償還、給水収益及び水道施設の運営に要する費用等に関する収支の見通しが、水道施設運営等事業の適正かつ確実な実施のために適切なものであること。 七　水道施設運営等事業に関する契約終了時の措置が、~~水道事業~~水道用水供給事業

水道法	水道法施行令	水道法施行規則
		の適正かつ確実な実施のために適切なものであること。 八　選定事業者が水道施設運営等事業を適正に遂行するに足りる専門的能力及び経理的基礎を有するものであること。 2　法第24条の6第2項に規定する技術的細目のうち、同条第1項第2号に関するものは、選定事業者を水道施設運営権者とみなして次条の規定により第12条の2各号及び第12条の4各号の規定を適用することとしたならばこれに掲げる要件に適合することとする。 3　法~~第24条の6第2項~~第31条において準用する法第24条の6第2項に規定する技術的細目のうち、~~同条第1項第3号~~法第31条において準用する法第24条の6第1項第3号に関するものは、水道施設運営等事業の実施により、当該~~水道事業~~水道用水供給事業における水道施設の維持管理及び計画的な更新、健全な経営の確保並びに運営に必要な人材の確保が図られることとする。
（準用後の第24条の7） （水道施設運営等事業技術管理者） **第24条の7**　水道施設運営権者は、水道施設運営等事業について技術上の業務を担当させるため、水道施設運営等事業技術管理者1人を置かなければならない。 2　水道施設運営等事業技術管理者は、水道施設運営等事業に係る業務の範囲内において、~~第19条第2項各号~~第19条第2項各号（第3号を除く。）に掲げる事項に関する事務に従事し、及びこれらの事務に従事する他の職員を監督しなければならない。 3　水道施設運営等事業技術管理者は、第24条の3第5項の政令で定める資格を有する者でなければならない。		
（準用後の第24条の8） （水道施設運営等事業に関する特例） **第24条の8**　水道施設運営権者が水道施設運営等事業を実施する場合における~~第14条第1項、第2項及び第5項、第15条第2項及び第3項~~第15条第2項、第23条第2項~~、第24条第3項並びに~~並びに第40条第1項、第5項及び第8項の規定の適用については、~~第14条第1項中「料金」とあるのは「料金（第24条の4第3項に規定する水道施設運営権者（次項、次条第2項及び第23条第2項において「水道施設運営権者」という。）が自らの収入として収受する水道施設の利用に係る料金（次項において「水道施設運営権者に係る利用料金」という。）を含む。次項第1号及び第2号、第5項、次条第3項並びに第24条第3項において同じ。）」と、同条第2項中「次に」とあるのは「水道施設運営権者に係る利用料金について、水道施設運営権者は水道の需要者に対して直接にその支払を請求する権利を有する旨が明確に定められていることのほか、次に」と、第15条第2項ただし書~~第15条第2項ただし書中「受けた場合」とあるのは「受けた場合~~（水道施設運営権者が~~（第24条の4第3項に規定する水道施設運営権者（第23条第2項において「水道施設運営権者」という。）が当該供給命令を受けた場合を含む。）」と、第23条第2項中「水道事業者の」とあるのは「~~水道事業者（水道施設運営権者を含む。以下この項及び次条第3項~~水道用水供給事業者（水道施設運営権者を含む。以下この		（準用後の第17条の12） （水道施設運営等事業に関する特例） **第17条の12**　法第24条の8第1項の規定により水道施設運営権者が水道施設運営等事業を実施する場合における第12条から第12条の4まで、第12条の6及び第58条の規定の適用については、第12条第1号中「料金」とあるのは「料金（水道施設運営権者が自らの収入として収受する水道施設の利用に係る料金を含む。第3号から第5号並びに次条から第12条の4まで、第12条の6及び第58条第3号において同じ。）」とする。

水　道　法	水道法施行令	水道法施行規則
項において同じ。）の」と、第40条第１項及び第５項中「又は水道用水供給事業者」とあるのは「若しくは水道用水供給事業者又は水道施設運営権者」と、同条第８項中「水道用水供給事業者」とあるのは「水道用水供給事業者若しくは水道施設運営権者」~~とする。この場合において、水道施設運営権者は、当然に給水契約の利益（水道施設運営等事業の対象となる水道施設の利用料金の支払を請求する権利に係る部分に限る。）を享受する~~とする。 ２　水道施設運営権者が水道施設運営等事業を実施する場合においては、当該水道施設運営等事業に係る業務の範囲内において、水道施設運営権者を~~水道事業者~~水道用水供給事業者と、水道施設運営等事業技術管理者を水道技術管理者とみなして、第12条、第13条第１項（水質検査及び施設検査の実施に係る部分に限る。）及び第２項、~~第17条、第20条~~第20条から第22条の４まで、~~第23条第１項、第25条の９~~第23条第１項、第36条第１項及び第２項、第37条並びに第39条（第２項及び第３項を除く。）の規定（これらの規定に係る罰則を含む。）を適用する。この場合において、当該水道施設運営等事業に係る業務の範囲内において、~~水道事業者~~水道用水供給事業者及び水道技術管理者については、これらの規定は適用せず、第22条の４第１項中「更新」とあるのは、「更新（民間資金等の活用による公共施設等の整備等の促進に関する法律（平成11年法律第117号）第２条第６項に規定する運営等として行うものに限る。次項において同じ。）」とする。 ４　水道施設運営権者が水道施設運営等事業を実施する場合においては、当該水道施設運営等事業に係る業務の範囲内において、水道技術管理者については第19条第２項の規定は適用せず、水道施設運営等事業技術管理者が同項各号に掲げる事項に関する全ての事務に従事し、及びこれらの事務に従事する他の職員を監督する場合においては、~~水道事業者~~水道用水供給事業者については、同条第１項の規定は、適用しない。 **（準用後の第24条の９）** （水道施設運営等事業の開始の通知） **第24条の９**　地方公共団体である~~水道事業者~~水道用水供給事業者は、水道施設運営権者から水道施設運営等事業の開始に係る民間資金法第21条第３項の規定による届出を受けたときは、遅滞なく、その旨を国土交通大臣に通知するものとする。 **（準用後の第24条の10）** （水道施設運営権者に係る変更の届出） **第24条の10**　水道施設運営権者は、次に掲げる事項に変更を生じたときは、遅滞なく、その旨を水道施設運営権を設定した地方公共団体である~~水道事業者~~水道用水供給事業者及び国土交通大臣に届け出なければならない。 一　水道施設運営権者の主たる事務所の所在地及び名称並びに代表者の氏名 二　水道施設運営権者の水道事務所の所在地 **（準用後の第24条の11）** （水道施設運営権の移転の協議） **第24条の11**　地方公共団体である~~水道事業者~~水道用水供給事業者は、水道施設運営等事		２　法~~第24条の８第２項~~第31条において準用する法第24条の８第２項の規定により水道施設運営権者を水道事業者とみなして法第20条第３項ただし書、法第22条、法第22条の２第１項及び法第22条の４第２項の規定を適用する場合における第15条、第17条、第17条の２及び第17条の４の規定の適用については、第15条第８項、第17条第１項、第17条の２第２項及び第３項並びに第17条の４第１項中「水道事業者」とあるのは「水道施設運営権者」と、同条第２項中「更新」とあるのは「更新（民間資金等の活用による公共施設等の整備等の促進に関する法律（平成11年法律第117号）第２条第６項に規定する運営等として行うものに限る。）」とする。

<table>
<tr><th>水道法</th><th>水道法施行令</th><th>水道法施行規則</th></tr>
<tr><td>
業に係る民間資金法第26条第２項の許可をしようとするときは、あらかじめ、国土交通大臣に協議しなければならない。
（準用後の第24条の12）
（水道施設運営権の取消し等の要求）
第24条の12　国土交通大臣は、水道施設運営権者がこの法律又はこの法律に基づく命令の規定に違反した場合には、民間資金法第29条第１項第１号（トに係る部分に限る。）に掲げる場合に該当するとして、水道施設運営権を設定した地方公共団体である<s>水道事業者</s><u>水道用水供給事業者</u>に対して、同項の規定による処分をなすべきことを求めることができる。
（準用後の第24条の13）
（水道施設運営権の取消し等の通知）
第24条の13　地方公共団体である<s>水道事業者</s><u>水道用水供給事業者</u>は、次に掲げる場合には、遅滞なく、その旨を国土交通大臣に通知するものとする。
一　民間資金法第29条第１項の規定により水道施設運営権を取り消し、若しくはその行使の停止を命じたとき、又はその停止を解除したとき。
二　水道施設運営権の存続期間の満了に伴い、民間資金法第29条第４項の規定により、又は水道施設運営権者が水道施設運営権を放棄したことにより、水道施設運営権が消滅したとき。
第５章　専用水道
（確認）
第32条　専用水道の布設工事をしようとする者は、その工事に着手する前に、当該工事の設計が第５条の規定による施設基準に適合するものであることについて、都道府県知事の確認を受けなければならない。
（確認の申請）
第33条　前条の確認の申請をするには、申請書に、工事設計書その他国土交通省令で定める書類（図面を含む。）を添えて、これを都道府県知事に提出しなければならない。
</td><td></td><td>
第３章　専用水道
（確認申請書の添付書類等）
第53条　法第33条第１項に規定する国土交通省令で定める書類及び図面は、次の各号に掲げるものとする。
一　水の供給を受ける者の数を記載した書類
二　水の供給が行われる地域を記載した書類及び図面
三　水道施設の位置を明らかにする地図
四　水源及び浄水場の周辺の概況を明らかにする地図
五　主要な水道施設（次号に掲げるものを除く。）の構造を明らかにする平面図、立面図、断面図及び構造図
六　導水管きよ、送水管並びに配水及び給水に使用する主要な導管の配置状況を明らかにする平面図及び縦断面図
</td></tr>
<tr><td>
２　前項の申請書には、次に掲げる事項を記載しなければならない。
一　申請者の住所及び氏名（法人又は組合にあつては、主たる事務所の所在地及び名称並びに代表者の氏名）
二　水道事務所の所在地
３　専用水道の設置者は、前項に規定する申請書の記載事項に変更を生じたときは、速やかに、その旨を都道府県知事に届け出なければならない。
４　第１項の工事設計書には、次に掲げる事項を記載しなければならない。
一　１日最大給水量及び１日平均給水量
二　水源の種別及び取水地点
三　水源の水量の概算及び水質試験の結果
</td><td></td><td>
（第54条による準用後の第３条）
</td></tr>
</table>

水道法	水道法施行令	水道法施行規則

水道法

四　水道施設の概要

五　水道施設の位置（標高及び水位を含む。）、規模及び構造

六　浄水方法

七　工事の着手及び完了の予定年月日

八　その他国土交通省令で定める事項

5　都道府県知事は、第１項の申請を受理した場合において、当該工事の設計が第５条の規定による施設基準に適合することを確認したときは、申請者にその旨を通知し、適合しないと認めたとき、又は申請書の添付書類によつては適合するかしないかを判断することができないときは、その適合しない点を指摘し、又はその判断することができない理由を付して、申請者にその旨を通知しなければならない。

6　前項の通知は、第１項の申請を受理した日から起算して30日以内に、書面をもつてしなければならない。

（準用）

第34条　第13条、第19条（第２項第３号及び第７号を除く。）、第20条から第22条の２まで、第23条及び第24条の３（第７項を除く。）の規定は、専用水道の設置者について準用する。この場合において、次の表の上欄に掲げる規定中同表の中欄に掲げる字句は、それぞれ同表の下欄に掲げる字句に読み替えるものとする。

第13条第１項	国土交通大臣	都道府県知事
第19条第２項	事項	事項（第３号及び第７号に掲げる事項を除く。）
第24条の３第２項	国土交通大臣	都道府県知事
第24条の３第４項	第19条第２項各号	第19条第２項各号（第３号及び第７号を除く。）
第24条の３第６項	第17条、第20条から第22条の３	第20条から第22条の２
	第25条の９、第36条第２項並びに第39条（第２項	第36条第２項並びに第39条（第１項
第24条の３第８項	同項各号	同項各号（第３号及び第７号を除く。）

水道法施行規則

（工事設計書に記載すべき水質試験の結果）

第３条　*~~法第７条第５項第３号（法第10条第２項において準用する場合を含む。）~~第33条第４項第３号に規定する水質試験の結果は、水質基準に関する省令（平成15年厚生労働省令第101号）の表の上欄に掲げる事項に関して水質が最も低下する時期における試験の結果とする。*

2　前項の試験は、水質基準に関する省令に規定する環境大臣が定める方法によつて行うものとする。

（準用）

第54条　第３条、第10条、第11条、第15条から第17条の２まで、第17条の６及び第17条の７の規定は、専用水道について準用する。この場合において、次の表の上欄に掲げる規定中同表の中欄に掲げる字句は、それぞれ同表の下欄に掲げる字句に読み替えるものとする。

第３条	第７条第５項第３号（法第10条第２項において準用する場合を含む。）	第33条第４項第３号
第10条第１項	第13条第１項	第34条第１項において準用する法第13条第１項
第11条	第13条第１項	第34条第１項において準用する法第13条第１項
	給水装置	給水の施設
第15条第１項及び第２項	第20条第１項	第34条第１項において準用する法第20条第１項
第15条第７項第５号	第20条第３項	第34条第１項において準用する法第20条第３項
第15条第８項	第20条第３項ただし書	第34条第１項において準用する法第20条第３項ただし書
第15条の２	第20条の２	第34条第１項において準用する法第20条の２

水道法	水道法施行令	水道法施行規則

第15条の2第3号	第20条の3各号	第34条第1項において準用する法第20条の3各号
第15条の2第4号	第20条の4第1項第1号	第34条第1項において準用する法第20条の4第1項第1号
第15条の2第5号	第20条の4第1項第2号	第34条第1項において準用する法第20条の4第1項第2号
第15条の2第6号	第20条の4第1項第3号イ	第34条第1項において準用する法第20条の4第1項第3号イ
	同号ハ	法第34条第1項において準用する法第20条の4第1項第3号ハ
第15条の2第7号	第20条の4第1項第3号ロ	第34条第1項において準用する法第20条の4第1項第3号ロ
第15条の2第9号ロ	第20条の4第1項第3号イ	第34条第1項において準用する法第20条の4第1項第3号イ
第15条の3	第20条の5第1項	第34条第1項において準用する法第20条の5第1項
第15条の4	第20条の6第2項	第34条第1項において準用する法第20条の6第2項
第15条の4第4号ハ	第20条の14	第34条第1項において準用する法第20条の14
第15条の5第1項	第20条の7	第34条第1項において準用する法第20条の7
第15条の6第1項	第20条の8第2項	第34条第1項において準用する法第20条の8第2項
第15条の6第1項第8号	第20条の10第2項第2号及び第4号	第34条第1項において準用する法第20条の10第2項第2号及び第4号
第15条の6第2項	第20条の8第1項前段	第34条第1項において準用する法第20条の8第1項前段
第15条の6第3項	第20条の8第1項後段	第34条第1項において準用する法第20条の8第1項後段
第15条の7	第20条の9	第34条第1項において準用する法第20条の9
第15条の8	第20条の10第2項第3号	第34条第1項において準用する法第20条の10第2項第3号
第15条の9	第20条の10第2項第4号	第34条第1項において準用する法第20条の10第2項第4号
第15条の10第2項	第20条の14	第34条第1項において準用する法第20条の14

水道法

（準用後の第13条）

（給水開始前の届出及び検査）

第13条　~~水道事業者~~専用水道の設置者は、配水施設以外の水道施設又は配水池を新設し、増設し、又は改造した場合において、その新設、増設又は改造に係る施設を使用して給水を開始しようとするときは、あらかじめ、~~国土交通大臣~~都道府県知事にその旨を届け出て、かつ、環境省令の定めるところにより水質検査を行い、及び国土交通省令の定めるところにより施設検査を行わなければならない。

2　~~水道事業者~~専用水道の設置者は、前項の規定による水質検査及び施設検査を行つたときは、これに関する記録を作成し、その検査を行つた日から起算して5年間、これを保存しなければならない。

（準用後の第19条）

（水道技術管理者）

第19条　~~水道事業者~~専用水道の設置者は、水道の管理について技術上の業務を担当させるため、水道技術管理者1人を置かなければならない。ただし、自ら水道技術管理者となることを妨げない。

2　水道技術管理者は、次に掲げる~~事項~~事項（第3号及び第7号に掲げる事項を除く。）に関する事務に従事し、及びこれらの事務

水道法施行令

水道法施行規則

第16条第1項及び第2項	第21条第1項	第34条第1項において準用する法第21条第1項
第16条第4項	第21条第2項	第34条第1項において準用する法第21条第2項
第17条	第22条	第34条第1項において準用する法第22条
第17条の2第1項	第22条の2第1項	第34条第1項において準用する法第22条の2第1項
第17条の7	第24条の3第2項	第34条第1項において準用する法第24条の3第2項

（準用後の第3条）

（工事設計書に記載すべき水質試験の結果）

第3条　~~法第7条第5項第3号（法第10条第2項において準用する場合を含む。）~~第33条第4項第3号に規定する水質試験の結果は、水質基準に関する省令（平成15年厚生労働省令第101号）の表の上欄に掲げる事項に関して水質が最も低下する時期における試験の結果とする。

2　前項の試験は、水質基準に関する省令に規定する環境大臣が定める方法によつて行うものとする。

（準用後の第10条）

（給水開始前の水質検査）

第10条　~~法第13条第1項~~第34条第1項において準用する法第13条第1項の規定により行う水質検査は、当該水道により供給される水が水質基準に適合するかしないかを判断することができる場所において、水質基準に関する省令の表の上欄に掲げる事項及び消毒の残留効果について行うものとする。

2　前項の検査のうち水質基準に関する省令の表の上欄に掲げる事項の検査は、同令に規定する環境大臣が定める方法によつて行うものとする。

（読替え後の第11条）

（給水開始前の施設検査）

第11条　~~法第13条第1項~~第34条第1項において準用する法第13条第1項の規定により行う施設検査は、浄水及び消毒の能力、流量、圧力、耐力、汚染並びに漏水のうち、施設の新設、増設又は改造による影響のある事項に関し、新設、増設又は改造に係る施設及び当該影響に関係があると認められる水道施設（~~給水装置~~給水の施設を含む。）について行うものとする。

水道法

に従事する他の職員を監督しなければならない。

一　水道施設が第５条の規定による施設基準に適合しているかどうかの検査（第22条の２第２項に規定する点検を含む。）
二　第13条第１項の規定による水質検査及び施設検査
四　次条第１項の規定による水質検査
五　第21条第１項の規定による健康診断
六　第22条の規定による衛生上の措置
八　第23条第１項の規定による給水の緊急停止
九　第37条前段の規定による給水停止

3　水道技術管理者は、政令で定める資格（当該水道事業者が地方公共団体である場合にあつては、当該資格を参酌して当該地方公共団体の条例で定める資格）を有する者でなければならない。

水道法施行令

（水道技術管理者の資格）

第７条　法第19条第３項（法第31条及び第34条第１項において準用する場合を含む。）に規定する政令で定める資格は、次のとおりとする。

一　第５条の規定により簡易水道以外の水道の布設工事監督者たる資格を有する者
二　第５条第１項第１号、第３号及び第４号に規定する学校において土木工学以外の工学、理学、農学、医学若しくは薬学に関する学科目又はこれらに相当する学科目を修めて卒業した後（学校教育法による専門職大学の前期課程にあつては、修了した後）、同項第１号に規定する学校を卒業した者については４年以上、同項第３号に規定する学校を卒業した者（同法による専門職大学の前期課程にあつては、修了した者）については６年以上、同項第４号に規定する学校を卒業した者については８年以上水道に関する技術上の実務に従事した経験を有する者
三　10年以上水道に関する技術上の実務に従事した経験を有する者
四　国土交通省令・環境省令の定めるところにより、前２号に掲げる者と同等以上の技能を有すると認められる者

水道法施行規則

（水道技術管理者の資格）

第14条　令第７条第１項第４号の規定により同項第２号及び第３号に掲げる者と同等以上の技能を有すると認められる者は、次のとおりとする。

一　令第５条第１項第１号、第３号及び第４号に規定する学校において、工学、理学、農学、医学及び薬学に関する学科目並びにこれらに相当する学科目以外の学科目を修めて卒業した（当該学科目を修めて学校教育法に基づく専門職大学の前期課程（以下この号及び第40条第２号において「専門職大学前期課程」という。）を修了した場合を含む。）後、同項第１号に規定する学校の卒業者については５年（簡易水道及び１日最大給水量が1000立方メートル以下である専用水道（以下この号及び次号において「簡易水道等」という。）の場合は、２年６箇月）以上、同項第３号に規定する学校の卒業者（専門職大学前期課程の修了者を含む。次号において同じ。）については７年（簡易水道等の場合は、３年６箇月）以上、同項第４号に規定する学校の卒業者については９年（簡易水道等の場合は、４年６箇月）以上水道に関する技術上の実務に従事した経験を有する者
二　外国の学校において、令第７条第１項第２号に規定する学科目又は前号に規定する学科目に相当する学科目を、それぞれ当該各号に規定する学校において修得する程度と同等以上に修得した後、それ

水　道　法	水道法施行令	水道法施行規則
		ぞれ当該各号の卒業者ごとに規定する最低経験年数（簡易水道等の場合は、それぞれ当該各号の卒業者ごとに規定する最低経験年数の２分の１）以上水道に関する技術上の実務に従事した経験を有する者 三　国土交通大臣及び環境大臣の登録を受けた者が行う水道の管理に関する講習（以下「登録講習」という。）の課程を修了した者
（準用後の第20条） （水質検査） **第20条**　~~水道事業者~~専用水道の設置者は、環境省令の定めるところにより、定期及び臨時の水質検査を行わなければならない。	２　簡易水道又は１日最大給水量が1000立方メートル以下である専用水道については、前項第１号中「簡易水道以外の水道」とあるのは「簡易水道」と、同項第２号中「４年以上」とあるのは「２年以上」と、「６年以上」とあるのは「３年以上」と、「８年以上」とあるのは「４年以上」と、同項第３号中「10年以上」とあるのは「５年以上」とそれぞれ読み替えるものとする。	（準用後の第15条） （定期及び臨時の水質検査） **第15条**　法~~第20条第１項~~第34条第１項において準用する法第20条第１項の規定により行う定期の水質検査は、次に掲げるところにより行うものとする。 一　次に掲げる検査を行うこと。 イ　１日１回以上行う色及び濁り並びに消毒の残留効果に関する検査 ロ　第３号に定める回数以上行う水質基準に関する省令の表（以下この項及び次項において「基準の表」という。）の上欄に掲げる事項についての検査 二　検査に供する水（以下「試料」という。）の採取の場所は、給水栓を原則とし、水道施設の構造等を考慮して、当該水道により供給される水が水質基準に適合するかどうかを判断することができる場所を選定すること。ただし、基準の表中３の項から５の項まで、７の項、９の項、11の項から20の項まで、36の項、39の項から41の項まで、44の項及び45の項の上欄に掲げる事項については、送水施設及び配水施設内で濃度が上昇しないことが明らかであると認められる場合にあつては、給水栓のほか、浄水施設の出口、送水施設又は配水施設のいずれかの場所を採取の場所として選定することができる。 三　第１号ロの検査の回数は、次に掲げるところによること。 イ　基準の表中１の項、２の項、38の項及び46の項から51の項までの上欄に掲げる事項に関する検査については、おおむね１箇月に１回以上とすること。ただし、同表中38の項及び46の項から51の項までの上欄に掲げる事項に関する検査については、水道により供給される水に係る当該事項について連続的に計測及び記録がなされている場合にあつては、おおむね３箇月に１回以上とすることができる。 ロ　基準の表中42の項及び43の項の上欄に掲げる事項に関する検査については、水源における当該事項を産出する藻類の発生が少ないものとして、当該事項について検査を行う必要がないことが明らかであると認められる期間を除き、おおむね１箇月に１回以上とすること。 ハ　基準の表中３の項から37の項まで、39の項から41の項まで、44の項及び45の項の上欄に掲げる事項に関する検査については、おおむね３箇月に１回以上とすること。ただし、同表中３の項から９の項まで、11の項から20の項まで、32の項から37の項まで、39の項から41の項まで、44の項及び45の項の上欄に掲げる事項に関する検査について

水道法	水道法施行令	水道法施行規則
		は、水源に水又は汚染物質を排出する施設の設置の状況等から原水の水質が大きく変わるおそれが少ないと認められる場合（過去３年間において水源の種別、取水地点又は浄水方法を変更した場合を除く。）であつて、過去３年間における当該事項についての検査の結果がすべて当該事項に係る水質基準値（基準の表の下欄に掲げる許容限度の値をいう。以下この項において「基準値」という。）の５分の１以下であるときは、おおむね１年に１回以上と、過去３年間における当該事項についての検査の結果がすべて基準値の10分の１以下であるときは、おおむね３年に１回以上とすることができる。 四　次の表の上欄に掲げる事項に関する検査は、当該事項についての過去の検査の結果が基準値の２分の１を超えたことがなく、かつ、同表の下欄に掲げる事項を勘案してその全部又は一部を行う必要がないことが明らかであると認められる場合は、第１号及び前号の規定にかかわらず、省略することができること。

基準の表中３の項から５の項まで、７の項、12の項、13の項（海水を原水とする場合を除く。）、26の項（浄水処理にオゾン処理を用いる場合及び消毒に次亜塩素酸を用いる場合を除く。）、36の項、37の項、39の項から41の項まで、44の項及び45の項の上欄に掲げる事項	原水並びに水源及びその周辺の状況
基準の表中６の項、８の項及び32の項から35の項までの上欄に掲げる事項	原水、水源及びその周辺の状況並びに水道施設の技術的基準を定める省令（平成12年厚生省令第15号）第１条第14号の薬品等及び同条第17号の資機材等の使用状況
基準の表中14の項から20の項までの上欄に掲げる事項	原水並びに水源及びその周辺の状況（地下水を水源とする場合は、近傍の地域における地下水の状況を含む。）
基準の表中42の項及び43の項の上欄に掲げる事項	原水並びに水源及びその周辺の状況（湖沼等水が停滞しやすい水域を水源とする場合は、上欄に掲げる事項を産出する藻類の発生状況を含む。）

水道法	水道法施行令	水道法施行規則
		2　法~~第20条第1項~~第34条第1項において準用する法第20条第1項の規定により行う臨時の水質検査は、次に掲げるところにより行うものとする。 一　水道により供給される水が水質基準に適合しないおそれがある場合に基準の表の上欄に掲げる事項について検査を行うこと。 二　試料の採取の場所に関しては、前項第2号の規定の例によること。 三　基準の表中1の項、2の項、38の項及び46の項から51の項までの上欄に掲げる事項以外の事項に関する検査は、その全部又は一部を行う必要がないことが明らかであると認められる場合は、第1号の規定にかかわらず、省略することができること。 3　第1項第1号ロの検査及び第2項の検査は、水質基準に関する省令に規定する環境大臣が定める方法によつて行うものとする。 4　第1項第1号イの検査のうち色及び濁りに関する検査は、同号ロの規定により色度及び濁度に関する検査を行つた日においては、行うことを要しない。 5　第1項第1号ロの検査は、第2項の検査を行つた月においては、行うことを要しない。 6　~~水道事業者~~専用水道の設置者は、毎事業年度の開始前に第1項及び第2項の検査の計画（以下「水質検査計画」という。）を策定しなければならない。 7　水質検査計画には、次に掲げる事項を記載しなければならない。 一　水質管理において留意すべき事項のうち水質検査計画に係るもの 二　第1項の検査を行う項目については、当該項目、採水の場所、検査の回数及びその理由 三　第1項の検査を省略する項目については、当該項目及びその理由 四　第2項の検査に関する事項 五　法~~第20条第3項~~第34条第1項において準用する法第20条第3項の規定により水質検査を委託する場合における当該委託の内容 六　その他水質検査の実施に際し配慮すべき事項
2　~~水道事業者~~専用水道の設置者は、前項の規定による水質検査を行つたときは、これに関する記録を作成し、水質検査を行つた日から起算して5年間、これを保存しなければならない。		
3　~~水道事業者~~専用水道の設置者は、第1項の規定による水質検査を行うため、必要な検査施設を設けなければならない。ただし、当該水質検査を、国土交通省令の定めるところにより、地方公共団体の機関又は国土交通大臣及び環境大臣の登録を受けた者に委託して行うときは、この限りでない。		8　法~~第20条第3項ただし書~~第34条第1項において準用する法第20条第3項ただし書の規定により、~~水道事業者~~専用水道の設置者が第1項及び第2項の検査を地方公共団体の機関又は登録水質検査機関（以下この項において「水質検査機関」という。）に委託して行うときは、次に掲げるところにより行うものとする。 一　委託契約は、書面により行い、当該委託契約書には、次に掲げる事項（第2項の検査のみを委託する場合にあつては、ロ及びヘを除く。）を含むこと。 イ　委託する水質検査の項目 ロ　第1項の検査の時期及び回数 ハ　委託に係る料金（以下この項におい

水道法	水道法施行令	水道法施行規則
		て「委託料」という。） ニ　試料の採取又は運搬を委託するときは、その採取又は運搬の方法 ホ　水質検査の結果の根拠となる書類 ヘ　第２項の検査の実施の有無 二　委託契約書をその契約の終了の日から５年間保存すること。 三　委託料が受託業務を遂行するに足りる額であること。 四　試料の採取又は運搬を水質検査機関に委託するときは、その委託を受ける水質検査機関は、試料の採取又は運搬及び水質検査を速やかに行うことができる水質検査機関であること。 五　試料の採取又は運搬を~~水道事業者~~専用水道の設置者が自ら行うときは、当該~~水道事業者~~専用水道の設置者は、採取した試料を水質検査機関に速やかに引き渡すこと。 六　水質検査の実施状況を第１号ホに規定する書類又は調査その他の方法により確認すること。
（準用後の第20条の２） （登録） **第20条の２**　前条第３項の登録は、国土交通省令・環境省令で定めるところにより、水質検査を行おうとする者の申請により行う。		（準用後の第15条の２） （登録の申請） **第15条の２**　法~~第20条の２~~第34条第１項において準用する法第20条の２の登録の申請をしようとする者は、様式第13による申請書に次に掲げる書類を添えて、国土交通大臣及び環境大臣に提出しなければならない。 一　申請者が個人である場合は、その住民票の写し 二　申請者が法人である場合は、その定款及び登記事項証明書 三　申請者が法~~第20条の３各号~~第34条第１項において準用する法第20条の３各号の規定に該当しないことを説明した書類 四　法~~第20条の４第１項第１号~~第34条第１項において準用する法第20条の４第１項第１号の必要な検査施設を有していることを示す次に掲げる書類 イ　試料及び水質検査に用いる機械器具の汚染を防止するために必要な設備並びに適切に区分されている検査室を有していることを説明した書類（検査室を撮影した写真並びに縮尺及び寸法を記載した平面図を含む。） ロ　次に掲げる水質検査を行うための機械器具に関する書類 (1)　前条第１項第１号の水質検査の項目ごとに水質検査に用いる機械器具の名称及びその数を記載した書類 (2)　水質検査に用いる機械器具ごとの性能を記載した書類 (3)　水質検査に用いる機械器具ごとの所有又は借入れの別について説明した書類（借り入れている場合は、当該機械器具に係る借入れの期限を記載すること。） (4)　水質検査に用いる機械器具ごとに撮影した写真 五　法~~第20条の４第１項第２号~~第34条第１項において準用する法第20条の４第１項第２号の水質検査を実施する者（以下「検査員」という。）の氏名及び略歴 六　法~~第20条の４第１項第３号イ~~第34条第１項において準用する法第20条の４第１項第３号イに規定する部門（以下「水質検査部門」という。）及び~~同号ハ~~第34条

水　　道　　法	水道法施行令	水道法施行規則
（準用後の第20条の３） （欠格条項） **第20条の３**　次の各号のいずれかに該当する者は、第20条第３項の登録を受けることができない。 一　この法律又はこの法律に基づく命令に違反し、罰金以上の刑に処せられ、その執行を終わり、又は執行を受けることがなくなつた日から２年を経過しない者 二　第20条の13の規定により登録を取り消され、その取消しの日から２年を経過しない者 三　法人であつて、その業務を行う役員のうちに前２号のいずれかに該当する者があるもの （準用後の第20条の４） （登録基準） **第20条の４**　国土交通大臣及び環境大臣は、第20条の２の規定により登録を申請した者が次に掲げる要件の全てに適合しているときは、その登録をしなければならない。 一　第20条第１項に規定する水質検査を行うために必要な検査施設を有し、これを用いて水質検査を行うものであること。 二　別表第１に掲げるいずれかの条件に適合する知識経験を有する者が水質検査を実施し、その人数が５名以上であること。 三　次に掲げる水質検査の信頼性の確保のための措置がとられていること。 イ　水質検査を行う部門に専任の管理者が置かれていること。 ロ　水質検査の業務の管理及び精度の確保に関する文書が作成されていること。 ハ　ロに掲げる文書に記載されたところに従い、専ら水質検査の業務の管理及び精度の確保を行う部門が置かれていること。 ２　登録は、水質検査機関登録簿に次に掲げる事項を記載してするものとする。 一　登録年月日及び登録番号 二　登録を受けた者の氏名又は名称及び住		第１項において準用する法第20条の４第１項第３号ハに規定する専任の部門（以下「信頼性確保部門」という。）が置かれていることを説明した書類 七　~~法第20条の４第１項第３号ロ~~第34条第１項において準用する法第20条の４第１項第３号ロに規定する文書として、第15条の４第６号に規定する標準作業書及び同条第７号イからルまでに掲げる文書 八　水質検査を行う区域内の場所と水質検査を行う事業所との間の試料の運搬の経路及び方法並びにその運搬に要する時間を説明した書類 九　次に掲げる事項を記載した書面 イ　検査員の氏名及び担当する水質検査の区分 ロ　~~法第20条の４第１項第３号イ~~第34条第１項において準用する法第20条の４第１項第３号イの管理者（以下「水質検査部門管理者」という。）の氏名及び第15条の４第３号に規定する検査区分責任者の氏名 ハ　第15条の４第４号に規定する信頼性確保部門管理者の氏名 ニ　水質検査を行う項目ごとの定量下限値 ホ　現に行つている事業の概要

水道法	水道法施行令	水道法施行規則
所並びに法人にあつては、その代表者の氏名 三　登録を受けた者が水質検査を行う区域及び登録を受けた者が水質検査を行う事業所の所在地		
（準用後の第20条の５） （登録の更新） **第20条の５**　第20条第３項の登録は、３年を下らない政令で定める期間ごとにその更新を受けなければ、その期間の経過によつて、その効力を失う。 ２　前３条の規定は、前項の登録の更新について準用する。	（登録水質検査機関等の登録の有効期間） **第８条**　法第20条の５第１項（法第34条の４において準用する場合を含む。）の政令で定める期間は、３年とする。	**（準用後の第15条の３）** （登録の更新） **第15条の３**　法~~第20条の５第１項~~第34条第１項において準用する法第20条の５第１項の登録の更新を申請しようとする者は、様式第14による申請書に次に掲げる書類を添えて、国土交通大臣及び環境大臣に提出しなければならない。 一　前条各号に掲げる書類（同条第７号に掲げる文書にあつては、変更がある事項に係る新旧の対照を明示すること。） 二　直近の３事業年度の各事業年度における水質検査を受託した実績を記載した書類
（準用後の第20条の２） （登録の更新） **第20条の２**　~~前条第３項~~第20条の５第１項の登録の更新は、国土交通省令・環境省令で定めるところにより、水質検査を行おうとする者の申請により行う。		**（準用後の第15条の２）** （登録の更新の申請） **第15条の２**　法~~第20条の２~~第34条第１項において準用する~~法第20条の２~~法第20条の５第１項の登録の更新の申請をしようとする者は、~~様式第13~~様式第14による申請書に次に掲げる書類を添えて、国土交通大臣及び環境大臣に提出しなければならない。 一　申請者が個人である場合は、その住民票の写し 二　申請者が法人である場合は、その定款及び登記事項証明書 三　申請者が法~~第20条の３各号~~第34条第１項において準用する法第20条の５第２項において準用する法第20条の３各号の規定に該当しないことを説明した書類 四　法~~第20条の４第１項第１号~~第34条第１項において準用する法第20条の５第２項において準用する法第20条の４第１項第１号の必要な検査施設を有していることを示す次に掲げる書類 イ　試料及び水質検査に用いる機械器具の汚染を防止するために必要な設備並びに適切に区分されている検査室を有していることを説明した書類（検査室を撮影した写真並びに縮尺及び寸法を記載した平面図を含む。） ロ　次に掲げる水質検査を行うための機械器具に関する書類 (1)　前条第１項第１号の水質検査の項目ごとに水質検査に用いる機械器具の名称及びその数を記載した書類 (2)　水質検査に用いる機械器具ごとの性能を記載した書類 (3)　水質検査に用いる機械器具ごとの所有又は借入れの別について説明した書類（借り入れている場合は、当該機械器具に係る借入れの期限を記載すること。） (4)　水質検査に用いる機械器具ごとに撮影した写真 五　法~~第20条の４第１項第２号~~第34条第１項において準用する法第20条の５第２項において準用する法第20条の４第１項第２号の水質検査を実施する者（以下「検査員」という。）の氏名及

水道法	水道法施行令	水道法施行規則
（準用後の第20条の３） （欠格条項） **第20条の３**　次の各号のいずれかに該当する者は、~~第20条第３項~~第20条の５第１項の登録の更新を受けることができない。 一　この法律又はこの法律に基づく命令に違反し、罰金以上の刑に処せられ、その執行を終わり、又は執行を受けることがなくなつた日から２年を経過しない者 二　第20条の13の規定により登録を取り消され、その取消しの日から２年を経過しない者 三　法人であつて、その業務を行う役員のうちに前２号のいずれかに該当する者があるもの （準用後の第20条の４） （登録の更新基準） **第20条の４**　国土交通大臣及び環境大臣は、~~第20条の２~~第20条の５第１項の規定により登録の更新を申請した者が次に掲げる要件の全てに適合しているときは、その登録の更新をしなければならない。 一　第20条第１項に規定する水質検査を行うために必要な検査施設を有し、これを用いて水質検査を行うものであること。 二　別表第１に掲げるいずれかの条件に適合する知識経験を有する者が水質検査を実施し、その人数が５名以上であ		び略歴 六　法~~第20条の４第１項第３号イ~~第34条第１項において準用する法第20条の５第２項において準用する法第20条の４第１項第３号イに規定する部門（以下「水質検査部門」という。）及び~~同号ハ~~第34条第１項において準用する法第20条の５第２項において準用する法第20条の４第１項第３号ハに規定する専任の部門（以下「信頼性確保部門」という。）が置かれていることを説明した書類 七　法~~第20条の４第１項第３号ロ~~第34条第１項において準用する法第20条の５第２項において準用する法第20条の４第１項第３号ロに規定する文書として、第15条の４第６号に規定する標準作業書及び同条第７号イからルまでに掲げる文書 八　水質検査を行う区域内の場所と水質検査を行う事業所との間の試料の運搬の経路及び方法並びにその運搬に要する時間を説明した書類 九　次に掲げる事項を記載した書面 イ　検査員の氏名及び担当する水質検査の区分 ロ　法~~第20条の４第１項第３号イ~~第34条第１項において準用する法第20条の５第２項において準用する法第20条の４第１項第３号イの管理者（以下「水質検査部門管理者」という。）の氏名及び第15条の４第３号に規定する検査区分責任者の氏名 ハ　第15条の４第４号に規定する信頼性確保部門管理者の氏名 ニ　水質検査を行う項目ごとの定量下限値 ホ　現に行つている事業の概要

水　道　法	水道法施行令	水道法施行規則
ること。 三　次に掲げる水質検査の信頼性の確保のための措置がとられていること。 イ　水質検査を行う部門に専任の管理者が置かれていること。 ロ　水質検査の業務の管理及び精度の確保に関する文書が作成されていること。 ハ　ロに掲げる文書に記載されたところに従い、専ら水質検査の業務の管理及び精度の確保を行う部門が置かれていること。 2　登録の更新は、水質検査機関登録簿に次に掲げる事項を記載してするものとする。 一　登録の更新年月日及び登録の更新番号 二　登録の更新を受けた者の氏名又は名称及び住所並びに法人にあつては、その代表者の氏名 三　登録の更新を受けた者が水質検査を行う区域及び登録の更新を受けた者が水質検査を行う事業所の所在地 （準用後の第20条の６） （受託義務等） **第20条の６**　第20条第３項の登録を受けた者（以下「登録水質検査機関」という。）は、同項の水質検査の委託の申込みがあつたときは、正当な理由がある場合を除き、その受託を拒んではならない。 ２　登録水質検査機関は、公正に、かつ、国土交通省令・環境省令で定める方法により水質検査を行わなければならない。		（準用後の第15条の４） （検査の方法） **第15条の４**　法~~第20条の６第２項~~第34条第１項において準用する法第20条の６第２項の国土交通省令・環境省令で定める方法は、次のとおりとする。 一　水質基準に関する省令の表の上欄に掲げる事項の検査は、同令に規定する環境大臣が定める方法により行うこと。 二　精度管理（検査に従事する者の技能水準の確保その他の方法により検査の精度を適正に保つことをいう。以下同じ。）を定期的に実施するとともに、外部精度管理調査（国又は都道府県その他の適当と認められる者が行う精度管理に関する調査をいう。以下同じ。）を定期的に受けること。 三　水質検査部門管理者は、次に掲げる業務を行うこと。ただし、ハについては、あらかじめ検査員の中から理化学的検査及び生物学的検査の区分ごとに指定した者（以下「検査区分責任者」という。）に行わせることができるものとする。 イ　水質検査部門の業務を統括すること。 ロ　次号ハの規定により報告を受けた文書に従い、当該業務について速やかに是正処置を講ずること。 ハ　水質検査について第６号に規定する標準作業書に基づき、適切に実施されていることを確認し、標準作業書から逸脱した方法により水質検査が行われた場合には、その内容を評価し、必要な措置を講ずること。 ニ　その他必要な業務 四　信頼性確保部門につき、次に掲げる業務を自ら行い、又は業務の内容に応じてあらかじめ指定した者に行わせる者（以下「信頼性確保部門管理者」という。）

水道法	水道法施行令	水道法施行規則

が置かれていること。

イ　第７号への文書に基づき、水質検査の業務の管理について内部監査を定期的に行うこと。

ロ　第７号トの文書に基づく精度管理を定期的に実施するための事務、外部精度管理調査を定期的に受けるための事務及び日常業務確認調査（国、水道事業者、水道用水供給事業者及び専用水道の設置者が行う水質検査の業務の確認に関する調査をいう。以下同じ。）を受けるための事務を行うこと。

ハ　イの内部監査並びにロの精度管理、外部精度管理調査及び日常業務確認調査の結果（是正処置が必要な場合にあつては、当該是正処置の内容を含む。）を水質検査部門管理者に対して文書により報告するとともに、その記録を法~~第20条の14~~第34条第１項において準用する法第20条の14の帳簿に記載すること。

ニ　その他必要な業務

五　水質検査部門管理者及び信頼性確保部門管理者が登録水質検査機関の役員又は当該部門を管理する上で必要な権限を有する者であること。

六　次の表に定めるところにより、標準作業書を作成し、これに基づき検査を実施すること。

作成すべき標準作業書の種類	記載すべき事項
検査実施標準作業書	一　水質検査の項目及び項目ごとの分析方法の名称 二　水質検査の項目ごとに記載した試薬、試液、培地、標準品及び標準液（以下「試薬等」という。）の選択並びに調製の方法、試料の調製の方法並びに水質検査に用いる機械器具の操作の方法 三　水質検査に当たつての注意事項 四　水質検査により得られた値の処理の方法 五　水質検査に関する記録の作成要領 六　作成及び改定年月日
試料取扱標準作業書	一　試料の採取の方法 二　試料の運搬の方法 三　試料の受領の方法 四　試料の管理の方法 五　試料の管理に関する記録の作成要領 六　作成及び改定年月日
試薬等管理標準作業書	一　試薬等の容器にすべき表示の方法 二　試薬等の管理に関する注意事項

水道法	水道法施行令	水道法施行規則

水道法

（準用後の第20条の７）

（変更の届出）

第20条の７　登録水質検査機関は、氏名若しくは名称、住所、水質検査を行う区域又は水質検査を行う事業所の所在地を変更しようとするときは、変更しようとする日の２週間前までに、その旨を国土交通大臣及び環境大臣に届け出なければならない。

（準用後の第20条の８）

（業務規程）

第20条の８　登録水質検査機関は、水質検査の業務に関する規程（以下「水質検査業務規程」という。）を定め、水質検査の業務の開始前に、国土交通大臣及び環境大臣に届け出なければならない。これを変更しようとするときも、同様とする。

２　水質検査業務規程には、水質検査の実施方法、水質検査に関する料金その他の国土交通省令・環境省令で定める事項を定めておかなければならない。

水道法施行規則

	三　試薬等の管理に関する記録の作成要領 四　作成及び改定年月日
機械器具保守管理標準作業書	一　機械器具の名称 二　常時行うべき保守点検の方法 三　定期的な保守点検に関する計画 四　故障が起こつた場合の対応の方法 五　機械器具の保守管理に関する記録の作成要領 六　作成及び改定年月日

七　次に掲げる文書を作成すること。

イ　組織内の各部門の権限、責任及び相互関係等について記載した文書

ロ　文書の管理について記載した文書

ハ　記録の管理について記載した文書

ニ　教育訓練について記載した文書

ホ　不適合業務及び是正処置等について記載した文書

ヘ　内部監査の方法を記載した文書

ト　精度管理の方法及び外部精度管理調査を定期的に受けるための計画を記載した文書

チ　水質検査結果書の発行の方法を記載した文書

リ　受託の方法を記載した文書

ヌ　物品の購入の方法を記載した文書

ル　その他水質検査の業務の管理及び精度の確保に関する事項を記載した文書

（準用後の第15条の５）

（変更の届出）

第15条の５　法~~第20条の７~~第34条第１項において準用する法第20条の７の規定により変更の届出をしようとする者は、様式第15による届出書を国土交通大臣及び環境大臣に提出しなければならない。

２　水質検査を行う区域又は水質検査を行う事業所の所在地の変更を行う場合に提出する前項の届出書には、第15条の２第８号に掲げる書類を添えなければならない。

（準用後の第15条の６）

（水質検査業務規程）

第15条の６　法~~第20条の８第２項~~第34条第１項において準用する法第20条の８第２項の国土交通省令・環境省令で定める事項は、次のとおりとする。

一　水質検査の業務の実施及び管理の方法に関する事項

二　水質検査の業務を行う時間及び休日に関する事項

三　水質検査の委託を受けることができる件数の上限に関する事項

四　水質検査の業務を行う事業所の場所に関する事項

五　水質検査に関する料金及びその収納の方法に関する事項

六　水質検査部門管理者及び信頼性確保部門管理者の氏名並びに検査員の名簿

七　水質検査部門管理者及び信頼性確保部門管理者の選任及び解任に関する事項

八　法~~第20条の10第２項第２号及び第４号~~第34条第１項において準用する法第20条

水道法	水道法施行令	水道法施行規則
		の10第2項第2号及び第4号の請求に係る費用に関する事項 九　前各号に掲げるもののほか、水質検査の業務に関し必要な事項 2　登録水質検査機関は、法~~第20条の8第1項前段~~第34条第1項において準用する法第20条の8第1項前段の規定により水質検査業務規程の届出をしようとするときは、様式第16による届出書に次に掲げる書類を添えて、国土交通大臣及び環境大臣に提出しなければならない。 一　前項第3号の規定により定める水質検査の委託を受けることができる件数の上限の設定根拠を明らかにする書類 二　前項第5号の規定により定める水質検査に関する料金の算出根拠を明らかにする書類 3　登録水質検査機関は、法~~第20条の8第1項後段~~第34条第1項において準用する法第20条の8第1項後段の規定により水質検査業務規程の変更の届出をしようとするときは、様式第16の2による届出書に前項各号に掲げる書類を添えて、国土交通大臣及び環境大臣に提出しなければならない。ただし、第1項第3号及び第5号に定める事項（水質検査に関する料金の収納の方法に関する事項を除く。）の変更を行わない場合には、前項各号に掲げる書類を添えることを要しない。
（準用後の第20条の9） （業務の休廃止） **第20条の9**　登録水質検査機関は、水質検査の業務の全部又は一部を休止し、又は廃止しようとするときは、休止又は廃止しようとする日の2週間前までに、その旨を国土交通大臣及び環境大臣に届け出なければならない。		（準用後の第15条の7） （業務の休廃止の届出） **第15条の7**　登録水質検査機関は、法~~第20条の9~~第34条第1項において準用する法第20条の9の規定により水質検査の業務の全部又は一部の休止又は廃止の届出をしようとするときは、様式第16の3による届出書を国土交通大臣及び環境大臣に提出しなければならない。
（準用後の第20条の10） （財務諸表等の備付け及び閲覧等） **第20条の10**　登録水質検査機関は、毎事業年度経過後3月以内に、その事業年度の財産目録、貸借対照表及び損益計算書又は収支計算書並びに事業報告書（その作成に代えて電磁的記録（電子的方式、磁気的方式その他の人の知覚によつては認識することができない方式で作られる記録であつて、電子計算機による情報処理の用に供されるものをいう。以下同じ。）の作成がされている場合における当該電磁的記録を含む。次項において「財務諸表等」という。）を作成し、5年間事業所に備えて置かなければならない。 2　~~水道事業者その他の利害関係人~~専用水道の設置者その他の利害関係人は、登録水質検査機関の業務時間内は、いつでも、次に掲げる請求をすることができる。ただし、第2号又は第4号の請求をするには、登録水質検査機関の定めた費用を支払わなければならない。 一　財務諸表等が書面をもつて作成されているときは、当該書面の閲覧又は謄写の請求 二　前号の書面の謄本又は抄本の請求 三　財務諸表等が電磁的記録をもつて作成されているときは、当該電磁的記録に記録された事項を国土交通省令・環境省令で定める方法により表示したものの閲覧又は謄写の請求		（準用後の第15条の8） （電磁的記録に記録された情報の内容を表示する方法） **第15条の8**　法~~第20条の10第2項第3号~~第34条第1項において準用する法第20条の10第

水道法	水道法施行令	水道法施行規則
四　前号の電磁的記録に記録された事項を電磁的方法であつて国土交通省令・環境省令で定めるものにより提供することの請求又は当該事項を記載した書面の交付の請求		２項第３号の国土交通省令・環境省令で定める方法は、当該電磁的記録に記録された事項を紙面又は出力装置の映像面に表示する方法とする。 **（準用後の第15条の９）** （情報通信の技術を利用する方法） **第15条の９**　法~~第20条の10第２項第４号~~第34条第１項において準用する法第20条の10第２項第４号に規定する国土交通省令・環境省令で定める電磁的方法は、次の各号に掲げるもののうちいずれかの方法とする。 一　送信者の使用に係る電子計算機と受信者の使用に係る電子計算機とを電気通信回線で接続した電子情報処理組織を使用する方法であつて、当該電気通信回線を通じて情報が送信され、受信者の使用に係る電子計算機に備えられたファイルに当該情報が記録されるもの 二　電磁的記録媒体をもつて調製するファイルに情報を記録したものを交付する方法
（準用後の第20条の11） （適合命令） **第20条の11**　国土交通大臣及び環境大臣は、登録水質検査機関が第20条の４第１項各号のいずれかに適合しなくなつたと認めるときは、その登録水質検査機関に対し、これらの規定に適合するため必要な措置をとるべきことを命ずることができる。 **（準用後の第20条の12）** （改善命令） **第20条の12**　国土交通大臣及び環境大臣は、登録水質検査機関が第20条の６第１項又は第２項の規定に違反していると認めるときは、その登録水質検査機関に対し、水質検査を受託すべきこと又は水質検査の方法その他の業務の方法の改善に関し必要な措置をとるべきことを命ずることができる。 **（準用後の第20条の13）** （登録の取消し等） **第20条の13**　国土交通大臣及び環境大臣は、登録水質検査機関が次の各号のいずれかに該当するときは、その登録を取り消し、又は期間を定めて水質検査の業務の全部若しくは一部の停止を命ずることができる。 一　第20条の３第１号又は第３号に該当するに至つたとき。 二　第20条の７から第20条の９まで、第20条の10第１項又は次条の規定に違反したとき。 三　正当な理由がないのに第20条の10第２項各号の規定による請求を拒んだとき。 四　第20条の11又は前条の規定による命令に違反したとき。 五　不正の手段により第20条第３項の登録を受けたとき。		
（準用後の第20条の14） （帳簿の備付け） **第20条の14**　登録水質検査機関は、国土交通省令・環境省令で定めるところにより、水質検査に関する事項で国土交通省令・環境省令で定めるものを記載した帳簿を備え、これを保存しなければならない。		**（準用後の第15条の10）** （帳簿の備付け） **第15条の10**　登録水質検査機関は、書面又は電磁的記録によつて水質検査に関する事項であつて次項に掲げるものを記載した帳簿を備え、水質検査を実施した日から起算して５年間、これを保存しなければならない。 ２　法~~第20条の14~~第34条第１項において準用する法第20条の14の国土交通省令・環境省令で定める事項は次のとおりとする。 一　水質検査を委託した者の氏名及び住所（法人にあつては、主たる事務所の所在地及び名称並びに代表者の氏名）

水　　　道　　　法	水　道　法　施　行　令	水　道　法　施　行　規　則
		二　水質検査の委託を受けた年月日 三　試料を採取した場所 四　試料の運搬の方法 五　水質検査の開始及び終了の年月日時 六　水質検査の項目 七　水質検査を行つた検査員の氏名 八　水質検査の結果及びその根拠となる書類 九　第15条の４第４号ハにより帳簿に記載すべきこととされている事項 十　第15条の４第７号ハの文書において帳簿に記載すべきこととされている事項 十一　第15条の４第７号ニの教育訓練に関する記録
（準用後の第20条の15） （報告の徴収及び立入検査） **第20条の15**　国土交通大臣及び環境大臣は、水質検査の適正な実施を確保するため必要があると認めるときは、登録水質検査機関に対し、業務の状況に関し必要な報告を求め、又は当該職員に、登録水質検査機関の事務所又は事業所に立ち入り、業務の状況若しくは検査施設、帳簿、書類その他の物件を検査させることができる。 ２　前項の規定により立入検査を行う職員は、その身分を示す証明書を携帯し、関係者の請求があつたときは、これを提示しなければならない。 ３　第１項の規定による権限は、犯罪捜査のために認められたものと解釈してはならない。		（準用後の第57条） （証明書の様式） **第57条**　法第20条の15第２項（法第31条、法第34条第１項及び法第34条の４において準用する場合を含む。）、法第25条の22第２項及び法第39条第４項（法第24条の３第６項及び法第24条の８第２項の規定によりみなして適用する場合を含む。）の規定により国土交通省又は環境省の職員の携帯する証明書は、様式第12とする。
（準用後の第20条の16） （公示） **第20条の16**　国土交通大臣及び環境大臣は、次の場合には、その旨を公示しなければならない。 一　第20条第３項の登録をしたとき。 二　第20条の７の規定による届出があつたとき。 三　第20条の９の規定による届出があつたとき。 四　第20条の13の規定により第20条第３項の登録を取り消し、又は水質検査の業務の停止を命じたとき。		
（準用後の第21条） （健康診断） **第21条**　~~水道事業者~~専用水道の設置者は、水道の取水場、浄水場又は配水池において業務に従事している者及びこれらの施設の設置場所の構内に居住している者について、環境省令の定めるところにより、定期及び臨時の健康診断を行わなければならない。 ２　~~水道事業者~~専用水道の設置者は、前項の規定による健康診断を行つたときは、これに関する記録を作成し、健康診断を行つた日から起算して１年間、これを保存しなければならない。		（準用後の第16条） （健康診断） **第16条**　~~法第21条第１項~~第34条第１項において準用する法第21条第１項の規定により行う定期の健康診断は、おおむね６箇月ごとに、病原体がし尿に排せつされる感染症の患者（病原体の保有者を含む。）の有無に関して、行うものとする。 ２　~~法第21条第１項~~第34条第１項において準用する法第21条第１項の規定により行う臨時の健康診断は、同項に掲げる者に前項の感染症が発生した場合又は発生するおそれがある場合に、発生した感染症又は発生するおそれがある感染症について、前項の例により行うものとする。 ３　第１項の検査は、前項の検査を行つた月においては、同項の規定により行つた検査に係る感染症に関しては、行うことを要しない。 ４　他の法令（地方公共団体の条例及び規則を含む。以下本項において同じ。）に基いて行われた健康診断の内容が、第１項に規

水　道　法	水道法施行令	水道法施行規則
		定する感染症の全部又は一部に関する健康診断の内容に相当するものであるときは、その健康診断の相当する部分は、同項に規定するその部分に相当する健康診断とみなす。この場合において、法~~第21条第２項~~第34条第１項において準用する法第21条第２項の規定に基いて作成し、保管すべき記録は、他の法令に基いて行われた健康診断の記録をもつて代えるものとする。
（準用後の第22条） （衛生上の措置） **第22条**　~~水道事業者~~専用水道の設置者は、環境省令の定めるところにより、水道施設の管理及び運営に関し、消毒その他衛生上必要な措置を講じなければならない。		（準用後の第17条） （衛生上必要な措置） **第17条**　法~~第22条~~第34条第１項において準用する法第22条の規定により水道事業者が講じなければならない衛生上必要な措置は、次の各号に掲げるものとする。 一　取水場、貯水池、導水きよ、浄水場、配水池及びポンプせいは、常に清潔にし、水の汚染の防止を充分にすること。 二　前号の施設には、かぎを掛け、さくを設ける等みだりに人畜が施設に立ち入つて水が汚染されるのを防止するのに必要な措置を講ずること。 三　給水栓における水が、遊離残留塩素を0.1mg／L（結合残留塩素の場合は、0.4mg／L）以上保持するように塩素消毒をすること。ただし、供給する水が病原生物に著しく汚染されるおそれがある場合又は病原生物に汚染されたことを疑わせるような生物若しくは物質を多量に含むおそれがある場合の給水栓における水の遊離残留塩素は、0.2mg／L（結合残留塩素の場合は、1.5mg／L）以上とする。 ２　前項第３号の遊離残留塩素及び結合残留塩素の検査方法は、環境大臣が定める。
（準用後の第22条の２） （水道施設の維持及び修繕） **第22条の２**　~~水道事業者~~専用水道の設置者は、国土交通省令で定める基準に従い、水道施設を良好な状態に保つため、その維持及び修繕を行わなければならない。 ２　前項の基準は、水道施設の修繕を能率的に行うための点検に関する基準を含むものとする。		（準用後の第17条の２） （水道施設の維持及び修繕） **第17条の２**　法~~第22条の２第１項~~第34条第１項において準用する法第22条の２第１項の国土交通省令で定める基準は、次のとおりとする。 一　水道施設の構造、位置、維持又は修繕の状況その他の水道施設の状況（次号において「水道施設の状況」という。）を勘案して、流量、水圧、水質その他の水道施設の運転状態を監視し、及び適切な時期に、水道施設の巡視を行い、並びに清掃その他の当該水道施設を維持するために必要な措置を講ずること。 二　水道施設の状況を勘案して、適切な時期に、目視又はこれと同等以上の方法その他適切な方法により点検を行うこと。 三　前号の点検は、コンクリート構造物（水密性を有し、水道施設の運転に影響を与えない範囲において目視が可能なものに限る。次項及び第３項において同じ。）及び道路、河川、鉄道等を架空横断する管路等（損傷、腐食その他の劣化その他の異状が生じた場合に水の供給又は当該道路、河川、鉄道等に大きな支障を及ぼすおそれがあるものに限る。次項及び第３項において同じ。）にあつては、おおむね５年に１回以上の適切な頻度で行うこと。 四　第２号の点検その他の方法により水道施設の損傷、腐食その他の劣化その他の異状があることを把握したときは、水道施設を良好な状態に保つように、修繕その他の必要な措置を講ずること。

水道法	水道法施行令	水道法施行規則
		2　~~水道事業者~~専用水道の設置者は、前項第2号の点検（コンクリート構造物及び道路、河川、鉄道等を架空横断する管路等に係るものに限る。）を行つた場合に、次に掲げる事項を記録し、これを次に点検を行うまでの期間保存しなければならない。 一　点検の年月日 二　点検を実施した者の氏名 三　点検の結果 3　~~水道事業者~~専用水道の設置者は、第1項第2号の点検その他の方法によりコンクリート構造物又は道路、河川、鉄道等を架空横断する管路等の損傷、腐食その他の劣化その他の異状があることを把握し、同項第4号の措置（修繕に限る。）を講じた場合には、その内容を記録し、当該コンクリート構造物又は道路、河川、鉄道等を架空横断する管路等を利用している期間保存しなければならない。
（準用後の第23条） （給水の緊急停止） **第23条**　~~水道事業者~~専用水道の設置者は、その供給する水が人の健康を害するおそれがあることを知つたときは、直ちに給水を停止し、かつ、その水を使用することが危険である旨を関係者に周知させる措置を講じなければならない。 2　~~水道事業者~~専用水道の設置者の供給する水が人の健康を害するおそれがあることを知つた者は、直ちにその旨を当該~~水道事業者~~専用水道の設置者に通報しなければならない。		
（準用後の第24条の3） （業務の委託） **第24条の3**　~~水道事業者~~専用水道の設置者は、政令で定めるところにより、水道の管理に関する技術上の業務の全部又は一部を他の水道事業者若しくは水道用水供給事業者又は当該業務を適正かつ確実に実施することができる者として政令で定める要件に該当するものに委託することができる。	（業務の委託） **第9条**　法第24条の3第1項（法第31条及び第34条第1項において準用する場合を含む。）の規定による水道の管理に関する技術上の業務の委託は、次に定めるところにより行うものとする。 一　水道施設の全部又は一部の管理に関する技術上の業務を委託する場合にあつては、技術上の観点から一体として行わなければならない業務の全部を一の者に委託するものであること。 二　給水装置の管理に関する技術上の業務を委託する場合にあつては、当該水道事業者の給水区域内に存する給水装置の管理に関する技術上の業務の全部を委託するものであること。 三　次に掲げる事項についての条項を含む委託契約書を作成すること。 イ　委託に係る業務の内容に関する事項 ロ　委託契約の期間及びその解除に関する事項 ハ　その他国土交通省令で定める事項	（準用後の第17条の6） （委託契約書の記載事項） **第17条の6**　令第9条第3号ハに規定する国土交通省令で定める事項は、委託に係る業務の実施体制に関する事項とする。
	第10条　法第24条の3第1項（法第31条及び第34条第1項において準用する場合を含む。）に規定する政令で定める要件は、法第24条の3第1項の規定により委託を受けて行う業務を適正かつ確実に遂行するに足りる経理的及び技術的な基礎を有するものであることとする。	
2　~~水道事業者~~専用水道の設置者は、前項の規定により業務を委託したときは、遅滞な		（準用後の第17条の7） （業務の委託の届出）

水　　道　　法	水道法施行令	水道法施行規則
く、国土交通省令で定める事項を~~国土交通大臣~~都道府県知事に届け出なければならない。委託に係る契約が効力を失つたときも、同様とする。		**第17条の7**　法~~第24条の３第２項~~第34条第１項において準用する法第24条の３第２項の規定による業務の委託の届出に係る国土交通省令で定める事項は、次のとおりとする。 一　~~水道事業者~~専用水道の設置者の氏名又は名称 二　水道管理業務受託者の住所及び氏名（法人又は組合（２以上の法人が、一の場所において行われる業務を共同連帯して請け負つた場合を含む。）にあつては、主たる事務所の所在地及び名称並びに代表者の氏名） 三　受託水道業務技術管理者の氏名 四　委託した業務の範囲 五　契約期間 ２　法~~第24条の３第２項~~第34条第１項において準用する法第24条の３第２項の規定による委託に係る契約が効力を失つたときの届出に係る国土交通省令で定める事項は、前項各号に掲げるもののほか、当該契約が効力を失つた理由とする。
３　第１項の規定により業務の委託を受ける者（以下「水道管理業務受託者」という。）は、水道の管理について技術上の業務を担当させるため、受託水道業務技術管理者１人を置かなければならない。 ４　受託水道業務技術管理者は、第１項の規定により委託された業務の範囲内において~~第19条第２項各号~~第19条第２項各号（第３号及び第７号を除く。）に掲げる事項に関する事務に従事し、及びこれらの事務に従事する他の職員を監督しなければならない。 ５　受託水道業務技術管理者は、政令で定める資格を有する者でなければならない。	（受託水道業務技術管理者の資格） **第11条**　法第24条の３第５項（法第31条及び第34条第１項において準用する場合を含む。）に規定する政令で定める資格は、第７条の規定により水道技術管理者たる資格を有する者とする。	
６　第１項の規定により水道の管理に関する技術上の業務を委託する場合においては、当該委託された業務の範囲内において、水道管理業務受託者を~~水道事業者~~専用水道の設置者と、受託水道業務技術管理者を水道技術管理者とみなして、第13条第１項（水質検査及び施設検査の実施に係る部分に限る。）及び第２項、~~第17条、第20条から第22条の３~~第20条から第22条の２まで、第23条第１項、~~第25条の９、第36条第２項並びに第39条（第２項~~第36条第２項並びに第39条（第１項及び第３項を除く。）の規定（これらの規定に係る罰則を含む。）を適用する。この場合において、当該委託された業務の範囲内において、~~水道事業者~~専用水道の設置者及び水道技術管理者については、これらの規定は、適用しない。 ８　第１項の規定により水道の管理に関する技術上の業務を委託する場合においては、当該委託された業務の範囲内において、水道技術管理者については第19条第２項の規定は適用せず、受託水道業務技術管理者が~~同項各号~~同項各号（第３号及び第７号を除く。）に掲げる事項に関する全ての事務に従事し、及びこれらの事務に従事する他の職員を監督する場合においては、~~水道事業者~~専用水道の設置者については、同条第１項の規定は、適用しない。 ２　１日最大給水量が1000立方メートル以下である専用水道については、当該水道が消毒設		

水　　道　　法	水　道　法　施　行　令	水　道　法　施　行　規　則

水道法

備以外の浄水施設を必要とせず、かつ、自然流下のみによつて給水することができるものであるときは、前項の規定にかかわらず、第19条第３項の規定を準用しない。

第６章　簡易専用水道

第34条の２　簡易専用水道の設置者は、国土交通省令で定める基準に従い、その水道を管理しなければならない。

２　簡易専用水道の設置者は、当該簡易専用水道の管理について、国土交通省令（簡易専用水道により供給される水の水質の検査に関する事項については、環境省令）の定めるところにより、定期に、地方公共団体の機関又は国土交通大臣及び環境大臣の登録を受けた者の検査を受けなければならない。

（検査の義務）

第34条の３　前条第２項の登録を受けた者は、簡易専用水道の管理の検査を行うことを求められたときは、正当な理由がある場合を除き、遅滞なく、簡易専用水道の管理の検査を行わなければならない。

（準用）

第34条の４　第20条の２から第20条の５までの規定は第34条の２第２項の登録について、第20条の６第２項の規定は簡易専用水道の管理の検査について、第20条の７から第20条の16までの規定は第34条の２第２項の登録を受けた者について、それぞれ準用する。この場合において、次の表の上欄に掲げる規定中同表の中欄に掲げる字句は、それぞれ同表の下欄に掲げる字句に読み替えるものとする。

第20条の２	水質検査	簡易専用水道の管理の検査
第20条の４第１項第１号	第20条第１項に規定する水質検査	簡易専用水道の管理の検査
	検査施設	検査設備
	用いて水質検査	用いて簡易専用水道の管理の検査
第20条の４第１項第２号	別表第１	別表第２
	水質検査	簡易専用水道の管理の検査
	５名	３名
第20条の４第１項第３号	水質検査	簡易専用水道の管理の検査

水道法施行規則

第４章　簡易専用水道

（管理基準）

第55条　法第34条の２第１項に規定する国土交通省令で定める基準は、次に掲げるものとする。

一　水槽の掃除を毎年１回以上定期に行うこと。

二　水槽の点検等有害物、汚水等によつて水が汚染されるのを防止するために必要な措置を講ずること。

三　給水栓における水の色、濁り、臭い、味その他の状態により供給する水に異常を認めたときは、水質基準に関する省令の表の上欄に掲げる事項のうち必要なものについて検査を行うこと。

四　供給する水が人の健康を害するおそれがあることを知つたときは、直ちに給水を停止し、かつ、その水を使用することが危険である旨を関係者に周知させる措置を講ずること。

（検査）

第56条　法第34条の２第２項の規定による検査は、毎年１回以上定期に行うものとする。

２　検査の方法その他必要な事項については、国土交通大臣（簡易専用水道により供給される水の水質の検査に関する事項については、環境大臣）が定めるところによるものとする。

水道法	水道法施行令	水道法施行規則

水道法

第20条の４第２項	水質検査機関登録簿	簡易専用水道検査機関登録簿
第20条の４第２項第３号	水質検査	簡易専用水道の管理の検査
第20条の６第２項	登録水質検査機関	第34条の２第２項の登録を受けた者
第20条の７	水質検査を	簡易専用水道の管理の検査を
第20条の８第１項	水質検査の	簡易専用水道の管理の検査の
	水質検査業務規程	簡易専用水道検査業務規程
第20条の８第２項	水質検査業務規程	簡易専用水道検査業務規程
	水質検査の	簡易専用水道の管理の検査の
	水質検査に	簡易専用水道の管理の検査に
第20条の９	水質検査の	簡易専用水道の管理の検査の
第20条の10第２項	水道事業者	簡易専用水道の設置者
第20条の12	第20条の６第１項又は第２項	第20条の６第２項又は第34条の３
	水質検査を受託すべき	簡易専用水道の管理の検査を行うべき
	水質検査の	簡易専用水道の管理の検査の
第20条の13	水質検査の	簡易専用水道の管理の検査の
第20条の13第５号	第20条第３項	第34条の２第２項
第20条の14	水質検査に	簡易専用水道の管理の検査に
第20条の15第１項	水質検査の	簡易専用水道の管理の検査の
	検査施設	検査設備
第20条の16第１号	第20条第３項	第34条の２第２項
第20条の16第４号	第20条第３項	第34条の２第２項
	水質検査	簡易専用水道の管理の検査

（準用後の第20条の２）

（登録）

第20条の２　*~~前条第３項~~第34条の２第２項の登録は、国土交通省令・環境省令で定めるところにより、~~水質検査~~簡易専用水道の管理の検査を行おうとする者の申請により行う。*

水道法施行規則

（登録の申請）

第56条の２　法第34条の４において読み替えて準用する法第20条の２の登録の申請をしようとする者は、様式第17による申請書に次の書類を添えて、国土交通大臣及び環境大臣に提出しなければならない。

一　申請者が個人である場合は、その住民票の写し

二　申請者が法人である場合は、その定款及び登記事項証明書

三　申請者が法第34条の４において読み替え

水　　道　　法	水道法施行令	水道法施行規則

水道法

（準用後の第20条の３）

（欠格条項）

第20条の３　次の各号のいずれかに該当する者は、~~第20条第３項~~第34条の２第２項の登録を受けることができない。

一　この法律又はこの法律に基づく命令に違反し、罰金以上の刑に処せられ、その執行を終わり、又は執行を受けることがなくなつた日から２年を経過しない者

二　第20条の13の規定により登録を取り消され、その取消しの日から２年を経過しない者

三　法人であつて、その業務を行う役員のうちに前２号のいずれかに該当する者があるもの

（準用後の第20条の４）

（登録基準）

第20条の４　国土交通大臣及び環境大臣は、第20条の２の規定により登録を申請した者が次に掲げる要件の全てに適合しているときは、その登録をしなければならない。

一　~~第20条第１項に規定する水質検査~~簡易専用水道の管理の検査を行うために必要な~~検査施設~~検査設備を有し、これを~~用いて水質検査~~用いて簡易専用水道の管理の検査を行うものであること。

二　~~別表第１~~別表第２に掲げるいずれかの条件に適合する知識経験を有する者が~~水質検査~~簡易専用水道の管理の検査を実施し、その人数が~~５名~~３名以上であること。

三　次に掲げる~~水質検査~~簡易専用水道の管理の検査の信頼性の確保のための措置がとられていること。

イ　~~水質検査~~簡易専用水道の管理の検査を行う部門に専任の管理者が置かれていること。

ロ　~~水質検査~~簡易専用水道の管理の検査の業務の管理及び精度の確保に関する

水道法施行規則

て準用する法第20条の３各号の規定に該当しないことを説明した書類

四　法第34条の４において読み替えて準用する法第20条の４第１項第１号の必要な検査設備を有していることを示す書類

五　法第34条の４において読み替えて準用する法第20条の４第１項第２号の簡易専用水道の管理の検査を実施する者（以下「簡易専用水道検査員」という。）の氏名及び略歴

六　法第34条の４において読み替えて準用する法第20条の４第１項第３号イに規定する部門（以下「簡易専用水道検査部門」という。）及び同号ハに規定する専任の部門（以下「簡易専用水道検査信頼性確保部門」という。）が置かれていることを説明した書類

七　法第34条の４において読み替えて準用する法第20条の４第１項第３号ロに規定する文書として、第56条の４第４号に規定する標準作業書及び同条第５号イからルに掲げる文書

八　次に掲げる事項を記載した書面

イ　法第34条の４において読み替えて準用する法第20条の４第１項第３号イの管理者（以下「簡易専用水道検査部門管理者」という。）の氏名

ロ　第56条の４第２号に規定する簡易専用水道検査信頼性確保部門管理者の氏名

ハ　現に行つている事業の概要

水　道　法	水道法施行令	水道法施行規則
文書が作成されていること。 ハ　ロに掲げる文書に記載されたところに従い、専ら~~水質検査~~簡易専用水道の管理の検査の業務の管理及び精度の確保を行う部門が置かれていること。 2　登録は、~~水質検査機関登録簿~~簡易専用水道検査機関登録簿に次に掲げる事項を記載してするものとする。 一　登録年月日及び登録番号 二　登録を受けた者の氏名又は名称及び住所並びに法人にあつては、その代表者の氏名 三　登録を受けた者が~~水質検査~~簡易専用水道の管理の検査を行う区域及び登録を受けた者が~~水質検査~~簡易専用水道の管理の検査を行う事業所の所在地		
（準用後の第20条の５） （登録の更新） **第20条の５**　~~第20条第３項~~第34条の２第２項の登録は、３年を下らない政令で定める期間ごとにその更新を受けなければ、その期間の経過によつて、その効力を失う。 2　前３条の規定は、前項の登録の更新について準用する。	（準用後の第８条） （登録水質検査機関等の登録の有効期間） **第８条**　法第20条の５第１項（法第34条の４において準用する場合を含む。）の政令で定める期間は、３年とする。	（登録の更新） **第56条の３**　法第34条の４において読み替えて準用する法第20条の５第１項の登録の更新を申請しようとする者は、様式第18による申請書に前条各号に掲げる書類を添えて、国土交通大臣及び環境大臣に提出しなければならない。
（準用後の第20条の２） （登録の更新） **第20条の２**　~~前条第３項~~第34条の２第２項の登録の更新は、国土交通省令・環境省令で定めるところにより、~~水質検査~~簡易専用水道の管理の検査を行おうとする者の申請により行う。		（登録の更新の申請） **第56条の２**　法第34条の４において読み替えて準用する法第20条の２の登録の更新の申請をしようとする者は、~~様式第17~~様式第18による申請書に次の書類を添えて、国土交通大臣及び環境大臣に提出しなければならない。 一　申請者が個人である場合は、その住民票の写し 二　申請者が法人である場合は、その定款及び登記事項証明書 三　申請者が法第34条の４において読み替えて準用する法第20条の３各号の規定に該当しないことを説明した書類 四　法第34条の４において読み替えて準用する法第20条の４第１項第１号の必要な検査設備を有していることを示す書類 五　法第34条の４において読み替えて準用する法第20条の４第１項第２号の簡易専用水道の管理の検査を実施する者（以下「簡易専用水道検査員」という。）の氏名及び略歴 六　法第34条の４において読み替えて準用する法第20条の４第１項第３号イに規定する部門（以下「簡易専用水道検査部門」という。）及び同号ハに規定する専任の部門（以下「簡易専用水道検査信頼性確保部門」という。）が置かれていることを説明した書類 七　法第34条の４において読み替えて準用する法第20条の４第１項第３号ロに規定する文書として、第56条の４第４号に規定する標準作業書及び同条第５号イからルに掲げる文書 八　次に掲げる事項を記載した書面 イ　法第34条の４において読み替えて準用する法第20条の４第１項第３号イの管理者（以下「簡易専用水道検査部門管理者」という。）の氏名 ロ　第56条の４第２号に規定する簡易専用水道検査信頼性確保部門管理者の氏名 ハ　現に行つている事業の概要

水道法	水道法施行令	水道法施行規則

水道法

（準用後の第20条の３）

（欠格条項）

第20条の３　次の各号のいずれかに該当する者は、~~第20条第３項~~第34条の２第２項の登録の更新を受けることができない。

一　この法律又はこの法律に基づく命令に違反し、罰金以上の刑に処せられ、その執行を終わり、又は執行を受けることがなくなつた日から２年を経過しない者

二　第20条の13の規定により登録を取り消され、その取消しの日から２年を経過しない者

三　法人であつて、その業務を行う役員のうちに前２号のいずれかに該当する者があるもの

（準用後の第20条の４）

（登録の更新基準）

第20条の４　国土交通大臣及び環境大臣は、第20条の２の規定により登録の更新を申請した者が次に掲げる要件の全てに適合しているときは、その登録の更新をしなければならない。

一　~~第20条第１項に規定する水質検査~~簡易専用水道の管理の検査を行うために必要な~~検査施設~~検査設備を有し、これを~~用いて水質検査~~用いて簡易専用水道の管理の検査を行うものであること。

二　~~別表第１~~別表第２に掲げるいずれかの条件に適合する知識経験を有する者が~~水質検査~~簡易専用水道の管理の検査を実施し、その人数が~~５名~~３名以上であること。

三　次に掲げる~~水質検査~~簡易専用水道の管理の検査の信頼性の確保のための措置がとられていること。

イ　~~水質検査~~簡易専用水道の管理の検査を行う部門に専任の管理者が置かれていること。

ロ　~~水質検査~~簡易専用水道の管理の検査の業務の管理及び精度の確保に関する文書が作成されていること。

ハ　ロに掲げる文書に記載されたところに従い、専ら~~水質検査~~簡易専用水道の管理の検査の業務の管理及び精度の確保を行う部門が置かれていること。

２　登録の更新は、~~水質検査機関登録簿~~簡易専用水道検査機関登録簿に次に掲げる事項を記載してするものとする。

一　登録の更新年月日及び登録の更新番号

二　登録の更新を受けた者の氏名又は名称及び住所並びに法人にあつては、その代表者の氏名

三　登録の更新を受けた者が~~水質検査~~簡易専用水道の管理の検査を行う区域及び登録の更新を受けた者が~~水質検査~~簡易専用水道の管理の検査を行う事業所の所在地

（準用後の第20条の６第２項）

２　~~登録水質検査機関~~第34条の２第２項の登録を受けた者は、公正に、かつ、国土交通省令・環境省令で定める方法により~~水質検査~~簡易専用水道の管理の検査を行わなければならない。

水道法施行規則

（検査の方法）

第56条の４　法第34条の４において読み替えて準用する法第20条の６第２項の国土交通省令・環境省令で定める方法は、次のとおりとする。

一　簡易専用水道検査部門管理者は、次に掲げる業務を行うこと。ただし、ハについて

水　道　法	水道法施行令	水道法施行規則
		は、あらかじめ簡易専用水道検査員の中から指定した者に行わせることができるものとする。 イ　簡易専用水道検査部門の業務を統括すること。 ロ　第２号ハの規定により報告を受けた文書に従い、当該業務について速やかに是正処置を講ずること。 ハ　簡易専用水道の管理の検査について第４号に規定する標準作業書に基づき、適切に実施されていることを確認し、標準作業書から逸脱した方法により簡易専用水道の管理の検査が行われた場合には、その内容を評価し、必要な措置を講ずること。 ニ　その他必要な業務 二　簡易専用水道検査信頼性確保部門につき、次に掲げる業務を自ら行い、又は業務の内容に応じてあらかじめ指定した者に行わせる者（以下「簡易専用水道検査信頼性確保部門管理者」という。）が置かれていること。 イ　第５号への文書に基づき、簡易専用水道の管理の検査の業務の管理について内部監査を定期的に行うこと。 ロ　第５号トの文書に基づき、精度管理及び外部精度管理調査を定期的に受けるための事務を行うこと。 ハ　イの内部監査並びにロの精度管理及び外部精度管理調査の結果（是正処置が必要な場合にあつては、当該是正処置の内容を含む。）を簡易専用水道検査部門管理者に対して文書により報告するとともに、その記録を法第34条の４において読み替えて準用する法第20条の14の帳簿に記載すること。 ニ　その他必要な業務 三　簡易専用水道検査部門管理者及び簡易専用水道検査信頼性確保部門管理者が法第34条の２第２項の登録を受けた者の役員又は当該部門を管理する上で必要な権限を有する者であること。 四　次に掲げる事項を記載した標準作業書を作成すること。 イ　簡易専用水道の管理の検査の項目ごとの検査の手順及び判定基準 ロ　簡易専用水道の管理の検査に用いる設備の操作及び保守点検の方法 ハ　検査中の当該施設への部外者の立入制限その他の検査に当たつての注意事項 ニ　簡易専用水道の管理の検査の結果の処理方法 ホ　作成及び改定年月日 五　次に掲げる文書を作成すること。 イ　組織内の各部門の権限、責任及び相互関係等について記載した文書 ロ　文書の管理について記載した文書 ハ　記録の管理について記載した文書 ニ　教育訓練について記載した文書 ホ　不適合業務及び是正処置等について記載した文書 ヘ　内部監査の方法を記載した文書 ト　精度管理の方法及び外部精度管理調査を定期的に受けるための計画を記載した文書 チ　簡易専用水道検査結果書の発行の方法を記載した文書 リ　依頼を受ける方法を記載した文書

水　　道　　法	水　道　法　施　行　令	水　道　法　施　行　規　則
		ヌ　物品の購入の方法を記載した文書 ル　その他簡易専用水道の管理の検査の業務の管理及び精度の確保に関する事項を記載した文書
（準用後の第20条の７） （変更の届出） **第20条の７**　~~登録水質検査機関~~第34条の２第２項の登録を受けた者は、氏名若しくは名称、住所、~~水質検査を~~簡易専用水道の管理の検査を行う区域又は~~水質検査を~~簡易専用水道の管理の検査を行う事業所の所在地を変更しようとするときは、変更しようとする日の２週間前までに、その旨を国土交通大臣及び環境大臣に届け出なければならない。		（変更の届出） **第56条の５**　法第34条の４において読み替えて準用する法第20条の７の規定により変更の届出をしようとする者は、様式第19による届出書を国土交通大臣及び環境大臣に提出しなければならない。
（準用後の第20条の８） （業務規程） **第20条の８**　~~登録水質検査機関~~第34条の２第２項の登録を受けた者は、~~水質検査の~~簡易専用水道の管理の検査の業務に関する規程（以下「~~水質検査業務規程~~簡易専用水道検査業務規程」という。）を定め、~~水質検査の~~簡易専用水道の管理の検査の業務の開始前に、国土交通大臣及び環境大臣に届け出なければならない。これを変更しようとするときも、同様とする。		（簡易専用水道検査業務規程） **第56条の６** ２　法第34条の２第２項の登録を受けた者は、法第34条の４において読み替えて準用する法第20条の８第１項前段の規定により簡易専用水道検査業務規程の届出をしようとするときは、様式第20による届出書に次に掲げる書類を添えて、国土交通大臣及び環境大臣に提出しなければならない。 一　前項第３号の規定により定める簡易専用水道の管理の検査の依頼を受けることができる件数の上限の設定根拠を明らかにする書類 二　前項第５号の規定により定める簡易専用水道の管理の検査に関する料金の算出根拠を明らかにする書類 ３　法第34条の２第２項の登録を受けた者は、法第34条の４において読み替えて準用する法第20条の８第１項後段の規定により簡易専用水道検査業務規程の変更の届出をしようとするときは、様式第20の２による届出書に前項各号に掲げる書類を添えて、国土交通大臣及び環境大臣に提出しなければならない。ただし、第１項第３号及び第５号に定める事項（簡易専用水道の管理の検査に関する料金の収納の方法に関する事項を除く。）の変更を行わない場合には、前項各号に掲げる書類を添えることを要しない。
２　~~水質検査業務規程~~簡易専用水道検査業務規程には、~~水質検査の~~簡易専用水道の管理の検査の実施方法、~~水質検査に~~簡易専用水道の管理の検査に関する料金その他の国土交通省令・環境省令で定める事項を定めておかなければならない。		（簡易専用水道検査業務規程） **第56条の６**　法第34条の４において読み替えて準用する法第20条の８第２項の国土交通省令・環境省令で定める事項は、次のとおりとする。 一　簡易専用水道の管理の検査の業務の実施及び管理の方法に関する事項 二　簡易専用水道の管理の検査の業務を行う時間及び休日に関する事項 三　簡易専用水道の管理の検査の依頼を受けることができる件数の上限に関する事項 四　簡易専用水道の管理の検査の業務を行う事業所の場所に関する事項 五　簡易専用水道の管理の検査に関する料金及びその収納の方法に関する事項 六　簡易専用水道検査部門管理者及び簡易専用水道検査信頼性確保部門管理者の氏名並びに簡易専用水道検査員の名簿 七　簡易専用水道検査部門管理者及び簡易専用水道検査信頼性確保部門管理者の選任及び解任に関する事項 八　法第34条の４において読み替えて準用する法第20条の10第２項第２号及び第４号の請求に係る費用に関する事項

水　道　法	水道法施行令	水道法施行規則
（準用後の第20条の９） （業務の休廃止） **第20条の９**　~~登録水質検査機関~~第34条の２第２項の登録を受けた者は、~~水質検査の~~簡易専用水道の管理の検査の業務の全部又は一部を休止し、又は廃止しようとするときは、休止又は廃止しようとする日の２週間前までに、その旨を国土交通大臣及び環境大臣に届け出なければならない。		九　前各号に掲げるもののほか、簡易専用水道の管理の検査の業務に関し必要な事項 （業務の休廃止の届出） **第56条の７**　法第34条の２第２項の登録を受けた者は、法第34条の４において読み替えて準用する法第20条の９の規定により簡易専用水道の管理の検査の業務の全部又は一部の休止又は廃止の届出をしようとするときは、様式第20の３による届出書を国土交通大臣及び環境大臣に提出しなければならない。 （準用） **第56条の８**　第15条の８及び第15条の９の規定は法第34条の２第２項の登録を受けた者について準用する。この場合において、第15条の８中「法第20条の10第２項第３号」とあるのは「法第34条の４において読み替えて準用する法第20条の10第２項第３号」と、第15条の９中「法第20条の10第２項第４号」とあるのは「法第34条の４において読み替えて準用する法第20条の10第２項第４号」と読み替えるものとする。
（準用後の第20条の10） （財務諸表等の備付け及び閲覧等） **第20条の10**　~~登録水質検査機関~~第34条の２第２項の登録を受けた者は、毎事業年度経過後３月以内に、その事業年度の財産目録、貸借対照表及び損益計算書又は収支計算書並びに事業報告書（その作成に代えて電磁的記録（電子的方式、磁気的方式その他の人の知覚によつては認識することができない方式で作られる記録であつて、電子計算機による情報処理の用に供されるものをいう。以下同じ。）の作成がされている場合における当該電磁的記録を含む。次項において「財務諸表等」という。）を作成し、５年間事業所に備えて置かなければならない。 ２　~~水道事業者~~簡易専用水道の設置者その他の利害関係人は、~~登録水質検査機関~~第34条の２第２項の登録を受けた者の業務時間内は、いつでも、次に掲げる請求をすることができる。ただし、第２号又は第４号の請求をするには、~~登録水質検査機関~~第34条の２第２項の登録を受けた者の定めた費用を支払わなければならない。 一　財務諸表等が書面をもつて作成されているときは、当該書面の閲覧又は謄写の請求 二　前号の書面の謄本又は抄本の請求 三　財務諸表等が電磁的記録をもつて作成されているときは、当該電磁的記録に記録された事項を国土交通省令・環境省令で定める方法により表示したものの閲覧又は謄写の請求		（準用後の第15条の８） （電磁的記録に記録された情報の内容を表示する方法） **第15条の８**　~~法第20条の10第２項第３号~~法第34条の４において読み替えて準用する法第20条の10第２項第３号の国土交通省令・環境省令で定める方法は、当該電磁的記録に記録された事項を紙面又は出力装置の映像面に表示する方法とする。
四　前号の電磁的記録に記録された事項を電磁的方法であつて国土交通省令・環境省令で定めるものにより提供することの請求又は当該事項を記載した書面の交付の請求		（準用後の第15条の９） （情報通信の技術を利用する方法） **第15条の９**　~~法第20条の10第２項第４号~~法第34条の４において読み替えて準用する法第20条の10第２項第４号に規定する国土交通省令・環境省令で定める電磁的方法は、次の各号に掲げるもののうちいずれかの方法とする。 一　送信者の使用に係る電子計算機と受信者の使用に係る電子計算機とを電気通信

水道法

（準用後の第20条の11）

（適合命令）

第20条の11　国土交通大臣及び環境大臣は、~~登録水質検査機関~~第34条の２第２項の登録を受けた者が第20条の４第１項各号のいずれかに適合しなくなつたと認めるときは、その~~登録水質検査機関~~第34条の２第２項の登録を受けた者に対し、これらの規定に適合するため必要な措置をとるべきことを命ずることができる。

（準用後の第20条の12）

（改善命令）

第20条の12　国土交通大臣及び環境大臣は、~~登録水質検査機関~~第34条の２第２項の登録を受けた者が~~第20条の６第１項又は第２項~~第20条の６第２項又は第34条の３の規定に違反していると認めるときは、その~~登録水質検査機関~~第34条の２第２項の登録を受けた者に対し、~~水質検査を受託すべき~~簡易専用水道の管理の検査を行うべきこと又は~~水質検査の~~簡易専用水道の管理の検査の方法その他の業務の方法の改善に関し必要な措置をとるべきことを命ずることができる。

（準用後の第20条の13）

（登録の取消し等）

第20条の13　国土交通大臣及び環境大臣は、~~登録水質検査機関~~第34条の２第２項の登録を受けた者が次の各号のいずれかに該当するときは、その登録を取り消し、又は期間を定めて~~水質検査の~~簡易専用水道の管理の検査の業務の全部若しくは一部の停止を命ずることができる。

一　第20条の３第１号又は第３号に該当するに至つたとき。

二　第20条の７から第20条の９まで、第20条の10第１項又は次条の規定に違反したとき。

三　正当な理由がないのに第20条の10第２項各号の規定による請求を拒んだとき。

四　第20条の11又は前条の規定による命令に違反したとき。

五　不正の手段により~~第20条第３項~~第34条の２第２項の登録を受けたとき。

（準用後の第20条の14）

（帳簿の備付け）

第20条の14　~~登録水質検査機関~~第34条の２第２項の登録を受けた者は、国土交通省令・環境省令で定めるところにより、~~水質検査に~~簡易専用水道の管理の検査に関する事項で国土交通省令・環境省令で定めるものを記載した帳簿を備え、これを保存しなければならない。

水道法施行令

水道法施行規則

回線で接続した電子情報処理組織を使用する方法であつて、当該電気通信回線を通じて情報が送信され、受信者の使用に係る電子計算機に備えられたファイルに当該情報が記録されるもの

二　電磁的記録媒体物をもつて調製するファイルに情報を記録したものを交付する方法

（帳簿の備付け）

第56条の９　法第34条の２第２項の登録を受けた者は、書面又は電磁的記録によつて簡易専用水道の管理の検査に関する事項であつて次項に掲げるものを記載した帳簿を備え、簡易専用水道の管理の検査を実施した日から起算して５年間、これを保存しなければならない。

２　法第34条の４において読み替えて準用する法第20条の14の国土交通省令・環境省令で定める事項は次のとおりとする。

一　簡易専用水道の管理の検査を依頼した者の氏名及び住所（法人にあつては、主たる事務所の所在地及び名称並びに代表者の氏名）

二　簡易専用水道の管理の検査の依頼を受けた年月日

三　簡易専用水道の管理の検査を行つた施設

水道法

（準用後の第20条の15）

（報告の徴収及び立入検査）

第20条の15 *国土交通大臣及び環境大臣は、~~水質検査の~~簡易専用水道の管理の検査の適正な実施を確保するため必要があると認めるときは、~~登録水質検査機関~~第34条の２第２項の登録を受けた者に対し、業務の状況に関し必要な報告を求め、又は当該職員に、~~登録水質検査機関~~第34条の２第２項の登録を受けた者の事務所又は事業所に立ち入り、業務の状況若しくは~~検査施設~~検査設備、帳簿、書類その他の物件を検査させることができる。*

２　前項の規定により立入検査を行う職員は、その身分を示す証明書を携帯し、関係者の請求があつたときは、これを提示しなければならない。

３　第１項の規定による権限は、犯罪捜査のために認められたものと解釈してはならない。

（準用後の第20条の16）

（公示）

第20条の16 *国土交通大臣及び環境大臣は、次の場合には、その旨を公示しなければならない。*

一　~~第20条第３項~~第34条の２第２項の登録をしたとき。

二　第20条の７の規定による届出があつたとき。

三　第20条の９の規定による届出があつたとき。

四　第20条の13の規定により~~第20条第３項~~第34条の２第２項の登録を取り消し、又は~~水質検査~~簡易専用水道の管理の検査の業務の停止を命じたとき。

第７章　監督

（認可の取消し）

第35条　国土交通大臣は、水道事業者又は水道用水供給事業者が、正当な理由がなくて、事業認可の申請書に添付した工事設計書に記載した工事着手の予定年月日の経過後１年以内に工事に着手せず、若しくは工事完了の予定年月日の経過後１年以内に工事を完了せず、又は事業計画書に記載した給水開始の予定年月日の経過後１年以内に給水を開始しないときは、事業の認可を取り消すことができる。この場合において、工事完了の予定年月日の経過後１年を経過した時に一部の工事を完了していたときは、その工事を完了していない部分について事業の認可を取り消すこともできる。

水道法施行令

水道法施行規則

の名称

四　簡易専用水道の管理の検査を行つた年月日

五　簡易専用水道の管理の検査を行つた簡易専用水道検査員の氏名

六　簡易専用水道の管理の検査の結果

七　第56条の４第２号ハにより帳簿に記載すべきこととされている事項

八　第56条の４第５号ハの文書において帳簿に記載すべきこととされている事項

九　第56条の４第５号ニの教育訓練に関する記録

（準用後の第57条）

（証明書の様式）

第57条 *法第20条の15第２項（法第31条、法第34条第１項及び法第34条の４において準用する場合を含む。）、法第25条の22第２項及び法第39条第４項（法第24条の３第６項及び法第24条の８第２項の規定によりみなして適用する場合を含む。）の規定により国土交通省又は環境省の職員の携帯する証明書は、様式第12とする。*

水道法	水道法施行令	水道法施行規則
2　地方公共団体以外の水道事業者について前項に規定する理由があるときは、当該水道事業の給水区域をその区域に含む市町村は、国土交通大臣に同項の処分をなすべきことを求めることができる。 3　国土交通大臣は、地方公共団体である水道事業者又は水道用水供給事業者に対して第1項の処分をするには、当該水道事業者又は水道用水供給事業者に対して弁明の機会を与えなければならない。この場合においては、あらかじめ、書面をもつて弁明をなすべき日時、場所及び当該処分をなすべき理由を通知しなければならない。 （改善の指示等） **第36条**　国土交通大臣は水道事業又は水道用水供給事業について、都道府県知事は専用水道について、当該水道施設が第5条の規定による施設基準に適合しなくなつたと認め、かつ、国民の健康を守るため緊急に必要があると認めるときは、当該水道事業者若しくは水道用水供給事業者又は専用水道の設置者に対して、期間を定めて、当該施設を改善すべき旨を指示することができる。 2　国土交通大臣は水道事業又は水道用水供給事業について、都道府県知事は専用水道について、水道技術管理者がその職務を怠り、警告を発したにもかかわらずなお継続して職務を怠つたときは、当該水道事業者若しくは水道用水供給事業者又は専用水道の設置者に対して、水道技術管理者を変更すべきことを勧告することができる。 3　都道府県知事は、簡易専用水道の管理が第34条の2第1項の国土交通省令で定める基準に適合していないと認めるときは、当該簡易専用水道の設置者に対して、期間を定めて、当該簡易専用水道の管理に関し、清掃その他の必要な措置を採るべき旨を指示することができる。 （給水停止命令） **第37条**　国土交通大臣は水道事業者又は水道用水供給事業者が、都道府県知事は専用水道又は簡易専用水道の設置者が、前条第1項又は第3項の規定に基づく指示に従わない場合において、給水を継続させることが当該水道の利用者の利益を阻害すると認めるときは、その指示に係る事項を履行するまでの間、当該水道による給水を停止すべきことを命ずることができる。同条第2項の規定に基づく勧告に従わない場合において、給水を継続させることが当該水道の利用者の利益を阻害すると認めるときも、同様とする。 （供給条件の変更） **第38条**　国土交通大臣は、地方公共団体以外の水道事業者の料金、給水装置工事の費用の負担区分その他の供給条件が、社会的経済的事情の変動等により著しく不適当となり、公共の利益の増進に支障があると認めるときは、当該水道事業者に対し、相当の期間を定めて、供給条件の変更の認可を申請すべきことを命ずることができる。 2　国土交通大臣は、水道事業者が前項の期間内に同項の申請をしないときは、供給条件を変更することができる。 （報告の徴収及び立入検査） **第39条**　国土交通大臣は、水道（水道事業等の用に供するものに限る。以下この項において同じ。）の布設若しくは管理又は水道事業若しくは水道用水供給事業の適正を確保するた		

水道法	水道法施行令	水道法施行規則
めに必要があると認めるときは、水道事業者若しくは水道用水供給事業者から工事の施行状況若しくは事業の実施状況について必要な報告を徴し、又は当該職員をして水道の工事現場、事務所若しくは水道施設のある場所に立ち入らせ、工事の施行状況、水道施設、水質、水圧、水量若しくは必要な帳簿書類（その作成又は保存に代えて電磁的記録の作成又は保存がされている場合における当該電磁的記録を含む。次項及び第40条第８項において同じ。）を検査させることができる。 ２　都道府県知事は、水道（水道事業等の用に供するものを除く。以下この項において同じ。）の布設又は管理の適正を確保するために必要があると認めるときは、専用水道の設置者から工事の施行状況若しくは専用水道の管理について必要な報告を徴し、又は当該職員をして水道の工事現場、事務所若しくは水道施設のある場所に立ち入らせ、工事の施行状況、水道施設、水質、水圧、水量若しくは必要な帳簿書類を検査させることができる。 ３　都道府県知事は、簡易専用水道の管理の適正を確保するために必要があると認めるときは、簡易専用水道の設置者から簡易専用水道の管理について必要な報告を徴し、又は当該職員をして簡易専用水道の用に供する施設の在る場所若しくは設置者の事務所に立ち入らせ、その施設、水質若しくは必要な帳簿書類を検査させることができる。 ４　前３項の規定により立入検査を行う場合には、当該職員は、その身分を示す証明書を携帯し、かつ、関係者の請求があつたときは、これを提示しなければならない。		**第５章**　雑則 **第１節**　立入検査 （証明書の様式） **第57条**　法第20条の15第２項（法第31条、法第34条第１項及び法第34条の４において準用する場合を含む。）、法第25条の22第２項及び法第39条第４項（法第24条の３第６項及び法第24条の８第２項の規定によりみなして適用する場合を含む。）の規定により国土交通省又は環境省の職員の携帯する証明書は、様式第12とする。 ２　法第39条第４項（法第24条の３第６項及び法第24条の８第２項の規定によりみなして適用する場合並びに法第40条第９項において読み替えて準用する場合を含む。次項において同じ。）の規定により都道府県又は市町村（特別区を含む。次項において同じ。）の職員の携帯する証明書は、様式第12の２とする。 ３　前項の規定にかかわらず、法第39条第４項の規定により都道府県又は市町村の職員の携帯する証明書は、様式第12とすることができる。
５　第１項、第２項又は第３項の規定による立入検査の権限は、犯罪捜査のために認められたものと解釈してはならない。 **第８章**　雑則 （災害その他非常の場合における連携及び協力の確保） **第39条の２**　国、都道府県、市町村及び水道事業者等並びにその他の関係者は、災害その他非常の場合における応急の給水及び速やかな水道施設の復旧を図るため、相互に連携を図りながら協力するよう努めなければならない。 （水道用水の緊急応援） **第40条**　都道府県知事は、災害その他非常の場合において、緊急に水道用水を補給することが公共の利益を保護するために必要であり、かつ、適切であると認めるときは、水道事業者又は水道用水供給事業者に対して、期間、水量及び方法を定めて、水道施設内に取り入		

水道法	水道法施行令	水道法施行規則

水道法

れた水を他の水道事業者又は水道用水供給事業者に供給すべきことを命ずることができる。

2　国土交通大臣は、前項に規定する都道府県知事の権限に属する事務について、国民の生命及び健康に重大な影響を与えるおそれがあると認めるときは、都道府県知事に対し同項の事務を行うことを指示することができる。

3　第１項の場合において、都道府県知事が同項に規定する権限に属する事務を行うことができないと国土交通大臣が認めるときは、同項の規定にかかわらず、当該事務は国土交通大臣が行う。

4　第１項及び前項の場合において、供給の対価は、当事者間の協議によつて定める。協議が調わないとき、又は協議をすることができないときは、都道府県知事が供給に要した実費の額を基準として裁定する。

5　第１項及び前項に規定する都道府県知事の権限に属する事務は、需要者たる水道事業者又は水道用水供給事業者に係る第48条の規定による管轄都道府県知事と、供給者たる水道事業者又は水道用水供給事業者に係る同条の規定による管轄都道府県知事とが異なるときは、第１項及び前項の規定にかかわらず、国土交通大臣が行う。

6　第４項の規定による裁定に不服がある者は、その裁定を受けた日から６箇月以内に、訴えをもつて供給の対価の増減を請求することができる。

7　前項の訴においては、供給の他の当事者をもつて被告とする。

8　都道府県知事は、第１項及び第４項の事務を行うために必要があると認めるときは、水道事業者若しくは水道用水供給事業者から、事業の実施状況について必要な報告を徴し、又は当該職員をして、事務所若しくは水道施設のある場所に立ち入らせ、水道施設、水質、水圧、水量若しくは必要な帳簿書類を検査させることができる。

9　第39条第４項及び第５項の規定は、前項の規定による都道府県知事の行う事務について準用する。この場合において、同条第４項中「前３項」とあり、及び同条第５項中「第１項、第２項又は第３項」とあるのは、「第40条第８項」と読み替えるものとする。

（準用後の第39条第４項）

4　~~前３項~~第40条第８項の規定により立入検査を行う場合には、当該職員は、その身分を示す証明書を携帯し、かつ、関係者の請求があつたときは、これを提示しなければならない。

（準用後の第39条第５項）

5　~~第１項、第２項又は第３項~~第40条第８項の規定による立入検査の権限は、犯罪捜査のために認められたものと解釈してはならない。

（合理化の勧告）

第41条　国土交通大臣は、２以上の水道事業者間若しくは２以上の水道用水供給事業者間又

水道法施行規則

（準用後の第57条）

（証明書の様式）

第57条

2　法第39条第４項（法第24条の３第６項及び法第24条の８第２項の規定によりみなして適用する場合並びに法第40条第９項において読み替えて準用する場合を含む。次項において同じ。）の規定により都道府県又は市町村（特別区を含む。次項において同じ。）の職員の携帯する証明書は、様式第12の２とする。

3　前項の規定にかかわらず、法第39条第４項の規定により都道府県又は市町村の職員の携帯する証明書は、様式第12とすることができる。

水　　　道　　　法	水道法施行令	水道法施行規則
は水道事業者と水道用水供給事業者との間において、その事業を一体として経営し、又はその給水区域の調整を図ることが、給水区域、給水人口、給水量、水源等に照らし合理的であり、かつ、著しく公共の利益を増進すると認めるときは、関係者に対しその旨の勧告をすることができる。 （地方公共団体による買収） **第42条**　地方公共団体は、地方公共団体以外の者がその区域内に給水区域を設けて水道事業を経営している場合において、当該水道事業者が第36条第１項の規定による施設の改善の指示に従わないとき、又は公益の必要上当該給水区域をその区域に含む市町村から給水区域を拡張すべき旨の要求があつたにもかかわらずこれに応じないとき、その他その区域内において自ら水道事業を経営することが公益の増進のために適正かつ合理的であると認めるときは、国土交通大臣の認可を受けて、当該水道事業者から当該水道の水道施設及びこれに付随する土地、建物その他の物件並びに水道事業を経営するために必要な権利を買収することができる。 ２　地方公共団体は、前項の規定により水道施設等を買収しようとするときは、買収の範囲、価額及びその他の買収条件について、当該水道事業者と協議しなければならない。 ３　前項の協議が調わないとき、又は協議をすることができないときは、国土交通大臣が裁定する。この場合において、買収価額については、時価を基準とするものとする。 ４　前項の規定による裁定があつたときは、裁定の効果については、土地収用法（昭和26年法律第219号）に定める収用の効果の例による。 ５　第３項の規定による裁定のうち買収価額に不服がある者は、その裁定を受けた日から６箇月以内に、訴えをもつてその増減を請求することができる。 ６　前項の訴においては、買収の他の当事者をもつて被告とする。 ７　第３項の規定による裁定についての審査請求においては、買収価額についての不服をその裁定についての不服の理由とすることができない。 （水源の汚濁防止のための要請等） **第43条**　水道事業者又は水道用水供給事業者は、水源の水質を保全するため必要があると認めるときは、関係行政機関の長又は関係地方公共団体の長に対して、水源の水質の汚濁の防止に関し、意見を述べ、又は適当な措置を講ずべきことを要請することができる。		
（国庫補助） **第44条**　国は、水道事業又は水道用水供給事業を経営する地方公共団体に対し、その事業に要する費用のうち政令で定めるものについて、予算の範囲内において、政令の定めるところにより、その一部を補助することができる。	（国庫補助） **第12条**　法第44条に規定する政令で定める費用は、別表の中欄に掲げる費用とし、同条の規定による補助は、その費用につき国土交通大臣が定める基準によつて算出した額（同表の中欄に掲げる施設の新設又は増設に関して寄附金その他の収入金があるときは、その額からその収入金の額を限度として国土交通大臣が定める額を控除した額）に、それぞれ同表の下欄に掲げる割合を乗じて得た額について行うものとする。 ２　前項の費用には、事務所、倉庫、門、さく、へい、植樹その他別表の中欄に掲げる施設の維持管理に必要な施設の新設又は増設に要する費用は、含まれないものとする。	
（国の特別な助成） **第45条**　国は、地方公共団体が水道施設の新設、		

水道法	水道法施行令	水道法施行規則
増設若しくは改造又は災害の復旧を行う場合には、これに必要な資金の融通又はそのあつせんにつとめなければならない。 （研究等の推進） **第45条の２**　国は、水道に係る施設及び技術の研究、水質の試験及び研究、日常生活の用に供する水の適正かつ合理的な供給及び利用に関する調査及び研究その他水道に関する研究及び試験並びに調査の推進に努めるものとする。		
（手数料） **第45条の３**　給水装置工事主任技術者免状の交付、書換え交付又は再交付を受けようとする者は、国に、実費を勘案して政令で定める額の手数料を納付しなければならない。	（手数料） **第13条**　法第45条の３第１項の政令で定める手数料の額は、次の各号に掲げる者の区分に応じ、それぞれ当該各号に定める額とする。 一　給水装置工事主任技術者免状（以下この項において「免状」という。）の交付を受けようとする者　2500円（情報通信技術を活用した行政の推進等に関する法律（平成14年法律第151号）第６条第１項の規定により同項に規定する電子情報処理組織を使用する者（以下「電子情報処理組織を使用する者」という。）にあつては、2450円） 二　免状の書換え交付を受けようとする者　2150円（電子情報処理組織を使用する者にあつては、2050円） 三　免状の再交付を受けようとする者　2150円（電子情報処理組織を使用する者にあつては、2050円）	
２　給水装置工事主任技術者試験を受けようとする者は、国（指定試験機関が試験事務を行う場合にあつては、指定試験機関）に、実費を勘案して政令で定める額の受験手数料を納付しなければならない。 ３　前項の規定により指定試験機関に納められた受験手数料は、指定試験機関の収入とする。 （意見聴取等） **第45条の４**　国土交通大臣は、次に掲げる行為をしようとするときは、環境大臣の水道により供給される水の水質の保全又は水道の衛生の見地からの意見を聴かなければならない。 一　第５条第４項の規定、第７条第１項若しくは第５項第８号若しくは第８条第２項の規定（これらの規定を第10条第２項において準用する場合を含む。）、第10条第１項第１号若しくは第３項の規定、第13条第１項の規定（第31条又は第34条第１項において準用する場合を含む。）、第27条第１項若しくは第５項第７号若しくは第28条第２項の規定（これらの規定を第30条第２項において準用する場合を含む。）、第30条第１項第１号若しくは第３項の規定、第33条第１項若しくは第４項第８号の規定（これらの規定を第50条第３項において準用する場合を含む。）又は第34条の２の規定に規定する国土交通省令の制定又は改廃 二　基本方針の策定又は変更 三　第６条第１項、第10条第１項、第26条又は第30条第１項の規定による認可 四　第50条第３項において準用する第33条第５項の規定による通知 ２　環境大臣は、この法律に基づく環境省令を制定し、又は改廃しようとするときは、国土交通大臣の意見を聴かなければならない。 ３　国土交通大臣は、第10条第３項、第13条第１項（第31条において準用する場合を含む。）若しくは第30条第３項の規定による届出又は国の設置する専用水道に係る第34条第１項において準用する第13条第１項の規定による届	２　法第45条の３第２項の政令で定める受験手数料の額は、２万1300円とする。	

水　道　法	水道法施行令	水道法施行規則
出を受けたときは、遅滞なく、その内容を環境大臣に通知するものとする。 ４　国土交通大臣は、必要があると認めるときは、環境大臣に対し、この法律に基づく環境省令を制定し、又は改廃することを求めることができる。 ５　環境大臣は、水道により供給される水の水質の保全又は水道の衛生の見地から必要があると認めるときは、国土交通大臣に対し、次に掲げる行為をすることを求めることができる。 一　第１項第１号又は第２号に掲げる行為 二　水道事業若しくは水道用水供給事業又は国の設置する専用水道に係る第36条第１項の規定による指示、同条第２項の規定による勧告、第37条の規定による命令又は第39条第１項若しくは第２項の規定による報告の徴収若しくは立入検査 三　国の設置する簡易専用水道に係る第36条第３項の規定による指示、第37条の規定による命令又は第39条第３項の規定による報告の徴収若しくは立入検査 （国土交通大臣と環境大臣の連携） **第45条の５**　国土交通大臣及び環境大臣は、水道に起因する衛生上の危害の発生を防止するため、必要な情報交換を行うことその他相互の密接な連携の確保に努めるものとする。		
（都道府県が処理する事務） **第46条**　この法律に規定する国土交通大臣の権限に属する事務の一部は、政令で定めるところにより、都道府県知事が行うこととすることができる。	（都道府県の処理する事務） **第14条**　水道事業（河川法（昭和39年法律第167号）第３条第１項に規定する河川（以下この条及び次条第１項において「河川」という。）の流水を水源とする水道事業及び河川の流水を水源とする水道用水供給事業を経営する者から供給を受ける水を水源とする水道事業（以下この条及び次条第１項において「特定水源水道事業」という。）であつて、給水人口が５万人を超えるものを除く。以下この項において同じ。）に関する法第６条第１項、第９条第１項（法第10条第２項において準用する場合を含む。）、第10条第１項及び第３項、第11条第１項及び第３項、第13条第１項、第14条第５項及び第６項、第24条の３第２項、第35条、第36条第１項及び第２項、第37条、第38条並びに第39条第１項の規定による国土交通大臣の権限に属する事務並びに水道事業に関する法第42条第１項及び第３項（都道府県が当事者である場合を除く。）の規定による国土交通大臣の権限に属する事務は、都道府県知事が行うものとする。 ２　１日最大給水量が２万5000立方メートル以下である水道用水供給事業に関する法第26条、第29条第１項（法第30条第２項において準用する場合を含む。）並びに第30条第１項及び第３項、法第31条において準用する法第11条第１項及び第３項、第13条第１項及び第24条の３第２項並びに法第35条、第36条第１項及び第２項、第37条並びに第39条第１項の規定による国土交通大臣の権限に属する事務は、都道府県知事が行うものとする。 **（道州制特別区域における広域行政の推進に関する法律施行令第２条第１項の規定による水道法施行令第14条第１項、第２項の読替え）** *（都道府県の処理する事務）* ***第14条***　*水道事業（河川法（昭和39年法律第167号）第３条第１項に規定する河川（以下この条及び次条第１項において「河川」という。）の流水を水源とする水道事業及び河川の流水を水源とする水道用水供給事*	

水道法	水道法施行令	水道法施行規則
	業を経営する者から供給を受ける水を水源とする水道事業（以下この条及び次条第1項において「特定水源水道事業」という。）であつて、給水人口が~~5万人~~5万人（給水区域の全部が一の計画作成特定広域団体（道州制特別区域における広域行政の推進に関する法律（平成18年法律第116号）第2条第1項に規定する特定広域団体で道州制特別区域における広域行政の推進に関する法律施行令（平成19年政令第11号）別表第1号に掲げる事務に関する事項が定められている道州制特別区域計画を作成したものをいう。）の区域に含まれる特定水源水道事業にあつては、250万人。第3項を除き、以下この条において同じ。）を超えるものを除く。以下この項において同じ。）に関する法第6条第1項、第9条第1項（法第10条第2項において準用する場合を含む。）、第10条第1項及び第3項、第11条第1項及び第3項、第13条第1項、第14条第5項及び第6項、第24条の3第2項、第35条、第36条第1項及び第2項、第37条、第38条並びに第39条第1項の規定による国土交通大臣の権限に属する~~事務並びに~~事務（当該計画作成特定広域団体が次条第1項に規定する指定都道府県（以下この条において「指定都道府県」という。）である場合には、同項（第1号に係る部分に限る。）の規定により当該権限に属する事務を指定都道府県の知事が行うものとされるものを除く。）並びに水道事業に関する法第42条第1項及び第3項（都道府県が当事者である場合を除く。）の規定による国土交通大臣の権限に属する~~事務は~~事務（当該計画作成特定広域団体が指定都道府県である場合には、次条第1項（第2号に係る部分に限る。）の規定により当該権限に属する事務を指定都道府県の知事が行うものとされるものを除く。）は、都道府県知事が行うものとする。 2　1日最大給水量が2万5000立方メートル以下である~~水道用水供給事業~~水道用水供給事業（給水区域の全部が1の計画作成特定広域団体（道州制特別区域における広域行政の推進に関する法律第2条第1項に規定する特定広域団体で道州制特別区域における広域行政の推進に関する法律施行令別表第2号に掲げる事務に関する事項が定められている道州制特別区域計画を作成したものをいう。）の区域に含まれる水道事業者に対してのみその用水を供給するもの（第4項第3号において「特定広域水道用水供給事業」という。）にあつては、1日最大給水量が125万立方メートル以下であるもの）に関する法第26条、第29条第1項（法第30条第2項において準用する場合を含む。）並びに第30条第1項及び第3項、法第31条において準用する法第11条第1項及び第3項、第13条第1項及び第24条の3第2項並びに法第35条、第36条第1項及び第2項、第37条並びに第39条第1項の規定による国土交通大臣の権限に属する~~事務~~事務（当該計画作成特定広域団体が指定都道府県である場合には、次条第1項（第3号に係る部分に限る。）の規定により当該権限に属する事務を指定都道府県の知事が行うものとされるものを除く。）は、都道府県知事が行うものとする。	

水　道　法	水道法施行令	水道法施行規則
	3　給水人口が５万人を超える水道事業（特定水源水道事業に限る。）又は１日最大給水量が２万5000立方メートルを超える水道用水供給事業の水源の種別、取水地点又は浄水方法の変更であつて、当該変更に要する工事費の総額が１億円以下であるものに係る法第10条第１項又は第30条第１項の規定による国土交通大臣の権限に属する事務は、都道府県知事が行うものとする。 4　次の各号のいずれかに掲げる水道事業者間、水道用水供給事業者間又は水道事業者と水道用水供給事業者との間における合理化に関する法第41条の規定による国土交通大臣の権限に属する事務は、都道府県知事が行うものとする。ただし、当該水道事業者が経営する水道事業の給水区域又は当該水道用水供給事業者が経営する水道用水供給事業から用水の供給を受ける水道事業の給水区域をその区域に含む都道府県が２以上であるときは、この限りでない。 一　給水人口の合計が５万人以下である２以上の水道事業者間 二　給水人口の合計が５万人を超える２以上の水道事業者（特定水源水道事業を経営する者を除く。）の間 三　１日最大給水量の合計が２万5000立方メートル以下である２以上の水道用水供給事業者間 四　給水人口が５万人以下である水道事業者と１日最大給水量が２万5000立方メートル以下である水道用水供給事業者との間 五　給水人口が５万人を超える水道事業者（特定水源水道事業を経営する者を除く。）と１日最大給水量が２万5000立方メートル以下である水道用水供給事業者（河川の流水を水源とする水道用水供給事業を経営する者を除く。）との間 **（道州制特別区域における広域行政の推進に関する法律施行令第２条第１項の規定による水道法施行令第14条第４項の読替え）** *4　次の各号のいずれかに掲げる水道事業者間、水道用水供給事業者間又は水道事業者と水道用水供給事業者との間における合理化に関する法第41条の規定による国土交通大臣の権限に属する~~事務~~事務（第１項又は第２項に規定する計画作成特定広域団体が指定都道府県である場合には、次条第１項（第４号に係る部分に限る。）の規定により当該権限に属する事務を指定都道府県の知事が行うものとされるものを除く。）は、都道府県知事が行うものとする。ただし、当該水道事業者が経営する水道事業の給水区域又は当該水道用水供給事業者が経営する水道用水供給事業から用水の供給を受ける水道事業の給水区域をその区域に含む都道府県が２以上であるときは、この限りでない。* *一　給水人口の合計が５万人以下である２以上の水道事業者間* *二　給水人口の合計が５万人を超える２以上の水道事業者（特定水源水道事業を経営する者を除く。）の間* *三　１日最大給水量の合計が２万5000立方メートル以下である２以上の~~水道用水供給事業者間~~水道用水供給事業者間又は１日最大給水量の合計が125万立方メートル以下である２以上の特定広域水道用水供給事業者（特定広域水道用水供給事業*	

水道法	水道法施行令	水道法施行規則
	を経営する者をいう。以下この項において同じ。）間 四　給水人口が５万人以下である水道事業者と１日最大給水量が２万5000立方メートル以下である~~水道用水供給事業者~~水道用水供給事業者又は１日最大給水量が125万立方メートル以下である特定広域水道用水供給事業者との間 五　給水人口が５万人を超える水道事業者（特定水源水道事業を経営する者を除く。）と１日最大給水量が２万5000立方メートル以下である~~水道用水供給事業者（~~水道用水供給事業者又は１日最大給水量が125万立方メートル以下である特定広域水道用水供給事業者（いずれも河川の流水を水源とする水道用水供給事業を経営する者を除く。）との間 ５　前各項の場合においては、法の規定中前各項の規定により都道府県知事が行う事務に係る国土交通大臣に関する規定は、都道府県知事に関する規定として都道府県知事に適用があるものとする。 ６　法第36条第１項及び第２項、第37条、第39条第１項並びに第41条に規定する国土交通大臣の権限に属する事務のうち、第１項、第２項及び第４項の規定により都道府県知事が行うものとされる事務は、水道の利用者の利益を保護するため緊急の必要があると国土交通大臣が認めるときは、国土交通大臣又は都道府県知事が行うものとする。 ７　前項の場合において、国土交通大臣又は都道府県知事が当該事務を行うときは、相互に密接な連携の下に行うものとする。 ８　環境大臣は、水道により供給される水の水質の保全又は水道の衛生の見地から水道の利用者の利益を保護するため緊急の必要があると認めるときは、国土交通大臣に対し、第６項の規定に基づき、同項に規定する都道府県知事が行うものとされる事務（法第41条に係るものを除く。）の全部又は一部を行うことを求めることができる。 （指定都道府県の処理する事務） **第15条**　次に掲げる国土交通大臣の権限に属する事務は、指定都道府県（水道事業又は水道用水供給事業に係る公衆衛生の向上と生活環境の改善に関し特に専門的な知識を必要とする事務が適切に実施されるものとして国土交通大臣が指定する都道府県をいう。以下この条において同じ。）の知事が行うものとする。 一　特定水源水道事業であつて、給水人口が５万人を超えるもの（特定給水区域水道事業（給水区域の全部が当該指定都道府県の区域に含まれる水道事業をいう。以下この項において同じ。）であるものに限り、特定河川（河川法第６条第１項に規定する河川区域の全部が当該指定都道府県の区域に含まれる河川をいう。以下この項において同じ。）以外の河川の流水を水源とするもの及び当該指定都道府県が経営するものを除く。）に関する法第６条第１項、第９条第１項（法第10条第２項において準用する場合を含む。）、第10条第１項及び第３項、第11条第１項及び第３項、第13条第１項、第14条第５項及び第６項、第24条の３第２項、第35条、第36条第１項及び第２項、第37条、第38条並びに第39条第１項の規定による国土交通大臣の権限に属する事務（法第10条第１項の規定による国土交通大臣の	

水　　道　　法	水　道　法　施　行　令	水　道　法　施　行　規　則
	権限に属する事務については、前条第３項に規定する水道事業に係るものを除く。） 二　特定水源水道事業であつて、給水人口が５万人を超えるもの（特定給水区域水道事業であるものに限り、特定河川以外の河川の流水を水源とするものを除く。）に関する法第42条第１項及び第３項（当該指定都道府県が当事者である場合を除く。）の規定による国土交通大臣の権限に属する事務 三　１日最大給水量が２万5000立方メートルを超える水道用水供給事業（特定給水区域水道用水供給事業（特定給水区域水道事業を経営する者に対してのみその用水を供給する水道用水供給事業をいう。次号ロ及びハにおいて同じ。）であるものに限り、特定河川以外の河川の流水を水源とするもの及び当該指定都道府県が経営するものを除く。）に関する法第26条、第29条第１項（法第30条第２項において準用する場合を含む。）並びに第30条第１項及び第３項、法第31条において準用する法第11条第１項及び第３項、第13条第１項及び第24条の３第２項並びに法第35条、第36条第１項及び第２項、第37条並びに第39条第１項の規定による国土交通大臣の権限に属する事務（法第30条第１項の規定による国土交通大臣の権限に属する事務については、前条第３項に規定する水道用水供給事業に係るものを除く。） 四　次のいずれかに掲げる水道事業者間、水道用水供給事業者間又は水道事業者と水道用水供給事業者との間における合理化に関する法第41条の規定による国土交通大臣の権限に属する事務 イ　特定給水区域水道事業である水道事業（特定河川以外の河川の流水を水源とするものを除く。）を経営する者である２以上の水道事業者（当該指定都道府県を除く。）の間（給水人口の合計が５万人以下である２以上の水道事業者間及び給水人口の合計が５万人を超える２以上の水道事業者（特定水源水道事業を経営する者を除く。）の間を除く。） ロ　特定給水区域水道用水供給事業である水道用水供給事業（特定河川以外の河川の流水を水源とするものを除く。）を経営する者である２以上の水道用水供給事業者(当該指定都道府県を除く。)の間(１日最大給水量の合計が２万5000立方メートル以下である２以上の水道用水供給事業者間を除く。） ハ　特定給水区域水道事業である水道事業（特定河川以外の河川の流水を水源とするものを除く。）を経営する者である水道事業者（当該指定都道府県を除く。）と特定給水区域水道用水供給事業である水道用水供給事業（特定河川以外の河川の流水を水源とするものを除く。）を経営する者である水道用水供給事業者（当該指定都道府県を除く。）との間（次に掲げる水道事業者と水道用水供給事業者との間を除く。） (1)　給水人口が５万人以下である水道事業者と１日最大給水量が２万5000立方メートル以下である水道用水供給事業者との間 (2)　給水人口が５万人を超える水道事業者（特定水源水道事業を経営する者を	

水　　　道　　　法	水　道　法　施　行　令	水　道　法　施　行　規　則
	除く。）と１日最大給水量が２万5000立方メートル以下である水道用水供給事業者（河川の流水を水源とする水道用水供給事業を経営する者を除く。）との間 ２　国土交通大臣は、前項の規定による指定都道府県の指定をしたときは、その旨を公示しなければならない。 ３　第１項の規定による指定都道府県の指定があつた場合においては、その指定の際現に効力を有する国土交通大臣が行つた認可等の処分その他の行為又は現に国土交通大臣に対して行つている認可等の申請その他の行為で、当該指定の日以後同項の規定により当該指定都道府県の知事が行うこととなる事務に係るものは、当該指定の日以後においては、当該指定都道府県の知事が行つた認可等の処分その他の行為又は当該指定都道府県の知事に対して行つた認可等の申請その他の行為とみなす。 ４　国土交通大臣は、指定都道府県について第１項の規定による指定の事由がなくなつたと認めるときは、当該指定を取り消すものとする。 ５　第２項及び第３項の規定は、前項の規定による指定の取消しについて準用する。この場合において、第３項中「国土交通大臣」とあるのは「指定都道府県の知事」と、「当該指定都道府県の知事」とあるのは「国土交通大臣」と読み替えるものとする。 **（読替え後の第15条第２項及び第３項）** *２　国土交通大臣は、~~前項~~第４項の規定による指定都道府県の~~指定~~指定の取消しをしたときは、その旨を公示しなければならない。* *３　~~第１項~~次項の規定による指定都道府県の~~指定~~指定の取消しがあつた場合においては、その~~指定~~指定の取消しの際現に効力を有する~~国土交通大臣~~指定都道府県の知事が行つた認可等の処分その他の行為又は現に~~国土交通大臣~~指定都道府県の知事に対して行つている認可等の申請その他の行為で、当該~~指定~~指定の取消しの日以後同項の規定により~~当該都道府県の知事~~国土交通大臣が行うこととなる事務に係るものは、当該~~指定~~指定の取消しの日以後においては、~~当該都道府県の知事~~国土交通大臣が行つた認可等の処分その他の行為又は~~当該都道府県の知事~~国土交通大臣に対して行つた認可等の申請その他の行為とみなす。* ６　第１項の場合においては、法の規定中同項の規定により指定都道府県の知事が行う事務に係る国土交通大臣に関する規定は、指定都道府県の知事に関する規定として指定都道府県の知事に適用があるものとする。 ７　法第36条第１項及び第２項、第37条、第39条第１項並びに第41条に規定する国土交通大臣の権限に属する事務のうち、第１項の規定により指定都道府県の知事が行うものとされる事務は、水道の利用者の利益を保護するため緊急の必要があると国土交通大臣が認めるときは、国土交通大臣又は指定都道府県の知事が行うものとする。 ８　前項の場合において、国土交通大臣又は指定都道府県の知事が当該事務を行うときは、相互に密接な連携の下に行うものとする。 ９　国土交通大臣は、第１項の規定による指定をし、又は第４項の規定による指定の取消しをしようとするときは、環境大臣の水道によ	

水道法	水道法施行令	水道法施行規則
	り供給される水の水質の保全又は水道の衛生の見地からの意見を聴かなければならない。 10　環境大臣は、水道により供給される水の水質の保全又は水道の衛生の見地から必要があると認めるときは、国土交通大臣に対し、第１項の規定による指定又は第４項の規定による指定の取消しを行うことを求めることができる。 11　環境大臣は、水道により供給される水の水質の保全又は水道の衛生の見地から水道の利用者の利益を保護するため緊急の必要があると認めるときは、国土交通大臣に対し、第７項の規定に基づき、同項に規定する指定都道府県の知事が行うものとされる事務（法第41条に係るものを除く。）の全部又は一部を行うことを求めることができる。	
２　この法律（第32条、第33条第１項、第３項及び第５項、第34条第１項において準用する第13条第１項及び第24条の３第２項、第36条、第37条並びに第39条第２項及び第３項に限る。）の規定により都道府県知事の権限に属する事務の一部は、地方自治法（昭和22年法律第67号）で定めるところにより、町村長が行うこととすることができる。		
（権限の委任） **第47条**　この法律に規定する国土交通大臣の権限は、国土交通省令で定めるところにより、その一部を地方整備局長又は北海道開発局長に委任することができる。		**第２節**　権限の委任 **第58条**　法に規定する国土交通大臣の権限のうち、次に掲げるものは、地方整備局長及び北海道開発局長に委任する。 一　法第５条の３第８項（同条第10項において準用する場合を含む。）の規定による水道基盤強化計画の報告を受理すること。 二　法第13条第１項（法第31条において準用する場合を含む。）の規定による給水開始前の届出を受理し、及び法第45条の４第３項の規定により環境大臣に通知すること。 三　法第14条第５項の規定による料金の変更の届出を受理すること。 四　法第24条の３第２項（法第31条において準用する場合を含む。）の規定による業務の委託の届出及び委託に係る契約が効力を失つたときの届出を受理すること。 五　国の設置する専用水道に係る法第34条第１項において準用する法第13条第１項の規定による給水開始前の届出を受理し、及び法第45条の４第３項の規定により環境大臣に通知すること。 六　国の設置する専用水道に係る法第34条第１項において準用する法第24条の３第２項の規定による業務の委託の届出及び委託に係る契約が効力を失つたときの届出を受理すること。
（管轄都道府県知事） **第48条**　この法律又はこの法律に基づく政令の規定により都道府県知事の権限に属する事務は、第39条（立入検査に関する部分に限る。）及び第40条に定めるものを除き、水道事業、専用水道及び簡易専用水道について当該事業又は水道により水が供給される区域が２以上の都道府県の区域にまたがる場合及び水道用水供給事業について当該事業から用水の供給を受ける水道事業により水が供給される区域が２以上の都道府県の区域にまたがる場合は、政令で定めるところにより関係都道府県知事が行う。	（管轄都道府県知事） **第16条**　法第48条に規定する関係都道府県知事は、次の各号に掲げる事業又は水道について、それぞれ当該各号に定める区域をその区域に含むすべての都道府県の知事とする。この場合において、当該都道府県知事は、共同して同条に規定する事務を行うものとする。 一　水道事業　当該事業の給水区域 二　水道用水供給事業　当該事業から用水の供給を受ける水道事業の給水区域 三　専用水道　当該水道により居住に必要な水の供給が行われる区域 四　簡易専用水道　当該水道により水の供給が行われる区域	
（市又は特別区に関する読替え等） **第48条の２**　市又は特別区の区域においては、第32条、第33条第１項、第３項及び第５項、		

水　　道　　法	水　道　法　施　行　令	水　道　法　施　行　規　則
第34条第１項において準用する第13条第１項及び第24条の３第２項、第36条、第37条並びに第39条第２項及び第３項中「都道府県知事」とあるのは、「市長」又は「区長」と読み替えるものとする。 **（読替え後の第32条）** （確認） **第32条**　専用水道の布設工事をしようとする者は、その工事に着手する前に、当該工事の設計が第５条の規定による施設基準に適合するものであることについて、~~都道府県知事~~市長（又は区長）の確認を受けなければならない。		
（読替え後の第33条第１項、第３項及び第５項） （確認の申請） **第33条**　前条の確認の申請をするには、申請書に、工事設計書その他国土交通省令で定める書類（図面を含む。）を添えて、これを~~都道府県知事~~市長（又は区長）に提出しなければならない。		（確認申請書の添付書類等） **第53条**　法第33条第１項に規定する国土交通省令で定める書類及び図面は、次の各号に掲げるものとする。 一　水の供給を受ける者の数を記載した書類 二　水の供給が行われる地域を記載した書類及び図面 三　水道施設の位置を明らかにする地図 四　水源及び浄水場の周辺の概況を明らかにする地図 五　主要な水道施設（次号に掲げるものを除く。）の構造を明らかにする平面図、立面図、断面図及び構造図 六　導水管きよ、送水管並びに配水及び給水に使用する主要な導管の配置状況を明らかにする平面図及び縦断面図
３　専用水道の設置者は、前項に規定する申請書の記載事項に変更を生じたときは、速やかに、その旨を~~都道府県知事~~市長（又は区長）に届け出なければならない。 ５　~~都道府県知事~~市長（又は区長）は、第１項の申請を受理した場合において、当該工事の設計が第５条の規定による施設基準に適合することを確認したときは、申請者にその旨を通知し、適合しないと認めたとき、又は申請書の添付書類によつては適合するかしないかを判断することができないときは、その適合しない点を指摘し、又はその判断することができない理由を付して、申請者にその旨を通知しなければならない。		
（読替え後の第13条第１項） （給水開始前の届出及び検査） **第13条**　~~水道事業者~~専用水道の設置者は、配水施設以外の水道施設又は配水池を新設し、増設し、又は改造した場合において、その新設、増設又は改造に係る施設を使用して給水を開始しようとするときは、あらかじめ、~~国土交通大臣~~~~都道府県知事~~市長（又は区長）にその旨を届け出て、かつ、環境省令の定めるところにより水質検査を行い、及び国土交通省令の定めるところにより施設検査を行わなければならない。		（給水開始前の水質検査） **第10条**　法第13条第１項の規定により行う水質検査は、当該水道により供給される水が水質基準に適合するかしないかを判断することができる場所において、水質基準に関する省令の表の上欄に掲げる事項及び消毒の残留効果について行うものとする。 ２　前項の検査のうち水質基準に関する省令の表の上欄に掲げる事項の検査は、同令に規定する環境大臣が定める方法によつて行うものとする。 （給水開始前の施設検査） **第11条**　法第13条第１項の規定により行う施設検査は、浄水及び消毒の能力、流量、圧力、耐力、汚染並びに漏水のうち、施設の新設、増設又は改造による影響のある事項に関し、新設、増設又は改造に係る施設及び当該影響に関係があると認められる~~水道施設（給水装置を含む。）~~水道施設について行うものとする。
（読替え後の第24条の３第２項）		

水道法	水道法施行令	水道法施行規則
2　~~水道事業者~~専用水道の設置者は、前項の規定により業務を委託したときは、遅滞なく、国土交通省令で定める事項を~~国土交通大臣都道府県知事~~市長（又は区長）に届け出なければならない。委託に係る契約が効力を失つたときも、同様とする。		（業務の委託の届出） **第17条の7**　法第24条の3第2項の規定による業務の委託の届出に係る国土交通省令で定める事項は、次のとおりとする。 一　~~水道事業者~~専用水道の設置者の氏名又は名称 二　水道管理業務受託者の住所及び氏名（法人又は組合（2以上の法人が、一の場所において行われる業務を共同連帯して請け負つた場合を含む。）にあつては、主たる事務所の所在地及び名称並びに代表者の氏名） 三　受託水道業務技術管理者の氏名 四　委託した業務の範囲 五　契約期間 2　法第24条の3第2項の規定による委託に係る契約が効力を失つたときの届出に係る国土交通省令で定める事項は、前項各号に掲げるもののほか、当該契約が効力を失つた理由とする。
（読替え後の第36条） （改善の指示等） **第36条**　国土交通大臣は水道事業又は水道用水供給事業について、~~都道府県知事~~市長（又は区長）は専用水道について、当該水道施設が第5条の規定による施設基準に適合しなくなつたと認め、かつ、国民の健康を守るため緊急に必要があると認めるときは、当該水道事業者若しくは水道用水供給事業者又は専用水道の設置者に対して、期間を定めて、当該施設を改善すべき旨を指示することができる。 2　国土交通大臣は水道事業又は水道用水供給事業について、~~都道府県知事~~市長（又は区長）は専用水道について、水道技術管理者がその職務を怠り、警告を発したにもかかわらずなお継続して職務を怠つたときは、当該水道事業者若しくは水道用水供給事業者又は専用水道の設置者に対して、水道技術管理者を変更すべきことを勧告することができる。 3　~~都道府県知事~~市長（又は区長）は、簡易専用水道の管理が第34条の2第1項の国土交通省令で定める基準に適合していないと認めるときは、当該簡易専用水道の設置者に対して、期間を定めて、当該簡易専用水道の管理に関し、清掃その他の必要な措置を採るべき旨を指示することができる。 **（読替え後の第37条）** （給水停止命令） **第37条**　国土交通大臣は水道事業者又は水道用水供給事業者が、~~都道府県知事~~市長（又は区長）は専用水道又は簡易専用水道の設置者が、前条第1項又は第3項の規定に基づく指示に従わない場合において、給水を継続させることが当該水道の利用者の利益を阻害すると認めるときは、その指示に係る事項を履行するまでの間、当該水道による給水を停止すべきことを命ずることができる。同条第2項の規定に基づく勧告に従わない場合において、給水を継続させることが当該水道の利用者の利益を阻害すると認めるときも、同様とする。 **（読替え後の第39条第2項及び第3項）** 2　~~都道府県知事~~市長（又は区長）は、水道（水道事業等の用に供するものを除く。以下この項において同じ。）の布設又は管理の適正を確保するために必要があると認め		

水道法	水道法施行令	水道法施行規則
るときは、専用水道の設置者から工事の施行状況若しくは専用水道の管理について必要な報告を徴し、又は当該職員をして水道の工事現場、事務所若しくは水道施設のある場所に立ち入らせ、工事の施行状況、水道施設、水質、水圧、水量若しくは必要な帳簿書類を検査させることができる。 ３　~~都道府県知事~~市長（又は区長）は、簡易専用水道の管理の適正を確保するために必要があると認めるときは、簡易専用水道の設置者から簡易専用水道の管理について必要な報告を徴し、又は当該職員をして簡易専用水道の用に供する施設の在る場所若しくは設置者の事務所に立ち入らせ、その施設、水質若しくは必要な帳簿書類を検査させることができる。 ２　前項の規定により読み替えられた場合における前条の規定の適用については、市長又は特別区の区長を都道府県知事と、市又は特別区を都道府県とみなす。 （審査請求） **第48条の３**　指定試験機関が行う試験事務に係る処分又はその不作為については、国土交通大臣及び環境大臣に対し、審査請求をすることができる。この場合において、国土交通大臣及び環境大臣は、行政不服審査法（平成26年法律第68号）第25条第２項及び第３項、第46条第１項及び第２項、第47条並びに第49条第３項の規定の適用については、指定試験機関の上級行政庁とみなす。 （特別区に関する読替） **第49条**　特別区の存する区域においては、この法律中「市町村」とあるのは、「都」と読み替えるものとする。 （国の設置する専用水道に関する特例） **第50条**　この法律中専用水道に関する規定は、第52条、第53条、第54条、第55条及び第56条の規定を除き、国の設置する専用水道についても適用されるものとする。 ２　国の行う専用水道の布設工事については、あらかじめ国土交通大臣に当該工事の設計を届け出て、国土交通大臣からその設計が第５条の規定による施設基準に適合する旨の通知を受けたときは、第32条の規定にかかわらず、その工事に着手することができる。 ３　第33条の規定は、前項の規定による届出及び国土交通大臣がその届出を受けた場合における手続について準用する。この場合において、同条第２項及び第３項中「申請書」とあるのは、「届出書」と読み替えるものとする。 **（準用後の第33条）** （確認の~~申請~~届出） **第33条**　~~前条の確認の申請をするには、申請書~~第50条第２項の届出をするには、届出書に、工事設計書その他国土交通省令で定める書類（図面を含む。）を添えて、これを都道府県知事に提出しなければならない。 ２　前項の~~申請書~~届出書には、次に掲げる事項を記載しなければならない。 一　~~申請~~届出者の住所及び氏名（法人又は組合にあつては、主たる事務所の所在地及び名称並びに代表者の氏名） 二　水道事務所の所在地 ３　専用水道の設置者は、前項に規定する~~申請書~~届出書の記載事項に変更を生じたときは、速やかに、その旨を都道府県知事に届け出なければならない。 ４　第１項の工事設計書には、次に掲げる事		

水道法	水道法施行令	水道法施行規則

水道法

項を記載しなければならない。

一　１日最大給水量及び１日平均給水量

二　水源の種別及び取水地点

三　水源の水量の概算及び水質試験の結果

四　水道施設の概要

五　水道施設の位置（標高及び水位を含む。）、規模及び構造

六　浄水方法

七　工事の着手及び完了の予定年月日

八　その他国土交通省令で定める事項

５　~~都道府県知事~~厚生労働大臣は、第１項の~~申請~~届出を受理した場合において、当該工事の設計が第５条の規定による施設基準に適合することを確認したときは、~~申請~~届出者にその旨を通知し、適合しないと認めたとき、又は~~申請書~~届出書の添付書類によつては適合するかしないかを判断することができないときは、その適合しない点を指摘し、又はその判断することができない理由を付して、~~申請~~届出者にその旨を通知しなければならない。

６　前項の通知は、第１項の~~申請~~届出を受理した日から起算して30日以内に、書面をもつてしなければならない。

４　国の設置する専用水道については、第34条第１項において準用する第13条第１項及び第24条の３第２項並びに前章に定める都道府県知事（第48条の２第１項の規定により読み替えられる場合にあつては、市長又は特別区の区長）の権限に属する事務は、国土交通大臣が行う。

→第13条第１項　（給水開始前届出の受理）

→第24条の３第２項　（業務の委託の届出の受理）

***→前章（第７章）** 専用水道等の監督*

（国の設置する簡易専用水道に関する特例）

第50条の２　この法律中簡易専用水道に関する規定は、第53条、第54条、第55条及び第56条の規定を除き、国の設置する簡易専用水道についても適用されるものとする。

→第53条、第54条、第55条、第56条　（罰則）

２　国の設置する簡易専用水道については、第36条第３項、第37条及び第39条第３項に定める都道府県知事（第48条の２第１項の規定により読み替えられる場合にあつては、市長又は特別区の区長）の権限に属する事務は、国土交通大臣が行う。

→第36条第３項　（簡易専用水道の設置者に対する措置指示）

→第37条　（専用水道又は簡易専用水道の設置者に対する給水停止命令）

→第39条第３項　（簡易専用水道の設置者からの報告徴収、簡易専用水道に関する施設への立入検査）

（経過措置）

第50条の３　この法律の規定に基づき命令を制定し、又は改廃する場合においては、その命令で、その制定又は改廃に伴い合理的に必要と判断される範囲内において、所要の経過措置（罰則に関する経過措置を含む。）を定めることができる。

水道法施行規則

第３節　情報通信の技術の利用

（定義）

第59条　この節において使用する用語は、特別の定めのある場合を除くほか、民間事業者等が行う書面の保存等における情報通信の技術の利用に関する法律（平成16年法律第149号。以下この節において「電子文書法」という。）

水　　　道　　　法	水　道　法　施　行　令	水　道　法　施　行　規　則

において使用する用語の例による。

（電子文書法第３条第１項の主務省令で定める保存）

第60条　電子文書法第３条第１項の主務省令で定める保存は、次に掲げる保存とする。

一　法第20条の10第１項（法第31条、法第34条第１項及び法第34条の４において準用する場合を含む。）の規定による財務諸表等の保存

二　法第20条の14（法第31条及び法第34条第１項において準用する場合並びに法第34条の４において読み替えて準用する場合を含む。）の規定による帳簿の保存

三　法第22条の３（法第24条の３第６項及び法第24条の８第２項（これらの規定を法第31条において読み替えて準用する場合を含む。）の規定によりみなして適用する場合並びに法第31条において準用する場合を含む。第62条第１号において同じ。）の規定による水道施設の台帳の保存

四　第14条の10第１項の規定による財務諸表等の保存

五　第14条の14の規定による帳簿の保存

六　第15条第８項第２号（第52条及び第54条において準用する場合を含む。）の規定による委託契約書の保存

（電磁的記録による保存の方法）

第61条　民間事業者等が、電子文書法第３条第１項の規定に基づき、前条各号に掲げる保存に代えて当該保存すべき書面に係る電磁的記録の保存を行う場合は、次に掲げる方法のいずれかにより行わなければならない。

一　作成された電磁的記録を民間事業者等の使用に係る電子計算機に備えられたファイル又は電磁的記録媒体をもつて調製するファイルにより保存する方法

二　書面に記載されている事項をスキャナ（これに準ずる画像読取装置を含む。）により読み取つてできた電磁的記録を民間事業者等の使用に係る電子計算機に備えられたファイル又は電磁的記録媒体をもつて調製するファイルにより保存する方法

２　民間事業者等が、前項の規定に基づく電磁的記録の保存を行う場合は、必要に応じ電磁的記録に記録された事項を、直ちに明瞭な状態で、その使用に係る電子計算機の映像面に表示及び当該事項を記載した書面を作成することができる措置を講じなければならない。

３　前条各号に規定する規定に基づき、同一内容の書面を２以上の事務所等（当該書面の保存が義務付けられている場所をいう。以下この項及び第65条において同じ。）に保存をしなければならないとされている民間事業者等が、第１項の規定に基づき、当該２以上の事務所等のうち、１の事務所等に当該書面に係る電磁的記録の保存を行うとともに、当該電磁的記録に記録されている事項を他の事務所等に備え置く電子計算機の映像面に表示及び当該事項を記載した書面を作成することができる措置を講じた場合は、当該他の事務所等に当該書面の保存が行われたものとみなす。

（電子文書法第４条第１項の主務省令で定める作成）

第62条　電子文書法第４条第１項の主務省令で定める作成は、次に掲げる作成とする。

一　法第22条の３の規定による水道施設の台帳の作成

二　第15条第８項第１号（第52条及び第54条

水　道　法	水道法施行令	水道法施行規則
		において準用する場合を含む。）の規定による委託契約書の作成 （電磁的記録による作成の方法） **第63条**　民間事業者等が、電子文書法第４条第１項の規定に基づき、前条各号に掲げる作成に代えて当該作成すべき書面に係る電磁的記録の作成を行う場合は、民間事業者等の使用に係る電子計算機に備えられたファイルに記録する方法又は電磁的記録媒体をもつて調製する方法により作成を行わなければならない。 （電子文書法第５条第１項の主務省令で定める縦覧等） **第64条**　電子文書法第５条第１項の主務省令で定める縦覧等は、次に掲げる縦覧等とする。 一　法第20条の10第２項第１号（法第31条、法第34条第１項及び法第34条の４において準用する場合を含む。）の規定による財務諸表等の縦覧等 二　第14条の10第２項第１号の規定による財務諸表等の縦覧等 （電磁的記録による縦覧等の方法） **第65条**　民間事業者等が、電子文書法第５条第１項の規定に基づき、前条各号に掲げる縦覧等に代えて当該縦覧等をすべき書面に係る電磁的記録の縦覧等を行う場合は、当該事項をインターネットを利用して表示する方法、当該事項を民間事業者等の事務所等に備え置く電子計算機の映像面に表示する方法又は当該事項を記載した書類を備え置く方法により行わなければならない。 （電子文書法第６条第１項の主務省令で定める交付等） **第66条**　電子文書法第６条第１項の主務省令で定める交付等は、次に掲げる交付等とする。 一　法第20条の10第２項第２号（法第31条、法第34条第１項及び法第34条の４において準用する場合を含む。）の規定により請求された財務諸表等の謄本又は抄本の交付等 二　第14条の10第２項第２号の規定により請求された財務諸表等の謄本又は抄本の交付等 （電磁的記録による交付等の方法） **第67条**　民間事業者等が、電子文書法第６条第１項の規定に基づき、前条各号に掲げる交付等に代えて当該交付等をすべき書面に係る電磁的記録の交付等を行う場合は、次に掲げる方法のいずれかにより行わなければならない。 一　電子情報処理組織を使用する方法のうち次のいずれかに該当するもの イ　民間事業者等の使用に係る電子計算機と交付等の相手方の使用に係る電子計算機とを接続する電気通信回線を通じて送信し、当該相手方の使用に係る電子計算機に備えられたファイルに記録する方法 ロ　民間事業者等の使用に係る電子計算機に備えられたファイルに記録された事項を電気通信回線を通じて交付等の相手方の閲覧に供し、当該相手方の使用に係る電子計算機に備えられたファイルに当該事項を記録する方法 二　電磁的記録媒体をもつて調製するファイルに記録したものを交付する方法 ２　前項に掲げる方法は、交付等の相手方がファイルに記録された事項を出力することにより、書面を作成することができるものでなければならない。

水道法	水道法施行令	水道法施行規則
第９章　罰則 **第51条**　水道施設を損壊し、その他水道施設の機能に障害を与えて水の供給を妨害した者は、５年以下の懲役又は100万円以下の罰金に処する。 ２　みだりに水道施設を操作して水の供給を妨害した者は、２年以下の懲役又は50万円以下の罰金に処する。 ３　前２項の規定にあたる行為が、刑法の罪に触れるときは、その行為者は、同法の罪と比較して、重きに従つて処断する。 **第52条**　次の各号のいずれかに該当する者は、３年以下の懲役又は300万円以下の罰金に処する。 一　第６条第１項の規定による認可を受けないで水道事業を経営した者 二　第23条第１項（第31条及び第34条第１項において準用する場合を含む。）の規定に違反した者 *→第23条第１項　（給水の緊急停止）* 三　第26条の規定による認可を受けないで水道用水供給事業を経営した者 **第53条**　次の各号のいずれかに該当する者は、１年以下の懲役又は100万円以下の罰金に処する。 一　第10条第１項前段の規定に違反した者 *→第10条第１項前段　（事業の変更認可）* 二　第11条第１項（第31条において準用する場合を含む。）の規定に違反した者 *→第11条第１項　（事業の休廃止許可）* 三　第15条第１項の規定に違反した者 *→第15条第１項　（給水義務）* 四　第15条第２項（第24条の８第１項（第31条において準用する場合を含む。）の規定により読み替えて適用する場合を含む。）（第31条において準用する場合を含む。）の規定に違反して水を供給しなかつた者 *→第15条第２項　（常時給水義務）* 五　第19条第１項（第31条及び第34条第１項において準用する場合を含む。）の規定に違反した者 *→第19条第１項　（水道技術管理者の設置）* 六　第24条の３第１項（第31条及び第34条第１項において準用する場合を含む。）の規定に違反して、業務を委託した者 七　第24条の３第３項（第31条及び第34条第１項において準用する場合を含む。）の規定に違反した者 *→第24条の３第３項　（受託水道業務技術管理者の設置）* 八　第24条の７第１項（第31条において準用する場合を含む。）の規定に違反した者 *→第24条の７第１項（水道施設運営等事業技術管理者の設置）* 九　第30条第１項の規定に違反した者 *→第30条第１項　（事業の変更認可）* 十　第37条の規定による給水停止命令に違反した者 十一　第40条第１項（第24条の８第１項（第		（電磁的方法による承諾） **第68条**　民間事業者等は、電子文書法第６条第１項の規定により同項に規定する事項の交付等を行おうとするときは、次に掲げる事項を当該交付等の相手方に示さなければならない。 一　前条第１項に規定する方法のうち民間事業者等が使用するもの 二　ファイルへの記録の方式

水道法	水道法施行令	水道法施行規則
31条において準用する場合を含む。）の規定により読み替えて適用する場合を含む。）及び第３項の規定による命令に違反した者 **第53条の２**　第20条の13（第34条の４において準用する場合を含む。）の規定による業務の停止の命令に違反した者は、１年以下の懲役又は100万円以下の罰金に処する。 *→第20条の13　（登録の取消し等）* **第53条の３**　第25条の17第１項の規定に違反した者は、１年以下の懲役又は100万円以下の罰金に処する。 *→第25条の17第１項　（秘密保持義務）* **第53条の４**　第25条の24第２項の規定による試験事務の停止の命令に違反したときは、その違反行為をした指定試験機関の役員又は職員は、１年以下の懲役又は100万円以下の罰金に処する。 **第54条**　次の各号のいずれかに該当する者は、100万円以下の罰金に処する。 一　第９条第１項（第10条第２項において準用する場合を含む。）の規定により認可に付された条件に違反した者 二　第13条第１項（第31条及び第34条第１項において準用する場合を含む。）の規定に違反して水質検査又は施設検査を行わなかつた者 三　第20条第１項（第31条及び第34条第１項において準用する場合を含む。）の規定に違反した者 *→第20条第１項　（水質検査の実施）* 四　第21条第１項（第31条及び第34条第１項において準用する場合を含む。）の規定に違反した者 *→第21条第１項　（健康診断の実施）* 五　第22条（第31条及び第34条第１項において準用する場合を含む。）の規定に違反した者 六　第29条第１項（第30条第２項において準用する場合を含む。）の規定により認可に付された条件に違反した者 七　第32条の規定による確認を受けないで専用水道の布設工事に着手した者 八　第34条の２第２項の規定に違反した者 **第55条**　次の各号のいずれかに該当する者は、30万円以下の罰金に処する。 一　地方公共団体以外の水道事業者であつて、第７条第４項第７号の規定により事業計画書に記載した供給条件（第14条第６項の規定による認可があつたときは、認可後の供給条件、第38条第２項の規定による変更があつたときは、変更後の供給条件）によらないで、料金又は給水装置工事の費用を受け取つたもの 二　第10条第３項、第11条第３項（第31条において準用する場合を含む。）、第24条の３第２項（第31条及び第34条第１項において準用する場合を含む。）又は第30条第３項の規定による届出をせず、又は虚偽の届出をした者 三　第39条第１項、第２項、第３項又は第40条第８項（第24条の８第１項（第31条において準用する場合を含む。）の規定により読み替えて適用する場合を含む。）の規定による報告をせず、若しくは虚偽の報告をし、又は当該職員の検査を拒み、妨げ、若しくは忌避した者 **第55条の２**　次の各号のいずれかに該当する者は、30万円以下の罰金に処する。		

水道法	水道法施行令	水道法施行規則
一　第20条の９（第34条の４において準用する場合を含む。）の規定による届出をせず、又は虚偽の届出をした者 二　第20条の14（第34条の４において準用する場合を含む。）の規定に違反して帳簿を備えず、帳簿に記載せず、若しくは帳簿に虚偽の記載をし、又は帳簿を保存しなかつた者 三　第20条の15第１項（第34条の４において準用する場合を含む。）の規定による報告をせず、若しくは虚偽の報告をし、又は当該職員の検査を拒み、妨げ、若しくは忌避した者 **第55条の３**　次の各号のいずれかに該当するときは、その違反行為をした指定試験機関の役員又は職員は、30万円以下の罰金に処する。 一　第25条の20の規定に違反して帳簿を備えず、帳簿に記載せず、若しくは帳簿に虚偽の記載をし、又は帳簿を保存しなかつたとき。 二　第25条の22第１項の規定による報告を求められて、報告をせず、若しくは虚偽の報告をし、又は同項の規定による立入り若しくは検査を拒み、妨げ、若しくは忌避したとき。 三　第25条の23第１項の規定による許可を受けないで、試験事務の全部を廃止したとき。 **第56条**　法人の代表者又は法人若しくは人の代理人、使用人その他の従業者が、その法人又は人の業務に関して第52条から第53条の２まで又は第54条から第55条の２までの違反行為をしたときは、行為者を罰するほか、その法人又は人に対しても、各本条の罰金刑を科する。 **第57条**　正当な理由がないのに第25条の５第３項の規定による命令に違反して給水装置工事主任技術者免状を返納しなかつた者は、10万円以下の過料に処する。		
別表　略	別表　略	様式　略
附　則（平成30年12月12日法律第92号）抄 （施行期日） **第１条**　この法律は、公布の日から起算して１年を超えない範囲内において政令で定める日〔令和元年10月１日〕から施行する。〔以下略〕 （水道施設台帳に関する経過措置） **第２条**　この法律による改正後の水道法（以下「新法」という。）第19条第２項（第７号に係る部分に限り、新法第31条において準用する場合を含む。）及び第22条の３（新法第31条において準用する場合を含む。）の規定は、この法律の施行の日（以下「施行日」という。）から起算して３年を超えない範囲内において政令で定める日までは、適用しない。	◎水道法の一部を改正する法律の施行に伴う関係政令の整備及び経過措置に関する政令（平成31年４月17日政令第154号）抄 **第２章**　経過措置 （水道施設台帳に関する経過措置の期限） **第３条**　水道法の一部を改正する法律（次条において「改正法」という。）附則第２条の政令で定める日は、令和４年９月30日とする。	
（指定給水装置工事事業者の指定の更新に関する経過措置） **第３条**　この法律の施行の際現に水道法第16条の２第１項の指定を受けている同条第２項に規定する指定給水装置工事事業者の施行日後の最初の新法第25条の３の２第１項の更新については、同項中「５年ごと」とあるのは、「水道法の一部を改正する法律（平成30年法律第92号）の施行の日（以下この項において「改正法施行日」という。）の前日から起算して５年（当該指定を受けた日が改正法施行日の前日の５年前の日以前である場合にあつては、５年を超えない範囲内において政令で定める期間）を経過する日まで」とする。	（改正法の施行の際に現に指定を受けている指定給水装置工事事業者の指定の有効期間） **第４条**　改正法附則第３条の規定により読み替えられた水道法第25条の３の２第１項の政令で定める期間は、次の各号に掲げる場合の区分に応じ、当該各号に定める期間とする。 一　水道法第16条の２第１項の指定を受けた日（以下この条において「指定を受けた日」という。）が平成10年４月１日から平成11年３月31日までの間である場合　１年 二　指定を受けた日が平成11年４月１日から平成15年３月31日までの間である場合　２年 三　指定を受けた日が平成15年４月１日から	

水　道　法	水道法施行令	水道法施行規則
	平成19年3月31日までの間である場合　3年 四　指定を受けた日が平成19年4月1日から平成25年3月31日までの間である場合　4年 五　指定を受けた日が平成25年4月1日から平成26年9月30日までの間である場合　5年 **附　則**　抄 （施行期日） 1　この政令は、水道法の一部を改正する法律（次項において「改正法」という。）の施行の日（平成31年10月1日）から施行する。	

〔参考1〕

刑法等の一部を改正する法律の施行に伴う関係法律の整理等に関する法律（令和4年6月17日法律第68号）第247条による改正後の該当条文は、次のとおりである。

※令和6年4月25日現在未施行

◉水道法（抄）

（昭和32年6月15日 法律第177号）

第51条　水道施設を損壊し、その他水道施設の機能に障害を与えて水の供給を妨害した者は、5年以下の拘禁刑又は100万円以下の罰金に処する。

2　みだりに水道施設を操作して水の供給を妨害した者は、2年以下の拘禁刑又は50万円以下の罰金に処する。

3　前2項の規定に当たる行為が、刑法の罪に触れるときは、その行為者は、同法の罪と比較して、重きに従つて処断する。

第52条　次の各号のいずれかに該当する者は、3年以下の拘禁刑又は300万円以下の罰金に処する。

一～三　（略）

第53条　次の各号のいずれかに該当する者は、1年以下の拘禁刑又は100万円以下の罰金に処する。

一～十一　（略）

第53条の2　第20条の13（第34条の4において準用する場合を含む。）の規定による業務の停止の命令に違反した者は、1年以下の拘禁刑又は100万円以下の罰金に処する。

第53条の3　第25条の17第1項の規定に違反した者は、1年以下の拘禁刑又は100万円以下の罰金に処する。

第53条の4　第25条の24第2項の規定による試験事務の停止の命令に違反したときは、その違反行為をした指定試験機関の役員又は職員は、1年以下の拘禁刑又は100万円以下の罰金に処する。

施行期日

刑法等一部改正法〔刑法等の一部を改正する法律（令和4年法律第67号）〕施行日〔令和7年6月1日〕から施行される。

〔参考２〕
「生活衛生等関係行政の機能強化のための関係法律の整備に関する法律の施行に伴う関係政令の整備等及び経過措置に関する政令」（令和６年３月29日政令第102号）第２条による、改正後の該当条文は次のとおりである。

※令和６年４月25日現在未施行

◉水道法施行令（抄）

（昭和32年12月12日 政令第336号）

（布設工事監督者の資格）

第５条　法第12条第２項（法第31条において準用する場合を含む。）に規定する政令で定める資格は、次のとおりとする。

一　学校教育法（昭和22年法律第26号）による大学（短期大学を除く。以下同じ。）又は旧大学令（大正７年勅令第388号）による大学において土木工学科又はこれに相当する課程を修めて卒業した後、３年以上水道、工業用水道、下水道、道路又は河川（以下この項において「水道等」という。）に関する技術上の実務に従事した経験を有する者（１年６月以上水道に関する技術上の実務に従事した経験を有する者に限る。）

二　学校教育法による大学又は旧大学令による大学において機械工学科若しくは電気工学科又はこれらに相当する課程を修めて卒業した後、４年以上水道等に関する技術上の実務に従事した経験を有する者（２年以上水道に関する技術上の実務に従事した経験を有する者に限る。）

三　学校教育法による短期大学（同法による専門職大学の前期課程を含む。）若しくは高等専門学校又は旧専門学校令（明治36年勅令第61号）による専門学校（次号において「短期大学等」という。）において土木科又はこれに相当する課程を修めて卒業した後（同法による専門職大学の前期課程にあつては、修了した後。次号において同じ。）、５年以上水道等に関する技術上の実務に従事した経験を有する者（２年６月以上水道に関する技術上の実務に従事した経験を有する者に限る。）

四　短期大学等において機械科若しくは電気科又はこれらに相当する課程を修めて卒業した後、６年以上水道等に関する技術上の実務に従事した経験を有する者（３年以上水道に関する技術上の実務に従事した経験を有する者に限る。）

五　学校教育法による高等学校若しくは中等教育学校又は旧中等学校令（昭和18年勅令第36号）による中等学校（次号において「高等学校等」という。）において土木科又はこれに相当する課程を修めて卒業した後、７年以上水道等に関する技術上の実務に従事した経験を有する者（３年６月以上水道に関する技術上の実務に従事した経験を有する者に限る。）

六　高等学校等において機械科若しくは電気科又はこれらに相当する課程を修めて卒業した後、８年以上水道等に関する技術上の実務に従事した経験を有する者（４年以上水道に関する技術上の実務に従事した経験を有する者に限る。）

七　10年以上水道等の工事に関する技術上の実務に従事した経験を有する者（５年以上水道の工事に関する技術上の実務に従事した経験を有する者に限る。）

八　国土交通省令の定めるところにより、前各号に掲げる者と同等以上の技能を有すると認められる者

２　簡易水道事業、給水人口が５万人以下である水道事業又は１日最大給水量が２万5000立方メートル以下である水道用水供給事業の用に供する水道（以下「簡易水道等」という。）については、前項第１号中「３年以上水道、工業用水道、下水道、道路又は河川（以下この項において「水道等」という。）に関する技術上の実務に従事した経験を有する者（１年６月以上水道に関する技術上の実務に従事した経験を有する者に限る。）」とあるのは「１年６月以上水道に関する技術上の実務に従事した経験を有する者」と、同項第２号中「４年以上水道等に関する技術上の実務に従事した経験を有する者（２年以上水道に関する技術上の実務に従事した経験を有する者に限る。）」とあるのは「２年以上水道に関する技術上の実務に従事した経験を有する者」と、同項第３号中「５年以上水道等に関する技術上の実務に従事した経験を有する者（２年６月以上水道に関する技術上の実務に従事した経験を有する者に限る。）」とあるのは「２年６月以上水道に関する技術上の実務に従事した経験を有する者」と、同項第４号中「６年以上水道等に関する技術上の実務に従事した経験を有する者（３年以上水道に関する技術上の実務に従事した経験を有する者に限る。）」とあるのは「３年以上水道に関する技術上の実務に従事した経験を有する者」と、同項第５号中「７年以上水道等に関する技術上の実務に従事した経験を有する者（３年６月以上水道に関する技術上の実務に従事した経験を有する者に限る。）」とあるのは「３年６月以上水道に関する技術上の実務に従事した経験を有する者」と、同項第６号中「８年以上水道等に関する技術上の実務に従事した経験を有する者（４年以上水道に関する技術上の実務に従事した経験を有する者に限る。）」とあるのは「４年以上水道に関する技術上の実務に従事した経験を有する者」と、同項第７号中「10年以上水道等の工事に関する技術上の実務に従事した経験を有する者（５年以上水道の工事に関する技術上の実務に従事した経験を有する者に限る。）」とあるのは「５年以上水道の工事に関する技術上の実務に従事した経験を有する者」とそれぞれ読み替えるものとする。

（水道技術管理者の資格）

第７条　法第19条第３項（法第31条及び第34条第１項において準用する場合を含む。）に規定する政令で定める資格は、次のとおりとする。

一　第５条第１項第１号、第３号又は第５号に規定する学校において土木工学科若しくは土木科又はこれらに相当

する課程を修めて卒業した後（学校教育法による専門職大学の前期課程にあつては、修了した後）、同項第1号に規定する学校を卒業した者については3年以上、同項第3号に規定する学校を卒業した者（同法による専門職大学の前期課程にあつては、修了した者）については5年以上、同項第5号に規定する学校を卒業した者については7年以上水道に関する技術上の実務に従事した経験を有する者

二　第5条第1項第1号、第3号又は第5号に規定する学校において工学、理学、農学、医学若しくは薬学の課程又はこれらに相当する課程（土木工学科及び土木科並びにこれらに相当する課程を除く。）を修めて卒業した後（学校教育法による専門職大学の前期課程にあつては、修了した後）、同項第1号に規定する学校を卒業した者については4年以上、同項第3号に規定する学校を卒業した者（同法による専門職大学の前期課程にあつては、修了した者）については6年以上、同項第5号に規定する学校を卒業した者については8年以上水道に関する技術上の実務に従事した経験を有する者

三　（略）

四　国土交通省令・環境省令の定めるところにより、前3号に掲げる者と同等以上の技能を有すると認められる者

2　簡易水道等又は1日最大給水量が1万立方メートル以下である専用水道については、前項第1号中「3年以上」とあるのは「1年6月以上」と、「5年以上」とあるのは「2年6月以上」と、「7年以上」とあるのは「3年6月以上」と、同項第2号中「4年以上」とあるのは「2年以上」と、「6年以上」とあるのは「3年以上」と、「8年以上」とあるのは「4年以上」と、同項第3号中「10年以上」とあるのは「5年以上」とそれぞれ読み替えるものとする。

施行期日

令和7年4月1日

〔**参考3**〕

「生活衛生等関係行政の機能強化のための関係法律の整備に関する法律の施行に伴う厚生労働省関係省令の整理等に関する省令」（令和6年3月29日厚生労働省令第65号）第3条による、改正後の該当条文は次のとおりである。

※令和6年4月25日現在未施行

◉水道法施行規則（抄）

（昭和32年12月14日 厚生省令第45号）

（布設工事監督者の資格）

第9条　令第5条第1項第8号の規定により同項第1号から第7号までに掲げる者と同等以上の技能を有すると認められる者は、次のとおりとする。

一　令第5条第1項第1号又は第2号の卒業者であつて、学校教育法（昭和22年法律第26号）に基づく大学院研究科において1年以上衛生工学若しくは水道工学に関する課程を専攻した後、又は大学の専攻科において衛生工学若しくは水道工学に関する専攻を修了した後、同項第1号の卒業者にあつては2年以上、同項第2号の卒業者にあつては3年以上水道、工業用水道、下水道、道路又は河川（以下この条において「水道等」という。）に関する技術上の実務に従事した経験を有する者（同項第1号の卒業者にあつては1年以上、同項第2号の卒業者にあつては1年6箇月以上水道に関する技術上の実務に従事した経験を有する者に限る。）

二　外国の学校において、令第5条第1項第1号から第6号までに規定する課程に相当する課程を、それぞれ当該各号に規定する学校において修得する程度と同等以上に修得した後、それぞれ当該各号に規定する最低経験年数以上水道等に関する技術上の実務に従事した経験を有する者（それぞれ当該各号に規定する水道等の最低経験年数の2分の1以上水道に関する技術上の実務に従事した経験を有する者に限る。）

三　技術士法（昭和58年法律第25号）第4条第1項の規定による第2次試験のうち上下水道部門に合格した者（選択科目として上水道及び工業用水道を選択したものに限る。）であつて、1年以上水道等に関する技術上の実務に従事した経験を有する者（6箇月以上水道に関する技術上の実務に従事した経験を有する者に限る。）

四　建設業法施行令（昭和31年政令第273号）第34条第1項及び第2項の規定による土木施工管理に係る1級の技術検定に合格した者であつて、3年以上水道等に関する技術上の実務に従事した経験を有する者（1年6箇月以上水道に関する技術上の実務に従事した経験を有する者に限る。）

2　簡易水道事業、給水人口が5万人以下である水道事業又は1日最大給水量が2万5000立方メートル以下である水道用水供給事業の用に供する水道については、前項第1号中「2年以上、同項第2号の卒業者にあつては3年以上水道、

工業用水道、下水道、道路又は河川（以下この条において「水道等」という。）に関する技術上の実務に従事した経験を有する者（同項第１号の卒業者にあつては１年以上、同項第２号の卒業者にあつては１年６箇月以上水道に関する技術上の実務に従事した経験を有する者に限る。）」とあるのは「１年以上、同項第２号の卒業者にあつては１年６箇月以上水道に関する技術上の実務に従事した経験を有する者」と、同項第２号中「最低経験年数以上水道等に関する技術上の実務に従事した経験を有する者（それぞれ当該各号に規定する水道等の最低経験年数の２分の１以上水道に関する技術上の実務に従事した経験を有する者に限る。）」とあるのは「水道等の最低経験年数の２分の１以上水道に関する技術上の実務に従事した経験を有する者」と、同項第３号中「１年以上水道等に関する技術上の実務に従事した経験を有する者（６箇月以上水道に関する技術上の実務に従事した経験を有する者に限る。）」とあるのは「６箇月以上水道に関する技術上の実務に従事した経験を有する者」と、同項第４号中「３年以上水道等に関する技術上の実務に従事した経験を有する者（１年６箇月以上水道に関する技術上の実務に従事した経験を有する者に限る。）」とあるのは「１年６箇月以上水道に関する技術上の実務に従事した経験を有する者」とそれぞれ読み替えるものとする。

（水道技術管理者の資格）

第14条　令第７条第１項第４号の規定により同項第１号から第３号までに掲げる者と同等以上の技能を有すると認められる者は、次のとおりとする。

一　令第５条第１項第１号、第３号及び第５号に規定する学校において、工学、理学、農学、医学及び薬学に関する課程並びにこれらに相当する課程以外の課程を修めて卒業した（当該課程を修めて学校教育法に基づく専門職大学の前期課程（以下この号及び第40条第２号において「専門職大学前期課程」という。）を修了した場合を含む。）後、同項第１号に規定する学校の卒業者については５年（簡易水道事業、給水人口が５万人以下である水道事業及び１日最大給水量が２万5000立方メートル以下である水道用水供給事業の用に供する水道又は１日最大給水量が１万立方メートル以下である専用水道（以下この条において「簡易水道等」という。）の場合は、２年６箇月）以上、同項第３号に規定する学校の卒業者（専門職大学前期課程の修了者を含む。次号において同じ。）については７年（簡易水道等の場合は、３年６箇月）以上、同項第５号に規定する学校の卒業者については９年（簡易水道等の場合は、４年６箇月）以上水道に関する技術上の実務に従事した経験を有する者

二　外国の学校において、令第７条第１項第１号若しくは第２号に規定する課程又は前号に規定する課程に相当する課程を、それぞれ当該各号に規定する学校において修得する程度と同等以上に修得した後、それぞれ当該各号の卒業者ごとに規定する最低経験年数（簡易水道等の場合は、それぞれ当該各号の卒業者ごとに規定する最低経験年数の２分の１）以上水道に関する技術上の実務に従事した経験を有する者

三　（略）

四　技術士法第４条第１項の規定による第２次試験のうち上下水道部門に合格した者（選択科目として上水道及び工業用水道を選択したものに限る。）であつて、１年（簡易水道等の場合は、６箇月）以上水道に関する技術上の実務に従事した経験を有する者

五　建設業法施行令第34条第１項及び第２項の規定による土木施工管理に係る１級の技術検定に合格した者であつて、３年（簡易水道等の場合は、１年６箇月）以上水道に関する技術上の実務に従事した経験を有する者

（試験科目の一部免除）

第31条　建設業法施行令第34条第１項の表に掲げる検定種目のうち、管工事施工管理の種目に係る１級又は２級の技術検定に合格した者は、試験科目のうち給水装置の概要及び給水装置施工管理法の免除を受けることができる。

施行期日

令和７年４月１日

経過措置（令和６年３月厚生労働省令第65号附則第３条第３項）

この省令の施行の際現にこの省令による改正前の水道法施行規則第14条第３号に規定する登録講習を修了している者については、この省令による改正後の同号に規定する者とみなされる。

2　水質基準に関する省令

（平成15年５月30日
厚生労働省令第101号）

改正　平成19年11月14日厚生労働省令第135号　平成20年12月22日厚生労働省令第174号
平成22年２月17日厚生労働省令第 18号　平成23年１月28日厚生労働省令第 11号
平成26年２月28日厚生労働省令第 15号　平成27年３月２日厚生労働省令第 29号
令和２年３月25日厚生労働省令第 38号　令和６年３月29日厚生労働省令第 65号

水道法（昭和32年法律第177号）第４条第２項の規定に基づき、水質基準に関する省令を次のように定める。

水道により供給される水は、次の表の上欄に掲げる事項につき環境大臣が定める方法によって行う検査において、同表の下欄に掲げる基準に適合するものでなければならない。

一	一般細菌	１mlの検水で形成される集落数が100以下であること。
二	大腸菌	検出されないこと。
三	カドミウム及びその化合物	カドミウムの量に関して、0.003mg／L以下であること。
四	水銀及びその化合物	水銀の量に関して、0.0005mg／L以下であること。
五	セレン及びその化合物	セレンの量に関して、0.01mg／L以下であること。
六	鉛及びその化合物	鉛の量に関して、0.01mg／L以下であること。
七	ヒ素及びその化合物	ヒ素の量に関して、0.01mg／L以下であること。
八	六価クロム化合物	六価クロムの量に関して、0.02mg／L以下であること。
九	亜硝酸態窒素	0.04mg／L以下であること。
十	シアン化物イオン及び塩化シアン	シアンの量に関して、0.01mg／L以下であること。
十一	硝酸態窒素及び亜硝酸態窒素	10mg／L以下であること。
十二	フッ素及びその化合物	フッ素の量に関して、0.8mg／L以下であること。
十三	ホウ素及びその化合物	ホウ素の量に関して、1.0mg／L以下であること。
十四	四塩化炭素	0.002mg／L以下であること。
十五	１・４―ジオキサン	0.05mg／L以下であること。
十六	シス―１・２―ジクロロエチレン及びトランス―１・２―ジクロロエチレン	0.04mg／L以下であること。
十七	ジクロロメタン	0.02mg／L以下であること。
十八	テトラクロロエチレン	0.01mg／L以下であること。
十九	トリクロロエチレン	0.01mg／L以下であること。
二十	ベンゼン	0.01mg／L以下であること。
二十一	塩素酸	0.6mg／L以下であること。
二十二	クロロ酢酸	0.02mg／L以下であること。
二十三	クロロホルム	0.06mg／L以下であること。
二十四	ジクロロ酢酸	0.03mg／L以下であること。
二十五	ジブロモクロロメタン	0.1mg／L以下であること。
二十六	臭素酸	0.01mg／L以下であること。
二十七	総トリハロメタン（クロロホルム、ジブロモクロロメタン、ブロモジクロロメタン及びブロモホルムのそれぞれの濃度の総和）	0.1mg／L以下であること。
二十八	トリクロロ酢酸	0.03mg／L以下であること。
二十九	ブロモジクロロメタン	0.03mg／L以下であること。
三十	ブロモホルム	0.09mg／L以下であること。
三十一	ホルムアルデヒド	0.08mg／L以下であること。
三十二	亜鉛及びその化合物	亜鉛の量に関して、1.0mg／L以下であること。
三十三	アルミニウム及びその化合物	アルミニウムの量に関して、0.2mg／L以下であること。
三十四	鉄及びその化合物	鉄の量に関して、0.3mg／L以下であること。
三十五	銅及びその化合物	銅の量に関して、1.0mg／L以下であること。
三十六	ナトリウム及びその化合物	ナトリウムの量に関して、200mg／L以下であること。
三十七	マンガン及びその化合物	マンガンの量に関して、0.05mg／L以下であること。
三十八	塩化物イオン	200mg／L以下であること。
三十九	カルシウム、マグネシウム等（硬度）	300mg／L以下であること。
四十	蒸発残留物	500mg／L以下であること。
四十一	陰イオン界面活性剤	0.2mg／L以下であること。
四十二	（４S・４aS・８aR）―オクタヒドロ―４・８a―ジメチルナフタレン―４a（２H）―オール（別名ジェオスミン）	0.00001mg／L以下であること。
四十三	１・２・７・７―テトラメチルビシクロ［２・２・１］ヘプタン―２―オール（別名２―メチルイソボルネオール）	0.00001mg／L以下であること。

四十四	非イオン界面活性剤	0.02mg／L以下であること。
四十五	フェノール類	フェノールの量に換算して、0.005mg／L以下であること。
四十六	有機物（全有機炭素（TOC）の量）	3mg／L以下であること。
四十七	pH値	5.8以上8.6以下であること。
四十八	味	異常でないこと。
四十九	臭気	異常でないこと。
五十	色度	5度以下であること。
五十一	濁度	2度以下であること。

附　則　抄

（施行期日）

第1条　この省令は、平成16年4月1日から施行する。

（水質基準に関する省令の廃止）

第2条　水質基準に関する省令（平成4年厚生省令第69号）は、廃止する。

3　水道施設の技術的基準を定める省令

（平成12年2月23日厚生省令第15号）

改正　平成12年10月20日厚生省令第127号　平成14年10月29日厚生労働省令第139号
平成16年1月26日厚生労働省令第5号　平成19年3月30日厚生労働省令第54号
平成19年11月14日厚生労働省令第137号　平成20年3月28日厚生労働省令第60号
平成21年3月6日厚生労働省令第26号　平成22年2月17日厚生労働省令第18号
平成23年1月28日厚生労働省令第11号　平成26年2月28日厚生労働省令第15号
令和元年5月29日厚生労働省令第6号　令和元年9月30日厚生労働省令第59号
令和2年3月25日厚生労働省令第38号　令和6年3月29日厚生労働省令第65号

水道法（昭和32年法律第177号）第5条第4項の規定に基づき、水道施設の技術的基準を定める省令を次のように定める。

（一般事項）

第1条　水道施設は、次に掲げる要件を備えるものでなければならない。

一　水道法（昭和32年法律第177号）第4条の規定による水質基準（以下「水質基準」という。）に適合する必要量の浄水を所要の水圧で連続して供給することができること。

二　需要の変動に応じて、浄水を安定的かつ効率的に供給することができること。

三　給水の確実性を向上させるために、必要に応じて、次に掲げる措置が講じられていること。

イ　予備の施設又は設備が設けられていること。

ロ　取水施設、貯水施設、導水施設、浄水施設、送水施設及び配水施設が分散して配置されていること。

ハ　水道施設自体又は当該施設が属する系統としての多重性を有していること。

四　災害その他非常の場合に断水その他の給水への影響ができるだけ少なくなるように配慮されたものであるとともに、速やかに復旧できるように配慮されたものであること。

五　環境の保全に配慮されたものであること。

六　地形、地質その他の自然的条件を勘案して、自重、積載荷重、水圧、土圧、揚圧力、浮力、地震力、積雪荷重、氷圧、温度荷重等の予想される荷重に対して安全な構造であること。

七　施設の重要度に応じて、地震力に対して次に掲げる要件を備えるものであるとともに、地震により生ずる液状化、側方流動等によって生ずる影響に配慮されたものであること。

イ　次に掲げる施設については、レベル1地震動（当該施設の設置地点において発生するものと想定される地震動のうち、当該施設の供用期間中に発生する可能性の高いものをいう。以下同じ。）に対して、当該施設の健全な機能を損なわず、かつ、レベル2地震動（当該施設の設置地点において発生するものと想定される地震動のうち、最大規模の強さを有するものをいう。）に対して、生ずる損傷が軽微であって、当該施設の機能に重大な影響を及ぼさないこと。

(1)　取水施設、貯水施設、導水施設、浄水施設及び送水施設

(2)　配水施設のうち、破損した場合に重大な二次被害を生ずるおそれが高いもの

(3)　配水施設のうち、(2)の施設以外の施設であって、次に掲げるもの

(i)　配水本管（配水管のうち、給水管の分岐のないものをいう。以下同じ。）

(ii)　配水本管に接続するポンプ場

(iii)　配水本管に接続する配水池等（配水池及び配水のために容量を調節する設備をいう。以下同じ。）

(iv)　配水本管を有しない水道における最大容量を有する配水池等

ロ　イに掲げる施設以外の施設は、レベル1地震動に対して、生ずる損傷が軽微であって、当該施設の機能に重大な影響を及ぼさないこと。

八　漏水のおそれがないように必要な水密性を有する構造であること。

九　維持管理を確実かつ容易に行うことができるように配慮された構造であること。

十　水の汚染のおそれがないように、必要に応じて、暗渠（きょ）とし、又はさくの設置その他の必要な措置が講じられていること。

十一　規模及び特性に応じて、流量、水圧、水位、水質その他の運転状態を監視し、制御するために必要な設備が設けられ

ていること。

十一の二　施設の運転を管理する電子計算機が水の供給に著しい支障を及ぼすおそれがないように、サイバーセキュリティ（サイバーセキュリティ基本法（平成26年法律第104号）第2条に規定するサイバーセキュリティをいう。）を確保するために必要な措置が講じられていること。

十二　災害その他非常の場合における被害の拡大を防止するために、必要に応じて、遮断弁その他の必要な設備が設けられていること。

十三　海水又はかん水（以下「海水等」という。）を原水とする場合にあっては、ほう素の量が1リットルにつき1.0ミリグラム以下である浄水を供給することができること。

十四　浄水又は浄水処理過程における水に凝集剤、凝集補助剤、水素イオン濃度調整剤、粉末活性炭その他の薬品又は消毒剤（以下「薬品等」という。）を注入する場合にあっては、当該薬品等の特性に応じて、必要量の薬品等を注入することができる設備（以下「薬品等注入設備」という。）が設けられているとともに、当該設備の材質が、当該薬品等の使用条件に応じた必要な耐食性を有すること。

十五　薬品等注入設備を設ける場合にあっては、予備設備が設けられていること。ただし、薬品等注入設備が停止しても給水に支障がない場合は、この限りでない。

十六　浄水又は浄水処理過程における水に注入される薬品等により水に付加される物質は、別表第1の上欄に掲げる事項につき、同表の下欄に掲げる基準に適合すること。

十七　資材又は設備（以下「資機材等」という。）の材質は、次の要件を備えること。

イ　使用される場所の状況に応じた必要な強度、耐久性、耐摩耗性、耐食性及び水密性を有すること。

ロ　水の汚染のおそれがないこと。

ハ　浄水又は浄水処理過程における水に接する資機材等（ポンプ、消火栓その他の水と接触する面積が著しく小さいものを除く。）の材質は、国土交通大臣及び環境大臣が定める資機材等の材質に関する試験により供試品について浸出させたとき、その浸出液は、別表第2の上欄に掲げる事項につき、同表の下欄に掲げる基準に適合すること。

（取水施設）

第2条　取水施設は、次に掲げる要件を備えるものでなければならない。

一　原水の水質の状況に応じて、できるだけ良質の原水を取り入れることができるように配慮した位置及び種類であること。

二　災害その他非常の場合又は施設の点検を行う場合に取水を停止することができる設備が設けられていること。

三　前2号に掲げるもののほか、できるだけ良質な原水を必要量取り入れることができるものであること。

2　地表水の取水施設にあっては、次に掲げる要件を備えるものでなければならない。

一　洪水、洗掘、流木、流砂等のため、取水が困難となるおそれが少なく、地形及び地質の状況を勘案し、取水に支障を及ぼすおそれがないように配慮した位置及び種類であること。

二　堰（せき）、水門等を設ける場合にあっては、当該堰（せき）、水門等が、洪水による流水の作用に対して安全な構造であること。

三　必要に応じて、取水部にスクリーンが設けられていること。

四　必要に応じて、原水中の砂を除去するために必要な設備が設けられていること。

3　地下水の取水施設にあっては、次に掲げる要件を備えるものでなければならない。

一　水質の汚染及び塩水化のおそれが少ない位置及び種類であること。

二　集水埋渠（きょ）は、閉塞（そく）のおそれが少ない構造であること。

三　集水埋渠（きょ）の位置を定めるに当たっては、集水埋渠（きょ）の周辺に帯水層があることが確認されていること。

四　露出又は流出のおそれがないように河床の表面から集水埋渠（きょ）までの深さが確保されていること。

五　1日最大取水量を常時取り入れるのに必要な能力を有すること。

4　前項第5号の能力は、揚水量が、集水埋渠（きょ）によって取水する場合にあっては透水試験の結果を、井戸によって取水する場合にあっては揚水試験の結果を基礎として設定されたものでなければならない。

（貯水施設）

第3条　貯水施設は、次に掲げる要件を備えるものでなければならない。

一　貯水容量並びに設置場所の地形及び地質に応じて、安全性及び経済性に配慮した位置及び種類であること。

二　地震及び強風による波浪に対して安全な構造であること。

三　洪水に対処するために洪水吐きその他の必要な設備が設けられていること。

四　水質の悪化を防止するために、必要に応じて、ばっ気設備の設置その他の必要な措置が講じられていること。

五　漏水を防止するために必要な措置が講じられていること。

六　放流水が貯水施設及びその付近に悪影響を及ぼすおそれがないように配慮されたものであること。

七　前各号に掲げるもののほか、渇水時においても必要量の原水を供給するのに必要な貯水能力を有するものであること。

2　前項第1号の貯水容量は、降水量、河川流量、需要量等を基礎として設定されたものでなければならない。

3　ダムにあっては、次に掲げる要件を備えるものでなければならない。

一　コンクリートダムの堤体は、予想される荷重によって滑動し、又は転倒しない構造であること。

二　フィルダムの堤体は、予想される荷重によって滑り破壊又は浸透破壊が生じない構造であること。

三　ダムの基礎地盤（堤体との接触部を含む。以下同じ。）は、必要な水密性を有し、かつ、予想される荷重によって滑動し、滑り破壊又は転倒破壊が生じないものであること。

4　ダムの堤体及び基礎地盤に作用する荷重としては、ダムの種類及び貯水池の水位に応じて、別表第3に掲げるものを採用するものとする。

（導水施設）

第4条 導水施設は、次に掲げる要件を備えるものでなければならない。

一 導水施設の上下流にある水道施設の標高、導水量、地形、地質等に応じて、安全性及び経済性に配慮した位置及び方法であること。

二 水質の安定した原水を安定的に必要量送ることができるように、必要に応じて、原水調整池が設けられていること。

三 地形及び地勢に応じて、余水吐き、接合井、排水設備、制水弁、制水扉、空気弁又は伸縮継手が設けられていること。

四 ポンプを設ける場合にあっては、必要に応じて、水撃作用の軽減を図るために必要な措置が講じられていること。

五 ポンプは、次に掲げる要件を備えること。

イ 必要量の原水を安定的かつ効率的に送ることができる容量、台数及び形式であること。

ロ 予備設備が設けられていること。ただし、ポンプが停止しても給水に支障がない場合は、この限りでない。

六 前各号に掲げるもののほか、必要量の原水を送るのに必要な設備を有すること。

（浄水施設）

第5条 浄水施設は、次に掲げる要件を備えるものでなければならない。

一 地表水又は地下水を原水とする場合にあっては、水道施設の規模、原水の水質及びその変動の程度等に応じて、消毒処理、緩速濾過、急速濾過、膜濾過、粉末活性炭処理、粒状活性炭処理、オゾン処理、生物処理その他の方法により、所要の水質が得られるものであること。

二 海水等を原水とする場合にあっては、次に掲げる要件を備えること。

イ 海水等を淡水化する場合に生じる濃縮水の放流による環境の保全上の支障が生じないように必要な措置が講じられていること。

ロ 逆浸透法又は電気透析法を用いる場合にあっては、所要の水質を得るための前処理のための設備が設けられていること。

三 各浄水処理の工程がそれぞれの機能を十分発揮させることができ、かつ、布設及び維持管理を効率的に行うことができるように配置されていること。

四 濁度、水素イオン濃度指数その他の水質、水位及び水量の測定のための設備が設けられていること。

五 消毒設備は、次に掲げる要件を備えること。

イ 消毒の効果を得るために必要な時間、水が消毒剤に接触する構造であること。

ロ 消毒剤の供給量を調節するための設備が設けられていること。

ハ 消毒剤の注入設備には、予備設備が設けられていること。

ニ 消毒剤を常時安定して供給するために必要な措置が講じられていること。

ホ 液化塩素を使用する場合にあっては、液化塩素が漏出したときに当該液化塩素を中和するために必要な措置が講じられていること。

六 施設の改造若しくは更新又は点検により給水に支障が生じるおそれがある場合にあっては、必要な予備の施設又は設備が設けられていること。

七 送水量の変動に応じて、浄水を安定的かつ効率的に送ることができるように、必要に応じて、浄水を貯留する設備が設けられていること。

八 原水に耐塩素性病原生物が混入するおそれがある場合にあっては、次に掲げるいずれかの要件が備えられていること。

イ 濾過等の設備であって、耐塩素性病原生物を除去することができるものが設けられていること。

ロ 地表水を原水とする場合にあっては、濾過等の設備に加え、濾過等の設備の後に、原水中の耐塩素性病原生物を不活化することができる紫外線処理設備が設けられていること。ただし、当該紫外線処理設備における紫外線が照射される水の濁度、色度その他の水質が紫外線処理に支障がないものである場合に限る。

ハ 地表水以外を原水とする場合にあっては、原水中の耐塩素性病原生物を不活化することができる紫外線処理設備が設けられていること。ただし、当該紫外線処理設備における紫外線が照射される水の濁度、色度その他の水質が紫外線処理に支障がないものである場合に限る。

九 濾過池又は濾過膜（以下「濾過設備」という。）を設ける場合にあっては、予備設備が設けられていること。ただし、濾過設備が停止しても給水に支障がない場合は、この限りでない。

十 濾過設備の洗浄排水、沈殿池等からの排水その他の浄水処理過程で生じる排水（以下「浄水処理排水」という。）を公共用水域に放流する場合にあっては、その排水による生活環境保全上の支障が生じないように必要な設備が設けられていること。

十一 濾過池を設ける場合にあっては、水の汚染のおそれがないように、必要に応じて、覆いの設置その他の必要な措置が講じられていること。

十二 浄水処理排水を原水として用いる場合にあっては、浄水又は浄水処理の工程に支障が生じないように必要な措置が講じられていること。

十三 浄水処理をした水の水質により、水道施設が著しく腐食することのないように配慮されたものであること。

十四 前各号に掲げるもののほか、水質基準に適合する必要量の浄水を得るのに必要な設備を備えていること。

2 緩速濾過を用いる浄水施設は、次に掲げる要件を備えるものでなければならない。

一 濾過池は、浮遊物質を有効に除去することができる構造であること。

二 濾過砂は、原水中の浮遊物質を有効に除去することができる粒径分布を有すること。

三　原水の水質に応じて、所要の水質の水を得るために必要な時間、水が濾過砂に接触する構造であること。

四　濾過池に加えて、原水の水質に応じて、沈殿池その他の設備が設けられていること。

五　沈殿池を設ける場合にあっては、浮遊物質を有効に沈殿させることができ、かつ、沈殿物を容易に排出することができる構造であること。

3　急速濾過を用いる浄水施設は、次に掲げる要件を備えるものでなければならない。

一　薬品注入設備、凝集池、沈殿池及び濾過池に加えて、原水の水質に応じて、所要の水質の水を得るのに必要な設備が設けられていること。

二　凝集池は、凝集剤を原水に適切に混和させることにより良好なフロックが形成される構造であること。

三　沈殿池は、浮遊物質を有効に沈殿させることができ、かつ、沈殿物を容易に排出することができる構造であること。

四　濾過池は、浮遊物質を有効に除去することができる構造であること。

五　濾材の洗浄により、濾材に付着した浮遊物質を有効に除去することができ、かつ、除去された浮遊物質を排出することができる構造であること。

六　濾材は、原水中の浮遊物質を有効に除去することができる粒径分布を有すること。

七　濾過速度は、凝集及び沈殿処理をした水の水質、使用する濾材及び濾層の厚さに応じて、所要の水質の濾過水が安定して得られるように設定されていること。

4　膜濾過を用いる浄水施設は、次に掲げる要件を備えるものでなければならない。

一　膜濾過設備は、膜の表面全体で安定して濾過を行うことができる構造であること。

二　膜モジュールの洗浄により、膜モジュールに付着した浮遊物質を有効に除去することができ、かつ、洗浄排水を排出することができる構造であること。

三　膜の両面における水圧の差、膜濾過水量及び膜濾過水の濁度を監視し、かつ、これらに異常な事態が生じた場合に関係する浄水施設の運転を速やかに停止することができる設備が設けられていること。

四　膜モジュールは、容易に破損し、又は変形しないものであり、かつ、必要な通水性及び耐圧性を有すること。

五　膜モジュールは、原水中の浮遊物質を有効に除去することができる構造であること。

六　濾過速度は、原水の水質及び最低水温、膜の種類、前処理等の諸条件に応じて、所要の水質の濾過水が安定して得られるように設定されていること。

七　膜濾過設備に加えて、原水の水質に応じて、前処理のための設備その他の必要な設備が設けられていること。

八　前処理のための設備は、膜モジュールの構造、材質及び性能に応じて、所要の水質の水が得られる構造であること。

5　粉末活性炭処理を用いる浄水施設は、次に掲げる要件を備えるものでなければならない。

一　粉末活性炭の注入設備は、適切な効果を得るために必要な時間、水が粉末活性炭に接触する位置に設けられていること。

二　粉末活性炭は、所要の水質の水を得るために必要な性状を有するものであること。

三　粉末活性炭処理の後に、粉末活性炭が浄水に漏出するのを防止するために必要な措置が講じられていること。

6　粒状活性炭処理を用いる浄水施設は、次に掲げる要件を備えるものでなければならない。

一　原水の水質に応じて、所要の水質の水を得るために必要な時間、水が粒状活性炭に接触する構造であること。

二　粒状活性炭の洗浄により、粒状活性炭に付着した浮遊物質を有効に除去することができ、かつ、除去された浮遊物質を排出することができる構造であること。

三　粒状活性炭は、所要の水質の水を得るために必要な性状を有するものであること。

四　粒状活性炭及びその微粉並びに粒状活性炭層内の微生物が浄水に漏出するのを防止するために必要な措置が講じられていること。

五　粒状活性炭層内の微生物により浄水処理を行う場合にあっては、粒状活性炭層内で当該微生物の特性に応じた適切な生息環境を保持するために必要な措置が講じられていること。

7　オゾン処理を用いる浄水施設は、次に掲げる要件を備えるものでなければならない。

一　オゾン接触槽は、オゾンと水とが効率的に混和される構造であること。

二　オゾン接触槽は、所要の水質の水を得るために必要な時間、水がオゾンに接触する構造であること。

三　オゾン処理設備の後に、粒状活性炭処理設備が設けられていること。

四　オゾンの漏えいを検知し、又は防止するために必要な措置が講じられていること。

8　生物処理を用いる浄水施設は、次に掲げる要件を備えるものでなければならない。

一　接触槽は、生物処理が安定して行われるために必要な時間、水が微生物と接触する構造であるとともに、当該微生物の特性に応じた適切な生息環境を保持するために必要な措置が講じられていること。

二　接触槽の後に、接触槽内の微生物が浄水に漏出するのを防止するために必要な措置が講じられていること。

9　紫外線処理を用いる浄水施設は、次に掲げる要件を備えるものでなければならない。

一　紫外線照射槽は、紫外線処理の効果を得るために必要な時間、水が紫外線に照射される構造であること。

二　紫外線照射装置は、紫外線照射槽内の紫外線強度の分布が所要の効果を得るものとなるように紫外線を照射する構造であるとともに、当該紫外線を常時安定して照射するために必要な措置が講じられていること。

三　水に照射される紫外線の強度の監視のための設備が設けられていること。

四　紫外線が照射される水の濁度及び水量の監視のための設備が設けられていること。ただし、地表水以外を原水とする場合にあっては、水の濁度の監視のための設備については、当該水の濁度が紫外線処理に支障を及ぼさないことが明らかである場合は、この限りではない。

五　紫外線照射槽内に紫外線ランプを設ける場合にあっては、紫外線ランプの破損を防止する措置が講じられ、かつ、紫外線ランプの状態の監視のための設備が設けられていること。

（送水施設）

第６条　送水施設は、次に掲げる要件を備えるものでなければならない。

一　送水施設の上下流にある水道施設の標高、送水量、地形、地質等に応じて、安定性及び経済性に配慮した位置及び方法であること。

二　地形及び地勢に応じて、接合井、排水設備、制水弁、空気弁又は伸縮継手が設けられていること。

三　送水管内で負圧が生じないために必要な措置が講じられていること。

四　ポンプを設ける場合にあっては、必要に応じて、水撃作用の軽減を図るために必要な措置が講じられていること。

五　ポンプは、次に掲げる要件を備えること。

イ　必要量の浄水を安定的かつ効率的に送ることができる容量、台数及び形式であること。

ロ　予備設備が設けられていること。ただし、ポンプが停止しても給水に支障がない場合は、この限りでない。

六　前各号に掲げるもののほか、必要量の浄水を送るのに必要な設備を有すること。

（配水施設）

第７条　配水施設は、次に掲げる要件を備えるものでなければならない。

一　配水区域は、地形、地勢その他の自然的条件及び土地利用その他の社会的条件を考慮して、合理的かつ経済的な施設の維持管理ができるように、必要に応じて、適正な区域に分割されていること。

二　配水区域の地形、地勢その他の自然的条件に応じて、効率的に配水施設が設けられていること。

三　配水施設の上流にある水道施設と配水区域の標高､配水量､地形等が考慮された配水方法であること。

四　需要の変動に応じて、常時浄水を供給することができるように、必要に応じて、配水区域ごとに配水池等が設けられ、かつ、適正な管径を有する配水管が布設されていること。

五　地形、地勢及び給水条件に応じて、排水設備、制水弁、減圧弁、空気弁又は伸縮継手が設けられていること。

六　配水施設内の浄水を採水するために必要な措置が講じられていること。

七　災害その他非常の場合に断水その他の給水への影響ができるだけ少なくなるように必要な措置が講じられていること。

八　配水管から給水管に分岐する箇所での配水管の最小動水圧が150キロパスカルを下らないこと。ただし、給水に支障がない場合は、この限りでない。

九　消火栓の使用時においては、前号にかかわらず、配水管内が正圧に保たれていること。

十　配水管から給水管に分岐する箇所での配水管の最大静水圧が740キロパスカルを超えないこと。ただし、給水に支障がない場合は、この限りでない。

十一　配水池等は、次に掲げる要件を備えること。

イ　配水池等は、配水区域の近くに設けられ、かつ、地形及び地質に応じた安全性に考慮した位置に設けられていること。

ロ　需要の変動を調整することができる容量を有し、必要に応じて、災害その他非常の場合の給水の安定性等を勘案した容量であること。

十二　配水管は、次に掲げる要件を備えること。

イ　管内で負圧が生じないようにするために必要な措置が講じられていること。

ロ　配水管を埋設する場合にあっては、埋設場所の諸条件に応じて、適切な管の種類及び伸縮継手が使用されていること。

ハ　必要に応じて、腐食の防止のために必要な措置が講じられていること。

十三　ポンプを設ける場合にあっては、必要に応じて、水撃作用の軽減を図るために必要な措置が講じられていること。

十四　ポンプは、次に掲げる要件を備えること。

イ　需要の変動及び使用条件に応じて、必要量の浄水を安定的に供給することができる容量､台数及び形式であること。

ロ　予備設備が設けられていること。ただし、ポンプが停止しても給水に支障がない場合は、この限りでない。

十五　前各号に掲げるもののほか、必要量の浄水を一定以上の圧力で連続して供給するのに必要な設備を有すること。

（位置及び配列）

第８条　水道施設の位置及び配列を定めるに当たっては、維持管理の確実性及び容易性、増設、改造及び更新の容易性並びに所要の水質の原水の確保の安定性を考慮しなければならない。

附　則

1　この省令は、平成12年４月１日から施行する。

2　この省令の施行の際現に設置されている水道施設であって、第１条第２号から第12号まで、第15号及び第17号ハ、第２条第１項第１号及び第２号、第２項並びに第３項、第３条第１項第１号から第６号まで及び第３項､第４条第１号から第５号まで、第５条第１項第３号、第６号、第７号、第９号及び第11号、第６条第１号、第２号、第４号及び第５号、第７条第１号から第３号まで、第５号、第７号、第11号、第12号ロ及びハ、第13号並びに第14号並びに第８条に規定する基準に適合しないものについては、その施設の大規模の改造の時までは、これらの規定を適用しない。

附　則（平成16年１月26日厚労令第５号）抄

（施行期日）

第１条　この省令は、平成16年４月１日から施行する。

（経過措置）

第３条　パッキンを除く部品又は材料としてゴム、ゴム化合物又は合成樹脂を使用している資機材等の浸出液に係る基準については、当分の間、この省令による改正後の別表第２フェノール類の項中「0.0005mg／ℓ」とあるのは「0.005mg／ℓ」とする。

第４条　この省令の施行の際現に設置されている浄水又は浄水処理過程における水に接する資機材等（ポンプ、消火栓その他の水と接触する面積が著しく小さいものを除く。）であって、この省令による改正後の水道施設の技術的基準を定める省令第１条17号ハに規定する基準に適合しないものについては、当該水道施設の大規模の改造のときまでは、この規定を適用しない。

附　則（平成20年３月28日厚労令第60号）

（施行期日）

第１条　この省令は、平成20年10月１日から施行する。

（経過措置）

第２条　この省令の施行の際現に設置され、又は設置の工事が行われている水道施設であって、この省令による改正後の水道施設の技術的基準を定める省令第１条第７号イ及びロに規定する基準に適合しないものについては、当該水道施設の大規模の改造のときまでは、この規定を適用しない。

附　則（平成21年３月６日厚労令第26号）

（施行期日）

第１条　この省令は、平成21年４月１日から施行する。

（経過措置）

第２条　この省令の施行の際現に設置されている浄水又は浄水処理過程における水に接する資機材等（ポンプ、消火栓その他の水と接触する面積が著しく小さいものを除く。）であって、この省令による改正後の水道施設の技術的基準を定める省令第１条第17号ハに規定する基準に適合しないものについては、当該水道施設の大規模の改造のときまでは、この規定を適用しない。

附　則（平成22年２月17日厚労令第18号）抄

（施行期日）

第１条　この省令は、平成22年４月１日から施行する。

（経過措置）

第４条　この省令の施行の際現に設置されている浄水又は浄水処理過程における水に接する資機材等（ポンプ、消火栓その他の水と接触する面積が著しく小さいものを除く。）であって、第３条の規定よる改正後の水道施設の技術的基準を定める省令第１条第17号ハに規定する基準に適合しないものについては、当該水道施設の大規模の改造のときまでは、この規定を適用しない。

附　則（平成23年１月28日厚労令第11号）抄

（施行期日）

第１条　この省令は、平成23年４月１日から施行する。

（経過措置）

第３条　この省令の施行の際現に設置されている浄水又は浄水処理過程における水に接する資機材等（ポンプ、消火栓その他の水と接触する面積が著しく小さいものを除く。）であって、第３条の規定よる改正後の水道施設の技術的基準を定める省令第１条第17号ハに規定する基準に適合しないものについては、当該水道施設の大規模の改造のときまでは、この規定を適用しない。

附　則（平成26年２月28日厚労令第15号）抄

（施行期日）

第１条　この省令は、平成26年４月１日から施行する。

（経過措置）

第３条　この省令の施行の際現に設置されている浄水又は浄水処理過程における水に接する資機材等（ポンプ、消火栓その他の水と接触する面積が著しく小さいものを除く。）であって、第４条の規定による改正後の水道施設の技術的基準を定める省令第１条第17号ハに規定する基準に適合しないものについては、当該資機材等の大規模の改造のときまでは、この規定を適用しない。

附　則（令和２年３月25日厚労令第38号）抄

（施行期日）

第１条　この省令は、令和２年４月１日から施行する。

（経過措置）

第４条　この省令の施行の際現に設置されている浄水又は浄水処理過程における水に接する資機材等（ポンプ、消火栓その他の水と接触する面積が著しく小さいものを除く。）であって、第３条の規定による改正後の水道施設の技術的基準を定める省令第１条第17号ハに規定する基準に適合しないものについては、当該資機材等の大規模の改造のときまでは、この規定を適用しない。

別表第１（第１条関係）

事　　項	基　　準
カドミウム及びその化合物	カドミウムの量に関して、0.0003mg／ℓ以下であること。
水銀及びその化合物	水銀の量に関して、0.00005mg／ℓ以下であること。
セレン及びその化合物	セレンの量に関して、0.001mg／ℓ以下であること。
鉛及びその化合物	鉛の量に関して、0.001mg／ℓ以下であること。
ヒ素及びその化合物	ヒ素の量に関して、0.001mg／ℓ以下であること。
六価クロム化合物	六価クロムの量に関して、0.002mg／ℓ以下であること。
亜硝酸態窒素	0.004mg／ℓ以下であること。
シアン化物イオン及び塩化シアン	シアンの量に関して、0.001mg／ℓ以下であること。
硝酸態窒素及び亜硝酸態窒素	1.0mg／ℓ以下であること。
ホウ素及びその化合物	ホウ素の量に関して、0.1mg／ℓ以下であること。
四塩化炭素	0.0002mg／ℓ以下であること。
１・４―ジオキサン	0.005mg／ℓ以下であること。
シス―１・２―ジクロロエチレン及びトランス―１・２－ジクロロエチレン	0.004mg／ℓ以下であること。
ジクロロメタン	0.002mg／ℓ以下であること。
テトラクロロエチレン	0.001mg／ℓ以下であること。

トリクロロエチレン	0.001mg／ℓ以下であること。
ベンゼン	0.001mg／ℓ以下であること。
塩素酸	0.4mg／ℓ以下であること。
臭素酸	0.005mg／ℓ以下であること。
亜鉛及びその化合物	亜鉛の量に関して、0.1mg／ℓ以下であること。
鉄及びその化合物	鉄の量に関して、0.03mg／ℓ以下であること。
銅及びその化合物	銅の量に関して、0.1mg／ℓ以下であること。
マンガン及びその化合物	マンガンの量に関して、0.005mg／ℓ以下であること。
陰イオン界面活性剤	0.02mg／ℓ以下であること。
非イオン界面活性剤	0.005mg／ℓ以下であること。
フェノール類	フェノールの量に換算して､0.0005mg／ℓ以下であること。
有機物（全有機炭素（TOC）の量）	0.3mg／ℓ以下であること。
味	異常でないこと。
臭気	異常でないこと。
色度	0.5度以下であること。
アンチモン及びその化合物	0.002mg／ℓ以下であること。
ウラン及びその化合物	0.0002mg／ℓ以下であること。
ニッケル及びその化合物	0.002mg／ℓ以下であること。
1・2―ジクロロエタン	0.0004mg／ℓ以下であること。
亜塩素酸	0.6mg／ℓ以下であること。
二酸化塩素	0.6mg／ℓ以下であること。
銀及びその化合物	0.01mg／ℓ以下であること。
バリウム及びその化合物	0.07mg／ℓ以下であること。
モリブデン及びその化合物	0.007mg／ℓ以下であること。
アクリルアミド	0.00005mg／ℓ以下であること。

別表第2（第1条関係）

事　　項	基　　　　準
カドミウム及びその化合物	カドミウムの量に関して、0.0003mg／ℓ以下であること。
水銀及びその化合物	水銀の量に関して、0.00005mg／ℓ以下であること。
セレン及びその化合物	セレンの量に関して、0.001mg／ℓ以下であること。
鉛及びその化合物	鉛の量に関して、0.001mg／ℓ以下であること。
ヒ素及びその化合物	ヒ素の量に関して、0.001mg／ℓ以下であること。
六価クロム化合物	六価クロムの量に関して、0.002mg／ℓ以下であること。
亜硝酸態窒素	0.004mg／ℓ以下であること。
シアン化物イオン及び塩化シアン	シアンの量に関して、0.001mg／ℓ以下であること。
硝酸態窒素及び亜硝酸態窒素	1.0mg／ℓ以下であること。
フッ素及びその化合物	フッ素の量に関して、0.08mg／ℓ以下であること。
ホウ素及びその化合物	ホウ素の量に関して、0.1mg／ℓ以下であること。
四塩化炭素	0.0002mg／ℓ以下であること。
1・4―ジオキサン	0.005mg／ℓ以下であること。
シス―1・2―ジクロロエチレン及びトランス―1・2－ジクロロエチレン	0.004mg／ℓ以下であること。
ジクロロメタン	0.002mg／ℓ以下であること。
テトラクロロエチレン	0.001mg／ℓ以下であること。
トリクロロエチレン	0.001mg／ℓ以下であること。
ベンゼン	0.001mg／ℓ以下であること。
ホルムアルデヒド	0.008mg／ℓ以下であること。
亜鉛及びその化合物	亜鉛の量に関して、0.1mg／ℓ以下であること。
アルミニウム及びその化合物	アルミニウムの量に関して、0.02mg／ℓ以下であること。
鉄及びその化合物	鉄の量に関して、0.03mg／ℓ以下であること。
銅及びその化合物	銅の量に関して、0.1mg／ℓ以下であること。
ナトリウム及びその化合物	ナトリウムの量に関して、20mg／ℓ以下であること。
マンガン及びその化合物	マンガンの量に関して、0.005mg／ℓ以下であること。
塩化物イオン	20mg／ℓ以下であること。
蒸発残留物	50mg／ℓ以下であること。
陰イオン界面活性剤	0.02mg／ℓ以下であること。
非イオン界面活性剤	0.005mg／ℓ以下であること。
フェノール類	フェノールの量に換算して､0.0005mg／ℓ以下であること。
有機物(全有機炭素(TOC)の量)	0.5mg／ℓ以下であること。
味	異常でないこと。
臭気	異常でないこと。
色度	0.5度以下であること。
濁度	0.2度以下であること。
1・2―ジクロロエタン	0.0004mg／ℓ以下であること。
アミン類	トリエチレンテトラミンとして、0.01mg／ℓ以下であること。
エピクロロヒドリン	0.01mg／ℓ以下であること。
酢酸ビニル	0.01mg／ℓ以下であること。
N・N―ジメチルアニリン	0.01mg／ℓ以下であること。
スチレン	0.002mg／ℓ以下であること。

2・4—トルエンジアミン	0.002mg／ℓ以下であること。
2・6—トルエンジアミン	0.001mg／ℓ以下であること。
1・2—ブタジエン	0.001mg／ℓ以下であること。
1・3—ブタジエン	0.001mg／ℓ以下であること。

別表第3（第3条関係）

貯水池の水位＼ダムの種類		重力式コンクリートダム	アーチ式コンクリートダム	フィルダム
一	ダムの非越流部の直上流部における水位が常時満水位以下又はサーチャージ水位以下である場合	W、P、P_e、I、P_d、U	W、P、P_e、I、P_d、U、T	W、P、I、P_p
二	ダムの非越流部の直上流部における水位が設計洪水位である場合	W、P、P_e、U	W、P、P_e、U、T	W、P、P_p

備考

この表において、W、P、P_e、I、P_d、U、P_p及びTは、それぞれ次の荷重を表すものとする。

W　ダムの堤体の自重

P　貯留水による静水圧の力

P_e　貯水池内に堆(たい)積する汚土による力

I　地震時におけるダムの堤体の慣性力

P_d　地震時における貯留水による動水圧の力

U　貯留水による揚圧力

P_p　間げき圧（ダムの堤体の内部及びダムの基礎地盤の浸透水による水圧をいう。）の力

T　ダムの堤体の内部の温度の変化によって生ずる力

4　給水装置の構造及び材質の基準に関する省令

（平成9年3月19日 厚生省令第14号）

改正　平成12年10月20日厚生省令第127号　平成14年10月29日厚生労働省令第138号
平成16年1月26日厚生労働省令第6号　平成21年3月6日厚生労働省令第27号
平成22年2月17日厚生労働省令第18号　平成23年1月28日厚生労働省令第11号
平成24年9月6日厚生労働省令第123号　平成26年2月28日厚生労働省令第15号
令和2年3月25日厚生労働省令第38号　令和6年3月29日厚生労働省令第65号

水道法施行令（昭和32年政令第336号）第4条※第2項の規定に基づき、給水装置の構造及び材質の基準に関する省令を次のように定める。　※改正により現行法では第6条。

（耐圧に関する基準）

第1条　給水装置（最終の止水機構の流出側に設置されている給水用具を除く。以下この条において同じ。）は、次に掲げる耐圧のための性能を有するものでなければならない。

一　給水装置（次号に規定する加圧装置及び当該加圧装置の下流側に設置されている給水用具並びに第3号に規定する熱交換器内における浴槽内の水等の加熱用の水路を除く。）は、国土交通大臣が定める耐圧に関する試験（以下「耐圧性能試験」という。）により1.75メガパスカルの静水圧を1分間加えたとき、水漏れ、変形、破損その他の異常を生じないこと。

二　加圧装置及び当該加圧装置の下流側に設置されている給水用具（次に掲げる要件を満たす給水用具に設置されているものに限る。）は、耐圧性能試験により当該加圧装置の最大吐出圧力の静水圧を1分間加えたとき、水漏れ、変形、破損その他の異常を生じないこと。

イ　当該加圧装置を内蔵するものであること。

ロ　減圧弁が設置されているものであること。

ハ　ロの減圧弁の下流側に当該加圧装置が設置されているものであること。

ニ　当該加圧装置の下流側に設置されている給水用具についてロの減圧弁を通さない水との接続がない構造のものであること。

三　熱交換器内における浴槽内の水等の加熱用の水路（次に掲げる要件を満たすものに限る。）については、接合箇所（溶接によるものを除く。）を有せず、耐圧性能試験により1.75メガパスカルの静水圧を1分間加えたとき、水漏れ、変形、破損その他の異常を生じないこと。

イ　当該熱交換器が給湯及び浴槽内の水等の加熱に兼用する構造のものであること。

ロ　当該熱交換器の構造として給湯用の水路と浴槽内の水等の加熱用の水路が接触するものであること。

四　パッキンを水圧で圧縮することにより水密性を確保する構造の給水用具は、第1号に掲げる性能を有するとともに、耐圧性能試験により20キロパスカルの静水圧を1分間加えたとき、水漏れ、変形、破損その他の異常を生じないこと。

2　給水装置の接合箇所は、水圧に対する充分な耐力を確保するためにその構造及び材質に応じた適切な接合が行われているものでなければならない。

3　家屋の主配管は、配管の経路について構造物の下の通過を避けること等により漏水時の修理を容易に行うことができるようにしなければならない。

（浸出等に関する基準）

第2条　飲用に供する水を供給する給水装置は、国土交通大臣及び環境大臣が定める浸出に関する試験（以下「浸出性能試験」という。）により供試品（浸出性能試験に供される器具、その部品、又はその材料（金属以外のものに限る。）をいう。）について浸出させたとき、その浸出液は、別表第1の上欄に掲げる事項につき、水栓その他給水装置の末端に設置されている給水用具にあっては同表の中欄に掲げる基準に適合し、それ以外の給水装置に

あっては同表の下欄に掲げる基準に適合しなければならない。

2　給水装置は、末端部が行き止まりとなっていること等により水が停滞する構造であってはならない。ただし、当該末端部に排水機構が設置されているものにあっては、この限りでない。

3　給水装置は、シアン、六価クロムその他水を汚染するおそれのある物を貯留し、又は取り扱う施設に近接して設置されていてはならない。

4　鉱油類、有機溶剤その他の油類が浸透するおそれのある場所に設置されている給水装置は、当該油類が浸透するおそれのない材質のもの又はさや管等により適切な防護のための措置が講じられているものでなければならない。

（水撃限界に関する基準）

第3条　水栓その他水撃作用（止水機構を急に閉止した際に管路内に生じる圧力の急激な変動作用をいう。）を生じるおそれのある給水用具は、国土交通大臣が定める水撃限界に関する試験により当該給水用具内の流速を2メートル毎秒又は当該給水用具内の動水圧を0.15メガパスカルとする条件において給水用具の止水機構の急閉止（閉止する動作が自動的に行われる給水用具にあっては、自動閉止）をしたとき、その水撃作用により上昇する圧力が1.5メガパスカル以下である性能を有するものでなければならない。ただし、当該給水用具の上流側に近接してエアチャンバーその他の水撃防止器具を設置すること等により適切な水撃防止のための措置が講じられているものにあっては、この限りでない。

（防食に関する基準）

第4条　酸又はアルカリによって侵食されるおそれのある場所に設置されている給水装置は、酸又はアルカリに対する耐食性を有する材質のもの又は防食材で被覆すること等により適切な侵食の防止のための措置が講じられているものでなければならない。

2　漏えい電流により侵食されるおそれのある場所に設置されている給水装置は、非金属製の材質のもの又は絶縁材で被覆すること等により適切な電気防食のための措置が講じられているものでなければならない。

（逆流防止に関する基準）

第5条　水が逆流するおそれのある場所に設置されている給水装置は、次の各号のいずれかに該当しなければならない。

一　次に掲げる逆流を防止するための性能を有する給水用具が、水の逆流を防止することができる適切な位置（ニに掲げるものにあっては、水受け容器の越流面の上方150ミリメートル以上の位置）に設置されていること。

イ　減圧式逆流防止器は、国土交通大臣が定める逆流防止に関する試験（以下「逆流防止性能試験」という。）により3キロパスカル及び1.5メガパスカルの静水圧を1分間加えたとき、水漏れ、変形、破損その他の異常を生じないとともに、国土交通大臣が定める負圧破壊に関する試験（以下「負圧破壊性能試験」という。）により流入側からマイナス54キロパスカルの圧力を加えたとき、減圧式逆流防止器に接続した透明管内の水位の上昇が3ミリメートルを超えないこと。

ロ　逆止弁（減圧式逆流防止器を除く。）及び逆流防止装置を内部に備えた給水用具（ハにおいて「逆流防止給水用具」という。）は、逆流防止性能試験により3キロパスカル及び1.5メガパスカルの静水圧を1分間加えたとき、水漏れ、変形、破損その他の異常を生じないこと。

ハ　逆流防止給水用具のうち次の表の第1欄に掲げるものに対するロの規定の適用については、同欄に掲げる逆流防止給水用具の区分に応じ、同表の第2欄に掲げる字句は、それぞれ同表の第3欄に掲げる字句とする。

逆流防止給水用具の区分	読み替えられる字句	読み替える字句
(1)　減圧弁	1.5メガパスカル	当該減圧弁の設定圧力
(2)　当該逆流防止装置の流出側に止水機構が設けられておらず、かつ、大気に開口されている逆流防止給水用具((3)及び(4)に規定するものを除く。)	3キロパスカル及び1.5メガパスカル	3キロパスカル
(3)　浴槽に直結し、かつ、自動給湯する給湯機及び給湯付きふろがま((4)に規定するものを除く。)	1.5メガパスカル	50キロパスカル
(4)　浴槽に直結し、かつ、自動給湯する給湯機及び給湯付きふろがまであって逆流防止装置の流出側に循環ポンプを有するもの	1.5メガパスカル	当該循環ポンプの最大吐出圧力又は50キロパスカルのいずれかの高い圧力

ニ　バキュームブレーカは、負圧破壊性能試験により流入側からマイナス54キロパスカルの圧力を加えたとき、バキュームブレーカに接続した透明管内の水位の上昇が75ミリメートルを超えないこと。

ホ　負圧破壊装置を内部に備えた給水用具は、負圧破壊性能試験により流入側からマイナス54キロパスカルの圧力を加えたとき、当該給水用具に接続した透明管内の水位の上昇が、バキュームブレーカを内部に備えた給水用具にあっては逆流防止機能が働く位置から水受け部の水面までの垂直距離の2分の1、バキュームブレーカ以外の負圧破壊装置を内部に備えた給水用具にあっては吸気口に接続している管と流入管の接続部分の最下端又は吸気口の最下端のうちいずれか低い点から水面までの垂直距離の2分の1を超えないこと。

ヘ　水受け部と吐水口が一体の構造であり、かつ、水受け部の越流面と吐水口の間が分離されていることにより水の逆流を防止する構造の給水用具は、負圧破壊性能試験により流入側からマイナス54キロパスカルの圧力を加えたとき、吐水口から水を引き込まないこと。

二　吐水口を有する給水装置が、次に掲げる基準に適合すること。

イ　呼び径が25ミリメートル以下のものにあっては、別表第2の上欄に掲げる呼び径の区分に応じ、同表中欄に掲げる近接壁から吐水口の中心までの水平距離及び同表下欄に掲げる越流面から吐水口の最下端までの垂直距離が確保されていること。

ロ　呼び径が25ミリメートルを超えるものにあっては、別表第３の上欄に掲げる区分に応じ、同表下欄に掲げる越流面から吐水口の最下端までの垂直距離が確保されていること。

２　事業活動に伴い、水を汚染するおそれのある場所に給水する給水装置は、前項第２号に規定する垂直距離及び水平距離を確保し、当該場所の水管その他の設備と当該給水装置を分離すること等により、適切な逆流の防止のための措置が講じられているものでなければならない。

（耐寒に関する基準）

第６条　屋外で気温が著しく低下しやすい場所その他凍結のおそれのある場所に設置されている給水装置のうち減圧弁、逃し弁、逆止弁、空気弁及び電磁弁（給水用具の内部に備え付けられているものを除く。以下「弁類」という。）にあっては、国土交通大臣が定める耐久に関する試験（以下「耐久性能試験」という。）により10万回の開閉操作を繰り返し、かつ、国土交通大臣が定める耐寒に関する試験（以下「耐寒性能試験」という。）により零下20度プラスマイナス２度の温度で１時間保持した後通水したとき、それ以外の給水装置にあっては、耐寒性能試験により零下20度プラスマイナス２度の温度で１時間保持した後通水したとき、当該給水装置に係る第１条第１項に規定する性能、第３条に規定する性能及び前条第１項第１号に規定する性能を有するものでなければならない。ただし、断熱材で被覆すること等により適切な凍結の防止のための措置が講じられているものにあっては、この限りでない。

（耐久に関する基準）

第７条　弁類（前条本文に規定するものを除く。）は、耐久性能試験により10万回の開閉操作を繰り返した後、当該給水装置に係る第１条第１項に規定する性能、第３条に規定する性能及び第５条第１項第１号に規定する性能を有するものでなければならない。

附　則（平成16年１月26日厚労令第６号）抄

（施行期日）

第１条　この省令は、平成16年４月１日から施行する。

（経過措置）

第３条　パッキンを除く主要部品の材料としてゴム、ゴム化合物又は合成樹脂を使用している水栓その他給水装置の末端に設置されている給水用具の浸出液に係る基準については、当分の間、この省令による改正後の別表第１フェノール類の項中「0.0005mg／ℓ」とあるのは「0.005mg／ℓ」とする。

第４条　この省令の施行の際現に設置され、若しくは設置の工事が行われている給水装置又は現に建築の工事が行われている建築物に設置されるものであって、この省令による改正後の給水装置の構造及び材質の基準に関する省令第２条第１項に規定する基準に適合しないものについては、その給水装置の大規模の改造のときまでは、この規定を適用しない。

附　則（平成21年３月６日厚労令第27号）

（施行期日）

第１条　この省令は、平成21年４月１日から施行する。

（経過措置）

第２条　この省令の際現に設置され、若しくは設置の工事が行われている給水装置又は現に建築の工事が行われている建築物に設置されるものであって、この省令による改正後の給水装置の構造及び材質の基準に関する省令第２条第１項に規定する基準に適合しないものについては、その給水装置の大規模の改造のときまでは、この規定を適用しない。

附　則（平成22年２月17日厚労令第18号）抄

（施行期日）

第１条　この省令は、平成22年４月１日から施行する。

（経過措置）

第２条　平成24年３月31日までの間、第２条の規定による改正後の給水装置の構造及び材質の基準に関する省令（次条において新給水装置省令」という。）別表第１カドミウム及びその化合物の項の適用については、同項中欄中「0.0003mg／ℓ」とあるのは、「0.001mg／ℓ」とする。

第３条　この省令の施行の際現に設置され、若しくは設置の工事が行われている給水装置又は現に建築の工事が行われている建築物に設置されるものであって、新給水装置省令第２条第１項に規定する基準に適合しないものについては、その給水装置の大規模の改造のときまでは、この規定を適用しない。

附　則（平成23年１月28日厚労令第11号）抄

（施行期日）

第１条　この省令は、平成23年４月１日から施行する。

（経過措置）

第２条　この省令の施行の際現に設置され、若しくは設置の工事が行われている給水装置又は現に建築の工事が行われている建築物に設置されるものであって、第２条の規定による改正後の給水装置の構造及び材質の基準に関する省令第２条第１項に規定する基準に適合しないものについては、その給水装置の大規模の改造のときまでは、この規定を適用しない。

附　則（平成24年９月６日厚労令第123号）

この省令は、公布の日から施行する。ただし、第５条第１項第２号イ及び別表第２の改正規定は、平成25年10月１日から施行する。

附　則（平成26年２月28日厚労令第15号）抄

（施行期日）

第１条　この省令は、平成26年４月１日から施行する。

（経過措置）

第２条　この省令の施行の際現に設置され、若しくは設置の工事が行われている給水装置又は現に建築の工事が行われている建築物に設置されるものであって、第３条の規定による改正後の給水装置の構造及び材質の基準に関する省令第２条第１項に規定する基準に適合しないものについては、当該給水装置の大規模の改造のときまでは、この規定を適用しない。

附　則（令和２年３月25日厚労令第38号）抄

（施行期日）

第１条　この省令は、令和２年４月１日から施行する。

（経過措置）

第２条　令和３年３月31日までの間、第２条の規定による改正後の給水装置の構造及び材質の基準に関する省令（次条において「新給水装置省令」という。）別表第１六価クロム化合物の項の適用については、同項中欄中「0.002mg／ℓ」とあるのは、「0.005mg／ℓ」とする。

第3条　この省令の施行の際現に設置され、若しくは設置の工事が行われている給水装置又は現に建築の工事が行われている建築物に設置されるものであって、新給水装置省令第2条第1項に規定する基準に適合しないものについては、当該給水装置の大規模の改造のときまでは、この規定を適用しない。

別表第1

事　　項	水栓その他給水装置の末端に設置されている給水用具の浸出液に係る基準	給水装置の末端以外に設置されている給水用具の浸出液、又は給水管の浸出液に係る基準
カドミウム及びその化合物	カドミウムの量に関して、0.0003mg／ℓ以下であること。	カドミウムの量に関して、0.003mg／ℓ以下であること。
水銀及びその化合物	水銀の量に関して、0.00005mg／ℓ以下であること。	水銀の量に関して、0.0005mg／ℓ以下であること。
セレン及びその化合物	セレンの量に関して、0.001mg／ℓ以下であること。	セレンの量に関して、0.01mg／ℓ以下であること。
鉛及びその化合物	鉛の量に関して、0.001mg／ℓ以下であること。	鉛の量に関して、0.01mg／ℓ以下であること。
ヒ素及びその化合物	ヒ素の量に関して、0.001mg／ℓ以下であること。	ヒ素の量に関して、0.01mg／ℓ以下であること。
六価クロム化合物	六価クロムの量に関して、0.002mg／ℓ以下であること。	六価クロムの量に関して、0.02mg／ℓ以下であること。
亜硝酸態窒素	0.004mg／ℓ以下であること。	0.04mg／ℓ以下であること。
シアン化物イオン及び塩化シアン	シアンの量に関して、0.001mg／ℓ以下であること。	シアンの量に関して、0.01mg／ℓ以下であること。
硝酸態窒素及び亜硝酸態窒素	1.0mg／ℓ以下であること。	10mg／ℓ以下であること。
フッ素及びその化合物	フッ素の量に関して、0.08mg／ℓ以下であること。	フッ素の量に関して、0.8mg／ℓ以下であること。
ホウ素及びその化合物	ホウ素の量に関して、0.1mg／ℓ以下であること。	ホウ素の量に関して、1.0mg／ℓ以下であること。
四塩化炭素	0.0002mg／ℓ以下であること。	0.002mg／ℓ以下であること。
1・4―ジオキサン	0.005mg／ℓ以下であること。	0.05mg／ℓ以下であること。
シス―1・2―ジクロロエチレン及びトランス―1・2―ジクロロエチレン	0.004mg／ℓ以下であること。	0.04mg／ℓ以下であること。
ジクロロメタン	0.002mg／ℓ以下であること。	0.02mg／ℓ以下であること。
テトラクロロエチレン	0.001mg／ℓ以下であること。	0.01mg／ℓ以下であること。
トリクロロエチレン	0.001mg／ℓ以下であること。	0.01mg／ℓ以下であること。
ベンゼン	0.001mg／ℓ以下であること。	0.01mg／ℓ以下であること。
ホルムアルデヒド	0.008mg／ℓ以下であること。	0.08mg／ℓ以下であること。
亜鉛及びその化合物	亜鉛の量に関して、0.1mg／ℓ以下であること。	亜鉛の量に関して、1.0mg／ℓ以下であること。
アルミニウム及びその化合物	アルミニウムの量に関して、0.02mg／ℓ以下であること。	アルミニウムの量に関して、0.2mg／ℓ以下であること。
鉄及びその化合物	鉄の量に関して、0.03mg／ℓ以下であること。	鉄の量に関して、0.3mg／ℓ以下であること。
銅及びその化合物	銅の量に関して、0.1mg／ℓ以下であること。	銅の量に関して、1.0mg／ℓ以下であること。
ナトリウム及びその化合物	ナトリウムの量に関して、20mg／ℓ以下であること。	ナトリウムの量に関して、200mg／ℓ以下であること。
マンガン及びその化合物	マンガンの量に関して、0.005mg／ℓ以下であること。	マンガンの量に関して、0.05mg／ℓ以下であること。
塩化物イオン	20mg／ℓ以下であること。	200mg／ℓ以下であること。
蒸発残留物	50mg／ℓ以下であること。	500mg／ℓ以下であること。
陰イオン界面活性剤	0.02mg／ℓ以下であること。	0.2mg／ℓ以下であること。
非イオン界面活性剤	0.005mg／ℓ以下であること。	0.02mg／ℓ以下であること。
フェノール類	フェノールの量に換算して、0.0005mg／ℓ以下であること。	フェノールの量に換算して、0.005mg／ℓ以下であること。
有機物（全有機炭素（TOC）の量）	0.5mg／ℓ以下であること。	3mg／ℓ以下であること。
味	異常でないこと。	異常でないこと。
臭気	異常でないこと。	異常でないこと。
色度	0.5度以下であること。	5度以下であること。
濁度	0.2度以下であること。	2度以下であること。
1・2―ジクロロエタン	0.0004mg／ℓ以下であること。	0.004mg／ℓ以下であること。
アミン類	トリエチレンテトラミンとして、0.01mg／ℓ以下であること。	トリエチレンテトラミンとして、0.01mg／ℓ以下であること。
エピクロロヒドリン	0.01mg／ℓ以下であること。	0.01mg／ℓ以下であること。
酢酸ビニル	0.01mg／ℓ以下であること。	0.01mg／ℓ以下であること。
スチレン	0.002mg／ℓ以下であること。	0.002mg／ℓ以下であること。
2・4―トルエンジアミン	0.002mg／ℓ以下であること。	0.002mg／ℓ以下であること。
2・6―トルエンジアミン	0.001mg／ℓ以下であること。	0.001mg／ℓ以下であること。
1・2―ブタジエン	0.001mg／ℓ以下であること。	0.001mg／ℓ以下であること。
1・3―ブタジエン	0.001mg／ℓ以下であること。	0.001mg／ℓ以下であること。

備考 　主要部品の材料として銅合金を使用している水栓その他給水装置の末端に設置されている給水用具の浸出液に係る基準にあっては、この表鉛及びその化合物の項中「0.001mg／ℓ」とあるのは「0.007mg／ℓ」と、亜鉛及びその化合物の項中「0.1mg／ℓ」とあるのは「0.97mg／ℓ」と、銅及びその化合物の項中「0.1mg／ℓ」とあるのは「0.98mg／ℓ」とする。

別表第２

呼び径の区分	近接壁から吐水口の中心までの水平距離	越流面から吐水口の最下端までの垂直距離
13ミリメートル以下のもの	25ミリメートル以上	25ミリメートル以上
13ミリメートルを超え20ミリメートル以下のもの	40ミリメートル以上	40ミリメートル以上
20ミリメートルを超え25ミリメートル以下のもの	50ミリメートル以上	50ミリメートル以上

備考
1　浴槽に給水する給水装置（水受け部と吐水口が一体の構造であり、かつ、水受け部の越流面と吐水口の間が分離されていることにより水の逆流を防止する構造の給水用具（この表及び次表において「吐水口一体型給水用具」という。）を除く。）にあっては、この表下欄中「25ミリメートル」とあり、又は「40ミリメートル」とあるのは、「50ミリメートル」とする。
2　プール等の水面が特に波立ちやすい水槽並びに事業活動に伴い洗剤又は薬品を入れる水槽及び容器に給水する給水装置（吐水口一体型給水用具を除く。）にあっては、この表下欄中「25ミリメートル」とあり、「40ミリメートル」とあり、又は「50ミリメートル」とあるのは、「200ミリメートル」とする。

別表第３

区分			越流面から吐水口の最下端までの垂直距離
近接壁の影響がない場合			（1.7×ｄ＋５）ミリメートル以上
近接壁の影響がある場合	近接壁が一面の場合	壁からの離れが（３×Ｄ）ミリメートル以下のもの	（３×ｄ）ミリメートル以上
		壁からの離れが（３×Ｄ）ミリメートルを超え（５×Ｄ）ミリメートル以下のもの	（２×ｄ＋５）ミリメートル以上
		壁からの離れが（５×Ｄ）ミリメートルを超えるもの	（1.7×ｄ＋５）ミリメートル以上
	近接壁が二面の場合	壁からの離れが（４×Ｄ）ミリメートル以下のもの	（3.5×ｄ）ミリメートル以上
		壁からの離れが（４×Ｄ）ミリメートルを超え（６×Ｄ）ミリメートル以下のもの	（３×ｄ）ミリメートル以上
		壁からの離れが（６×Ｄ）ミリメートルを超え（７×Ｄ）ミリメートル以下のもの	（２×ｄ＋５）ミリメートル以上
		壁からの離れが（７×Ｄ）ミリメートルを超えるもの	（1.7×ｄ＋５）ミリメートル以上

備考
1　Ｄ：吐水口の内径（単位　ミリメートル）
　　ｄ：有効開口の内径（単位　ミリメートル）
2　吐水口の断面が長方形の場合は長辺をＤとする。
3　越流面より少しでも高い壁がある場合は近接壁とみなす。
4　浴槽に給水する給水装置（吐水口一体型給水用具を除く。）において、下欄に定める式により算定された越流面から吐水口の最下端までの垂直距離が50ミリメートル未満の場合にあっては、当該距離は50ミリメートル以上とする。
5　プール等の水面が特に波立ちやすい水槽並びに事業活動に伴い洗剤又は薬品を入れる水槽及び容器に給水する給水装置（吐水口一体型給水用具を除く。）において、下欄に定める式により算定された越流面から吐水口の最下端までの垂直距離が200ミリメートル未満の場合にあっては、当該距離は200ミリメートル以上とする。

5　水道法第25条の12第１項に規定する指定試験機関を指定する省令

（平成９年５月１日
厚生省令第47号）

改正　平成20年11月28日厚生労働省令第163号　平成24年８月16日厚生労働省令第116号
平成26年12月18日厚生労働省令第138号

水道法（昭和32年法律第177号）第25条の12の規定に基づき、水道法第25条の12第１項に規定する指定試験機関を指定する省令を次のように定める。

水道法（昭和32年法律第177号）第25条の12第１項に規定する指定試験機関として次の者を指定する。

法人の名称	主たる事務所の所在地	指定の日
公益財団法人給水工事技術振興財団（平成９年３月７日に財団法人給水工事技術振興財団という名称で設立された法人をいう。）	東京都新宿区	平成９年５月２日

6　水道の基盤を強化するための基本的な方針

（令和元年9月30日
厚生労働省告示第135号）

水道法の一部を改正する法律（平成30年法律第92号）の一部の施行に伴い、同法による改正後の水道法（昭和32年法律第177号）第5条の2第1項の規定に基づき、水道の基盤を強化するための基本的な方針を次のように策定し、水道法の一部を改正する法律の施行の日（令和元年10月1日）から適用することとしたので、同条第3項の規定に基づき告示する。

本方針は、水道法（昭和32年法律第177号。以下「法」という。）の目的である、水道の布設及び管理を適正かつ合理的ならしめるとともに、水道の基盤を強化することによって、清浄にして豊富低廉な水の供給を図り、もって公衆衛生の向上と生活環境の改善に寄与するため、法第5条の2第1項に基づき定める水道の基盤を強化するための基本的な方針であり、今後の水道事業及び水道用水供給事業（以下「水道事業等」という。）の目指すべき方向性を示すものである。

第1　水道の基盤の強化に関する基本的事項

1　水道事業等の現状と課題

我が国の水道は、平成28年度末において97.9％という普及率に達し、水道は、国民生活や社会経済活動の基盤として必要不可欠なものとなっている。

一方で、高度経済成長期に整備された水道施設の老朽化が進行しているとともに、耐震性の不足等から大規模な災害の発生時に断水が長期化するリスクに直面している。また、我が国が本格的な人口減少社会を迎えることから、水需要の減少に伴う水道事業等の経営環境の悪化が避けられないと予測されている。さらに、水道事業等を担う人材の減少や高齢化が進むなど、水道事業等は深刻な課題に直面している。

こうした状況は、水道事業が主に市町村単位で経営されている中にあって、特に小規模な水道事業者において深刻なものとなっている。

2　水道の基盤の強化に向けた基本的な考え方

1に掲げる課題に対応し、平成25年3月に策定された新水道ビジョンの理念である「安全な水の供給」、「強靱な水道の実現」及び「水道の持続性の確保」を目指しつつ、法に掲げる水道施設の維持管理及び計画的な更新、水道事業等の健全な経営の確保、水道事業等の運営に必要な人材の確保及び育成等を図ることにより、水道の基盤の強化を図ることが必要である。

その際、地域の実情に十分配慮しつつ、以下に掲げる事項に取り組んでいくことが重要である。

(1)　法第22条の4第2項に規定する事業に係る収支の見通しの作成及び公表を通じ、長期的な観点から水道施設の計画的な更新や耐震化等を進めるための適切な資産管理を行うこと。

(2)　水道事業等の運営に必要な人材の確保や経営面でのスケールメリットを活かし効率的な事業運営の観点から実施する、法第2条の2第2項に規定する市町村の区域を超えた広域的な水道事業間の連携等（以下「広域連携」という。）を推進すること。

(3)　民間事業者の技術力や経営に関する知識を活用できる官民連携を推進すること。

3　関係者の責務及び役割

国は、水道事業等において持続的かつ安定的な事業運営が可能になるよう、本方針をはじめとした水道の基盤の強化に関する基本的かつ総合的な施策を策定し、及びこれを推進するとともに、水道事業者及び水道用水供給事業者（以下「水道事業者等」という。）に対する必要な技術的及び財政的な援助を行うよう努めなければならない。また、認可権者として本方針に即した取組が推進されるよう、水道事業者等に対して法に基づく指導・監督を行うよう努めなければならない。

都道府県は、市町村の区域を越えた広域連携の推進役として水道事業者等の間の調整を行うとともに、その区域内の水道の基盤を強化するため、法第5条の3第1項に規定する水道基盤強化計画を策定し、これを実施するよう努めなければならない。また、認可権者として、本方針に即した取組が推進されるよう、水道事業者等に対して法に基づく指導・監督を行うよう努めなければならない。

市町村は、地域の実情に応じて、その区域内における水道事業者等の間の連携等その他の水道の基盤の強化に関する施策を策定し、及びこれを実施するよう努めなければならない。

水道事業者等は、国民生活や社会経済活動に不可欠な水道水を供給する主体として、その経営する事業を適正かつ能率的に運営するとともに、その事業の基盤の強化に努めなければならない。このため、水道施設の適切な資産管理を進め、長期的な観点から計画的な更新を行うとともに、その事業に係る収支の見通しを作成し、これを公表するなど、水道事業等の将来像を明らかにし、需要者である住民等に情報提供するよう努めなければならない。

民間事業者は、従来から、その技術力や経営に関する知識を活かし多様な官民連携の形態を通じて、水道事業等の事業運営に大きな役割を担ってきたところであり、必要な技術者及び技能者の確保及び育成等を含めて、引き続き、水道事業者等と連携して、水道事業等の基盤強化を支援していくことが重要である。

水道の需要者である住民等は、将来にわたり水道を持続可能なものとするためには水道施設の維持管理及び計画的な更新等に必要な相応の財源確保が必要であることを理解した上で、水道は地域における共有財産であり、その水道の経営に自らも参画しているとの認識で水道に関わることが重要である。

第2　水道施設の維持管理及び計画的な更新に関する事項

1　水道の強靱化

水道は、飲料水や生活に必要な水を供給するための施設であるため、災害その他の非常の場合においても、断水その他の給水への影響ができるだけ少なくなり、かつ速やかに復旧できるよう配慮されたものであることが求められる。特に主要な施設の耐震性については、レベル２地震動（当該施設の設置地点において発生するものと想定される地震動のうち、最大規模の強さを有するものをいう。）に対して、生ずる損傷が軽微であって、当該施設の機能に重大な影響を及ぼさないこととされ、当該地震動の災害時も含め法第５条の規定に基づく施設基準への適合が義務づけられている。しかしながら、大規模改造のときまでは適用しない旨の経過措置が置かれており、現状の水道施設は十分に耐震化が図られていると言える状況にはなく、大規模な地震等の際には長期の断水の被害が発生している。

このため、水道事業者等においては、以下に掲げる取組を行うことが重要である。

(1)　水道施設の耐震化計画を策定し、計画的に耐震化を進め、できる限り早期に法第５条の規定に基づく施設基準への適合を図ること。

(2)　地震以外の災害や事故時の対応も含めて、自らの職員が被災する可能性も視野に入れた事業継続計画、地域防災計画等とも連携した災害時における対策マニュアルを策定すること。また、それらの計画やマニュアルを踏まえて、自家発電設備等の資機材の整備や訓練の実施、住民等や民間事業者との連携等を含め、平時から災害に対応するための体制を整備すること。

(3)　災害時における他の水道事業者等との相互援助体制及び水道関係団体等との連携体制を構築すること。

国は、引き続き、これらの水道事業者等の取組に対する必要な技術的及び財政的な援助を行うとともに、水道事業等の認可権者として、認可権者である都道府県とともに、これらの取組を水道事業者等に対して促すことが重要である。

2　安全な水道の確保

我が国の水道については、法第４条の規定に基づく水質基準を遵守しつつ適切な施設整備と水質管理の実施を通じた水の供給に努めてきた結果、国内外において、その安全性が高く評価されている。しかしながら、事故等による不測の水道原水の水質変化により、水質汚染が発生し、給水停止等の対応が取られる事案も存在しており、水道水の安全性を確保するための取組が重要である。

このため、水道事業者等においては、引き続き、法に基づく水質基準を遵守しつつ、水源から給水栓に至る各段階で危害評価と危害管理を行うための水安全計画を策定するとともに、同計画に基づく施策の推進により、安全な水道水の供給を確保することが重要である。

国は、引き続き、これらの水道事業者等の取組に対する必要な技術的及び財政的な援助を行うとともに、水道事業等の認可権者として、認可権者である都道府県とともに、これらの取組を水道事業者等に対して促すことが重要である。

3　適切な資産管理

高度経済成長期に整備された水道施設の老朽化が進行している今日、水道施設の状況を的確に把握し、漏水事故等の発生防止や長寿命化による設備投資の抑制等を図りつつ、水需要の将来予測等を含めた長期的な視点にたって、計画的に水道施設の更新を進めていくことが重要である。

しかしながら、水道事業者等の一部には、法第22条の３に定める水道施設の台帳（以下「水道施設台帳」という。）を作成していない者も存在する。また、水道施設の現状を評価し、施設の重要度や健全度を考慮して具体的な更新施設や更新時期を定める、いわゆるアセットマネジメントについても、小規模な水道事業者等において十分に実施されていない状況にある。

このため、水道事業者等においては、以下に掲げる取組を行うことが重要である。

(1)　水道施設台帳は、水道施設の維持管理及び計画的な更新のみならず、災害対応、広域連携や官民連携の推進等の各種取組の基礎となるものであり、適切に作成及び保存すること。また、記載された情報の更新作業を着実に行うこと。さらに、水道施設台帳の電子化等、長期的な資産管理を効率的に行うことに努めること。

(2)　点検等を通じて水道施設の状態を適切に把握した上で、水道施設の必要な維持及び修繕を行うこと。

(3)　水道施設台帳のほか、水道施設の点検を含む維持及び修繕の結果等を活用して、アセットマネジメントを実施し、中長期的な水道施設の更新に関する費用を含む事業に係る収支の見通しを作成・公表するとともに、水道施設の計画的な更新や耐震化等を進めること。

(4)　水需要や水道施設の更新需要等の長期的な見通しを踏まえ、地域の実情に応じ、水の供給体制を適切な規模に見直すこと。その際、中長期的な水道施設の更新計画については、水の供給の安定性の確保、災害対応能力の確保並びに費用の低減化の観点の他、都道府県や市町村のまちづくり計画等との整合性を考慮し、バランスの取れた最適なものとすること。

国は、引き続き、これらの水道事業者等の取組に対する必要な技術的及び財政的な援助を行うとともに、水道事業等の認可権者として、認可権者である都道府県とともに、これらの取組を水道事業者等に対して促すことが重要である。

第３　水道事業等の健全な経営の確保に関する事項

水道施設の老朽化、人口減少に伴う料金収入の減少等の課題に対し、水道事業等を将来にわたって安定的かつ持続的に運営するためには、事業の健全な経営を確保できるよう、財政的基盤の強化が必要である。

一方で、独立採算が原則である水道事業にあって、現状においても、水道料金に係る原価に更新費用が適切に見積もられていないため水道施設の維持管理及び計画的な更新に必要な財源が十分に確保できていない場合がある。

こうした中で、将来にわたり水道を持続可能なものとするためには、水道施設の維持管理及び計画的な更新等に必要な財源を、原則として水道料金により確保していくことが必要であることについて需要者である住民等の理解を得る必要がある。その上で、長期的な観点から、将来の更新需要を考慮した上で水道料金を設定することが不可欠である。

このため、水道事業者等においては、以下に掲げる取組を推進することが重要である。

(1) 長期的な観点から、将来の更新需要等を考慮した上で水道料金を設定すること。その上で、概ね３年から５年ごとの適切な時期に水道料金の検証及び必要に応じた見直しを行うこと。

(2) 法第22条の４の規定に基づく収支の見通しの作成及び公表に当たって、需要者である住民等に対して、国民生活や社会経済活動の基盤として必要不可欠な水道事業等の将来像を明らかにし、情報提供すること。その際、広域連携等の取組が実施された場合には、その前提条件を明確化するとともに、当該前提条件、水道施設の計画的な更新及び耐震化等の進捗と、水道料金との関係性の提示に努めること。

国は、単独で事業の基盤強化を図ることが困難な簡易水道事業者等、経営条件の厳しい水道事業者等に対して、引き続き、必要な技術的及び財政的な援助を行うとともに、水道事業等の認可権者として、認可権者である都道府県とともに、これらの取組を水道事業者等に対して促すことが重要である。

第４　水道事業等の運営に必要な人材の確保及び育成に関する事項

水道事業等の運営に当たっては、経営に関する知識や技術力等を有する人材の確保及び育成が不可欠である。しかしながら、水道事業者等における組織人員の削減等により、事業を担う職員数は大幅に減少するとともに、職員の高齢化も進み、技術の維持及び継承並びに危機管理体制の確保が課題となっている。

水道事業等を経営する都道府県や市町村においては、長期的な視野に立って、自ら人材の確保及び育成ができる組織となることが重要である。

さらに、水道事業者等の自らの人材のみならず、民間事業者における人材も含めて、事業を担う人材の専門性の維持及び向上という観点も重要である。

このため、水道事業者等においては、以下に掲げる取組を推進することが重要である。

(1) 水道事業等の運営に必要な人材を自ら確保すること。単独での人材の確保が難しい場合等には、他の水道事業者等との人材の共用化等を可能とする広域連携や、経営に関する知識や技術力を有する人材の確保を可能とする官民連携（官民間における人事交流を含む。）を活用すること。

(2) 各種研修等を通じて、水道事業等の運営に必要な人材を育成すること。その際、専門性を有する人材の育成には一定の期間が必要であることを踏まえ、適切かつ計画的な人員配置を行うこと。さらに、必要に応じて、水道関係団体や教育訓練機関において実施する水道事業者等における人材の育成に対する技術的な支援を活用すること。

国は、こうした水道事業等の運営に必要な人材の確保及び育成に関する取組に対して、引き続き、必要な技術的及び財政的な援助を行うことが重要である。

都道府県は、その区域内における中核となる水道事業者等や民間事業者、水道関係団体等と連携しつつ、その区域内の水道事業者等の人材の育成に向けた取組を行うほか、必要に応じ人事交流や派遣なども活用して人材の確保に向けた取組も行うことが重要である。

第５　水道事業者等の間の連携等の推進に関する事項

市町村経営を原則として整備されてきた我が国の水道事業は、小規模で経営基盤が脆弱なものが多い。人口減少社会の到来により水道事業等を取り巻く経営環境の悪化が予測される中で、将来にわたり水道サービスを持続可能なものとするためには、運営に必要な人材の確保や施設の効率的運用、経営面でのスケールメリットの創出等を可能とする広域連携の推進が重要である。

広域連携の実現に当たっては、連携の対象となる水道事業者等の間の利害関係の調整に困難を伴うが、広域連携には、事業統合、経営の一体化、管理の一体化や施設の共同化、地方自治法（昭和22年法律第67号）第252条の16の２に定める事務の代替執行等様々な形態があることを踏まえ、地域の実情に応じ、最適な形態が選択されるよう調整を進めることが重要である。

このため、都道府県は、法第２条の２第２項に基づき、長期的かつ広域的視野に立って水道事業者等の間の調整を行う観点から、以下に掲げる取組を推進することが重要である。

(1) 法第５条の３第１項の規定に基づく水道基盤強化計画は、都道府県の区域全体の水道の基盤の強化を図る観点から、区域内の水道事業者等の協力を得つつ、自然的社会的諸条件の一体性等に配慮して設定した計画区域において、その計画区域全体における水道事業等の全体最適化の構想を描く観点から策定すること。なお、都道府県による広域連携の推進は、市町村間のみの協議による広域連携を排除するものではなく、また、都道府県境をまたぐ広域連携を排除するものではないこと。

(2) 都道府県の区域全体の水道の基盤の強化を図る観点からは、経営に関する専門知識や高い技術力等を有する区域内の水道事業者等が中核となって、他の水道事業者等に対する技術的な援助や人材の確保及び育成等の支援を行うことが重要である。そのため、当該中核となる水道事業者等の協力を得つつ、単独で事業の基盤強化を図ることが困難な経営条件が厳しい水道事業者等も含めて、その区域内の水道の基盤を強化する取組を推進すること。

(3) 法第５条の４第１項の規定に基づき、広域的連携等推進協議会を組織すること等により、広域連携の推進に関する必要な協議を進めること。

市町村は、水道の基盤の強化を図る観点から、都道府県による広域連携の推進に係る施策に協力することが重要である。

水道事業者等は、法第５条の４第１項に規定する広域的連携等推進協議会における協議への参加も含め、水道の基盤の強化を図る観点から、都道府県による広域連携の推進に係る施策に協力するとともに、必要に応じて官民連携の取組も活用しつつ、地域の実情に応じた広域連携を推進することが重要である。

国は、引き続き、広域連携の好事例の紹介等を通じて、そのメリットをわかりやすく説明するなど、都道府県や水道事業者等に対して広域連携を推進するための技術的な援助を行うことが重要である。その際、国は、必要に応じて、水道事業者等の行う広域連携の取組に対する財政的な援助を行うものとする。

第6　その他水道の基盤の強化に関する重要事項

1　官民連携の推進

官民連携は、水道施設の適切な維持管理及び計画的な更新やサービス水準等の向上はもとより、水道事業等の運営に必要な人材の確保、ひいては官民における技術水準の向上に資するものであり、水道の基盤の強化を図る上での有効な選択肢の1つである。

官民連携については、個別の業務を委託する形のほか、法第24条の3の規定に基づく水道の管理に関する技術上の業務の全部又は一部の委託（以下「第三者委託」という。)、法第24条の4に規定する水道施設運営等事業など、様々な形態が存在することから、官民連携の活用の目的を明確化した上で、地域の実情に応じ、適切な形態の官民連携を実施することが重要である。

このため、水道事業者等においては、以下に掲げる取組を推進することが重要である。

(1)　水道の基盤の強化を目的として官民連携をいかに活用していくかを明確化した上で、水道事業等の基盤強化に資するものとして、適切な形態の官民連携を実施すること。

(2)　第三者委託及び水道施設運営等事業を実施する場合においては、法第15条に規定する給水義務を果たす観点から、あらかじめ民間事業者との責任分担を明確化した上で、民間事業者に対する適切な監視・監督に必要な体制を整備するとともに、災害時等も想定しつつ、訓練の実施やマニュアルの整備等、具体的かつ確実な対応方策を検討した上で実施すること。

国は、引き続き、水道事業者等が、地域の実情に応じ、適切な形態の官民連携を実施できるよう、検討に当たり必要な情報や好事例、留意すべき事項等を情報提供するなど、技術的な援助を行うことが重要である。その際、国は、必要に応じて、水道事業者等の行う官民連携の導入に向けた検討に対して財政的な援助を行うものとする。

2　水道関係者間における連携の深化

水道による安全かつ安定的な水の供給は、水道事業者等のほか、指定給水装置工事事業者、登録水質検査機関をはじめとした多様な民間事業者等が相互に連携・協力する体制の下で初めて成立しているものであり、これらの関係者における持続的かつ効果的な連携・協力体制の確保が不可欠である。

その中でも、水道事業者と需要者である住民等の接点となる指定給水装置工事事業者は、必要に応じ技能向上を目的とした講習会等への参加など、自らの資質向上に努めつつ、水道事業者と密接に連携して、安全かつ安定的な水道水の供給を確保する必要がある。

また、水道において利用する水が健全に循環し、そのもたらす恩恵を将来にわたり享受できるようにするため、安全で良質な水の確保、水の効率的な利用等に係る施策について、国、都道府県、市町村、水道事業者等及び住民等の流域における様々な主体が連携して取り組むことが重要である。

3　水道事業等に関する理解向上

水道の持続性を確保するための水道の基盤の強化の取組を進めるに当たっては、需要者である住民等に対して、水道施設の維持管理及び計画的な更新等に必要な財源を原則水道料金により確保していくことが必要であることを含め、水道事業等の収支の見通しや水質の現状等の水道サービスに関する情報を広報・周知し、その理解を得ることが重要である。

このため、水道事業者等は、需要者である住民等がこうした水道事業等に関する情報を適時適切に得ることができるよう、そのニーズにあった積極的な情報発信を行うとともに、需要者である住民等の意見を聴きつつ、事業に反映させる体制を構築し、水道は地域における共有財産であるという意識を醸成することが重要である。

また、国及び都道府県においても、水道事業等の現状と将来見通しに関する情報発信等を通じて、国民の水道事業等に対する理解を増進するとともに、国民の意見の把握に努めることが重要である。

4　技術開発、調査・研究の推進

水道における技術開発は、従来から、水道事業者等、民間事業者、調査研究機関、大学等の高等教育機関が相互に協力して実施してきた。技術開発については、水道事業者等において需要者である住民等のニーズに応える観点から技術的な課題や対応策を模索する一方、民間事業者等においてはこうしたニーズを的確にとらえ、新たな技術を提案することなどにより、更に推進していくことが重要である。

また、ICT等の先端技術を活用し、水道施設の運転、維持管理の最適化、計画的な更新や耐震化等の効果的かつ効率的な実施を可能とするための技術開発が望まれる。

さらに、調査研究機関、大学等の高等教育機関や民間事業者等において、水道の基盤の強化に資する浄水処理、送配水及び給水装置等に係る技術的課題や水道事業の経営等水道における様々な課題に対応する調査・研究を推進することが重要である。

水道事業者等は、こうした技術開発、事業の経営等を含めた調査・研究で得られた成果を積極的に現場で活かし、事業の運営を向上させることが重要である。

国は、こうした水道事業者等、民間事業者、調査研究機関、大学等の高等教育機関等による技術開発及び調査・研究を推進するとともに、それらの成果を施策に反映するよう努めることが重要である。

7　水道法施行規則第17条第２項の規定に基づき環境大臣が定める遊離残留塩素及び結合残留塩素の検査方法

（平成15年９月29日
厚生労働省告示第318号）

改正　平成17年３月11日厚生労働省告示第 75号　令和２年３月25日厚生労働省告示第 96号
令和４年３月31日厚生労働省告示第133号　令和６年３月29日厚生労働省告示第171号

水道法施行規則（昭和32年厚生省令第45号）第17条第２項の規定に基づき、水道法施行規則第17条第２項の規定に基づき厚生労働大臣が定める遊離残留塩素及び結合残留塩素の検査方法を次のように定め、平成16年４月１日から適用する。

水道法施行規則第17条第２項の規定に基づき環境大臣が定める遊離残留塩素及び結合残留塩素の検査方法は、次の各号に掲げる事項に応じ、それぞれ当該各号に掲げるとおりとする。

一　遊離残留塩素　別表第１から別表第６までに定めるいずれかの方法

二　結合残留塩素　別表第１から別表第３まで又は別表第６に定めるいずれかの方法

別表第１

ジエチル―p―フェニレンジアミン法

1　試薬

(1)　精製水

(2)　DPD試薬

N，N―ジエチル―p―フェニレンジアミン硫酸塩1.0gをメノウ乳鉢中で粉砕し、これに無水硫酸ナトリウム24gを加え、結晶粒を粉砕しない程度に混和したもの

この試薬は、暗所に保存する。

(3)　硫酸（１＋３）

(4)　DPD溶液

N，N―ジエチル―p―フェニレンジアミン硫酸塩10gとエチレンジアミン四酢酸二ナトリウム２水和物0.221gを約200mlの精製水に溶かし、硫酸（１＋３）８mlを加えた後、精製水で１Lとしたもの

この溶液は褐色瓶に入れ冷暗所に保存する。

ただし、着色したものは使用してはならない。

(5)　リン酸二水素カリウム溶液（0.2mol／L）

リン酸二水素カリウム27.22gを精製水に溶かして１Lとしたもの

(6)　水酸化ナトリウム溶液（0.2mol／L）

水酸化ナトリウム8.00gを精製水に溶かして１Lとしたもの

(7)　リン酸緩衝液（pH6.5）

リン酸二水素カリウム溶液（0.2mol／L）100ml及び水酸化ナトリウム溶液（0.2mol／L）35.4mlを混合した後、これに１，２―シクロヘキサンジアミン四酢酸（１水塩）0.13gを溶かしたもの

(8)　希釈水

リン酸水素二ナトリウム24g又はリン酸水素二ナトリウム12水和物60.5gとリン酸二水素カリウム46gを約800mlの精製水に溶かしたものに、エチレンジアミン四酢酸二ナトリウム２水和物0.8gを精製水100mlに溶かしたものを加えて、精製水で１Lとしたもの

(9)　ヨウ化カリウム

(10)　Acid Red 265標準原液

105～110℃で３～４時間乾燥させ、デシケーター中で放冷したC. I. Acid Red 265（N―p―トリルスルホニルH酸）0.329gを精製水に溶かして１Lとしたもの

(11)　Acid Red 265標準液

Acid Red 265標準原液を精製水で10倍に薄めたもの

(12)　残留塩素標準比色列

Acid Red 265標準液及び精製水を表１に従って共栓付き比色管に採り、混合したもの

この標準比色列は、密栓して暗所に保存する。

表１　残留塩素標準比色列

残留塩素 (mg／L)	Acid Red 265標準液 (ml)	精製水 (ml)
0.05	0.5	49.5
0.1	1.0	49.0
0.2	2.0	48.0
0.3	3.0	47.0
0.4	4.0	46.0
0.5	5.0	45.0
0.6	6.0	44.0
0.7	7.0	43.0
0.8	8.0	42.0
0.9	9.0	41.0
1.0	10.0	40.0
1.1	11.0	39.0
1.2	12.0	38.0
1.3	13.0	37.0
1.4	14.0	36.0
1.5	15.0	35.0
1.6	16.0	34.0
1.7	17.0	33.0

1.8	18.0	32.0
1.9	19.0	31.0
2.0	20.0	30.0

２　器具

共栓付き比色管

容量50mlのもの

３　試料の採取及び保存

試料は、精製水で洗浄したガラス瓶に採取し、直ちに試験する。

４　試験操作

⑴　遊離残留塩素の濃度の測定

次のいずれかの方法により行う。

ア　リン酸緩衝液2.5mlを共栓付き比色管に採り、これにDPD試薬0.5gを加える。次に、検水を加えて50mlとし、混和後、呈色を残留塩素標準比色列と側面から比色して、検水中の遊離残留塩素の濃度を求める。

イ　希釈水2.5mlを共栓付き比色管に採り、これにDPD溶液2.5mlを加える。次に、検水を加えて50mlとし、混和後、呈色を残留塩素標準比色列と側面から比色して、検水中の遊離残留塩素の濃度を求める。

⑵　残留塩素の濃度の測定

上記⑴で発色させた溶液にヨウ化カリウム約0.5gを加えて溶かし、約２分間静置後の呈色を残留塩素標準比色列と側面から比色して、検水中の残留塩素の濃度を求める。

⑶　結合残留塩素の濃度の測定

残留塩素の濃度と遊離残留塩素の濃度との差から検水中の結合残留塩素の濃度を算定する。

別表第２

電流法

１　試薬

⑴　精製水

⑵　でんぷん溶液

可溶性でんぷん１gを精製水約100mlとよく混ぜながら、熱した精製水200ml中に加え、約１分間煮沸後、放冷したもの

ただし、濁りがある場合は上澄み液を使用する。

この溶液は、使用の都度調製する。

⑶　ヨウ素酸カリウム溶液（0.017mol／L）

120～140℃で1.5～２時間乾燥させ、デシケーター中で放冷したヨウ素酸カリウム3.567gを精製水に溶かして１Lとしたもの

⑷　硫酸（１＋５）

⑸　チオ硫酸ナトリウム溶液（0.1mol／L）

チオ硫酸ナトリウム（５水塩）26g及び炭酸ナトリウム（無水）0.2gを精製水に溶かして１Lとし、イソアミルアルコール約10mlを加えて振り混ぜ、２日間静置したもの

なお、次の操作によりチオ硫酸ナトリウム溶液（0.1mol／L）のファクター（f_1）を求める。

ヨウ素酸カリウム溶液（0.017mol／L）25mlを共栓付き三角フラスコに採り、ヨウ化カリウム２g及び硫酸（１＋５）５mlを加えて直ちに密栓し、静かに振り混ぜた後、暗所に５分間静置し、更に精製水100mlを加える。次に、チオ硫酸ナトリウム溶液（0.1mol／L）を用いて滴定し、液の黄色が薄くなってから１～２mlのでんぷん溶液を指示薬として加え、液の青色が消えるまで更に滴定する。別に、同様に操作して空試験を行い、補正したチオ硫酸ナトリウム溶液（0.1mol／L）のml数aから次式によりファクターを算定する。

ファクター（f_1）＝25／a

⑹　ヨウ素溶液（0.05mol／L）

ヨウ素約13g及びヨウ化カリウム20gを精製水20mlに溶かした後、更に精製水を加えて１Lとしたもの

なお、次の操作によりヨウ素溶液（0.05mol／L）のファクター（f_2）を求める。

ヨウ素溶液25mlを三角フラスコに採り、チオ硫酸ナトリウム溶液（0.1mol／L）を用いて滴定し、液の黄色が薄くなってから１～２mlのでんぷん溶液を指示薬として加え、液の青色が消えるまで更に滴定する。これに要したチオ硫酸ナトリウム溶液（0.1mol／L）のml数bから次式によりファクターを算定する。

ファクター（f_2）＝$b \times f_1 / 25$

この式において、f_1はチオ硫酸ナトリウム溶液（0.1mol／L）のファクターを表す。

この溶液は、褐色瓶に入れて暗所に保存する。

⑺　ヨウ素溶液（0.0141mol／L）

ヨウ化カリウム20gを精製水20mlに溶かし、これに上記⑹のヨウ素溶液（0.05mol／L）のうち$141 \times 2 / f_2$ml（f_2はヨウ素溶液（0.05mol／L）のファクター）を加え、更に精製水を加えて１Lとしたもの

この溶液は、褐色瓶に入れて暗所に保存する。

⑻　水酸化ナトリウム溶液（1.2w／v％）

⑼　塩酸（１＋10）

⑽　フェニルアルセノオキサイド溶液（0.00282mol／L）

フェニルアルセノオキサイド（酸化フェニルヒ素）0.8gを水酸化ナトリウム溶液（1.2w／v％）150mlに溶かす。この溶液110mlに精製水800mlを加えて混合し、更に塩酸（１＋10）でpH値を6.0～7.0とし、次の操作によりフェニルアルセノオキサイド溶液のファクター（f_3）を求める。

ヨウ素溶液（0.0141mol／L）１mlをメスフラスコに採り、精製水を加えて200mlとする。この一定量（V）を採り、電流滴定器を使用して上記フェニルアルセノオキサイド溶液を用いて滴定する。これに要したフェニルアルセノオキサイド溶液のml数cから次式によりファクターを算定する。

ファクター（f_3）＝$\{0.0141 / (0.00282 \times c)\} \times V / 200$

上記のフェニルアルセノオキサイド溶液のうち$1000 / f_3$mlをメスフラスコに採り、精製水を加えて１Lとしたもの

この溶液１mlは、有効塩素0.2mgを含む量に相当する。

この溶液は、クロロホルム１mlを加え、褐色瓶に入れて暗所に保存する。

⑾　次亜塩素酸ナトリウム溶液（１w／v%）

⑿　亜硫酸ナトリウム溶液（５w／v%）

⒀　リン酸緩衝液（pH７）

リン酸二水素カリウム25.4g及びリン酸一水素ナトリウム34.1gを精製水800mlに溶かし、次亜塩素酸ナトリウム溶液（１w／v%）を遊離残留塩素が検出される程度に加え、更に精製水を加えて１Lとし、４～５日間暗所に静置する。

次いで、直射日光にさらすか、亜硫酸ナトリウム溶液（５w／v%）を用いて残留塩素を除去する。

⒁　酢酸緩衝液（pH４）

酢酸480g及び酢酸ナトリウム（３水塩）243gを精製水400mlに溶かし、次亜塩素酸ナトリウム溶液（１w／v%）を遊離残留塩素が検出される程度に加え、更に精製水を加えて１Lとし、４～５日間暗所に静置する。

次いで、直射日光にさらすか、亜硫酸ナトリウム溶液（５w／v%）を用いて残留塩素を除去する。

⒂　ヨウ化カリウム溶液（５w／v%）

ヨウ化カリウム25gを精製水に溶かして500mlとしたもの

この溶液は、褐色瓶に入れて冷暗所に保存する。

ただし、黄色を帯びたものは使用してはならない。

２　装置

電流滴定器

３　試料の採取及び保存

別表第１の３の例による。

４　試験操作

(1)　遊離残留塩素の濃度の測定

適量の検水にリン酸緩衝液（pH７）１mlを加え、電流滴定器を使用してフェニルアルセノオキサイド溶液（0.00282mol／L）を用いて滴定する。これに要したフェニルアルセノオキサイド溶液（0.00282mol／L）のml数dから次式により検水中の遊離残留塩素の濃度を算定する。

遊離残留塩素（mg／L）＝d×0.2×1000／検水（ml）

(2)　残留塩素の濃度の測定

適量の検水にヨウ化カリウム溶液（５w／v%）１ml及び酢酸緩衝液（pH４）１mlを加えた後、電流滴定器を用いて上記(1)と同様に操作して検水中の残留塩素の濃度を算定する。

(3)　結合残留塩素の濃度の測定

残留塩素の濃度と遊離残留塩素の濃度との差から検水中の結合残留塩素の濃度を算定する。

別表第３

吸光光度法

１　試薬

(1)　精製水

(2)　DPD試薬

別表第１の１(2)の例による。

(3)　硫酸（１＋３）

(4)　DPD溶液

別表第１の１(4)の例による。

(5)　リン酸二水素カリウム溶液（0.2mol／L）

別表第１の１(5)の例による。

(6)　水酸化ナトリウム溶液（0.2mol／L）

別表第１の１(6)の例による。

(7)　リン酸緩衝液（pH6.5）

別表第１の１(7)の例による。

(8)　希釈水

別表第１の１(8)の例による。

(9)　ヨウ化カリウム

⑽　でんぷん溶液

別表第２の１(2)の例による。

⑾　硫酸（１＋５）

⑿　ヨウ素酸カリウム溶液（0.017mol／L）

別表第２の１(3)の例による。

⒀　ヨウ素酸カリウム溶液（0.0017mol／L）

ヨウ素酸カリウム溶液（0.017mol／L）を精製水で10倍に薄めたもの

⒁　チオ硫酸ナトリウム溶液（0.1mol／L）

別表第２の１(5)の例による。

⒂　チオ硫酸ナトリウム溶液（0.01mol／L）

チオ硫酸ナトリウム溶液（0.1mol／L）を精製水で10倍に薄めたもの

なお、次の操作によりチオ硫酸ナトリウム溶液（0.01mol／L）のファクター（f_4）を求める。

ヨウ素酸カリウム溶液（0.0017mol／L）25mlを共栓付き三角フラスコに採り、ヨウ化カリウム２g及び硫酸（１＋５）５mlを加えて直ちに密栓し、静かに振り混ぜた後、暗所に５分間静置し、更に精製水100mlを加える。次に、チオ硫酸ナトリウム溶液（0.01mol／L）を用いて滴定し、液の黄色が薄くなってから１～２mlのでんぷん溶液を指示薬として加え、液の青色が消えるまで更に滴定する。別に、同様に操作して空試験を行い、補正したチオ硫酸ナトリウム溶液(0.01mol／L）のml数eから次式によりファクターを算定する。

ファクター（f_4）＝25／e

⒃　硫酸（１＋４）

⒄　標準塩素水

次のいずれかの方法により調製する。

ア　液体塩素を用いる場合は、有効塩素濃度約５％の次亜塩素酸ナトリウム溶液に硫酸（１＋４）を滴加して発生した塩素ガスを精製水に吸収させて塩素水を調製する。

イ　次亜塩素酸ナトリウム等液体塩素以外の塩素剤を用いる場合は、精製水に溶かして塩素水を調製する。

なお、次の操作により塩素水の有効塩素を測定する。

塩素水100mlをフラスコに採り、ヨウ化カリウム１g、硫酸（１＋５）５ml及びでんぷん溶液５mlを加え、ここに生じた青色が消えるまでチオ硫酸ナトリウム溶液（0.1mol／L）で直ちに滴定する。

析出したヨウ素量が多い場合は、でんぷん溶液を加える前にチオ硫酸ナトリウム溶液（0.1mol／L）を塩素水の褐色が淡黄色になるまで加え、次いででんぷん溶液５mlを加え、上記と同様に滴定する。滴定に要したチオ硫酸ナトリウム溶液（0.1mol／L）のml数gから次式により塩素水に含まれる有効塩素の量（mg／L）を算定する。

有効塩素（mg／L）＝3.545×g×f_1×1000／検水（ml）

この式において、f_1はチオ硫酸ナトリウム溶液（0.1mol／L）のファクターを表す。

有効塩素濃度を測定した塩素水を約50mg／Lになるように精製水で薄め、これを標準塩素水とする。

50mg／Lに調製した場合は、その１mlは有効塩素0.05mgを含む。

標準塩素水は、使用の都度その有効塩素濃度を測定する。

⒅　過マンガン酸カリウム標準原液（0.891g／L）

過マンガン酸カリウム0.891gを精製水に溶かして１Lとしたもの

この溶液はDPD反応における1000mgCl_2／Lに相当する。

この溶液は褐色瓶に入れて冷暗所に保存する。

⒆　過マンガン酸カリウム標準液（0.0891g／L）

過マンガン酸カリウム標準原液（0.891g／L）を精製水で10倍に薄めたもの

この溶液はDPD反応における100mgCl_2／Lに相当する。

この溶液は褐色瓶に入れて冷暗所に保存する。

２　器具及び装置

⑴　共栓付き比色管

別表第１の２の例による。

⑵　分光光度計

３　試料の採取及び保存

別表第１の３の例による。

４　試験操作

⑴　遊離残留塩素の濃度の測定

次のいずれかの方法により行う。

ア　リン酸緩衝液2.5mlを共栓付き比色管に採り、これにDPD試薬0.5gを加える。次に、検水を加えて50mlとし、混和後、呈色した検液の適量を吸収セルに採り、光電分光光度計を用いて波長510～555nmにおける吸光度を測定し、下記５により作成した検量線から検水中の遊離残留塩素の濃度を求める。

ただし、検水を測定するときの波長と検量線を作成するときの波長は、同一の波長とする。

イ　希釈水2.5mlを共栓付き比色管に採り、これにDPD溶液2.5mlを加える。次に、検水を加えて50mlとし、混和後、呈色した検液の適量を吸収セルに採り、光電分光光度計を用いて波長510～555nmにおける吸光度を測定し、下記５により作成した検量線から検水中の遊離残留塩素の濃度を求める。

ただし、検水を測定するときの波長と検量線を作成するときの波長は、同一の波長とする。

⑵　残留塩素の濃度の測定

上記⑴で発色させた溶液にヨウ化カリウム約0.5gを加えて溶かし、約２分間静置後、呈色した検液の適量を吸収セルに採り、光電分光光度計を用いて波長510～555nmにおける吸光度を測定し、下記５により作成した検量線から検水中の残留塩素の濃度を求める。

ただし、検水を測定するときの波長と検量線を作成するときの波長は、同一の波長とする。

⑶　結合残留塩素の濃度の測定

残留塩素の濃度と遊離残留塩素の濃度との差から検水中の結合残留塩素の濃度を算定する。

５　検量線の作成

次のいずれかの方法により行う。

⑴　標準塩素水を用いる方法

標準塩素水を用いて精製水で適宜に希釈し、段階的に標準列を調製する。次いで、直ちにそれぞれの標準列について上記４⑴と同様に操作して吸光度を測定すると同時に、別表第２の４⑴の操作又は次の操作によりそれぞれの標準列の遊離残留塩素の濃度を求め、それを基準として検量線を作成する。

それぞれの標準列の塩素水100mlをフラスコに採り、ヨウ化カリウム１g、硫酸（１＋５）５ml及びでんぷん溶液５mlを加え、ここに生じた青色が消えるまでチオ硫酸ナトリウム溶液（0.01mol／L）で直ちに滴定する。

もし、析出したヨウ素量が多い場合は、でんぷん溶液を加える前にチオ硫酸ナトリウム溶液（0.01mol／L）を塩素水の褐色が淡黄色になるまで加え、次いででんぷん溶液５mlを加え、上記と同様に滴定する。滴定に要したチオ硫酸ナトリウム溶液（0.01mol／L）のml数hから次式によりそれぞれの標準列の塩素水に含まれる遊離残留塩素の濃度（mg／L）を算定する。

遊離残留塩素（mg／L）＝0.3545×h×f_4×1000／検水（ml）

この式において、f_4はチオ硫酸ナトリウム溶液（0.01mol／L）のファクターを表す。

⑵　過マンガン酸カリウム標準液を用いる方法

過マンガン酸カリウム標準液を用いて精製水で適宜に希釈し、段階的に標準列を調製する。

次いで、それぞれの標準列について上記４⑴と同様に操作して吸光度を測定する。

調製した標準列における過マンガン酸カリウムの濃度に対応する塩素濃度と吸光度との関係を求める。

別表第４

連続自動測定機器による吸光光度法

１　試薬

⑴　精製水

⑵　遊離残留塩素用発色剤

N, N―ジエチル―p―フェニレンジアミンを含むものであって、装置の製造者又は販売者が下記２に定める装置の性能を発揮できることを確認したもの

⑶　遊離残留塩素ゼロ校正水
測定の対象とする水道水から遊離残留塩素を除いたもの
⑷　遊離残留塩素校正用標準液
次亜塩素酸ナトリウム液を精製水又は水道水で薄めて約２mg／Lとし、別表第１から別表第３まで又は別表第６に定めるいずれかの方法によって遊離残留塩素の濃度を求めたもの
２　装置
光電分光光度計による連続自動測定機器で、定量下限値が0.05mg／L以下（変動係数10％）の性能を有するもの
３　装置の校正
あらかじめ測定部分及び配管の洗浄を行った後、装置のゼロ点及びスパンを校正する。
⑴　ゼロ点校正
装置に精製水又は遊離残留塩素ゼロ校正水を通水する。信号が十分に安定した後、ゼロ点を合わせる。
⑵　スパン校正
次のいずれかの方法により行う。
ア　遊離残留塩素校正用標準液を用いる方法
遊離残留塩素校正用標準液を通水する。信号が十分に安定した後、あらかじめ測定した遊離残留塩素校正用標準液の遊離残留塩素の濃度値に合わせる。
イ　検水を用いる方法
検水を通水する。信号が十分に安定した後、通水している検水について別表第２、別表第３又は別表第６に定めるいずれかの方法により測定した値に合わせる。なお、スパン校正に用いる検水は遊離残留塩素を0.1mg／L以上含むこと。
４　試験操作
装置に検水を通して遊離残留塩素の濃度を測定する。
備考
１　定期保守は、下記２の保守管理基準を満たすため、定期的に洗浄、点検整備、遊離残留塩素校正用標準液による校正等を行う。
２　保守管理基準は、運用中の装置について常時保持されていなければならない精度の基準で、±0.05mg／L以内とする。

別表第５

ポーラログラフ法
１　試薬
⑴　精製水
⑵　臭化カリウム溶液（４w／v％）
臭化カリウム40gを精製水に溶かして１Lとしたもの
⑶　酢酸ナトリウム溶液（１w／v％）
無水酢酸ナトリウム10gを精製水に溶かして１Lとしたもの
⑷　酢酸溶液（１v／v％）
酢酸10mlを精製水で薄めて１Lとしたもの
⑸　遊離残留塩素ゼロ校正水
別表第４の１⑶の例による。
⑹　遊離残留塩素校正用標準液
別表第４の１⑷の例による。
２　装置
無試薬方式又は有試薬方式によるポーラログラフ方式の連続自動測定機器で、定量下限値が0.05mg／L以下（変動係数10％）の性能を有するもの
ただし、有試薬方式は、上記１⑵、⑶及び⑷の試薬を注入するようになっているもの
３　装置の校正
あらかじめ測定部分及び配管の洗浄を行った後、装置のゼロ点及びスパンを校正する。
⑴　ゼロ点校正
次のいずれかの方法により行う。
ア　遊離残留塩素ゼロ校正水を用いる方法
装置に遊離残留塩素ゼロ校正水を通水する。信号が十分に安定した後、ゼロ点を合わせる。
イ　機器の取扱説明書に定めがある方法
遊離残留塩素ゼロ校正水を用いる方法の他に、機器の取扱説明書に定めがある場合はこれに従いゼロ点を合わせる。
⑵　スパン校正
次のいずれかの方法により行う。
ア　遊離残留塩素校正用標準液を用いる方法
遊離残留塩素校正用標準液を通水する。信号が十分に安定した後、あらかじめ測定した遊離残留塩素校正用標準液の遊離残留塩素の濃度値に合わせる。
ただし、無試薬方式の場合は、遊離残留塩素校正用標準液のpH値を測定対象の水道水のpH値に合わせる。
イ　検水を用いる方法
検水を通水する。信号が十分に安定した後、通水している検水について別表第２、別表第３又は別表第６に定めるいずれかの方法により測定した値に合わせる。なお、スパン校正に用いる検水は遊離残留塩素を0.1mg／L以上含むこと。
４　測定操作
装置に検水を通して遊離残留塩素の濃度を測定する。
備考
１　定期保守は、下記２の保守管理基準を満たすため、定期的に洗浄、点検整備、遊離残留塩素校正用標準液による校正等を行う。
２　保守管理基準は、運用中の装置について常時保持されていなければならない精度の基準で、±0.05mg／L以内とする。

別表第６

携帯型残留塩素計測定法
１　試薬
⑴　遊離残留塩素用発色剤
N, N—ジエチル—p—フェニレンジアミンを含むもので

あって、携帯型残留塩素計の製造者又は販売者が下記２に定める装置の性能を発揮できることを確認したもの

⑵　残留塩素用発色剤

N，N―ジエチル―p―フェニレンジアミンを含むものであって、携帯型残留塩素計の製造者又は販売者が下記２に定める装置の性能を発揮できることを確認したもの

２　装置

光電光度計又は分光光度計による携帯型残留塩素計で、定量下限値が0.1mg／L以下（変動係数20％）の性能を有し、小数点以下２位までを表示可能であるもの

３　試料の採取及び保存

別表第１の３の例による。

４　試験操作

⑴　ゼロ点校正

取扱説明書に従い、携帯型残留塩素計のゼロ点を合わせる。

⑵　遊離残留塩素の濃度の測定

取扱説明書に従い遊離残留塩素用発色剤と検水を混和した後、携帯型残留塩素計により遊離残留塩素の濃度を測定する。

⑶　残留塩素の濃度の測定

取扱説明書に従い残留塩素用発色剤と検水を混和した後、携帯型残留塩素計により残留塩素の濃度を測定する。

⑷　結合残留塩素の濃度の測定

残留塩素の濃度と遊離残留塩素の濃度との差から、検水中の結合残留塩素の濃度を算定する。

備考

携帯型残留塩素計の取扱説明書に従い、定期的に洗浄、点検整備等を行う。

8　水質基準に関する省令の規定に基づき環境大臣が定める方法

（平成15年7月22日
厚生労働省告示第261号）

改正　平成17年3月30日厚生労働省告示第125号　平成18年3月30日厚生労働省告示第191号
平成19年3月30日厚生労働省告示第 74号　平成19年11月14日厚生労働省告示第386号
平成21年3月6日厚生労働省告示第 56号　平成22年2月17日厚生労働省告示第 48号
平成24年2月28日厚生労働省告示第 66号　平成24年3月30日厚生労働省告示第290号
平成26年3月31日厚生労働省告示第147号　平成27年3月12日厚生労働省告示第 56号
平成28年3月30日厚生労働省告示第115号　平成29年3月28日厚生労働省告示第 87号
平成30年3月28日厚生労働省告示第138号　令和2年3月25日厚生労働省告示第 95号
令和4年3月31日厚生労働省告示第134号　令和5年3月24日厚生労働省告示第 85号
令和6年3月21日厚生労働省告示第 99号　令和6年3月29日厚生労働省告示第171号

水質基準に関する省令（平成15年厚生労働省令第101号）の規定に基づき、水質基準に関する省令の規定に基づき厚生労働大臣が定める方法を次のように定め、平成16年4月1日から適用する。ただし、平成19年3月31日までの間は、第9号中「別表第12」とあるのは「別表第12又は別表第46」と、第40号中「別表第24」とあるのは「別表第24又は別表第47」と、第44号中「別表第29」とあるのは「別表第29又は別表第48」とする。

水質基準に関する省令の規定に基づき環境大臣が定める方法は、第1号に掲げる事項のほか、第2号から第52号までに掲げる事項に応じ、それぞれ当該各号に定めるとおりとする。

一　総則的事項

1　水道法（昭和32年法律第177号）第20条第1項の規定に基づく水質検査（以下この1において「水質検査」という。）を行う検査施設において、水道により供給される水、水源の水、飲用に供する井戸水その他これらに類する水以外の試料（以下この1において「高濃度試料」という。）を扱う場合は、次に掲げるいずれかの措置を講ずること。

(1)　水質検査を行う検査室と高濃度試料の試験操作（試料を検査する目的で、分取、濃縮、希釈又は加熱等を行う操作をいう。以下この1及び3において同じ。）を行う検査室を区分すること。

(2)　検査室において、次に掲げる全ての措置を講ずること。

イ　水質検査と高濃度試料の試験操作を同時に行わないこと。

ロ　高濃度試料の試験操作を行う間は、検査室を十分に換気すること。

ハ　水質検査を行う前に、精製水又は有機溶媒を用いて試験操作を行い、当該水質検査に使用する器具及び装置が高濃度試料により汚染されていないことを確認すること。

2　水質検査における試薬は、次号から第52号までの各号の別表に定めるほか、次に掲げるとおりとすることができること。

(1)　試薬における標準原液、標準液又は混合標準液は、計量法（平成4年法律第51号）第136条若しくは第144条の規定に基づく証明書又はこれらに相当する証明書（以下この2において「値付け証明書等」という。）が添付され、かつ、次号から第52号までの各号の別表に定める標準原液と同濃度のもの又は同表に定める標準液若しくは混合標準液と同濃度のもの（以下この(1)において「同濃度標準液」という。）を用いることができること。この場合において、同濃度標準液は、開封後速やかに使用することとし、開封後保存したものを使用してはならない。ただし、別表第5、別表第6及び別表第13において標準液又は混合標準液の保存に関する特別の定めのある場合については、その限りでない。

(2)　試薬における標準液又は混合標準液は、(1)に定めるもののほか、次号から第52号までの各号の別表に定める標準液又は混合標準液と同濃度に調製することができるもの（値付け証明書等が添付され、かつ、同表に定める標準原液の濃度を超えないものに限る。以下この(2)において「調製可能標準液」という。）を用いて調製することができること。この場合において、調整可能標準液は、標準原液と同濃度のものは除き、開封後速やかに使用することとし、開封後保存したものを使用してはならない。ただし、別表第5、別表第6及び別表第13において標準液又は混合標準液の保存に関する特別の定めのある場合については、その限りでない。

(3)　試薬のうち調製量が定められているものは、各別表に定めるものと同濃度であれば、各別表に定める調製量以上に調製することができること。

3　試験操作又は検量線の作成における内部標準液の添加は、分析装置による自動添加とすることができること。

二　一般細菌　別表第1に定める方法

三　大腸菌　別表第2に定める方法

四　カドミウム及びその化合物　別表第3、別表第5又は別表第6に定める方法

五　水銀及びその化合物　別表第7に定める方法

六　セレン及びその化合物　別表第3、別表第6、別表第8又は別表第9に定める方法

七　鉛及びその化合物　別表第3、別表第5又は別表第6に定める方法

八　ヒ素及びその化合物　別表第3、別表第6、別表第10又は別表第11に定める方法

九　六価クロム化合物　別表第3、別表第5又は別表第6に定める方法

十　亜硝酸態窒素　別表第13に定める方法

十一　シアン化物イオン及び塩化シアン　別表第12に定める方法
十二　硝酸態窒素及び亜硝酸態窒素　別表第13に定める方法
十三　フッ素及びその化合物　別表第13に定める方法
十四　ホウ素及びその化合物　別表第５又は別表第６に定める方法
十五　四塩化炭素　別表第14又は別表第15に定める方法
十六　１・４―ジオキサン　別表第14、別表第15又は別表第16に定める方法
十七　シス―１・２―ジクロロエチレン及びトランス―１・２―ジクロロエチレン　別表第14又は別表第15に定める方法
十八　ジクロロメタン　別表第14又は別表第15に定める方法
十九　テトラクロロエチレン　別表第14又は別表第15に定める方法
二十　トリクロロエチレン　別表第14又は別表第15に定める方法
二十一　ベンゼン　別表第14又は別表第15に定める方法
二十二　塩素酸　別表第13又は別表第18の２に定める方法
二十三　クロロ酢酸　別表第17又は別表第17の２に定める方法
二十四　クロロホルム　別表第14又は別表第15に定める方法
二十五　ジクロロ酢酸　別表第17又は別表第17の２に定める方法
二十六　ジブロモクロロメタン　別表第14又は別表第15に定める方法
二十七　臭素酸　別表第18又は別表第18の２に定める方法
二十八　総トリハロメタン　クロロホルム、ジブロモクロロメタン、ブロモジクロロメタン及びブロモホルムごとに、それぞれ第24号、第26号、第30号及び第31号に掲げる方法
二十九　トリクロロ酢酸　別表第17又は別表第17の２に定める方法
三十　ブロモジクロロメタン　別表第14又は別表第15に定める方法
三十一　ブロモホルム　別表第14又は別表第15に定める方法
三十二　ホルムアルデヒド　別表第19、別表第19の２又は別表第19の３に定める方法
三十三　亜鉛及びその化合物　別表第３、別表第４、別表第５又は別表第６に定める方法
三十四　アルミニウム及びその化合物　別表第３、別表第５又は別表第６に定める方法
三十五　鉄及びその化合物　別表第３、別表第４、別表第５又は別表第６に定める方法
三十六　銅及びその化合物　別表第３、別表第４、別表第５又は別表第６に定める方法
三十七　ナトリウム及びその化合物　別表第３、別表第４、別表第５、別表第６又は別表第20に定める方法
三十八　マンガン及びその化合物　別表第３、別表第４、別表第５又は別表第６に定める方法
三十九　塩化物イオン　別表第13又は別表第21に定める方法
四十　カルシウム、マグネシウム等（硬度）　別表第４、別表第５、別表第６、別表第20又は別表第22に定める方法
四十一　蒸発残留物　別表第23に定める方法
四十二　陰イオン界面活性剤　別表第24又は別表第24の２に定める方法
四十三　（4S・4aS・8aR）―オクタヒドロ―４・８a―ジメチルナフタレン―4a（2H）―オール（別名ジェオスミン）　別表第25、別表第26、別表第27又は別表第27の２に定める方法
四十四　１・２・７・７―テトラメチルビシクロ［２・２・１］ヘプタン―２―オール（別名２―メチルイソボルネオール）　別表第25、別表第26、別表第27又は別表第27の２に定める方法
四十五　非イオン界面活性剤　別表第28又は別表第28の２に定める方法
四十六　フェノール類　別表第29又は別表第29の２に定める方法
四十七　有機物（全有機炭素（TOC）の量）　別表第30に定める方法
四十八　pH値　別表第31又は別表第32に定める方法
四十九　味　別表第33に定める方法
五十　臭気　別表第34に定める方法
五十一　色度　別表第35、別表第36又は別表第37に定める方法
五十二　濁度　別表第38、別表第39、別表第40、別表第41、別表第42、別表第43又は別表第44に定める方法

別表第１

標準寒天培地法

ここで対象とする項目は、一般細菌である。

1　試薬及び培地

(1)　精製水

(2)　チオ硫酸ナトリウム

(3)　標準寒天培地

ペプトン（カゼインのパンクレアチン水解物）0.5g、粉末酵母エキス0.25g、ブドウ糖0.1g及び粉末寒天1.5gを精製水約90mlに加熱溶解させ、滅菌後のpH値が6.9～7.1となるように調整した後、精製水を加えて100mlとし、高圧蒸気滅菌したもの

2　器具及び装置

(1)　採水瓶

容量120ml以上の密封できる容器を滅菌したもの

なお、残留塩素を含む試料を採取する場合には、あらかじめチオ硫酸ナトリウムを試料100mlにつき0.02～0.05gの割合で採水瓶に入れ、滅菌したものを使用する。

(2)　ペトリ皿

直径約９cm、高さ約1.5cmのものであって、ガラス製又はプラスチック製で滅菌したもの

(3)　恒温器

温度を35～37℃に保持できるもの

3　試料の採取及び保存

試料は、採水瓶に採取し速やかに試験する。速やかに試験できない場合は、冷暗所に保存し、12時間以内に試験する。

4　試験操作

検水を２枚以上のペトリ皿に１mlずつ採り、これにあらかじめ加熱溶解させて45～50℃に保った標準寒天培地を約15mlずつ加えて十分に混合し、培地が固まるまで静置する。次に、ペトリ皿を逆さにして恒温器内で22～26時間培養する。培養後、

各ペトリ皿の集落数を数え、その値を平均して菌数とする。

5　空試験

ペトリ皿を2枚以上用意し、以下上記4と同様に操作し、培養後、各ペトリ皿の集落数を数え、その値を平均して菌数とする。

別表第2

特定酵素基質培地法

ここで対象とする項目は、大腸菌である。

1　試薬及び培地

(1)　精製水

(2)　チオ硫酸ナトリウム

(3)　エチルアルコール

(4)　MMO―MUG培地

硫酸アンモニウム5g、硫酸マンガン0.5mg、硫酸亜鉛0.5mg、硫酸マグネシウム100mg、塩化ナトリウム10g、塩化カルシウム50mg、ヘペス（N―2―ヒドロキシエチルピペラジン―N'―2―エタンスルホン酸）6.9g、ヘペスナトリウム塩（N―2―ヒドロキシエチルピペラジン―N'―2―エタンスルホン酸ナトリウム）5.3g、亜硫酸ナトリウム40mg、アムホテリシンB1mg、o―ニトロフェニル―β―D―ガラクトピラノシド500mg、4―メチルウンベリフェリル―β―D―グルクロニド75mg及びソラニウム500mgを無菌的に混合し、試験容器に10分の1量ずつ分取したもの

この培地は、黄色く着色したものは使用しない。

この培地は、冷暗所に保存する。

(5)　IPTG添加ONPG―MUG培地

硫酸アンモニウム2.5g、硫酸マグネシウム100mg、ラウリル硫酸ナトリウム100mg、塩化ナトリウム2.9g、トリプトース5g、トリプトファン1g、o―ニトロフェニル―β―D―ガラクトピラノシド100mg、4―メチルウンベリフェリル―β―D―グルクロニド50mg、イソプロピル―1―チオ―β―D―ガラクトピラノシド100mg及びトリメチルアミン―N―オキシド1gを精製水約80mlに溶かし、pH値が6.1～6.3となるように調整した後、精製水を加えて90mlとし、ろ過除菌した後、試験容器に10mlずつ分注したもの

この培地は、冷暗所に保存する。

(6)　XGal―MUG培地

塩化ナトリウム5g、リン酸一水素カリウム2.7g、リン酸二水素カリウム2g、ラウリル硫酸ナトリウム100mg、ソルビトール1g、トリプトース5g、トリプトファン1g、4―メチルウンベリフェリル―β―D―グルクロニド50mg、5―ブロモ―4―クロロ―3―インドリル―β―D―ガラクトピラノシド80mg及びイソプロピル―1―チオ―β―D―ガラクトピラノシド100mgを無菌的に混合し、試験容器に10分の1量ずつ分取したもの

この培地は、冷暗所に保存する。

(7)　ピルビン酸添加XGal―MUG培地

塩化ナトリウム5g、硝酸カリウム1g、リン酸一水素カリウム4g、リン酸二水素カリウム1g、ラウリル硫酸ナトリウム100mg、ピルビン酸ナトリウム1g、ペプトン5g、4―メチルウンベリフェリル―β―D―グルクロニド100mg、5―ブロモ―4―クロロ―3―インドリル―β―D―ガラクトピラノシド100mg及びイソプロピル―1―チオ―β―D―ガラクトピラノシド100mgを無菌的に混合し、試験容器に10分の1量ずつ分取したもの

この培地は、冷暗所に保存する。

2　器具及び装置

(1)　採水瓶

別表第1の2(1)の例による。

(2)　試験容器

検水100mlと培地が密封できるもので、滅菌したもの

(3)　MMO―MUG培地用比色液

o―ニトロフェノール4mg、ヘペス（N―2―ヒドロキシエチルピペラジン―N'―2―エタンスルホン酸）6.9g、ヘペスナトリウム塩（N―2―ヒドロキシエチルピペラジン―N'―2―エタンスルホン酸ナトリウム）5.3g及び4―メチルウンベリフェロン1mgを混合し、精製水を加えて1Lとし、試験容器に分注したもの

この溶液は、冷暗所に保存する。

(4)　IPTG添加ONPG―MUG培地用比色液

o―ニトロフェノール2.5mg、4―メチルウンベリフェロン1.25mg及びトリプトース5gを精製水約900mlで溶かし、pH値を7.0となるように調整し、精製水を加えて1Lとし、試験容器に分注したもの

この溶液は、冷暗所に保存する。

(5)　XGal―MUG培地用比色液

アミドブラック10B0.25mg、4―メチルウンベリフェロン1mg、タートラジン1.25mg、ニューコクシン0.25mg及びエチルアルコール150mlを混合し、精製水を加えて1Lとし、試験容器に分注したもの

この溶液は、冷暗所に保存する。

(6)　ピルビン酸添加XGal―MUG培地用比色液

インジゴカーミン2mg、o―ニトロフェノール4.8mg、4―メチルウンベリフェロン1mg、リン酸一水素カリウム4g及びリン酸二水素カリウム1gを混合し、精製水を加えて1Lとし、試験容器に分注したもの

この溶液は、冷暗所に保存する。

(7)　恒温器

別表第1の2(3)の例による。

(8)　紫外線ランプ

波長366nmの紫外線を照射できるもの

3　試料の採取及び保存

別表第1の3の例による。

4　試験操作

検水100mlを上記1のいずれかの培地1本に加え、直ちに試験容器を密封し、試験容器を振って培地を溶解又は混合させた後、恒温器内に静置して24～28時間培養する。培養後、紫外線ランプを用いて波長366nmの紫外線を照射し、蛍光の有無を確認する。培地に対応する比色液より蛍光が強い場合は陽性と判定し、蛍光が弱い場合は陰性と判定する。

別表第３

フレームレス―原子吸光光度計による一斉分析法

ここで対象とする項目は、カドミウム、セレン、鉛、ヒ素、六価クロム、亜鉛、アルミニウム、鉄、銅、ナトリウム及びマンガンである。

1　試薬

(1)　精製水

測定対象成分を含まないもの

(2)　硝酸

(3)　硝酸（１＋１）

(4)　硝酸（１＋30）

(5)　硝酸（１＋160）

(6)　塩酸（１＋１）

(7)　塩酸（１＋50）

(8)　水酸化ナトリウム溶液（0.4w／v％）

(9)　金属類標準原液

表１に掲げる方法により調製されたもの

これらの溶液１mlは、それぞれの金属を１mg含む。

これらの溶液は、冷暗所に保存する。

表１　金属類標準原液（１mg／ml）の調製方法

金　属　類	調　　製　　方　　法
カドミウム	カドミウム1.000gを採り、少量の硝酸（１＋１）を加えて加熱溶解し、冷後、メスフラスコに移し、硝酸（１＋160）を加えて１Lとしたもの
セレン	二酸化セレン1.405gをメスフラスコに採り、少量の精製水で溶かした後、硝酸（１＋160）を加えて１Lとしたもの
鉛	鉛1.000gを採り、少量の硝酸（１＋１）を加えて加熱溶解し、冷後、メスフラスコに移し、硝酸（１＋160）を加えて１Lとしたもの
ヒ素	三酸化ヒ素1.320gを採り、少量の水酸化ナトリウム溶液（0.4w／v％）を加えて加熱溶解し、冷後、メスフラスコに移し、塩酸（１＋50）を加えて１Lとしたもの
六価クロム	二クロム酸カリウム2.829gをメスフラスコに採り、少量の精製水で溶かした後、硝酸（１＋160）を加えて１Lとしたもの
亜鉛	亜鉛1.000gを採り、少量の硝酸（１＋１）を加えて加熱溶解し、冷後、メスフラスコに移し、硝酸（１＋160）を加えて１Lとしたもの
アルミニウム	アルミニウム1.000gを採り、少量の塩酸（１＋１）を加えて加熱溶解し、冷後、メスフラスコに移し、硝酸（１＋30）を加えて１Lとしたもの
鉄	鉄1.000gを採り、少量の硝酸（１＋１）を加えて加熱溶解し、冷後、メスフラスコに移し、硝酸（１＋160）を加えて１Lとしたもの
銅	銅1.000gを採り、少量の硝酸（１＋１）を加えて加熱溶解し、冷後、メスフラスコに移し、硝酸（１＋160）を加えて１Lとしたもの
ナトリウム	塩化ナトリウム2.542gを精製水に溶かして１Lとしたもの
マンガン	マンガン1.000gを採り、少量の硝酸（１＋１）を加えて加熱溶解し、冷後、メスフラスコに移し、硝酸（１＋160）を加えて１Lとしたもの

(10)　金属類標準液

表２に掲げる方法により調製されたもの

これらの溶液は、使用の都度調製する。

表２　金属類標準液の濃度及び調製方法

金　属　類	濃度(mg／ml)	調　　製　　方　　法
カドミウム	0.0001	カドミウム標準原液を精製水で10000倍に薄めたもの
セレン	0.001	セレン標準原液を精製水で1000倍に薄めたもの
鉛	0.001	鉛標準原液を精製水で1000倍に薄めたもの
ヒ素	0.001	ヒ素標準原液を精製水で1000倍に薄めたもの
六価クロム	0.001	六価クロム標準原液を精製水で1000倍に薄めたもの
亜鉛	0.001	亜鉛標準原液を精製水で1000倍に薄めたもの
アルミニウム	0.001	アルミニウム標準原液を精製水で1000倍に薄めたもの
鉄	0.01	鉄標準原液を精製水で100倍に薄めたもの
銅	0.001	銅標準原液を精製水で1000倍に薄めたもの
ナトリウム	0.001	ナトリウム標準原液を精製水で1000倍に薄めたもの
マンガン	0.001	マンガン標準原液を精製水で1000倍に薄めたもの

2　器具及び装置

(1)　フレームレス―原子吸光光度計及び中空陰極ランプ

(2)　アルゴンガス

純度99.99v／v％以上のもの

3　試料の採取及び保存

試料は、硝酸及び精製水で洗浄したポリエチレン瓶に採取し、試料１Lにつき硝酸10mlを加えて、速やかに試験する。速やかに試験できない場合は、冷暗所に保存し、２週間以内に試験する。

4　試験操作

(1)　前処理

検水10～100ml（検水に含まれるそれぞれの対象物質の濃度が表３に示す濃度範囲の上限値を超える場合には、同表に示す濃度範囲になるように精製水を加えて調製したもの）を採り、試料採取のときに加えた量を含めて硝酸の量が１mlとなるように硝酸を加え、静かに加熱する。液量が10ml以下になったら加熱をやめ、冷後、精製水を加えて10mlとし、これを試験溶液とする。

ただし、濁りがある場合はろ過し、ろ液を試験溶液とする。

(2)　分析

上記(1)で得られた試験溶液をフレームレス―原子吸光光度計に注入し、表３に示すそれぞれの金属の測定波長で吸光度を測定し、下記５により作成した検量線から試験溶液中のそれぞれの金属の濃度を求め、検水中のそれぞれの金属の濃度を算定する。

表３　対象金属の濃度範囲及び測定波長

金　属　類	濃度範囲(mg／L)	波長(nm)
カドミウム	0.0001～0.01	228.8
セレン	0.001 ～0.1	196.0
鉛	0.001 ～0.1	283.3
ヒ素	0.001 ～0.1	193.7
六価クロム	0.001 ～0.1	357.9
亜鉛	0.001 ～0.1	213.8
アルミニウム	0.001 ～0.1	309.3
鉄	0.01 ～1	248.3
銅	0.001 ～0.1	324.7
ナトリウム	0.002 ～0.2	589.0
マンガン	0.001 ～0.1	279.5

５　検量線の作成

金属類標準液をメスフラスコ４個以上に採り、それぞれに試験溶液と同じ割合となるように硝酸を加え、更に精製水を加えて、濃度を段階的にした溶液を調製する。この場合、調製した溶液のそれぞれの金属の濃度は、表３に示す濃度範囲から算定される試験溶液の濃度範囲を超えてはならない。以下上記４(2)と同様に操作して、それぞれの金属の濃度と吸光度との関係を求める。

６　空試験

精製水を一定量採り、以下上記４(1)及び(2)と同様に操作して試験溶液中のそれぞれの金属の濃度を求め、検量線の濃度範囲の下限値を下回ることを確認する。

求められた濃度が当該濃度範囲の下限値以上の場合は、是正処置を講じた上で上記４(1)及び(2)と同様の操作を再び行い、求められた濃度が当該濃度範囲の下限値を下回るまで操作を繰り返す。

７　連続試験を実施する場合の措置

オートサンプラーを用いて10以上の試料の試験を連続的に実施する場合には、以下に掲げる措置を講ずる。

(1)　おおむね10の試料ごとの試験終了後及び全ての試料の試験終了後に、上記５で調製した溶液の濃度のうち最も高いものから最も低いものまでの間の一定の濃度（以下この７において「調製濃度」という。）に調製した溶液について、上記４(2)に示す操作により試験を行い、算定された濃度と調製濃度との差を求める。

(2)　上記(1)により求められた差が調製濃度の±10％の範囲を超えた場合には、是正処置を講じた上で上記(1)で行った試験の前に試験を行ったおおむね10の試料及びそれらの後に試験を行った全ての試料について再び分析を行う。その結果、上記(1)により求められた差が再び調製濃度の±10％の範囲を超えた場合には、上記４及び５の操作により試験し直す。

別表第４

フレーム―原子吸光光度計による一斉分析法

ここで対象とする項目は、亜鉛、鉄、銅、ナトリウム、マンガン及びカルシウム、マグネシウム等（硬度）である。

１　試薬

(1)　精製水

測定対象成分を含まないもの

(2)　硝酸

(3)　硝酸（１＋１）

(4)　硝酸（１＋160）

(5)　金属類標準原液

カルシウム及びマグネシウム以外の物質については、別表第３の１(9)の例による。

カルシウム及びマグネシウムについては、表１に掲げる方法により調製されたもの

これらの溶液１mlは、それぞれの金属を１mg含む。

これらの溶液は、冷暗所に保存する。

表１　カルシウム及びマグネシウムの標準原液（１mg/ml）の調製方法

金　属　類	調　製　方　法
カルシウム	炭酸カルシウム2.497gをメスフラスコに採り、少量の硝酸（１＋１）で溶かした後、精製水を加えて１Lとしたもの
マグネシウム	硝酸マグネシウム（６水塩）10.550gをメスフラスコに採り、硝酸（１＋160）を加えて１Lとしたもの

(6)　金属類標準液

カルシウム及びマグネシウム以外の物質については、別表第３の１(10)の例による。

カルシウム及びマグネシウムについては、表２に掲げる方法により調製されたもの

これらの溶液は、使用の都度調製する。

表２　カルシウム及びマグネシウムの標準液の濃度及び調製方法

金　属　類	濃度(mg/ml)	調　製　方　法
カルシウム	0.01	カルシウム標準原液を精製水で100倍に薄めたもの
マグネシウム	0.001	マグネシウム標準原液を精製水で1000倍に薄めたもの

２　器具及び装置

(1)　フレーム―原子吸光光度計及び中空陰極ランプ

(2)　アセチレンガス

３　試料の採取及び保存

別表第３の３の例による。

４　試験操作

(1)　前処理

検水（検水に含まれるそれぞれの対象物質の濃度が表３に示す濃度範囲の上限値を超える場合には、同表に示す濃度範囲になるように精製水を加えて調製したもの）を前処理後の試験溶液の量（以下この４において「調製量」という。）10

mlに対して10～100mlの割合となるように採り、試料採取のときに加えた量を含めて硝酸の量が調製量10mlに対して1mlの割合となるように硝酸を加え、静かに加熱する。液量が調製量以下になったら加熱をやめ、冷後、精製水を加えて一定量とし、これを試験溶液とする。

ただし、濁りがある場合はろ過し、ろ液を試験溶液とする。

(2) 分析

上記(1)で得られた試験溶液をフレーム中に噴霧し、原子吸光光度計で表3に示すそれぞれの金属の測定波長で吸光度を測定し、下記5により作成した検量線から試験溶液中のそれぞれの金属の濃度を求め、検水中のそれぞれの金属の濃度を算定する。

ただし、カルシウム、マグネシウム等（硬度）については、まずカルシウム及びマグネシウムの濃度を測定し、次式により濃度を算定する。

硬度（炭酸カルシウムmg／L）
＝〔カルシウム（mg／L）×2.497〕+〔マグネシウム（mg／L）×4.118〕

表3　対象金属の濃度範囲及び測定波長

金属類	濃度範囲（mg／L）	波長（nm）
亜鉛	0.02 ～0.2	213.8
鉄※	0.01 ～0.1	248.3
銅	0.04 ～0.4	324.7
ナトリウム	0.06 ～0.6	589.0
マンガン※	0.005～0.05	279.5
カルシウム	0.02 ～0.2	422.7
マグネシウム	0.005～0.05	285.2

※印は10倍濃縮が必要な金属である。

5　検量線の作成

金属類標準液をメスフラスコ4個以上に採り、それぞれに試験溶液と同じ割合となるように硝酸を加え、更に精製水を加えて、濃度を段階的にした溶液を調製する。この場合、調製した溶液のそれぞれの金属の濃度は、表3に示す濃度範囲から算定される試験溶液の濃度範囲を超えてはならない。以下上記4(2)と同様に操作して、それぞれの金属の濃度と吸光度との関係を求める。

6　空試験

精製水を一定量採り、以下上記4(1)及び(2)と同様に操作して試験溶液中のそれぞれの金属の濃度を求め、検量線の濃度範囲の下限値を下回ることを確認する。

求められた濃度が当該濃度範囲の下限値以上の場合は、是正処置を講じた上で上記4(1)及び(2)と同様の操作を再び行い、求められた濃度が当該濃度範囲の下限値を下回るまで操作を繰り返す。

7　連続試験を実施する場合の措置

オートサンプラーを用いて10以上の試料の試験を連続的に実施する場合には、以下に掲げる措置を講ずる。

(1) おおむね10の試料ごとの試験終了後及び全ての試料の試験終了後に、上記5で調製した溶液の濃度のうち最も高いものから最も低いものまでの間の一定の濃度（以下この7において「調製濃度」という。）に調製した溶液について、上記4(2)に示す操作により試験を行い、算定された濃度と調製濃度との差を求める。

(2) 上記(1)により求められた差が調製濃度の±10%の範囲を超えた場合には、是正処置を講じた上で上記(1)で行った試験の前に試験を行ったおおむね10の試料及びそれらの後に試験を行った全ての試料について再び分析を行う。その結果、上記(1)により求められた差が再び調製濃度の±10%の範囲を超えた場合には、上記4及び5の操作により試験し直す。

別表第5

誘導結合プラズマ発光分光分析装置による一斉分析法

ここで対象とする項目は、カドミウム、鉛、六価クロム、ホウ素、亜鉛、アルミニウム、鉄、銅、ナトリウム、マンガン及びカルシウム、マグネシウム等（硬度）である。

1　試薬

(1) 精製水

測定対象成分を含まないもの

(2) 内部標準原液

酸化イットリウム(Ⅲ)0.318gを採り、硝酸5mlを加えて加熱溶解し、冷後、メスフラスコに移し、精製水を加えて250mlとしたもの

この溶液1mlは、イットリウム1mgを含む。

この溶液は、冷暗所に保存する。

(3) 内部標準液

内部標準原液を精製水で2～200倍に薄めたもの

この溶液1mlは、イットリウム0.005～0.5mgを含む。

この溶液は、使用の都度調製する。

(4) 硝酸

(5) 硝酸（1＋1）

(6) 硝酸（1＋30）

(7) 硝酸（1＋160）

(8) 塩酸（1＋1）

(9) 金属類標準原液

カドミウム、鉛、六価クロム、亜鉛、アルミニウム、鉄、銅、ナトリウム及びマンガンについては、別表第3の1(9)の例による。また、カルシウム及びマグネシウムについては、別表第4の1(5)の例による。

ホウ素については、ホウ酸5.715gをメスフラスコに採り、精製水に溶かして1Lとしたもの

これらの溶液1mlは、それぞれの金属を1mg含む。

これらの溶液は、冷暗所に保存する。

(10) 金属類混合標準液

カドミウム、鉛、六価クロム、ホウ素、亜鉛、アルミニウム、鉄、銅、ナトリウム、マンガン、カルシウム及びマグネシウムのそれぞれ一定量の標準原液を混合して硝酸を添加

後、精製水で100〜10000倍の範囲内における任意の濃度に薄めたもの

この溶液1mlは、それぞれの金属を0.0001〜0.01mg含む。

この溶液は、冷暗所に保存する。

2　器具及び装置

(1)　誘導結合プラズマ発光分光分析装置

(2)　アルゴンガス

別表第3の2(2)の例による。

3　試料の採取及び保存

別表第3の3の例による。

4　試験操作

(1)　前処理

検水50〜500ml（検水に含まれるそれぞれの対象物質の濃度が表2に示す濃度範囲の上限値を超える場合には、同表に示す濃度範囲になるように精製水を加えて調製したもの）を採り、試料採取のときに加えた量を含めて硝酸の量が5mlとなるように硝酸を加え、静かに加熱する。液量が45ml以下になったら加熱をやめ、冷後、内部標準液を試験溶液の内部標準物質濃度がおおむね0.5〜50mg／Lとなるよう一定量加え、更に精製水を加えて50mlとし、これを試験溶液とする。

ただし、濁りがある場合はろ過し、ろ液を試験溶液とする。

なお、内部標準液は、前処理の任意の段階での添加でもよい。

(2)　分析

上記(1)で得られた試験溶液を誘導結合プラズマ発光分光分析装置に導入し、表2に示すそれぞれの金属の測定波長で発光強度を測定し、イットリウムに対するそれぞれの金属の発光強度比を求め、下記5により作成した検量線から試験溶液中のそれぞれの金属の濃度を求め、検水中のそれぞれの金属の濃度を算定する。

ただし、カルシウム、マグネシウム等（硬度）については、まずカルシウム及びマグネシウムの濃度を測定し、次式により濃度を算定する。

硬度（炭酸カルシウムmg／L）

＝〔カルシウム（mg／L）×2.497〕+〔マグネシウム（mg／L）×4.118〕

表2　各金属の濃度範囲及び測定波長

金属類	濃度範囲（mg／L）	測定波長（nm）
カドミウム	0.0003〜0.05	226.502、214.438
鉛	0.001 〜0.1	220.353
六価クロム	0.001 〜0.1	267.716、206.149
ホウ素	0.006 〜2	249.773、208.893
亜鉛	0.001 〜2	202.546、213.856
アルミニウム	0.001 〜2	396.152、309.271
鉄	0.001 〜2	259.940、238.204
銅	0.001 〜2	324.754、224.700
ナトリウム	0.05 〜20	589.592
マンガン	0.001 〜0.1	257.610
カルシウム	0.05 〜20	422.673、396.847、393.366
マグネシウム	0.05 〜10	279.553
イットリウム※		371.029

※印は内部標準物質である。

5　検量線の作成

金属類標準原液又は金属類混合標準液をそれぞれメスフラスコ4個以上に採り、それぞれに試験溶液と同じ濃度となるように硝酸及び内部標準液を加え、更に精製水を加えて、濃度を段階的にした溶液を調製する。この場合、調製した溶液のそれぞれの金属の濃度は、表2に示す濃度範囲から算定される試験溶液の濃度範囲を超えてはならない。以下上記4(2)と同様に操作して、それぞれの金属の濃度と発光強度比との関係を求める。

6　空試験

精製水を一定量採り、以下上記4(1)及び(2)と同様に操作して試験溶液中のそれぞれの金属の濃度を求め、検量線の濃度範囲の下限値を下回ることを確認する。

求められた濃度が当該濃度範囲の下限値以上の場合は、是正処置を講じた上で上記4(1)及び(2)と同様の操作を再び行い、求められた濃度が当該濃度範囲の下限値を下回るまで操作を繰り返す。

7　連続試験を実施する場合の措置

オートサンプラーを用いて10以上の試料の試験を連続的に実施する場合には、以下に掲げる措置を講ずる。

(1)　おおむね10の試料ごとの試験終了後及び全ての試料の試験終了後に、上記5で調製した溶液の濃度のうち最も高いものから最も低いものまでの間の一定の濃度（以下この7において「調製濃度」という。）に調製した溶液について、上記4(2)に示す操作により試験を行い、算定された濃度と調製濃度との差を求める。

(2)　上記(1)により求められた差が調製濃度の±10%の範囲を超えた場合には、是正処置を講じた上で上記(1)で行った試験の前に試験を行ったおおむね10の試料及びそれらの後に試験を行った全ての試料について再び分析を行う。その結果、上記(1)により求められた差が再び調製濃度の±10%の範囲を超えた場合には、上記4及び5の操作により試験し直す。

別表第6

誘導結合プラズマ―質量分析装置による一斉分析法

ここで対象とする項目は、カドミウム、セレン、鉛、ヒ素、六価クロム、ホウ素、亜鉛、アルミニウム、鉄、銅、ナトリウム、マンガン及びカルシウム、マグネシウム等（硬度）である。

1　試薬

(1)　精製水

測定対象成分を含まないもの

(2) 内部標準原液

表1に掲げる方法により調製されたもの

これらの溶液1mlは、それぞれの内部標準物質を1mg含む。

これらの溶液は、冷暗所に保存する。

表1 内部標準原液の調製方法

内部標準物質	調製方法
ベリリウム	硫酸ベリリウム(4水塩)4.914gをメスフラスコに採り、少量の精製水で溶かした後、硝酸(1+160)を加えて250mlとしたもの
コバルト	コバルト0.250gを採り、少量の硝酸(1+1)を加えて加熱溶解し、冷後、メスフラスコに移し、硝酸(1+160)を加えて250mlとしたもの
ガリウム	ガリウム0.250gを採り、少量の硝酸(1+1)を加えて加熱溶解し、冷後、メスフラスコに移し、硝酸(1+160)を加えて250mlとしたもの
イットリウム	酸化イットリウム(Ⅲ)0.318gを採り、硝酸5mlを加えて加熱溶解し、冷後、メスフラスコに移し、精製水を加えて250mlとしたもの
インジウム	インジウム0.250gを採り、少量の硝酸(1+1)を加えて加熱溶解し、冷後、メスフラスコに移し、硝酸(1+160)を加えて250mlとしたもの
タリウム	硝酸タリウム(Ⅰ)0.326gをメスフラスコに採り、少量の硝酸(1+1)で溶かした後、精製水を加えて250mlとしたもの

(3) 混合内部標準液

ベリリウム、コバルト、ガリウム、イットリウム、インジウム及びタリウムのうち使用する内部標準物質を選択し、それぞれ一定量の内部標準原液を混合して硝酸を添加後、精製水で10～1000倍の範囲内における任意の濃度に薄めたもの

この溶液1mlは、それぞれの内部標準物質を0.001～0.1mg含む。

この溶液は、冷暗所に保存する。

(4) 硝酸

(5) 硝酸(1+1)

(6) 硝酸(1+30)

(7) 硝酸(1+160)

(8) 塩酸(1+1)

(9) 塩酸(1+50)

(10) 水酸化ナトリウム溶液(0.4w/v%)

(11) 金属類標準原液

ホウ素、カルシウム及びマグネシウム以外の物質については、別表第3の1(9)の例による。

ホウ素については、別表第5の1(9)の例による。

カルシウム及びマグネシウムについては、別表第4の1(5)の例による。

これらの溶液は、冷暗所に保存する。

(12) 金属類混合標準液

カドミウム、セレン、鉛、ヒ素、六価クロム、ホウ素、亜鉛、アルミニウム、鉄、銅、ナトリウム、マンガン、カルシウム及びマグネシウムのそれぞれ一定量の標準原液を混合して硝酸を添加後、精製水で10～10000倍の範囲内における任意の濃度に薄めたもの

この溶液1mlは、それぞれの金属を0.0001～0.1mg含む。

この溶液は、冷暗所に保存する。

2 器具及び装置

(1) 誘導結合プラズマ―質量分析装置

鉄の検査を行う場合は、ガス分子との衝突又は反応による多原子イオン低減化機能を有するもの

(2) アルゴンガス

別表第3の2(2)の例による。

(3) 多原子イオン低減化用ガス

必要な衝突又は反応作用が得られる種類又は組合せであるもの

3 試料の採取及び保存

別表第3の3の例による。

4 試験操作

(1) 前処理

検水(検水に含まれるそれぞれの対象物質の濃度が表2に示す濃度範囲の上限値を超える場合には、同表に示す濃度範囲になるように精製水を加えて調製したもの)を採り、試料採取のときに加えた量を含めて硝酸を検水100mlに対して1mlの割合となるように加え、静かに加熱する。液量が検水100mlに対して90mlの割合以下になったら加熱をやめ、冷後、混合内部標準液を試験溶液の内部標準物質濃度がおおむね0.005～0.5mg/Lとなるよう一定量加え、更に精製水を加えて一定量とし、これを試験溶液とする。

ただし、濁りがある場合はろ過し、ろ液を試験溶液とする。

なお、混合内部標準液は、前処理の任意の段階での添加でもよい。

(2) 分析

上記(1)で得られた試験溶液を誘導結合プラズマ―質量分析装置に導入し、表2に示すそれぞれの金属の質量数及び内部標準物質の質量数のイオン強度を測定し、内部標準物質に対するそれぞれの金属のイオン強度比を求め、下記5により作成した検量線から試験溶液中のそれぞれの金属の濃度を求め、検水中のそれぞれの金属の濃度を算定する。

ただし、カルシウム、マグネシウム等(硬度)については、まずカルシウム及びマグネシウムの濃度を測定し、次式により濃度を算定する。

硬度(炭酸カルシウムmg/L)

＝〔カルシウム（mg／L）×2.497〕＋〔マグネシウム（mg／L）×4.118〕

表２　各金属の濃度範囲及び質量数

金　属　類	濃度範囲（mg／L）	質　量　数
カドミウム	0.0002～0.1	111、112、114
セレン	0.0004～0.1	77、78、80、82
鉛	0.0002～0.1	208
ヒ素	0.0002～0.1	75
六価クロム	0.0002～0.1	52、53
ホウ素	0.002　～2	11
亜鉛	0.001　～2	64、66
アルミニウム	0.001　～2	27
鉄	0.001　～2	54、56
銅	0.001　～2	63、65
ナトリウム	0.1　　～200	23
マンガン	0.0002～0.1	55
カルシウム	0.1　　～200	43、44
マグネシウム	0.1　　～200	24、25
ベリリウム※		9
コバルト※		59
ガリウム※		71
イットリウム※		89
インジウム※		115
タリウム※		205

※印は内部標準物質である。

５　検量線の作成

金属類標準原液又は金属類混合標準液をそれぞれメスフラスコ４個以上に採り、それぞれに試験溶液と同じ割合となるように硝酸及び混合内部標準液を加え、更に精製水を加えて、濃度を段階的にした溶液を調製する。この場合、調製した溶液のそれぞれの金属の濃度は、表２に示す濃度範囲から算定される試験溶液の濃度範囲を超えてはならない。以下上記４⑵と同様に操作して、それぞれの金属の濃度とイオン強度比との関係を求める。

６　空試験

精製水を一定量採り、以下上記４⑴及び⑵と同様に操作して試験溶液中のそれぞれの金属の濃度を求め、検量線の濃度範囲の下限値を下回ることを確認する。

求められた濃度が当該濃度範囲の下限値以上の場合は、是正処置を講じた上で上記４⑴及び⑵と同様の操作を再び行い、求められた濃度が当該濃度範囲の下限値を下回るまで操作を繰り返す。

７　連続試験を実施する場合の措置

オートサンプラーを用いて10以上の試料の試験を連続的に実施する場合には、以下に掲げる措置を講ずる。

⑴　おおむね10の試料ごとの試験終了後及び全ての試料の試験終了後に、上記５で調製した溶液の濃度のうち最も高いものから最も低いものまでの間の一定の濃度（以下この７において「調製濃度」という。）に調製した溶液について、上記４⑵に示す操作により試験を行い、算定された濃度と調製濃度との差を求める。

⑵　上記⑴により求められた差が調製濃度の±10％の範囲を超えた場合には、是正処置を講じた上で上記⑴で行った試験の前に試験を行ったおおむね10の試料及びそれらの後に試験を行った全ての試料について再び分析を行う。その結果、上記⑴により求められた差が再び調製濃度の±10％の範囲を超えた場合には、上記４及び５の操作により試験し直す。

別表第７

還元気化―原子吸光光度法

ここで対象とする項目は、水銀である。

１　試薬

⑴　精製水

測定対象成分を含まないもの

⑵　硝酸

⑶　過マンガン酸カリウム溶液

過マンガン酸カリウム50gを精製水に溶かして１Lとし、ろ過したもの

⑷　塩酸ヒドロキシルアミン溶液

⑸　硫酸

⑹　窒素ガス

測定対象成分を含まないもの

⑺　塩化スズ(Ⅱ)溶液

塩化スズ(Ⅱ)（２水塩）10gを精製水60mlに加え、更に硫酸３～６mlを加えて加熱溶解させ、冷後、精製水を加えて100mlとしたもの

なお、精製の必要がある場合には、冷後、窒素ガスを通気する。

この溶液は、褐色瓶に入れて保存する。ただし、着色したものや濁りのあるものは使用してはならない。

⑻　硝酸（２＋15）

⑼　水銀標準原液

塩化水銀(Ⅱ)0.135gを硝酸（２＋15）100mlに溶かし、精製水を加えて１Lとしたもの

この溶液１mlは、水銀0.1mgを含む。

この溶液は、冷暗所に保存する。

⑽　水銀標準液

水銀標準原液を精製水で100倍に薄めた溶液0.5mlに硝酸50μlを加え、更に精製水を加えて50mlとしたもの

この溶液１mlは、水銀0.00001mgを含む。

この溶液は、使用の都度調製する。

２　器具及び装置

⑴　分解容器

(2) 原子吸光光度計及び水銀中空陰極ランプ又は水銀測定装置

(3) 吸収セル

長さ100～300mmの金属製以外の円筒で、両端に石英ガラス窓を装着したもの

3 試料の採取及び保存

試料は、硝酸及び精製水で洗浄したガラス瓶又はポリエチレン瓶に採取し、試料1Lにつき硝酸10mlを加えて、速やかに試験する。速やかに試験できない場合は、冷暗所に保存し、2週間以内に試験する。

4 試験操作

(1) 前処理

検水（検水に含まれる水銀の濃度が0.0005mg／Lを超える場合には、0.00005～0.0005mg／Lとなるように精製水を加えて調製したもの）を分解容器に採り、硫酸及び硝酸を検水20mlに対してそれぞれ1ml及び0.5mlの割合で加えて混合する。

なお、硫酸及び硝酸はあらかじめ精製水で希釈したものを用いることができる。

次に、過マンガン酸カリウム溶液を検水20mlに対して2mlの割合で加えて振り混ぜ、分解容器を約95℃で2時間加熱する。冷後、塩酸ヒドロキシルアミン溶液を検水20mlに対して塩酸ヒドロキシルアミンとして0.08gの割合で加えて振り混ぜ、必要に応じて精製水を加えて一定量とし、これを試験溶液とする。

(2) 分析

上記(1)で得られた試験溶液から分析に必要な量を採り、これに塩化スズ(II)溶液を試験溶液25mlに対して約1mlの割合で加え、直ちに通気装置に連結して波長253.7nmで吸光度を測定し、下記5により作成した検量線から試験溶液中の水銀の濃度を求め、検水中の水銀の濃度を算定する。

5 検量線の作成

水銀標準液を分解容器4個以上に採り、それぞれに精製水を加えて、濃度を段階的にした溶液を調製する。この場合、調製した溶液の水銀の濃度は、上記4(1)に示す検水の濃度範囲を超えてはならない。以下上記4(1)及び(2)と同様に操作して、水銀の濃度と吸光度との関係を求める。

6 空試験

精製水を一定量採り、以下上記4(1)及び(2)と同様に操作して試験溶液中の水銀の濃度を求め、検量線の濃度範囲の下限値を下回ることを確認する。

求められた濃度が当該濃度範囲の下限値以上の場合は、是正処置を講じた上で上記4(1)及び(2)と同様の操作を再び行い、求められた濃度が当該濃度範囲の下限値を下回るまで操作を繰り返す。

7 連続試験を実施する場合の措置

オートサンプラーを用いて10以上の試料の試験を連続的に実施する場合には、以下に掲げる措置を講ずる。

(1) おおむね10の試料ごとの試験終了後及び全ての試料の試験終了後に、上記5で調製した溶液の濃度のうち最も高いものから最も低いものまでの間の一定の濃度（以下この7において「調製濃度」という。）に調製した溶液について、上記4(1)及び(2)に示す操作により試験を行い、算定された濃度と調製濃度との差を求める。

(2) 上記(1)により求められた差が調製濃度の±10%の範囲を超えた場合には、是正処置を講じた上で上記(1)で行った試験の前に試験を行ったおおむね10の試料及びそれらの後に試験を行った全ての試料について再び分析を行う。その結果、上記(1)により求められた差が再び調製濃度の±10%の範囲を超えた場合には、上記4及び5の操作により試験し直す。

別表第8

水素化物発生―原子吸光光度法

ここで対象とする項目は、セレンである。

1 試薬

(1) 精製水

測定対象成分を含まないもの

(2) 硝酸

(3) 塩酸（1＋1）

(4) 塩酸（2＋3）

(5) 水酸化ナトリウム

(6) 水素化ホウ素ナトリウム溶液

水素化ホウ素ナトリウム5g、水酸化ナトリウム2.5gを精製水に溶かして500mlとしたもの

(7) 硝酸（1＋160）

(8) セレン標準原液

別表第3の1(9)の例による。

(9) セレン標準液

別表第3の1(10)の例による。

この溶液1mlは、セレン0.001mgを含む。

2 器具及び装置

(1) 水素化物発生装置

(2) 原子吸光光度計及びセレン中空陰極ランプ

(3) アルゴンガス

別表第3の2(2)の例による。

(4) 加熱吸収セル

3 試料の採取及び保存

別表第3の3の例による。

4 試験操作

(1) 前処理

検水20～100ml（検水に含まれるセレンの濃度が0.01mg／Lを超える場合には、0.0001～0.01mg／Lとなるように精製水を加えて調製したもの）を採り、塩酸（1＋1）4mlを加え、静かに加熱する。液量が20ml以下になったら加熱をやめ、冷後、精製水を加えて20mlとし、これを試験溶液とする。

ただし、濁りがある場合はろ過し、ろ液を試験溶液とする。

(2) 分析

水素化物発生装置にアルゴンガスを流しながら、試験溶液、

塩酸（２＋３）及び水素化ホウ素ナトリウム溶液を連続的に装置内に導入し、水素化物を発生させる。発生した水素化物を加熱吸収セル―原子吸光光度計に導入し、波長196.0nmで吸光度を測定し、下記５により作成した検量線から試験溶液中のセレンの濃度を求め、検水中のセレンの濃度を算定する。

５　検量線の作成

セレン標準液をメスフラスコ４個以上に採り、それぞれに試験溶液と同じ割合となるように塩酸（１＋１）を加え、更に精製水を加えて、濃度を段階的にした溶液を調製する。この場合、調製した溶液のセレンの濃度は、上記４(1)に示す検水の濃度範囲から算定される試験溶液の濃度範囲を超えてはならない。以下上記４(2)と同様に操作して、セレンの濃度と吸光度との関係を求める。

６　空試験

精製水を一定量採り、以下上記４(1)及び(2)と同様に操作して試験溶液中のセレンの濃度を求め、検量線の濃度範囲の下限値を下回ることを確認する。

求められた濃度が当該濃度範囲の下限値以上の場合は、是正処置を講じた上で上記４(1)及び(2)と同様の操作を再び行い、求められた濃度が当該濃度範囲の下限値を下回るまで操作を繰り返す。

７　連続試験を実施する場合の措置

オートサンプラーを用いて10以上の試料の試験を連続的に実施する場合には、以下に掲げる措置を講ずる。

(1)　おおむね10の試料ごとの試験終了後及び全ての試料の試験終了後に、上記５で調製した溶液の濃度のうち最も高いものから最も低いものまでの間の一定の濃度（以下この７において「調製濃度」という。）に調製した溶液について、上記４(2)に示す操作により試験を行い、算定された濃度と調製濃度との差を求める。

(2)　上記(1)により求められた差が調製濃度の±10％の範囲を超えた場合には、是正処置を講じた上で上記(1)で行った試験の前に試験を行ったおおむね10の試料及びそれらの後に試験を行った全ての試料について再び分析を行う。その結果、上記(1)により求められた差が再び調製濃度の±10％の範囲を超えた場合には、上記４及び５の操作により試験し直す。

別表第９

水素化物発生―誘導結合プラズマ発光分光分析法

ここで対象とする項目は、セレンである。

１　試薬

(1)　精製水

別表第８の１(1)の例による。

(2)　硝酸

(3)　塩酸（１＋１）

(4)　塩酸（２＋３）

(5)　水酸化ナトリウム

(6)　水素化ホウ素ナトリウム溶液

別表第８の１(6)の例による。

(7)　硝酸（１＋160）

(8)　セレン標準原液

別表第３の１(9)の例による。

(9)　セレン標準液

別表第３の１(10)の例による。

この溶液１mlは、セレン0.001mgを含む。

２　器具及び装置

(1)　水素化物発生装置

(2)　誘導結合プラズマ発光分光分析装置

(3)　アルゴンガス

別表第３の２(2)の例による。

３　試料の採取及び保存

別表第３の３の例による。

４　試験操作

(1)　前処理

別表第８の４(1)の例による。

(2)　分析

水素化物発生装置にアルゴンガスを流しながら、試験溶液、塩酸（２＋３）及び水素化ホウ素ナトリウム溶液を連続的に装置内に導入し、水素化物を発生させる。発生した水素化物を誘導結合プラズマ発光分光分析装置のプラズマトーチに導入し、波長196.026nm又は196.090nmで発光強度を測定し、下記５により作成した検量線から試験溶液中のセレンの濃度を求め、検水中のセレンの濃度を算定する。

５　検量線の作成

セレン標準液をメスフラスコ４個以上に採り、それぞれに試験溶液と同じ割合となるように塩酸（１＋１）を加え、更に精製水を加えて、濃度を段階的にした溶液を調製する。この場合、調製した溶液のセレンの濃度は、上記４(1)に示す検水の濃度範囲から算定される試験溶液の濃度範囲を超えてはならない。以下上記４(2)と同様に操作して、セレンの濃度と発光強度との関係を求める。

６　空試験

精製水を一定量採り、以下上記４(1)及び(2)と同様に操作して試験溶液中のセレンの濃度を求め、検量線の濃度範囲の下限値を下回ることを確認する。

求められた濃度が当該濃度範囲の下限値以上の場合は、是正処置を講じた上で上記４(1)及び(2)と同様の操作を再び行い、求められた濃度が当該濃度範囲の下限値を下回るまで操作を繰り返す。

７　連続試験を実施する場合の措置

オートサンプラーを用いて10以上の試料の試験を連続的に実施する場合には、以下に掲げる措置を講ずる。

(1)　おおむね10の試料ごとの試験終了後及び全ての試料の試験終了後に、上記５で調製した溶液の濃度のうち最も高いものから最も低いものまでの間の一定の濃度（以下この７において「調製濃度」という。）に調製した溶液について、上記４(2)に示す操作により試験を行い、算定された濃度と調製濃度との差を求める。

(2) 上記(1)により求められた差が調製濃度の±10%の範囲を超えた場合には、是正処置を講じた上で上記(1)で行った試験の前に試験を行ったおおむね10の試料及びそれらの後に試験を行った全ての試料について再び分析を行う。その結果、上記(1)により求められた差が再び調製濃度の±10%の範囲を超えた場合には、上記4及び5の操作により試験し直す。

別表第10

水素化物発生―原子吸光光度法

ここで対象とする項目は、ヒ素である。

1 試薬

(1) 精製水

測定対象成分を含まないもの

(2) 硝酸

(3) 硫酸（1＋1）

(4) 過マンガン酸カリウム溶液（3w／v%）

(5) 塩酸（1＋1）

(6) ヨウ化カリウム溶液（20w／v%）

(7) 塩酸（2＋3）

(8) 水酸化ナトリウム

(9) 水素化ホウ素ナトリウム溶液

別表第8の1(6)の例による。

(10) 水酸化ナトリウム溶液（0.4w／v%）

(11) 塩酸（1＋50）

(12) ヒ素標準原液

別表第3の1(9)の例による。

(13) ヒ素標準液

別表第3の1(10)の例による。

この溶液1mlは、ヒ素0.001mgを含む。

2 器具及び装置

(1) 水素化物発生装置

(2) 原子吸光光度計及びヒ素中空陰極ランプ

(3) アルゴンガス

別表第3の2(2)の例による。

(4) 加熱吸収セル

3 試料の採取及び保存

別表第3の3の例による。

4 試験操作

(1) 前処理

検水20～100ml（検水に含まれるヒ素の濃度が0.01mg／Lを超える場合には、0.0001～0.01mg／Lになるように精製水を加えて調製したもの）を採り、硝酸4ml、硫酸（1＋1）2ml及び過マンガン酸カリウム溶液（3w／v%）1滴をそれぞれ加えた後、時計皿をかぶせて加熱する。加熱中に過マンガン酸カリウムの色が消えた後、更に過マンガン酸カリウム溶液（3w／v%）1滴を加える。硫酸の白煙を確認してから乾固しない程度まで加熱操作を続ける。冷後、塩酸（1＋1）4ml及びヨウ化カリウム溶液（20w／v%）2mlを加え、更に精製水を加えて20mlとし、これを試験溶液とする。ただし、濁りがある場合はろ過し、ろ液を試験溶液とする。

(2) 分析

水素化物発生装置にアルゴンガスを流しながら、試験溶液、塩酸（2＋3）、水素化ホウ素ナトリウム溶液を連続的に装置内に導入し、水素化物を発生させる。発生した水素化物を加熱吸収セル―原子吸光光度計に導入し、波長193.7nmで吸光度を測定し、下記5により作成した検量線から試験溶液中のヒ素の濃度を求め、検水中のヒ素の濃度を算定する。

5 検量線の作成

ヒ素標準液をメスフラスコ4個以上に採り、それぞれに試験溶液と同じ割合となるように塩酸（1＋1）及びヨウ化カリウム溶液（20w／v%）を加え、更に精製水を加えて、濃度を段階的にした溶液を調製する。この場合、調製した溶液のヒ素の濃度は、上記4(1)に示す検水の濃度範囲から算定される試験溶液の濃度範囲を超えてはならない。以下上記4(2)と同様に操作して、ヒ素の濃度と吸光度との関係を求める。

6 空試験

精製水を一定量採り、以下上記4(1)及び(2)と同様に操作して試験溶液中のヒ素の濃度を求め、検量線の濃度範囲の下限値を下回ることを確認する。

求められた濃度が当該濃度範囲の下限値以上の場合は、是正処置を講じた上で上記4(1)及び(2)と同様の操作を再び行い、求められた濃度が当該濃度範囲の下限値を下回るまで操作を繰り返す。

7 連続試験を実施する場合の措置

オートサンプラーを用いて10以上の試料の試験を連続的に実施する場合には、以下に掲げる措置を講ずる。

(1) おおむね10の試料ごとの試験終了後及び全ての試料の試験終了後に、上記5で調製した溶液の濃度のうち最も高いものから最も低いものまでの間の一定の濃度（以下この7において「調製濃度」という。）に調製した溶液について、上記4(2)に示す操作により試験を行い、算定された濃度と調製濃度との差を求める。

(2) 上記(1)により求められた差が調製濃度の±10%の範囲を超えた場合には、是正処置を講じた上で上記(1)で行った試験の前に試験を行ったおおむね10の試料及びそれらの後に試験を行った全ての試料について再び分析を行う。その結果、上記(1)により求められた差が再び調製濃度の±10%の範囲を超えた場合には、上記4及び5の操作により試験し直す。

別表第11

水素化物発生―誘導結合プラズマ発光分光分析法

ここで対象とする項目は、ヒ素である。

1 試薬

(1) 精製水

別表第10の1(1)の例による。

(2) 硝酸

(3) 硫酸（1＋1）

(4) 過マンガン酸カリウム溶液（3w／v%）

(5) 塩酸（1＋1）
(6) ヨウ化カリウム溶液（20w／v％）
(7) 塩酸（2＋3）
(8) 水酸化ナトリウム
(9) 水素化ホウ素ナトリウム溶液
　別表第8の1(6)の例による。
(10) 水酸化ナトリウム溶液（0.4w／v％）
(11) 塩酸（1＋50）
(12) ヒ素標準原液
　別表第3の1(9)の例による。
(13) ヒ素標準液
　別表第3の1(10)の例による。
　この溶液1mlは、ヒ素0.001mgを含む。

2　器具及び装置
　別表第9の2の例による。

3　試料の採取及び保存
　別表第3の3の例による。

4　試験操作
(1) 前処理
　別表第10の4(1)の例による。
(2) 分析
　水素化物発生装置にアルゴンガスを流しながら、試験溶液、塩酸（2＋3）及び水素化ホウ素ナトリウム溶液を連続的に装置内に導入し、水素化物を発生させる。発生した水素化物を誘導結合プラズマ発光分光分析装置のプラズマトーチに導入し、波長188.979nm又は189.042nmで発光強度を測定し、下記5により作成した検量線から試験溶液中のヒ素の濃度を求め、検水中のヒ素の濃度を算定する。

5　検量線の作成
　ヒ素標準液をメスフラスコ4個以上に採り、それぞれに試験溶液と同じ割合となるように塩酸（1＋1）及びヨウ化カリウム溶液（20w／v％）を加え、更に精製水を加えて、濃度を段階的にした溶液を調製する。この場合、調製した溶液のヒ素の濃度は、上記4(1)に示す検水の濃度範囲から算定される試験溶液の濃度範囲を超えてはならない。以下上記4(2)と同様に操作して、ヒ素の濃度と発光強度との関係を求める。

6　空試験
　精製水を一定量採り、以下上記4(1)及び(2)と同様に操作して試験溶液中のヒ素の濃度を求め、検量線の濃度範囲の下限値を下回ることを確認する。
　求められた濃度が当該濃度範囲の下限値以上の場合は、是正処置を講じた上で上記4(1)及び(2)と同様の操作を再び行い、求められた濃度が当該濃度範囲の下限値を下回るまで操作を繰り返す。

7　連続試験を実施する場合の措置
　オートサンプラーを用いて10以上の試料の試験を連続的に実施する場合には、以下に掲げる措置を講ずる。
(1) おおむね10の試料ごとの試験終了後及び全ての試料の試験終了後に、上記5で調製した溶液の濃度のうち最も高いものから最も低いものまでの間の一定の濃度（以下この7において「調製濃度」という。）に調製した溶液について、上記4(2)に示す操作により試験を行い、算定された濃度と調製濃度との差を求める。
(2) 上記(1)により求められた差が調製濃度の±10％の範囲を超えた場合には、是正処置を講じた上で上記(1)で行った試験の前に試験を行ったおおむね10の試料及びそれらの後に試験を行った全ての試料について再び分析を行う。その結果、上記(1)により求められた差が再び調製濃度の±10％の範囲を超えた場合には、上記4及び5の操作により試験し直す。

別表第12

イオンクロマトグラフ―ポストカラム吸光光度法
　ここで対象とする項目は、シアン化物イオン及び塩化シアンである。

1　試薬
(1) 精製水
　測定対象成分を含まないもの
(2) リン酸緩衝液（1mol／L）
　リン酸二水素ナトリウム（2水塩）15.6gを精製水に溶かし、リン酸6.8mlを加え、更に精製水を加えて100mlとしたもの
(3) リン酸緩衝液（0.01mol／L）
　リン酸緩衝液（1mol／L）10mlに精製水に加えて1Lとしたもの
(4) 溶離液
　測定対象成分が分離できるもの
(5) リン酸緩衝液（塩素化液用）
　リン酸二水素カリウム3.40gを精製水に溶かして250mlとし、別にリン酸一水素ナトリウム14.20gを精製水に溶かして1Lとし、両液を合わせたもの
(6) 塩素化液
　クロラミンT〔p―トルエンスルホンクロロアミドナトリウム（3水塩）〕0.1gをリン酸緩衝液（塩素化液用）に溶かして100mlとしたもの
　この溶液は、使用の都度調製する。
(7) N，N―ジメチルホルムアミド
　測定対象成分を含まないもの
(8) 発色液
　1―フェニル―3―メチル―5―ピラゾロン1.25gをN，N―ジメチルホルムアミド75mlに溶かし、別に4―ピリジンカルボン酸ナトリウム3.5gを精製水約150mlに溶かし、両液を合わせ、精製水を加えて250mlとしたもの
　この溶液は、10℃以下の冷暗所で保存し、20日以上を経過したものは使用してはならない。
(9) 次亜塩素酸ナトリウム溶液（有効塩素0.05％）
　次亜塩素酸ナトリウム溶液を一定量採り、精製水を加えて20×C（Cは有効塩素濃度％）倍に薄めたもの
　この溶液は、使用の都度調製する。

⑽　クロラミンT溶液（1.25w／v%）

クロラミンT〔p—トルエンスルホンクロロアミドナトリウム（3水塩）〕0.125gを精製水に溶かして10mlとしたもの

この溶液は、使用の都度調製する。

⑾　水酸化ナトリウム溶液（4w／v%）

⑿　アセトン

測定対象成分を含まないもの

⒀　p—ジメチルアミノベンジリデンローダニン溶液

p—ジメチルアミノベンジリデンローダニン〔5—（4—ジメチルアミノベンジリデン）—2—チオキソ—4—チアゾリジノン〕0.02gをアセトンに溶かして100mlとしたもの

⒁　塩化ナトリウム溶液（0.1mol／L）

塩化ナトリウム5.844gを精製水に溶かして1Lとしたもの

⒂　硝酸銀溶液（5w／v%）

⒃　クロム酸カリウム溶液

クロム酸カリウム50gを精製水200mlに溶かし、わずかに赤褐色の沈澱が生じるまで硝酸銀溶液（5w／v%）を加え、ろ過した溶液に精製水を加えて1Lとしたもの

⒄　硝酸銀溶液（0.1mol／L）

硝酸銀17gを精製水に溶かして1Lとしたもの

この溶液は、褐色瓶に入れて冷暗所に保存する。

なお、次の操作により硝酸銀溶液（0.1mol／L）のファクター（f）を求める。

塩化ナトリウム溶液（0.1mol／L）25mlを白磁皿に採り、クロム酸カリウム溶液約0.2mlを指示薬として加え、硝酸銀溶液（0.1mol／L）を用いて淡黄褐色が消えずに残るまで滴定する。別に、同様に操作して精製水について試験を行い、補正した硝酸銀溶液（0.1mol／L）のml数aから次式によりファクターを算定する。

ファクター（f）＝25／a

⒅　亜硫酸水素ナトリウム溶液（1w／v%）

⒆　シアン化物イオン標準原液

シアン化カリウム0.502gを精製水に溶かして200mlとしたもの

なお、標準液の調製の都度、次に定める方法により、その含有するシアン化物イオンの濃度を測定する。

この溶液100mlを採り、水酸化ナトリウム溶液（4w／v%）0.5mlを加えた後、p—ジメチルアミノベンジリデンローダニン溶液0.5mlを指示薬として加え、硝酸銀溶液（0.1mol／L）を用いて液が赤色を呈するまで滴定し、これに要した硝酸銀溶液（0.1mol／L）のml数bから、次式により溶液に含まれるシアン化物イオンの濃度（mg／ml）を算定する。

シアン化物イオン（mg／ml）＝5.204×b×f／100

この式において、fは硝酸銀溶液（0.1mol／L）のファクターを表す。

この溶液は、褐色瓶に入れて冷暗所に保存する。

⒇　シアン化物イオン標準液（10mg／L）

シアン化物イオンとして0.5mgに相当するシアン化物イオン標準原液に精製水を加えて50mlとしたもの

なお、この溶液は冷却が必要であり、試薬調製時に液温が上がらないように注意する。

この溶液1mlは、シアン化物イオン0.01mgを含む。

この溶液は、使用の都度調製する。

㉑　シアン化物イオン標準液（0.2mg／L）

シアン化物イオン標準液（10mg／L）1mlにリン酸緩衝液（1mol／L）0.5mlを加え、更に精製水を加えて50mlとしたもの

なお、この溶液は冷却が必要であり、試薬調製時に液温が上がらないように注意する。

この溶液1mlは、シアン化物イオン0.0002mgを含む。

この溶液は、使用の都度調製する。

㉒　塩化シアン標準液

あらかじめ冷却したリン酸緩衝液（0.01mol／L）約20mlをメスフラスコに入れ、次いで次亜塩素酸ナトリウム溶液（有効塩素0.05%）1ml又はクロラミンT溶液（1.25w／v%）0.25mlを加え、更にシアン化物イオン標準液（0.2mg／L）25mlを加えた後、リン酸緩衝液（0.01mol／L）を加えて50mlとし、1時間以上冷所で静置し、反応させたもの

なお、この溶液は冷却が必要であり、試薬調製時に液温が上がらないように注意する。

この溶液1mlは、シアン化物イオンに換算して0.0001mgを含む。

この溶液は、使用の都度調製し、速やかに使用する。

㉓　シアン混合標準液

あらかじめ冷却したリン酸緩衝液（0.01mol／L）約45mlをメスフラスコに入れ、次いで次亜塩素酸ナトリウム溶液（有効塩素0.05%）1ml又はクロラミンT溶液（1.25w／v%）0.25mlを加えて混合し、更にシアン化物イオン標準液（10mg／L）0.5mlを加えて混合し、1時間以上冷所で静置し、反応させた後、亜硫酸水素ナトリウム溶液（1w／v%）0.25mlを加えて十分に混合し、シアン化物イオン標準液（10mg／L）0.5mlを加え、更にリン酸緩衝液（0.01mol／L）を加えて50mlとしたもの

なお、この溶液は冷却が必要であり、試薬調製時に液温が上がらないように注意する。

この溶液1mlは、シアン化物イオン及び塩化シアンをシアン化物イオンに換算してそれぞれ0.0001mg含む。

この溶液は、使用の都度調製し、速やかに使用する。

2　器具及び装置

⑴　メンブランフィルターろ過装置

孔径約0.2μmのメンブランフィルターを備えたもの

⑵　イオンクロマトグラフ

ア　分離カラム

内径4～9mm、長さ5～25cmのもので、多孔性のポリマー基材に—SO_3Hをイオン交換基として2～4meq／g被覆したもの又はこれと同等以上の分離性能を有するもの

イ　反応部

分離カラムで分離された液と塩素化液、発色液が別々に

混合できるもので、反応温度等が対象物質の最適反応条件に設定できるもの

例えば、塩素化液を毎分0.5mlの流量で注入して40℃で反応させた後、発色液を毎分0.5mlの流量で注入して100℃で反応させることができるもの

また、反応部は、塩素化液又は発色液に侵されない材質のもの

ウ　可視吸収検出器

波長638nm付近に設定したもの

3　試料の採取及び保存

試料は、精製水で洗浄したガラス瓶又はポリエチレン瓶に採取し、試料100mlにつきリン酸緩衝液（1 mol／L）1 mlを加えた後、満水にして直ちに密栓し、冷蔵して速やかに試験する。速やかに試験できない場合は、冷蔵保存し、24時間以内に試験する。

4　試験操作

(1)　前処理

検水（検水に含まれるそれぞれの対象物質の濃度が0.1mg／Lを超える場合には、0.001～0.1mg／Lとなるように精製水を加えて調製したもの）をメンブランフィルターろ過装置でろ過し、初めのろ液約10mlは捨て、次のろ液を試験溶液とする。

(2)　分析

上記(1)で得られた試験溶液の一定量をイオンクロマトグラフに注入し、シアン化物イオンと塩化シアンのピーク高さ又はピーク面積を求め、下記5により作成した検量線から試験溶液中のシアン化物イオンと塩化シアンの濃度を求め、この濃度に上記3で加えたリン酸緩衝液（1 mol／L）の量による補正を加え、検水中のシアン化物イオンと塩化シアンの濃度を算定する。

シアン化物イオンの濃度と塩化シアンの濃度を合計してシアンとしての濃度を算定する。

5　検量線の作成

次のいずれかの方法により行う。

(1)　シアン化物イオン標準液及び塩化シアン標準液を用いる方法

あらかじめ冷却したリン酸緩衝液（0.01mol／L）を4個以上のメスフラスコに採り、シアン化物イオン標準液（0.2 mg／L）を加え、それぞれにリン酸緩衝液(0.01mol／L）を加えて、濃度を段階的にした溶液を調製する。この場合、調製した溶液のシアン化物イオンの濃度は、上記4(1)に示す検水の濃度範囲を超えてはならない。以下速やかに上記4(2)と同様に操作して、シアン化物イオンの濃度とピーク高さ又はピーク面積との関係を求める。

別に、あらかじめ冷却したリン酸緩衝液（0.01mol／L）を4個以上のメスフラスコに採り、塩化シアン標準液を加え、それぞれにリン酸緩衝液（0.01mol／L）を加えて、濃度を段階的にした溶液を調製する。この場合、調製した溶液の塩化シアンの濃度は、上記4(1)に示す検水の濃度範囲を超えてはならない。以下速やかに上記4(2)と同様に操作して、塩化シアンの濃度とピーク高さ又はピーク面積との関係を求める。

(2)　シアン混合標準液を用いる方法

あらかじめ冷却したリン酸緩衝液（0.01mol／L）を4個以上のメスフラスコに採り、シアン混合標準液を加え、それぞれにリン酸緩衝液（0.01mol／L）を加えて、濃度を段階的にした溶液を調製する。この場合、調製した溶液のシアン化物イオン及び塩化シアンのそれぞれの濃度は、上記4(1)に示す検水の濃度範囲を超えてはならない。以下速やかに上記4(2)と同様に操作して、シアン化物イオン及び塩化シアンのそれぞれの濃度とピーク高さ又はピーク面積との関係を求める。

6　空試験

精製水を一定量採り、100mlにつきリン酸緩衝液（1 mol／L）1 mlを加え、以下上記4(1)及び(2)と同様に操作して試験溶液中のシアン化物イオンと塩化シアンの濃度を求め、検量線の濃度範囲の下限値を下回ることを確認する。

求められた濃度が当該濃度範囲の下限値以上の場合は、是正処置を講じた上で上記4(1)及び(2)と同様の操作を再び行い、求められた濃度が当該濃度範囲の下限値を下回るまで操作を繰り返す。

7　連続試験を実施する場合の措置

オートサンプラーを用いて10以上の試料の試験を連続的に実施する場合には、以下に掲げる措置を講ずる。

(1)　おおむね10の試料ごとの試験終了後及び全ての試料の試験終了後に、上記5で調製した溶液の濃度のうち最も高いものから最も低いものまでの間の一定の濃度（以下この7において「調製濃度」という。）に調製した溶液について、上記4(2)に示す操作により試験を行い、算定された濃度と調製濃度との差を求める。

(2)　上記(1)により求められた差が調製濃度の±10%の範囲を超えた場合には、是正処置を講じた上で上記(1)で行った試験の前に試験を行ったおおむね10の試料及びそれらの後に試験を行った全ての試料について再び分析を行う。その結果、上記(1)により求められた差が再び調製濃度の±10%の範囲を超えた場合には、上記4及び5の操作により試験し直す。

別表第13

イオンクロマトグラフ（陰イオン）による一斉分析法

ここで対象とする項目は、亜硝酸態窒素、硝酸態窒素及び亜硝酸態窒素、フッ素、塩素酸並びに塩化物イオンである。

1　試薬

(1)　精製水

測定対象成分を含まないもの

(2)　エチレンジアミン溶液（50mg／ml）

エチレンジアミン0.5gを精製水に溶かして10mlとしたもの

この溶液は、冷暗所に保存し、1か月以上を経過したものは使用してはならない。

(3)　チオ硫酸ナトリウム溶液（0.3w／v%）

(4) ヨウ化カリウム溶液（5w／v%）

(5) 窒素ガス

精製が必要な場合には、洗浄瓶を用いてヨウ化カリウム溶液（5w／v%）に通し、酸化剤を除去したもの

ただし、ヨウ化カリウム溶液（5w／v%）は、着色したものは使用してはならない。

(6) 溶離液

測定対象成分が分離できるもの

(7) 除去液

サプレッサを動作させることができるもの

(8) 塩酸

(9) ヨウ化カリウム

(10) 炭酸ナトリウム（無水）

(11) イソアミルアルコール

測定対象成分を含まないもの

(12) ヨウ素酸カリウム溶液（0.017mol／L）

ヨウ素酸カリウム3.567gを精製水に溶かして1Lとしたもの

(13) 硫酸（1＋5）

(14) でんぷん溶液

可溶性でんぷん1gを精製水約100mlとよく混ぜながら、熱した精製水200ml中に加え、約1分間煮沸後、放冷したもの

ただし、上澄み液を使用する。

この溶液は、使用の都度調製する。

(15) チオ硫酸ナトリウム溶液（0.1mol／L）

チオ硫酸ナトリウム（5水塩）26g及び炭酸ナトリウム（無水）0.2gを精製水に溶かして1Lとし、イソアミルアルコール約10mlを加えて振り混ぜ、2日間静置したもの

なお、次の操作によりチオ硫酸ナトリウム溶液（0.1mol／L）のファクター（f）を求める。

ヨウ素酸カリウム溶液（0.017mol／L）25mlを共栓付き三角フラスコに採り、ヨウ化カリウム2g及び硫酸（1＋5）5mlを加えて直ちに密栓し、静かに振り混ぜた後、暗所に5分間静置し、更に精製水100mlを加える。次に、チオ硫酸ナトリウム溶液（0.1mol／L）を用いて滴定し、液の黄色が薄くなってから1～2mlのでんぷん溶液を指示薬として加え、液の青色が消えるまで更に滴定する。別に、同様に操作して精製水について試験を行い、補正したチオ硫酸ナトリウム溶液（0.1mol／L）のml数aから次式によりファクターを算定する。

ファクター（f）＝25／a

(16) 硝酸態窒素標準原液

硝酸ナトリウム6.068gを精製水に溶かして1Lとしたもの

この溶液1mlは、硝酸態窒素1mgを含む。

この溶液は、冷暗所に保存する。

(17) 亜硝酸態窒素標準原液

亜硝酸ナトリウム4.926gを精製水に溶かして1Lとしたもの

この溶液1mlは、亜硝酸態窒素1mgを含む。

この溶液は、冷暗所に保存する。

(18) フッ素標準原液

フッ化ナトリウム2.210gを精製水に溶かして1Lとしたもの

この溶液1mlは、フッ素1mgを含む。

この溶液は、ポリエチレン瓶に入れて冷暗所に保存する。

(19) 塩素酸標準原液

塩素酸ナトリウム1.3gを精製水に溶かして1Lとしたもの

なお、次に定める方法により含有する塩素酸の濃度を測定する。

共栓付き三角フラスコに塩酸10mlを採り、これに塩素酸標準原液10ml及びヨウ化カリウム1gを加え、直ちに栓をする。この溶液を暗所で20分間静置した後、チオ硫酸ナトリウム溶液（0.1mol／L）で滴定し、液の褐色が淡黄色に変わったら1～2mlのでんぷん溶液を指示薬として加え、液の青色が消えるまで更に滴定する。これに要したチオ硫酸ナトリウム溶液（0.1mol／L）のml数bから次式により溶液に含まれる塩素酸の濃度（mg／ml）を算定する。

塩素酸（mg／ml）＝（b×1.391×f）／10

この式において、fはチオ硫酸ナトリウム溶液（0.1mol／L）のファクターを表す。

この溶液は、冷暗所に保存する。

(20) 塩化物イオン標準原液

塩化ナトリウム1.649gを精製水に溶かして1Lとしたもの

この溶液1mlは、塩化物イオン1mgを含む。

この溶液は、冷暗所に保存する。

(21) 陰イオン混合標準液

硝酸態窒素、亜硝酸態窒素、フッ素、塩素酸及び塩化物イオンのそれぞれ一定量の標準原液を混合し、精製水で硝酸態窒素は10～1000倍、亜硝酸態窒素は100～10000倍、フッ素は10～1000倍、塩素酸は10～1000倍、塩化物イオンは5～500倍の範囲内における任意の濃度に薄めたもの

この溶液1mlは、硝酸態窒素0.001～0.1mg、亜硝酸態窒素0.0001～0.01mg、フッ素0.001～0.1mg、塩素酸0.001～0.1mg及び塩化物イオン0.002～0.2mgを含む。

この溶液は、冷暗所に保存する。

2 器具及び装置

(1) メンブランフィルターろ過装置

別表第12の2(1)の例による。

(2) イオンクロマトグラフ

ア 分離カラム

サプレッサ型は、内径2～8mm、長さ5～25cmのもので、陰イオン交換基を被覆したポリマー系充填剤を充填したもの又はこれと同等以上の分離性能を有するもの

ノンサプレッサ型は、内径4～4.6mm、長さ5～25cmのもので、陰イオン交換基を被覆した表面多孔性のポリアクリレート若しくはシリカを充填したもの又はこれと同等以上の分離性能を有するもの

イ 検出器

電気伝導度検出器又は紫外部吸収検出器

3 試料の採取及び保存

試料は、精製水で洗浄したガラス瓶又はポリエチレン瓶に採取し、速やかに試験する。速やかに試験できない場合は、冷暗所に保存し、2週間以内に試験する。

ただし、フッ素の検査に用いる試料は、ポリエチレン瓶に採取する。

なお、残留塩素が含まれている場合には、試料1Lにつきエチレンジアミン溶液（50mg／ml）0.1～1ml又はチオ硫酸ナトリウム溶液（0.3w／v％）1～2mlを加える。ただし、亜硝酸態窒素及び塩素酸の検査を行わない場合は、エチレンジアミン溶液又はチオ硫酸ナトリウム溶液の添加を省略することができる。

また、二酸化塩素を含む試料については、散気用フィルター付きの管を用い窒素ガスで15分間曝気した後、試料1Lにつきエチレンジアミン溶液（50mg／ml）0.1～1ml又はチオ硫酸ナトリウム溶液（0.3w／v％）1～2mlを加える。ただし、塩素酸の検査を行わない場合は、窒素ガスによる曝気を省略することができる。

4　試験操作

(1)　前処理

検水（検水に含まれるそれぞれの対象物質の濃度が表1に示す濃度範囲の上限値を超える場合には、同表に示す濃度範囲になるように精製水を加えて調製したもの）をメンブランフィルターろ過装置でろ過し、初めのろ液約10mlを捨て、次のろ液を試験溶液とする。

表1　対象物質の濃度範囲

対　象　物　質	濃度範囲（mg／L）
硝酸態窒素	0.02　～20
亜硝酸態窒素	0.004～0.4
フッ素	0.05　～5
塩素酸	0.06　～1.2
塩化物イオン	0.2　～200

(2)　分析

上記(1)で得られた試験溶液の一定量をイオンクロマトグラフに注入し、それぞれの陰イオンのピーク高さ又はピーク面積を求め、下記5により作成した検量線から試験溶液中のそれぞれの陰イオンの濃度を求め、検水中のそれぞれの陰イオンの濃度を算定する。

5　検量線の作成

陰イオン混合標準液をメスフラスコ4個以上に採り、それぞれに精製水を加えて、濃度を段階的にした溶液を調製する。この場合、調製した溶液のそれぞれの陰イオンの濃度は、表1の濃度範囲を超えてはならない。以下上記4(2)と同様に操作して、それぞれの陰イオンの濃度とピーク高さ又はピーク面積との関係を求める。

6　空試験

精製水を一定量採り、以下上記4(1)及び(2)と同様に操作して試験溶液中のそれぞれの陰イオンの濃度を求め、検量線の濃度範囲の下限値を下回ることを確認する。

求められた濃度が当該濃度範囲の下限値以上の場合は、是正処置を講じた上で上記4(1)及び(2)と同様の操作を再び行い、求められた濃度が当該濃度範囲の下限値を下回るまで操作を繰り返す。

7　連続試験を実施する場合の措置

オートサンプラーを用いて10以上の試料の試験を連続的に実施する場合には、以下に掲げる措置を講ずる。

(1)　おおむね10の試料ごとの試験終了後及び全ての試料の試験終了後に、上記5で調製した溶液の濃度のうち最も高いものから最も低いものまでの間の一定の濃度（以下この7において「調製濃度」という。）に調製した溶液について、上記4(2)に示す操作により試験を行い、算定された濃度と調製濃度との差を求める。

(2)　上記(1)により求められた差が調製濃度の±10％の範囲を超えた場合には、是正処置を講じた上で上記(1)で行った試験の前に試験を行ったおおむね10の試料及びそれらの後に試験を行った全ての試料について再び分析を行う。その結果、上記(1)により求められた差が再び調製濃度の±10％の範囲を超えた場合には、上記4及び5の操作により試験し直す。

別表第14

パージ・トラップ―ガスクロマトグラフ―質量分析計による一斉分析法

ここで対象とする項目は、四塩化炭素、1，4―ジオキサン、シス―1，2―ジクロロエチレン及びトランス―1，2―ジクロロエチレン、ジクロロメタン、テトラクロロエチレン、トリクロロエチレン、ベンゼン、クロロホルム、ジブロモクロロメタン、ブロモジクロロメタン並びにブロモホルムである。

1　試薬

(1)　精製水

測定対象成分を含まないもの

(2)　塩酸（1＋10）

(3)　アスコルビン酸ナトリウム

(4)　チオ硫酸ナトリウム溶液（0.3w／v％）

(5)　メチルアルコール

測定対象成分を含まないもの

(6)　内部標準原液

フルオロベンゼン及び4―ブロモフルオロベンゼンはそれぞれ0.500g、1，4―ジオキサン―d_8は0.400gをメチルアルコール10mlを入れた別々のメスフラスコに採り、メチルアルコールを加えて100mlとしたもの

これらの溶液1mlは、フルオロベンゼン及び4―ブロモフルオロベンゼンをそれぞれ5mg、1，4―ジオキサン―d_8を4mg含む。

これらの溶液は、調製後直ちに液体窒素等で冷却しながら1～2mlのアンプルに小分けし、封入して冷凍保存する。

(7)　内部標準液

内部標準原液をメチルアルコールで4～400倍に薄めたもの

3種類の内部標準物質を使用する場合には、3種類の内部標準原液をメチルアルコール少量を入れた1つのメスフラスコにそれぞれ一定量採取し、同様の希釈操作を行う。

この溶液1mlは、フルオロベンゼン又は4―ブロモフルオロベンゼンを0.0125～1.25mg及び1，4―ジオキサン―d_8を0.01～1mg含む。

この溶液は、使用の都度調製する。

(8) 揮発性有機化合物標準原液

四塩化炭素、1，4―ジオキサン、シス―1，2―ジクロロエチレン、トランス―1，2―ジクロロエチレン、ジクロロメタン、テトラクロロエチレン、トリクロロエチレン、ベンゼン、クロロホルム、ジブロモクロロメタン、ブロモジクロロメタン及びブロモホルムのそれぞれ0.500gについて、メチルアルコール少量を入れた別々のメスフラスコに採り、メチルアルコールを加えて10mlとしたもの

これらの溶液1mlは、四塩化炭素、1，4―ジオキサン、シス―1，2―ジクロロエチレン、トランス―1，2―ジクロロエチレン、ジクロロメタン、テトラクロロエチレン、トリクロロエチレン、ベンゼン、クロロホルム、ジブロモクロロメタン、ブロモジクロロメタン及びブロモホルムをそれぞれ50mg含む。

これらの溶液は、調製後直ちに液体窒素等で冷却しながら1～2mlのアンプルに小分けし、封入して冷凍保存する。

(9) 揮発性有機化合物混合標準液

それぞれの揮発性有機化合物標準原液を一定量ずつあらかじめメチルアルコール少量を入れたメスフラスコに採り、メチルアルコールで100倍の濃度に薄めたもの

この溶液1mlは、四塩化炭素、1，4―ジオキサン、シス―1，2―ジクロロエチレン、トランス―1，2―ジクロロエチレン、ジクロロメタン、テトラクロロエチレン、トリクロロエチレン、ベンゼン、クロロホルム、ジブロモクロロメタン、ブロモジクロロメタン及びブロモホルムをそれぞれ0.5mg含む。

この溶液は、使用の都度調製する。

2 器具及び装置

(1) ねじ口瓶

容量40～100mlのもので、ポリテトラフルオロエチレン張りのキャップをしたもの

(2) アンプル

容量1～2mlのもの

(3) パージ・トラップ装置

ア パージ容器

ガラス製で、5～25mlの精製水及び検水を処理できるもの

イ 恒温槽

30～80℃の範囲内で一定の温度に保持できるもの

ウ トラップ管

内径2mm以上、長さ5～30cmのもので、ステンレス管又はこの内面にガラスを被覆したものにポリ―2，6―ジフェニル―p―ジフェニレンオキサイド、シリカゲル及び活性炭を3層に充填したもの又はこれと同等以上の吸着性能を有するもの

エ 脱着装置

トラップ管を180～250℃の温度に急速に加熱できるもの

オ クライオフォーカス装置

内径0.32～0.53mmの溶融シリカ管又はステンレス管で、－50～－180℃程度に冷却でき、かつ200℃まで加熱できるもの

ただし、クライオフォーカス操作を行わない場合は、この装置を使用しなくてもよい。

(4) ガスクロマトグラフ―質量分析計

ア 分離カラム

内径0.20～0.53mm、長さ60～75mの溶融シリカ製のキャピラリーカラムで、内面に25％フェニル―75％ジメチルポリシロキサンを1μmの厚さに被覆したもの又はこれと同等以上の分離性能を有するもの

イ 分離カラムの温度

対象物質の最適分離条件に設定できるもの

例えば、40℃を1分間保持し、毎分3℃の速度で上昇させ230℃にできるもの

ウ 検出器

選択イオン測定（SIM）又はこれと同等以上の性能を有するもの

エ イオン化電圧

電子イオン化法（EI法）で、70V又は必要な感度が得られる電圧

オ キャリアーガス

純度99.999v／v％以上のヘリウムガス又は必要な感度が得られるもの

3 試料の採取及び保存

試料は、精製水で洗浄したねじ口瓶に泡立てないように採取し、pH値が約2となるように塩酸（1＋10）を試料10mlにつき1滴程度加え、満水にして直ちに密栓し、速やかに試験する。速やかに試験できない場合は、冷暗所に保存し、24時間以内に試験する。

なお、残留塩素が含まれている場合には、試料1Lにつきアスコルビン酸ナトリウム0.01～0.5g又はチオ硫酸ナトリウム溶液（0.3w／v％）1～2mlを加える。

4 試験操作

検水（検水に含まれるそれぞれの対象物質の濃度が表1に示す濃度範囲の上限値を超える場合には、同表に示す濃度範囲になるように精製水を加えて調製したもの）をパージ容器に採り、内部標準液を試験溶液の内部標準物質濃度がフルオロベンゼン又は4―ブロモフルオロベンゼンがおおむね0.005～0.5mg／L及び1，4―ジオキサン―d_8がおおむね0.004～0.4mg／Lとなるよう一定量注入する。次いで、パージ・トラップ装置及びガスクロマトグラフ―質量分析計を操作し、表1に示すそれぞれの揮発性有機化合物と内部標準物質とのフラグメントイオンのピーク高さ又はピーク面積の比を求め、下記5により作成した検量線から検水中のそれぞれの揮発性有機化合物の濃度を算

定する。

表1　対象物質の濃度範囲及びフラグメントイオン

揮発性有機化合物	濃度範囲 (mg／L)	フラグメントイオン (m／z)
四塩化炭素	0.0001～0.05	117、119、121
1，4―ジオキサン	0.005 ～ 0.1	88、58
シス―1，2―ジクロロエチレン	0.0001～ 0.1	61、96、98
トランス―1,2―ジクロロエチレン	0.0001～ 0.1	61、96、98
ジクロロメタン	0.0001～ 0.1	49、84、86
テトラクロロエチレン	0.0001～0.05	166、164、129
トリクロロエチレン	0.0001～0.05	130、132、95
ベンゼン	0.0001～0.05	78、77、52
クロロホルム	0.0001～ 0.1	83、85、47
ジブロモクロロメタン	0.0001～ 0.1	129、127、131
ブロモジクロロメタン	0.0001～ 0.1	83、85、47
ブロモホルム	0.0001～ 0.1	173、171、175
フルオロベンゼン　※		96、70
4―ブロモフルオロベンゼン　※		95、174、176
1，4―ジオキサン―d_8　※		96、64

※印は内部標準物質である。

5　検量線の作成

揮発性有機化合物混合標準液をメスフラスコ4個以上に採り、それぞれに試験溶液と同じ割合となるように内部標準液を加え、更にメチルアルコールを加えて、濃度を段階的にした溶液を調製する。段階的に調製した溶液を一定の割合でメスフラスコに採り、それぞれに精製水を加えて一定量とする。この場合、内部標準物質の濃度が上記4に示す試験溶液の内部標準物質濃度と同一になるよう調整する。以下上記4と同様に操作して、それぞれの揮発性有機化合物と内部標準物質とのフラグメントイオンのピーク高さ又はピーク面積の比を求め、それぞれの揮発性有機化合物の濃度との関係を求める。

6　空試験

精製水を一定量採り、以下上記4と同様に操作して試験溶液中のそれぞれの揮発性有機化合物の濃度を求め、検量線の濃度範囲の下限値を下回ることを確認する。

求められた濃度が当該濃度範囲の下限値以上の場合は、是正処置を講じた上で上記4と同様の操作を再び行い、求められた濃度が当該濃度範囲の下限値を下回るまで操作を繰り返す。

7　連続試験を実施する場合の措置

オートサンプラーを用いて10以上の試料の試験を連続的に実施する場合には、以下に掲げる措置を講ずる。

(1)　おおむね10の試料ごとの試験終了後及び全ての試料の試験終了後に、上記5で調製した溶液の濃度のうち最も高いものから最も低いものまでの間の一定の濃度（以下この7において「調製濃度」という。）に調製した溶液について、上記4に示す操作により試験を行い、算定された濃度と調製濃度との差を求める。

(2)　上記(1)により求められた差が調製濃度の±20%の範囲を超えた場合には、是正処置を講じた上で上記(1)で行った試験の前に試験を行ったおおむね10の試料及びそれらの後に試験を行った全ての試料について再び分析を行う。その結果、上記(1)により求められた差が再び調製濃度の±20%の範囲を超えた場合には、上記4及び5の操作により試験し直す。

別表第15

ヘッドスペース―ガスクロマトグラフ―質量分析計による一斉分析法

ここで対象とする項目は、四塩化炭素、1，4―ジオキサン、シス―1，2―ジクロロエチレン及びトランス―1，2―ジクロロエチレン、ジクロロメタン、テトラクロロエチレン、トリクロロエチレン、ベンゼン、クロロホルム、ジブロモクロロメタン、ブロモジクロロメタン並びにブロモホルムである。

1　試薬

(1)　精製水

別表第14の1(1)の例による。

(2)　塩酸（1＋10）

(3)　アスコルビン酸ナトリウム

(4)　チオ硫酸ナトリウム溶液（0.3w／v%）

(5)　塩化ナトリウム

測定対象成分を含まないもの

(6)　メチルアルコール

別表第14の1(5)の例による。

(7)　内部標準原液

フルオロベンゼン及び4―ブロモフルオロベンゼンはそれぞれ0.500gをメチルアルコール10mlを入れた別々のメスフラスコに採り、メチルアルコールを加えて100mlとしたもの

1，4―ジオキサン―d_8は0.400gをメチルアルコール5mlを入れたメスフラスコに採り、メチルアルコールを加えて10mlとしたもの

これらの溶液1mlは、フルオロベンゼン及び4―ブロモフルオロベンゼンをそれぞれ5mg、1，4―ジオキサン―d_8を40mg含む。

これらの溶液は、調製後直ちに液体窒素等で冷却しながら1～2mlのアンプルに小分けし、封入して冷凍保存する。

(8)　内部標準液

内部標準原液をメチルアルコールで4～400倍に薄めたもの

3種類の内部標準物質を使用する場合には、3種類の内部標準原液をメチルアルコール少量を入れた1つのメスフラスコに等量採取し、同様の希釈操作を行う。

この溶液1mlは、フルオロベンゼン又は4―ブロモフルオロベンゼンを0.0125～1.25mg及び1，4―ジオキサン―d_8を0.1～10mg含む。

この溶液は、使用の都度調製する。

(9)　揮発性有機化合物標準原液

別表第14の1(8)の例による。

⑽　揮発性有機化合物混合標準液
　別表第14の1⑼の例による。
2　器具及び装置
(1)　ねじ口瓶
　別表第14の2(1)の例による。
(2)　アンプル
　別表第14の2(2)の例による。
(3)　バイアル
　容量10～100mlのもの
(4)　セプタム
(5)　ポリテトラフルオロエチレンシート
　厚さ0.05mm以上のもの
(6)　金属製キャップ
(7)　金属製キャップ締め器
(8)　恒温槽
　60～80℃の範囲内で一定の温度に保持できるもの
(9)　トラップ管
　内径2mm以上、長さ5～30cmのもので、ステンレス管又はこの内面にガラスを被覆したもので、ポリ―2，6―ジフェニル―p―ジフェニレンオキサイドを0.2～0.3g充填したもの又はこれと同等以上の吸着性能を有するもの
　ただし、トラップ操作を行わない場合は、この装置を使用しなくてもよい。
⑽　脱着装置
　トラップ管を180～250℃の温度に急速に加熱できるもの
　ただし、トラップ操作を行わない場合は、この装置を使用しなくてもよい。
⑾　ガスクロマトグラフ―質量分析計
　ア　試料導入部
　　最適温度が設定できるもの
　イ　分離カラム
　　別表第14の2(4)アの例による。
　ウ　分離カラムの温度
　　別表第14の2(4)イの例による。
　エ　検出器
　　別表第14の2(4)ウの例による。
　オ　イオン化電圧
　　別表第14の2(4)エの例による。
　カ　キャリアーガス
　　別表第14の2(4)オの例による。
3　試料の採取及び保存
　別表第14の3の例による。
4　試験操作
(1)　前処理
　バイアルに塩化ナトリウムを検水量10mlに対して3gを入れた後、検水（検水に含まれるそれぞれの対象物質の濃度が別表第14の表1に示す濃度範囲の上限値を超える場合には、同表に示す濃度範囲になるように精製水を加えて調製したもの）をバイアル容量に対して0.40～0.85となるように採り、内部標準液を試験溶液の内部標準物質濃度がフルオロベンゼン又は4―ブロモフルオロベンゼンがおおむね0.0025～0.25mg／L及び1，4―ジオキサン―d_8がおおむね0.002～0.2mg／Lとなるよう一定量注入する。直ちにポリテトラフルオロエチレンシート、セプタム、金属製キャップをのせ、金属製キャップ締め器で密閉する。次いで、バイアルを振り混ぜた後、恒温槽で30分間以上加温し、これを試験溶液とする。
(2)　分析
　上記(1)で得られた試験溶液の気相の一定量をガスクロマトグラフ―質量分析計（トラップ操作を行う場合にはトラップ管及び脱着装置を接続したもの）に注入し、別表第14の表1に示すそれぞれの揮発性有機化合物と内部標準物質とのフラグメントイオンのピーク高さ又はピーク面積の比を求め、下記5により作成した検量線から試験溶液中のそれぞれの揮発性有機化合物の濃度を求め、検水中のそれぞれの揮発性有機化合物の濃度を算定する。
5　検量線の作成
　揮発性有機化合物混合標準液をメスフラスコ4個以上に採り、それぞれに試験溶液と同じ割合となるように内部標準液を加え、更にメチルアルコールを加えて、濃度を段階的にした溶液を調製する。精製水を上記4(1)と同様に採り、これに段階的に調製した溶液を一定の割合で注入する。この場合、調製した溶液のそれぞれの揮発性有機化合物の濃度は、上記4(1)に示す検水の濃度範囲を超えてはならない。また、内部標準物質の濃度が上記4(1)に示す試験溶液の内部標準物質濃度と同一になるよう調製する。以下上記4(1)及び(2)と同様に操作して、それぞれの揮発性有機化合物と内部標準物質とのフラグメントイオンのピーク高さ又はピーク面積の比を求め、それぞれの揮発性有機化合物の濃度との関係を求める。
6　空試験
　精製水を一定量採り、以下上記4(1)及び(2)と同様に操作して試験溶液中のそれぞれの揮発性有機化合物の濃度を求め、検量線の濃度範囲の下限値を下回ることを確認する。
　求められた濃度が当該濃度範囲の下限値以上の場合は、是正処置を講じた上で上記4(1)及び(2)と同様の操作を再び行い、求められた濃度が当該濃度範囲の下限値を下回るまで操作を繰り返す。
7　連続試験を実施する場合の措置
　オートサンプラーを用いて10以上の試料の試験を連続的に実施する場合には、以下に掲げる措置を講ずる。
(1)　おおむね10の試料ごとの試験終了後及び全ての試料の試験終了後に、上記5で調製した溶液の濃度のうち最も高いものから最も低いものまでの間の一定の濃度（以下この7において「調製濃度」という。）に調製した溶液について、上記4(1)及び(2)に示す操作により試験を行い、算定された濃度と調製濃度との差を求める。
(2)　上記(1)により求められた差が調製濃度の±20％の範囲を超えた場合には、是正処置を講じた上で上記(1)で行った試験の前に試験を行ったおおむね10の試料及びそれらの後に試験を

行った全ての試料について再び分析を行う。その結果、上記(1)により求められた差が再び調製濃度の±20%の範囲を超えた場合には、上記4及び5の操作により試験し直す。

別表第16

固相抽出—ガスクロマトグラフ—質量分析法

ここで対象とする項目は、1，4—ジオキサンである。

1　試薬

(1)　精製水

測定対象成分を含まないもの

(2)　メチルアルコール

測定対象成分を含まないもの

(3)　アセトン

測定対象成分を含まないもの

(4)　窒素ガス

測定対象成分を含まないもの

(5)　内部標準原液

1，4—ジオキサン—$d_8$1.000gをメスフラスコに採り、メチルアルコールに溶かして1Lとしたもの

この溶液1mlは、1，4—ジオキサン—d_8 1mgを含む。

この溶液は、冷暗所に保存する。

(6)　内部標準液

内部標準原液をメチルアルコールで10倍に薄めたもの

この溶液1mlは、1，4—ジオキサン—$d_8$0.1mgを含む。

この溶液は、使用の都度調製する。

(7)　1，4—ジオキサン標準原液

1，4—ジオキサン1.000gをメスフラスコに採り、メチルアルコールに溶かして1Lとしたもの

この溶液1mlは、1，4—ジオキサン1mgを含む。

この溶液は、冷暗所に保存する。

(8)　1，4—ジオキサン標準液

1，4—ジオキサン標準原液をメチルアルコールで100倍に薄めたもの

この溶液1mlは、1，4—ジオキサン0.01mgを含む。

この溶液は、使用の都度調製する。

2　器具及び装置

(1)　固相カラム

スチレンジビニルベンゼン共重合体固相カラム及び活性炭固相カラム又はこれと同等以上の性能を有するもの

(2)　ガスクロマトグラフ—質量分析計

ア　試料導入部

スプリットレス方式のもので、その温度を200～250℃にしたもの

イ　分離カラム

内径0.20～0.53mm、長さ60～75mの溶融シリカ製のキャピラリーカラムで、内面に25%フェニル—75%ジメチルポリシロキサンを0.1～1μmの厚さに被膜したもの又はこれと同等以上の分離性能を有するもの

ウ　分離カラムの温度

最適分離条件に設定できるもの

例えば、45℃を1分間保持し、毎分10℃の速度で上昇させ、200℃を5分間保持できるもの

エ　検出器

別表第14の2(4)ウの例による。

オ　イオン化電圧

別表第14の2(4)エの例による。

カ　キャリアーガス

別表第14の2(4)オの例による。

3　試料の採取及び保存

試料は、精製水及びアセトンで洗浄した後、120℃程度で2時間程度加熱し放冷したガラス瓶に採取し、速やかに試験する。速やかに試験できない場合は、冷暗所に保存し、2週間以内に試験する。

4　試験操作

(1)　前処理

スチレンジビニルベンゼン共重合体固相カラムと活性炭固相カラムを直列に接続し、スチレンジビニルベンゼン共重合体固相カラム側からアセトン10ml及び精製水10mlを順次注入する。次に、内部標準液5μlを加えた検水200ml（検水に含まれる1,4—ジオキサンの濃度が0.05mg／Lを超える場合には、0.0005～0.05mg／Lとなるように精製水を加えて200mlに調製したもの）を毎分10mlの流量でスチレンジビニルベンゼン共重合体固相カラム側から流した後、活性炭固相カラムを取り外す。活性炭固相カラムに精製水10mlを流した後、窒素ガスを20分間以上通気して乾燥させる。次いで、活性炭固相カラムに通水方向の逆からアセトン2mlをゆっくり流し、試験管に採る。試験管の溶出液に窒素ガスを緩やかに吹き付けて1mlまで濃縮し、これを試験溶液とする。

(2)　分析

上記(1)で得られた試験溶液の一定量をガスクロマトグラフ—質量分析計に注入し、1，4—ジオキサンは88、58のフラグメントイオンのピーク高さ又はピーク面積と1，4—ジオキサン—d_8は96、64のフラグメントイオンのピーク高さ又はピーク面積との比を求め、下記5により作成した検量線から試験溶液中の1，4—ジオキサンの濃度を求め、検水中の1，4—ジオキサンの濃度を算定する。

5　検量線の作成

1，4—ジオキサン標準液を段階的にメスフラスコ4個以上に採り、精製水を加えて200mlとする。この場合、調製した溶液の1，4—ジオキサンの濃度は、上記4(1)に示す検水の濃度範囲から算定される試験溶液の濃度範囲を超えてはならない。以下上記4(1)及び(2)と同様に操作して、1，4—ジオキサンと1，4—ジオキサン—d_8とのフラグメントイオンのピーク高さ又はピーク面積の比を求め、1，4—ジオキサンの濃度との関係を求める。

6　空試験

精製水200mlを採り、以下上記4(1)及び(2)と同様に操作して試験溶液中の1，4—ジオキサンの濃度を求め、検量線の濃度範

囲の下限値を下回ることを確認する。

求められた濃度が当該濃度範囲の下限値以上の場合は、是正処置を講じた上で上記４(1)及び(2)と同様の操作を再び行い、求められた濃度が当該濃度範囲の下限値を下回るまで操作を繰り返す。

７　連続試験を実施する場合の措置

オートサンプラーを用いて10以上の試料の試験を連続的に実施する場合には、以下に掲げる措置を講ずる。

(1)　おおむね10の試料ごとの試験終了後及び全ての試料の試験終了後に、上記５で調製した溶液の濃度のうち最も高いものから最も低いものまでの間の一定の濃度（以下この７において「調製濃度」という。）に調製した溶液について、上記４(1)及び(2)に示す操作により試験を行い、算定された濃度と調製濃度との差を求める。

(2)　上記(1)により求められた差が調製濃度の±20％の範囲を超えた場合には、是正処置を講じた上で上記(1)で行った試験の前に試験を行ったおおむね10の試料及びそれらの後に試験を行った全ての試料について再び分析を行う。その結果、上記(1)により求められた差が再び調製濃度の±20％の範囲を超えた場合には、上記４及び５の操作により試験し直す。

別表第17

溶媒抽出―誘導体化―ガスクロマトグラフ―質量分析計による一斉分析法

ここで対象とする項目は、クロロ酢酸、ジクロロ酢酸及びトリクロロ酢酸である。

１　試薬

(1)　精製水

測定対象成分を含まないもの

(2)　アスコルビン酸ナトリウム

(3)　チオ硫酸ナトリウム溶液（0.3w／v％）

(4)　硫酸（１＋１）

(5)　塩化ナトリウム

測定対象成分を含まないもの

(6)　水酸化ナトリウム溶液（20w／v％）

(7)　tert―ブチル―メチルエーテル

測定対象成分を含まないもの

(8)　無水硫酸ナトリウム

測定対象成分を含まないもの

(9)　メチルアルコール

測定対象成分を含まないもの

(10)　ジアゾメタン溶液

ジアゾメタン生成装置を用い、N―メチル―N'―ニトロ―N―ニトロソグアニジン0.1～0.2gに精製水0.5ml及び水酸化ナトリウム溶液（20w／v％）0.6mlを加え、発生したジアゾメタンを氷冷したtert―ブチル―メチルエーテル３mlに黄色を呈するまで捕集し、このtert―ブチル―メチルエーテル層をジアゾメタン溶液とする。

この溶液は、使用時に調製する。

なお、この操作は必ずドラフト内で行う。

(11)　内部標準原液

１，２，３―トリクロロプロパン0.100gをtert―ブチル―メチルエーテルに溶かして10mlとしたもの

この溶液１mlは、１，２，３―トリクロロプロパン10mgを含む。

この溶液は、調製後直ちにねじ口バイアルに入れて冷凍保存する。

(12)　内部標準液

内部標準原液をtert―ブチル―メチルエーテルで2000倍に薄めたもの

この溶液１mlは、１，２，３―トリクロロプロパン0.005mgを含む。

この溶液は、使用の都度調製する。

(13)　クロロ酢酸標準原液、ジクロロ酢酸標準原液及びトリクロロ酢酸標準原液

クロロ酢酸、ジクロロ酢酸及びトリクロロ酢酸のそれぞれ0.100gを別々のメスフラスコに採り、tert―ブチル―メチルエーテル又はメチルアルコールを加えて100mlとしたもの

これらの溶液１mlは、クロロ酢酸、ジクロロ酢酸及びトリクロロ酢酸をそれぞれ１mg含む。

これらの溶液は、調製後直ちに10mlずつをねじ口バイアルに入れて冷凍保存する。

(14)　ハロ酢酸混合標準液

クロロ酢酸標準原液、ジクロロ酢酸標準原液及びトリクロロ酢酸標準原液を１つのメスフラスコに等量採り、メチルアルコールで100倍に薄めたもの

この溶液１mlは、クロロ酢酸、ジクロロ酢酸及びトリクロロ酢酸をそれぞれ0.01mg含む。

この溶液は、使用の都度調製する。

２　器具及び装置

(1)　ねじ口瓶

容量40～100mlのガラス製のもので、ポリテトラフルオロエチレン張りのキャップをしたもの又は容量40～100mlのポリエチレン製のもので、ポリエチレン製のキャップをしたもの

(2)　ねじ口バイアル

容量10mlのもので、ポリテトラフルオロエチレン張りのキャップをしたもの

(3)　ジアゾメタン生成装置

(4)　バイアル

(5)　ガスクロマトグラフ―質量分析計

ア　試料導入部

試料導入方式に応じて最適温度が設定できるもの

イ　分離カラム

内径0.20～0.53mm、長さ25～30mの溶融シリカ製のキャピラリーカラムで、内面に100％ジメチルポリシロキサンを0.10～0.30μmの厚さに被覆したもの又はこれと同等以上の分離性能を有するもの

ウ　分離カラムの温度

対象物質の最適分離条件に設定できるもの

例えば、50℃を12分間保持し、毎分10℃の速度で上昇させ、150℃を２分間保持できるもの

エ　検出器

別表第14の２⑷ウの例による。

オ　イオン化電圧

別表第14の２⑷エの例による。

カ　キャリアーガス

別表第14の２⑷オの例による。

3　試料の採取及び保存

試料は、精製水で洗浄したねじ口瓶に泡立てないように採水し、満水にして直ちに密栓し、速やかに試験する。速やかに試験できない場合は、冷蔵保存し、72時間以内に試験する。

なお、残留塩素が含まれている場合には、試料１Ｌにつきアスコルビン酸ナトリウム0.01～0.5ｇ又はチオ硫酸ナトリウム溶液（0.3w／v％）１～２mlを加える。

4　試験操作

⑴　前処理

検水50ml（検水に含まれるそれぞれの対象物質の濃度が0.1mg／Lを超える場合には、0.001～0.1mg／Lとなるように精製水を加えて50mlに調製したもの）を採り、硫酸（１＋１）を用いてpH値を0.5以下とし、塩化ナトリウム20gを加えて振り混ぜる。これにtert―ブチル―メチルエーテル４mlを加えて２分間振り混ぜ、静置後、tert―ブチル―メチルエーテル層を分取する。次に、無水硫酸ナトリウムを加え、このtert―ブチル―メチルエーテル溶液１mlをバイアルに採り、これに内部標準液20µlを加えた後、ジアゾメタン溶液0.1mlを加え、直ちに栓をする。次いで、30～60分間静置後、この溶液を30～40℃で30分程度加温し、これを試験溶液とする。

⑵　分析

上記⑴で得られた試験溶液の一定量をガスクロマトグラフ―質量分析計に注入し、表１に示す対象物質と内部標準物質とのフラグメントイオンのピーク高さ又はピーク面積の比を求め、下記５により作成した検量線から試験溶液中のそれぞれの対象物質の濃度を求め、検水中のそれぞれの対象物質の濃度を算定する。

表１　フラグメントイオン

対　象　物　質	フラグメントイオン（m／z）
クロロ酢酸	77、108
ジクロロ酢酸	83、85
トリクロロ酢酸	117、119
1，2，3―トリクロロプロパン　※	75、110

※印は内部標準物質である。

5　検量線の作成

ハロ酢酸混合標準液を段階的にメスフラスコ４個以上に採り、それぞれに精製水を加えて50mlとする。この場合、調製した溶液のそれぞれの対象物質の濃度は、上記４⑴に示す検水の濃度範囲を超えてはならない。以下上記４⑴及び⑵と同様に操作して、対象物質と内部標準物質とのフラグメントイオンのピーク高さ又はピーク面積の比を求め、対象物質の濃度との関係を求める。

6　空試験

精製水50mlを採り、以下上記４⑴及び⑵と同様に操作して試験溶液中のそれぞれの対象物質の濃度を求め、検量線の濃度範囲の下限値を下回ることを確認する。

求められた濃度が当該濃度範囲の下限値以上の場合は、是正処置を講じた上で上記４⑴及び⑵と同様の操作を再び行い、求められた濃度が当該濃度範囲の下限値を下回るまで操作を繰り返す。

7　連続試験を実施する場合の措置

オートサンプラーを用いて10以上の試料の試験を連続的に実施する場合には、以下に掲げる措置を講ずる。

⑴　おおむね10の試料ごとの試験終了後及び全ての試料の試験終了後に、上記５で調製した溶液の濃度のうち最も高いものから最も低いものまでの間の一定の濃度（以下この７において「調製濃度」という。）に調製した溶液について、上記４⑴及び⑵に示す操作により試験を行い、算定された濃度と調製濃度との差を求める。

⑵　上記⑴により求められた差が調製濃度の±20％の範囲を超えた場合には、是正処置を講じた上で上記⑴で行った試験の前に試験を行ったおおむね10の試料及びそれらの後に試験を行った全ての試料について再び分析を行う。その結果、上記⑴により求められた差が再び調製濃度の±20％の範囲を超えた場合には、上記４及び５の操作により試験し直す。

別表第17の２

液体クロマトグラフ―質量分析計による一斉分析法

ここで対象とする項目は、クロロ酢酸、ジクロロ酢酸及びトリクロロ酢酸である。

1　試薬

⑴　精製水

測定対象成分を含まないもの

⑵　アスコルビン酸ナトリウム

⑶　チオ硫酸ナトリウム溶液（0.3w／v％）

⑷　tert―ブチル―メチルエーテル

別表第17の１⑺の例による。

⑸　メチルアルコール

別表第17の１⑼の例による。

⑹　ぎ酸（0.2v／v％）

⑺　クロロ酢酸標準原液、ジクロロ酢酸標準原液及びトリクロロ酢酸標準原液

別表第17の１⒀の例による。

⑻　ハロ酢酸混合標準液

別表第17の１⒁の例による。

2　器具及び装置

(1)　ねじ口瓶

別表第17の2(1)の例による。

(2)　ねじ口バイアル

別表第17の2(2)の例による。

(3)　クリーンアップ用固相カラム

通水方向から順にバリウム型陽イオン交換基を結合した充填剤を詰めたもの、銀型陽イオン交換基を結合した充填剤を詰めたもの及び水素型陽イオン交換基を結合した充填剤を詰めたものを連結したもの又はこれと同等以上の妨害物質除去性能を有するもの

(4)　液体クロマトグラフ―質量分析計

ア　分離カラム

内径4.6mm、長さ15cmのステンレス管に、オクタデシルシリル基を化学結合した粒径が3µmのシリカゲルを充填したもの又はこれと同等以上の分離性能を有するもの

イ　移動相

最適条件に調製したもの

例えば、A液はメチルアルコール、B液はぎ酸（0.2v／v%）のもの

ウ　移動相流量

対象物質の最適分離条件に設定できるもの

例えば、毎分0.2mlの流量で、A液とB液の混合比が5：95のものを、A液の割合を毎分2.5ポイントずつ上昇させて100%にできるもの

エ　検出器

次のいずれかに該当するもの

①　選択イオン測定（SIM）又はこれと同等以上の性能を有するもの

②　選択反応測定（SRM）又はこれと同等以上の性能を有するもの

オ　モニターイオンを得るための電圧

上記エ①に該当する検出器を用いる場合にあっては、エレクトロスプレーイオン化法（ESI法）(負イオン測定モード）で、最適条件に設定できる電圧

上記エ②に該当する検出器を用いる場合にあっては、ESI法（負イオン測定モード）により得られたプリカーサイオンを開裂させてプロダクトイオンを得る方法で、最適条件に設定できる電圧

3　試料の採取及び保存

別表第17の3の例による。

4　試験操作

(1)　前処理

検水（検水に含まれるそれぞれの対象物質の濃度が0.2mg／Lを超える場合には、0.002～0.2mg／Lとなるように精製水を加えて調製したもの）を試験溶液とする。ただし、検水中に高濃度の陰イオン類が含まれる場合には、必要に応じて検水をクリーンアップ用固相カラムに通し、これを試験溶液とする。

(2)　分析

上記(1)で得られた試験溶液の一定量を液体クロマトグラフ―質量分析計に注入し、表1に示すそれぞれの対象物質のモニターイオンのピーク高さ又はピーク面積を求め、下記5により作成した検量線から試験溶液中のそれぞれの対象物質の濃度を求め、検水中のそれぞれの対象物質の濃度を算定する。

表1　モニターイオンの例

対象物質＼検出器	2(4)エ①に該当する検出器	2(4)エ②に該当する検出器	
	モニターイオン（m／z）	プリカーサイオン（m／z）	プロダクトイオン※（m／z）
クロロ酢酸	93、139	93、139	35
ジクロロ酢酸	127、173	127、173	83
トリクロロ酢酸	161、207	161、207	117

※プロダクトイオンをモニターイオンとする。

5　検量線の作成

ハロ酢酸混合標準液をメスフラスコ4個以上に採り、それぞれに精製水を加えて、濃度を段階的にした溶液を調製する。この場合、調製した溶液のそれぞれの対象物質の濃度は、上記4(1)に示す検水の濃度範囲を超えてはならない。以下上記4(2)と同様に操作して、それぞれの対象物質のモニターイオンのピーク高さ又はピーク面積を求め、それぞれの対象物質の濃度との関係を求める。

6　空試験

精製水を一定量採り、以下上記4(1)及び(2)と同様に操作して試験溶液中のそれぞれの対象物質の濃度を求め、検量線の濃度範囲の下限値を下回ることを確認する。

求められた濃度が当該濃度範囲の下限値以上の場合は、是正処置を講じた上で上記4(1)及び(2)と同様の操作を再び行い、求められた濃度が当該濃度範囲の下限値を下回るまで操作を繰り返す。

7　連続試験を実施する場合の措置

オートサンプラーを用いて10以上の試料の試験を連続的に実施する場合には、以下に掲げる措置を講ずる。

(1)　おおむね10の試料ごとの試験終了後及び全ての試料の試験終了後に、上記5で調製した溶液の濃度のうち最も高いものから最も低いものまでの間の一定の濃度（以下この7において「調製濃度」という。）に調製した溶液について、上記4(2)に示す操作により試験を行い、算定された濃度と調製濃度との差を求める。

(2)　上記(1)により求められた差が調製濃度の±20%の範囲を超えた場合には、是正処置を講じた上で上記(1)で行った試験の前に試験を行ったおおむね10の試料及びそれらの後に試験を行った全ての試料について再び分析を行う。その結果、上記(1)により求められた差が再び調製濃度の±20%の範囲を超えた場合には、上記4及び5の操作により試験し直す。

別表第18

イオンクロマトグラフ―ポストカラム吸光光度法

ここで対象とする項目は、臭素酸である。

1　試薬

(1)　精製水

測定対象成分を含まないもの

(2)　溶離液

測定対象成分が分離できるもの

(3)　硫酸（1 mol／L）

精密分析用のもの又はこれと同等以上のもの

(4)　臭化カリウム―硫酸溶液

臭化カリウム89.25gを硫酸（1 mol／L）に溶かして500mlとしたもの

(5)　亜硝酸ナトリウム溶液

亜硝酸ナトリウム0.828gを精製水10mlに溶かした溶液を一定量採り、精製水を加えて1000倍に薄めたもの

(6)　臭素酸標準原液

臭素酸カリウム2.61gを精製水に溶かして1Lとしたもの

この溶液1 mlは、臭素酸2 mgを含む。

この溶液は、冷暗所に保存する。

(7)　臭素酸標準液

臭素酸標準原液を、精製水で1000～100000倍の範囲内における任意の濃度に薄めたもの

この溶液1 mlは、臭素酸0.00002～0.002mgを含む。

この溶液は、使用の都度調製する。

2　器具及び装置

(1)　メンブランフィルターろ過装置

別表第12の2(1)の例による。

(2)　イオンクロマトグラフ

ア　分離カラム

内径2～8 mm、長さ5～25cmのもので、陰イオン交換基を被覆したポリマー系充填剤を充填したもの又はこれと同等以上の分離性能を有するもの

イ　反応部

分離カラムで分離された液と反応試薬が別々に混合できるもので、反応温度等が対象物質の最適反応条件に設定できるもの

例えば、臭化カリウム―硫酸溶液を毎分0.4mlの流量で注入して40℃で反応させることができるもの。ただし、分析に十分な感度が得られない場合は、必要に応じて亜硝酸ナトリウム溶液を注入することができる。

ウ　検出器

紫外部吸収検出器で、波長268nm付近に設定したもの

3　試料の採取及び保存

試料は、精製水で洗浄したガラス瓶又はポリエチレン瓶に採取し、速やかに試験する。速やかに試験できない場合は、冷暗所に保存し、2週間以内に試験する。

4　試験操作

(1)　前処理

検水（検水に含まれる臭素酸の濃度が0.02mg／Lを超える場合には、0.001～0.02mg／Lとなるように精製水を加えて調製したもの）をメンブランフィルターろ過装置でろ過し、初めのろ液約10mlを捨て、次のろ液を試験溶液とする。

(2)　分析

上記(1)で得られた試験溶液の一定量をイオンクロマトグラフに注入し、臭素酸のピーク高さ又はピーク面積を求め、下記5により作成した検量線から試験溶液中の臭素酸の濃度を求め、検水中の臭素酸の濃度を算定する。

5　検量線の作成

臭素酸標準液をメスフラスコ4個以上に採り、それぞれに精製水を加えて、濃度を段階的にした溶液を調製する。この場合、調製した溶液の臭素酸の濃度は、上記4(1)に示す検水の濃度範囲を超えてはならない。以下上記4(2)と同様に操作して、臭素酸の濃度とピーク高さ又はピーク面積との関係を求める。

6　空試験

精製水を一定量採り、以下上記4(1)及び(2)と同様に操作して試験溶液中の臭素酸の濃度を求め、検量線の濃度範囲の下限値を下回ることを確認する。

求められた濃度が当該濃度範囲の下限値以上の場合は、是正処置を講じた上で上記4(1)及び(2)と同様の操作を再び行い、求められた濃度が当該濃度範囲の下限値を下回るまで操作を繰り返す。

7　連続試験を実施する場合の措置

オートサンプラーを用いて10以上の試料の試験を連続的に実施する場合には、以下に掲げる措置を講ずる。

(1)　おおむね10の試料ごとの試験終了後及び全ての試料の試験終了後に、上記5で調製した溶液の濃度のうち最も高いものから最も低いものまでの間の一定の濃度（以下この7において「調製濃度」という。）に調製した溶液について、上記4(2)に示す操作により試験を行い、算定された濃度と調製濃度との差を求める。

(2)　上記(1)により求められた差が調製濃度の±10%の範囲を超えた場合には、是正処置を講じた上で上記(1)で行った試験の前に試験を行ったおおむね10の試料及びそれらの後に試験を行った全ての試料について再び分析を行う。その結果、上記(1)により求められた差が再び調製濃度の±10%の範囲を超えた場合には、上記4及び5の操作により試験し直す。

別表第18の2

液体クロマトグラフ―質量分析法

ここで対象とする項目は、塩素酸及び臭素酸である。

1　試薬

(1)　精製水

測定対象成分を含まないもの

(2)　エチレンジアミン溶液（50mg／ml）

別表第13の1(2)の例による。

(3)　チオ硫酸ナトリウム溶液（0.3w／v%）

(4)　ヨウ化カリウム溶液（5 w／v%）

(5) 窒素ガス
別表第13の1(5)の例による。
(6) アセトニトリル
測定対象成分を含まないもの
(7) 酢酸（0.5v／v%）
(8) 酢酸アンモニウム
(9) 塩酸
(10) ヨウ化カリウム
(11) 炭酸ナトリウム（無水）
(12) イソアミルアルコール
測定対象成分を含まないもの
(13) ヨウ素酸カリウム溶液（0.017mol／L）
別表第13の1(12)の例による。
(14) 硫酸（1＋5）
(15) でんぷん溶液
別表第13の1(14)の例による。
(16) チオ硫酸ナトリウム溶液（0.1mol／L）
別表第13の1(15)の例による。
(17) 塩素酸標準原液
別表第13の1(19)の例による。
(18) 臭素酸標準原液
別表第18の1(6)の例による。
(19) 陰イオン混合標準液
塩素酸及び臭素酸のそれぞれ一定量の標準原液を混合し、精製水で塩素酸は10～1000倍、臭素酸は1000～100000倍の範囲内における任意の濃度に薄めたもの
この溶液1mlは、塩素酸は0.001～0.1mg及び臭素酸0.00002～0.002mgを含む。
この溶液は、使用の都度調製する。

2 器具及び装置
(1) メンブランフィルターろ過装置
別表第12の2(1)の例による。
(2) 液体クロマトグラフ―質量分析計
ア 分離カラム
内径2～5mm、長さ5～15cmのステンレス管に、陰イオン交換基を被覆したシリカゲル若しくはポリマー系充填剤を充填したもの又はこれと同等以上の分離性能を有するもの
イ 移動相
最適条件に調製したもの
例えば、A液は酢酸アンモニウム（0.2mol／L）―酢酸（0.5v／v%）溶液、B液はアセトニトリルのもの
ウ 移動相流量
対象物質の最適分離条件に設定できるもの
例えば、毎分0.3mlの流量で、A液とB液の混合比が5：95で13分間保持した後、95：5にして10分間保持できるもの
エ 検出器
別表第17の2の2(4)エの例による。
オ モニターイオンを得るための電圧
別表第17の2の2(4)オの例による。

3 試料の採取及び保存
試料は、精製水で洗浄したガラス瓶又はポリエチレン瓶に採取し、速やかに試験する。速やかに試験できない場合は、冷暗所に保存し、2週間以内に試験する。
なお、残留塩素が含まれている場合には、試料1Lにつきエチレンジアミン溶液（50mg／ml）0.1～1ml又はチオ硫酸ナトリウム溶液（0.3w／v%）1～2mlを加える。ただし、塩素酸の検査を行わない場合は、エチレンジアミン溶液又はチオ硫酸ナトリウム溶液の添加を省略することができる。
また、二酸化塩素を含む試料については、散気用フィルター付きの管を用い窒素ガスで15分間曝気した後、試料1Lにつきエチレンジアミン溶液（50mg／ml）0.1～1ml又はチオ硫酸ナトリウム溶液（0.3w／v%）1～2mlを加える。ただし、塩素酸の検査を行わない場合は、窒素ガスによる曝気を省略することができる。

4 試験操作
(1) 前処理
検水（検水に含まれるそれぞれ対象物質の濃度が表1に示す濃度範囲の上限値を超える場合には、同表に示す濃度範囲になるように精製水を加えて調製したもの）をメンブランフィルターろ過装置でろ過し、初めのろ液約10mlを捨て、次のろ液を試験溶液とする。

表1 対象物質の濃度範囲

対象物質	濃度範囲（mg／L）
塩素酸	0.03～1.2
臭素酸	0.0005～0.02

(2) 分析
上記(1)で得られた試験溶液の一定量を液体クロマトグラフ―質量分析計に注入し、表2に示すそれぞれの対象物質のモニターイオンのピーク高さ又はピーク面積を求め、下記5により作成した検量線から試験溶液中のそれぞれの対象物質の濃度を求め、検水中のそれぞれの対象物質の濃度を算定する。検水中に高濃度の硫酸イオンが含まれる場合は、硫酸イオンが分離カラムから溶出する分析条件を設定する。

表2 モニターイオンの例

検出器／対象物質	別表第17の2の2(4)エ①に該当する検出器	別表第17の2の2(4)エ②に該当する検出器	
	モニターイオン（m／z）	プリカーサイオン（m／z）	プロダクトイオン※（m／z）
塩素酸	83	83	51、67
臭素酸	127、129	127、129	95、97、111、113

※プロダクトイオンをモニターイオンとする。

5 検量線の作成

陰イオン混合標準液をメスフラスコ4個以上に採り、それぞれに精製水を加えて、濃度を段階的にした溶液を調製する。この場合、調製した溶液のそれぞれの対象物質の濃度は、上記4(1)に示す検水の濃度範囲を超えてはならない。以下上記4(2)と同様に操作して、それぞれの対象物質のモニターイオンのピーク高さ又はピーク面積を求め、それぞれの対象物質の濃度との関係を求める。

6　空試験

精製水を一定量採り、以下上記4(1)及び(2)と同様に操作して試験溶液中のそれぞれの対象物質の濃度を求め、検量線の濃度範囲の下限値を下回ることを確認する。

求められた濃度が当該濃度範囲の下限値以上の場合は、是正処置を講じた上で上記4(1)及び(2)と同様の操作を再び行い、求められた濃度が当該濃度範囲の下限値を下回るまで操作を繰り返す。

7　連続試験を実施する場合の措置

オートサンプラーを用いて10以上の試料の試験を連続的に実施する場合には、以下に掲げる措置を講ずる。

(1)　おおむね10の試料ごとの試験終了後及び全ての試料の試験終了後に、上記5で調製した溶液の濃度のうち最も高いものから最も低いものまでの間の一定の濃度（以下この7において「調製濃度」という。）に調製した溶液について、上記4(2)に示す操作により試験を行い、算定された濃度と調製濃度との差を求める。

(2)　上記(1)により求められた差が調製濃度の±10%の範囲を超えた場合には、是正処置を講じた上で上記(1)で行った試験の前に試験を行ったおおむね10の試料及びそれらの後に試験を行った全ての試料について再び分析を行う。その結果、上記(1)により求められた差が再び調製濃度の±10%の範囲を超えた場合には、上記4及び5の操作により試験し直す。

別表第19

溶媒抽出—誘導体化—ガスクロマトグラフ—質量分析法

ここで対象とする項目は、ホルムアルデヒドである。

1　試薬

(1)　精製水

測定対象成分を含まないもの

(2)　チオ硫酸ナトリウム溶液（0.3w／v%）

(3)　炭酸ナトリウム（無水）

(4)　イソアミルアルコール

測定対象成分を含まないもの

(5)　ヨウ素酸カリウム溶液（0.017mol／L）

別表第13の1(12)の例による。

(6)　ヨウ化カリウム

(7)　硫酸（1＋5）

(8)　でんぷん溶液

別表第13の1(14)の例による。

(9)　チオ硫酸ナトリウム溶液（0.1mol／L）

別表第13の1(15)の例による。

(10)　ペンタフルオロベンジルヒドロキシルアミン溶液

ペンタフルオロベンジルヒドロキシルアミン塩酸塩0.1gを精製水に溶かして100mlとしたもの

この溶液は、褐色瓶に入れて冷暗所に保存する。

(11)　硫酸（1＋1）

(12)　塩化ナトリウム

測定対象成分を含まないもの

(13)　無水硫酸ナトリウム

測定対象成分を含まないもの

(14)　ヨウ素溶液

ヨウ素約13gを採り、ヨウ化カリウム20g及び精製水20mlを加えて溶かした後、精製水を加えて1Lとしたもの

この溶液は、褐色瓶に入れて冷暗所に保存する。

(15)　水酸化カリウム溶液（6w／v%）

(16)　ヘキサン

測定対象成分を含まないもの

(17)　内部標準原液

1—クロロデカン0.100gをヘキサン60mlを入れたメスフラスコに採り、ヘキサンを加えて100mlとしたもの

この溶液1mlは、1—クロロデカン1mgを含む。

この溶液は、調製後直ちに10mlずつをねじ口バイアルに入れて冷凍保存する。

(18)　内部標準添加ヘキサン

内部標準原液をヘキサンで2000倍に薄めたもの

この溶液1mlは、1—クロロデカン0.0005mgを含む。

この溶液は、使用の都度調製する。

(19)　メチルアルコール

測定対象成分を含まないもの

(20)　ホルムアルデヒド標準原液

ホルマリン10／C（g）をメチルアルコールに溶かして100mlとしたもの

ただし、Cはホルマリン中のホルムアルデヒドの含量（%）であり、次に定める方法により算出する。

ホルマリン約1gを精製水5mlを入れた褐色メスフラスコに採り、精製水を加えて100mlとする。その10mlを共栓付き三角フラスコに採り、これにヨウ素溶液50ml及び水酸化カリウム溶液（6w／v%）20mlを加え、栓をして静かに振り混ぜ、15分間常温で静置する。次いで、硫酸（1＋5）5mlを加え、遊離したヨウ素をチオ硫酸ナトリウム溶液（0.1mol／L）を用いて滴定し、液の黄色が薄くなってから1～2mlのでんぷん溶液を指示薬として加え、液の青色が消えるまで更に滴定し、これに要したチオ硫酸ナトリウム溶液（0.1mol／L）のml数aを求める。別に、精製水10mlについて同様に操作し、これに要したチオ硫酸ナトリウム溶液（0.1mol／L）のml数bを求め、次式によりホルマリン中のホルムアルデヒドの含量（%）を算定する。

$$\text{ホルムアルデヒドの含量}C(\%)=1.501\times f\times(b-a)/W$$

この式において、Wはホルマリンの採取量（g）、fはチオ硫

酸ナトリウム溶液（0.1mol／L）のファクターを表す。

この溶液は、調製後直ちに10mlずつをねじ口バイアルに入れて冷凍保存する。

(21) ホルムアルデヒド標準液

ホルムアルデヒドとして1mgに相当するホルムアルデヒド標準原液を採り、メチルアルコールで100倍に薄めたもの

この溶液1mlは、ホルムアルデヒド0.01mgを含む。

この溶液は、使用の都度調製する。

2 器具及び装置

(1) ねじ口バイアル

別表第17の2(2)の例による。

(2) ガスクロマトグラフ―質量分析計

ア 試料導入部

別表第17の2(5)アの例による。

イ 分離カラム

別表第17の2(5)イの例による。

ウ 分離カラムの温度

最適分離条件に設定できるもの

例えば、100℃を1分間保持し、毎分15℃の速度で上昇させ、200℃を10分間保持できるもの

エ 検出器

別表第14の2(4)ウの例による。

オ イオン化電圧

別表第14の2(4)エの例による。

カ キャリアーガス

別表第14の2(4)オの例による。

3 試料の採取及び保存

試料は、精製水で洗浄したガラス瓶又はポリエチレン瓶に採取し、満水にして直ちに密栓し、速やかに試験する。速やかに試験できない場合は、冷蔵保存し、72時間以内に試験する。

なお、残留塩素が含まれている場合には、試料1Lにつきチオ硫酸ナトリウム溶液（0.3w／v%）1～2mlを加える。

4 試験操作

(1) 前処理

検水50ml（検水に含まれるホルムアルデヒドの濃度が0.1mg／Lを超える場合には、0.001～0.1mg／Lとなるように精製水を加えて50mlに調製したもの）を採り、ペンタフルオロベンジルヒドロキシルアミン溶液3mlを加えて混合する。2時間静置後、硫酸（1＋1）0.8ml及び塩化ナトリウム20gを加えて混合する。次に、内部標準添加ヘキサン5mlを加えて5分間激しく振り混ぜ、数分間静置後、ヘキサン層を分取し、無水硫酸ナトリウムを少量加える。この溶液を一定量採り、試験溶液とする。

(2) 分析

上記(1)で得られた試験溶液の一定量をガスクロマトグラフ―質量分析計に注入し、フッ素誘導体化したホルムアルデヒドは181、195、161のフラグメントイオンのピーク高さ又はピーク面積と1―クロロデカンは91、105のフラグメントイオンのピーク高さ又はピーク面積との比を求め、下記5により作成した検量線から試験溶液中のホルムアルデヒドの濃度を求め、検水中のホルムアルデヒドの濃度を算定する。

5 検量線の作成

ホルムアルデヒド標準液を段階的にメスフラスコ4個以上に採り、それぞれに精製水を加えて50mlとする。この場合、調製した溶液のホルムアルデヒドの濃度は、上記4(1)に示す検水の濃度範囲を超えてはならない。以下上記4(1)及び(2)と同様に操作して、ホルムアルデヒドと1―クロロデカンとのフラグメントイオンのピーク高さ又はピーク面積の比を求め、ホルムアルデヒドの濃度との関係を求める。

6 空試験

精製水50mlを採り、以下上記4(1)及び(2)と同様に操作して試験溶液中のホルムアルデヒドの濃度を求め、検量線の濃度範囲の下限値を下回ることを確認する。

求められた濃度が当該濃度範囲の下限値以上の場合は、是正処置を講じた上で上記4(1)及び(2)と同様の操作を再び行い、求められた濃度が当該濃度範囲の下限値を下回るまで操作を繰り返す。

7 連続試験を実施する場合の措置

オートサンプラーを用いて10以上の試料の試験を連続的に実施する場合には、以下に掲げる措置を講ずる。

(1) おおむね10の試料ごとの試験終了後及び全ての試料の試験終了後に、上記5で調製した溶液の濃度のうち最も高いものから最も低いものまでの間の一定の濃度（以下この7において「調製濃度」という。）に調製した溶液について、上記4(1)及び(2)に示す操作により試験を行い、算定された濃度と調製濃度との差を求める。

(2) 上記(1)により求められた差が調製濃度の±20%の範囲を超えた場合には、是正処置を講じた上で上記(1)で行った試験の前に試験を行ったおおむね10の試料及びそれらの後に試験を行った全ての試料について再び分析を行う。その結果、上記(1)により求められた差が再び調製濃度の±20%の範囲を超えた場合には、上記4及び5の操作により試験し直す。

別表第19の2

誘導体化―高速液体クロマトグラフ法

ここで対象とする項目は、ホルムアルデヒドである。

1 試薬

(1) 精製水

別表第19の1(1)の例による。

(2) 塩化アンモニウム溶液（1w／v%）

(3) アセトニトリル

測定対象成分を含まないもの

(4) リン酸（1＋4）

(5) DNPH溶液

2，4―ジニトロフェニルヒドラジン0.1gをアセトニトリルに溶かして100mlとしたもの

この溶液は、褐色瓶に入れて冷暗所に保存する。

(6) 炭酸ナトリウム（無水）

(7) イソアミルアルコール
別表第19の1(4)の例による。
(8) ヨウ素酸カリウム溶液（0.017mol／L）
別表第13の1(12)の例による。
(9) ヨウ化カリウム
(10) 硫酸（1＋5）
(11) でんぷん溶液
別表第13の1(14)の例による。
(12) チオ硫酸ナトリウム溶液（0.1mol／L）
別表第13の1(15)の例による。
(13) ヨウ素溶液
別表第19の1(14)の例による。
(14) 水酸化カリウム溶液（6w／v％）
(15) メチルアルコール
別表第19の1(19)の例による。
(16) ホルムアルデヒド標準原液
別表第19の1(20)の例による。
(17) ホルムアルデヒド標準液
ホルムアルデヒドとして1mgに相当するホルムアルデヒド標準原液を採り、アセトニトリルで100倍に薄めたもの
この溶液1mlは、ホルムアルデヒド0.01mgを含む。
この溶液は、使用の都度調製する。

2 器具及び装置
(1) 高速液体クロマトグラフ
ア 分離カラム
内径2～5mm、長さ15～25cmのステンレス管に、オクタデシルシリル基を化学結合した粒径が2～5μmのシリカゲルを充填したもの又はこれと同等以上の分離性能を有するもの
イ 移動相
最適条件に調製したもの
例えば、A液は精製水、B液はアセトニトリルのもの
ウ 移動相流量
対象物質の最適分離条件に設定できるもの
例えば、毎分1mlの流量で、A液とB液の混合比が1：1のもの
エ 検出器
紫外部吸収検出器又はフォトダイオードアレイ検出器で、波長360nm付近に設定したもの

3 試料の採取及び保存
試料は、精製水で洗浄したガラス瓶又はポリエチレン瓶に採取し、満水にして直ちに密栓し、速やかに試験する。速やかに試験できない場合は、冷蔵保存し、72時間以内に試験する。
なお、残留塩素が含まれている場合には、試料100mlに対して塩化アンモニウム溶液（1w／v％）0.1～0.5mlを加える。

4 試験操作
(1) 前処理
検水10ml（検水に含まれるホルムアルデヒドの濃度が0.1mg／Lを超える場合には、0.005～0.1mg／Lとなるように精製水を加えて10mlに調製したもの）を採り、リン酸（1＋4）0.2ml及びDNPH溶液0.5mlを加えて混合する。20分間静置後、この溶液を一定量採り、試験溶液とする。
(2) 分析
上記(1)で得られた試験溶液の一定量を高速液体クロマトグラフに注入し、DNPH誘導体化したホルムアルデヒドのピーク高さ又はピーク面積を求め、下記5により作成した検量線から試験溶液中のホルムアルデヒドの濃度を求め、検水中のホルムアルデヒドの濃度を算定する。

5 検量線の作成
ホルムアルデヒド標準液をメスフラスコ4個以上に採り、それぞれに精製水を加えて、濃度を段階的にした溶液を調製する。この場合、調製した溶液のホルムアルデヒドの濃度は、上記4(1)に示す検水の濃度範囲を超えてはならない。以下上記4(1)及び(2)と同様に操作して、ホルムアルデヒドのピーク高さ又はピーク面積を求め、ホルムアルデヒドの濃度との関係を求める。

6 空試験
精製水10mlを採り、以下上記4(1)及び(2)と同様に操作して試験溶液中のホルムアルデヒドの濃度を求め、検量線の濃度範囲の下限値を下回ることを確認する。
求められた濃度が当該濃度範囲の下限値以上の場合は、是正処置を講じた上で上記4(1)及び(2)と同様の操作を再び行い、求められた濃度が当該濃度範囲の下限値を下回るまで操作を繰り返す。

7 連続試験を実施する場合の措置
オートサンプラーを用いて10以上の試料の試験を連続的に実施する場合には、以下に掲げる措置を講ずる。
(1) おおむね10の試料ごとの試験終了後及び全ての試料の試験終了後に、上記5で調製した溶液の濃度のうち最も高いものから最も低いものまでの間の一定の濃度（以下この7において「調製濃度」という。）に調製した溶液について、上記4(1)及び(2)に示す操作により試験を行い、算定された濃度と調製濃度との差を求める。
(2) 上記(1)により求められた差が調製濃度の±20％の範囲を超えた場合には、是正処置を講じた上で上記(1)で行った試験の前に試験を行ったおおむね10の試料及びそれらの後に試験を行った全ての試料について再び分析を行う。その結果、上記(1)により求められた差が再び調製濃度の±20％の範囲を超えた場合には、上記4及び5の操作により試験し直す。

別表第19の3

誘導体化―液体クロマトグラフ―質量分析法
ここで対象とする項目は、ホルムアルデヒドである。

1 試薬
(1) 精製水
別表第19の1(1)の例による。
(2) 塩化アンモニウム溶液（1w／v％）
(3) アセトニトリル
別表第19の2の1(3)の例による。

(4) リン酸（1＋4）

(5) DNPH溶液

別表第19の2の1(5)の例による。

(6) 炭酸ナトリウム（無水）

(7) イソアミルアルコール

別表第19の1(4)の例による。

(8) ヨウ素酸カリウム溶液（0.017mol／L）

別表第13の1(12)の例による。

(9) ヨウ化カリウム

(10) 硫酸（1＋5）

(11) でんぷん溶液

別表第13の1(14)の例による。

(12) チオ硫酸ナトリウム溶液（0.1mol／L）

別表第13の1(15)の例による。

(13) ヨウ素溶液

別表第19の1(14)の例による。

(14) 水酸化カリウム溶液（6w／v%）

(15) メチルアルコール

別表第19の1(19)の例による。

(16) ホルムアルデヒド標準原液

別表第19の1(20)の例による。

(17) ホルムアルデヒド標準液

別表第19の2の1(17)の例による。

2 器具及び装置

(1) 液体クロマトグラフ—質量分析計

ア 分離カラム

内径2～5mm、長さ5～15cmのステンレス管に、オクタデシルシリル基を化学結合した粒径が2～5μmのシリカゲルを充填したもの又はこれと同等以上の分離性能を有するもの

イ 移動相

別表第19の2の2(1)イの例による。

ウ 移動相流量

対象物質の最適条件に設定できるもの

例えば、毎分0.2mlの流量で、A液とB液の混合比が1：1のもの

エ 検出器

別表第17の2の2(4)エの例による。

オ モニターイオンを得るための電圧

別表第17の2の2(4)オの例による。

3 試料の採取及び保存

別表第19の2の3の例による。

4 試験操作

(1) 前処理

検水10ml（検水に含まれるホルムアルデヒドの濃度が0.1mg／Lを超える場合には、0.005～0.1mg／Lとなるように精製水を加えて10mlに調製したもの）を採り、リン酸（1＋4）0.2ml及びDNPH溶液0.5mlを加えて混合する。20分間静置後、この溶液を一定量採り、試験溶液とする。

(2) 分析

上記(1)で得られた試験溶液の一定量を液体クロマトグラフ—質量分析計に注入し、表1に示すDNPH誘導体化したホルムアルデヒドのモニターイオンのピーク高さ又はピーク面積を求め、下記5により作成した検量線から試験溶液中のホルムアルデヒドの濃度を求め、検水中のホルムアルデヒドの濃度を算定する。

表1 モニターイオンの例

検出器 ＼ 対象物質	別表第17の2の2(4)エ①に該当する検出器	別表第17の2の2(4)エ②に該当する検出器	
	モニターイオン（m／z）	プリカーサイオン（m／z）	プロダクトイオン※（m／z）
ホルムアルデヒド	209、181、120	209	46、151、163

※プロダクトイオンをモニターイオンとする。

5 検量線の作成

ホルムアルデヒド標準液をメスフラスコ4個以上に採り、それぞれに精製水を加えて、濃度を段階的にした溶液を調製する。この場合、調製した溶液のホルムアルデヒドの濃度は、上記4(1)に示す検水の濃度範囲を超えてはならない。以下上記4(1)及び(2)と同様に操作して、ホルムアルデヒドのモニターイオンのピーク高さ又はピーク面積を求め、ホルムアルデヒドの濃度との関係を求める。

6 空試験

精製水10mlを採り、以下上記4(1)及び(2)と同様に操作して試験溶液中のホルムアルデヒドの濃度を求め、検量線の濃度範囲の下限値を下回ることを確認する。

求められた濃度が当該濃度範囲の下限値以上の場合は、是正処置を講じた上で上記4(1)及び(2)と同様の操作を再び行い、求められた濃度が当該濃度範囲の下限値を下回るまで操作を繰り返す。

7 連続試験を実施する場合の措置

オートサンプラーを用いて10以上の試料の試験を連続的に実施する場合には、以下に掲げる措置を講ずる。

(1) おおむね10の試料ごとの試験終了後及び全ての試料の試験終了後に、上記5で調製した溶液の濃度のうち最も高いものから最も低いものまでの間の一定の濃度（以下この7において「調製濃度」という。）に調製した溶液について、上記4(1)及び(2)に示す操作により試験を行い、算定された濃度と調製濃度との差を求める。

(2) 上記(1)により求められた差が調製濃度の±20%の範囲を超えた場合には、是正処置を講じた上で上記(1)で行った試験の前に試験を行ったおおむね10の試料及びそれらの後に試験を行った全ての試料について再び分析を行う。その結果、上記(1)により求められた差が再び調製濃度の±20%の範囲を超えた場合には、上記4及び5の操作により試験し直す。

別表第20

イオンクロマトグラフ（陽イオン）による一斉分析法

ここで対象とする項目は、ナトリウム及びカルシウム、マグネシウム等（硬度）である。

1　試薬

(1)　精製水

測定対象成分を含まないもの

(2)　溶離液

測定対象成分が分離できるもの

(3)　除去液

サプレッサを動作させることができるもの

(4)　硝酸（1＋1）

(5)　硝酸（1＋160）

(6)　ナトリウム標準原液

別表第3の1(9)の例による。

(7)　カルシウム標準原液

別表第4の1(5)の例による。

(8)　マグネシウム標準原液

別表第4の1(5)の例による。

(9)　陽イオン混合標準液

ナトリウム標準原液、カルシウム標準原液及びマグネシウム標準原液を1つのメスフラスコに等量採り、精製水で20倍に薄めたもの

この溶液1mlは、ナトリウム、カルシウム及びマグネシウムをそれぞれ0.05mg含む。

この溶液は、使用の都度調製する。

2　器具及び装置

(1)　メンブランフィルターろ過装置

別表第12の2(1)の例による。

(2)　イオンクロマトグラフ

ア　分離カラム

サプレッサ型は、内径2～5mm、長さ5～25cmのもので、陽イオン交換基を被覆したポリマー系充填剤を充填したもの又はこれと同等以上の分離性能を有するもの

ノンサプレッサ型は、内径が4～4.6mm、長さ5～25cmのもので、シリカ材若しくはポリマー基材に陽イオン交換基を被覆したもの又はこれと同等以上の分離性能を有するもの

イ　検出器

電気伝導度検出器

3　試料の採取及び保存

試料は、精製水で洗浄したポリエチレン瓶に採取し、速やかに試験する。速やかに試験できない場合は、冷暗所に保存し、72時間以内に試験する。

4　試験操作

(1)　前処理

検水（検水に含まれるそれぞれの対象物質の濃度が200mg／Lを超える場合には、0.1～200mg／Lとなるように精製水を加えて調製したもの）をメンブランフィルターろ過装置でろ過し、初めのろ液約10mlは捨て、次のろ液を試験溶液とする。

(2)　分析

上記(1)で得られた試験溶液の一定量をイオンクロマトグラフに注入し、それぞれの陽イオンのピーク高さ又はピーク面積を求め、下記5により作成した検量線から試験溶液中のそれぞれの陽イオンの濃度を求め、検水中のそれぞれの陽イオンの濃度を算定する。

ただし、カルシウム、マグネシウム等（硬度）については、まずカルシウム及びマグネシウムの濃度を測定し、次式により濃度を算定する。

硬度（炭酸カルシウムmg／L）

＝〔カルシウム（mg／L）×2.497〕＋〔マグネシウム（mg／L）×4.118〕

5　検量線の作成

それぞれの陽イオンの標準原液又は陽イオン混合標準液をメスフラスコ4個以上に採り、それぞれに精製水を加えて、濃度を段階的にした溶液を調製する。この場合、調製した溶液のそれぞれの陽イオンの濃度は、上記4(1)に示す検水の濃度範囲を超えてはならない。以下上記4(2)と同様に操作して、それぞれの陽イオンの濃度とピーク高さ又はピーク面積との関係を求める。

6　空試験

精製水を一定量採り、以下上記4(1)及び(2)と同様に操作して試験溶液中のそれぞれの陽イオンの濃度を求め、検量線の濃度範囲の下限値を下回ることを確認する。

求められた濃度が当該濃度範囲の下限値以上の場合は、是正処置を講じた上で上記4(1)及び(2)と同様の操作を再び行い、求められた濃度が当該濃度範囲の下限値を下回るまで操作を繰り返す。

7　連続試験を実施する場合の措置

オートサンプラーを用いて10以上の試料の試験を連続的に実施する場合には、以下に掲げる措置を講ずる。

(1)　おおむね10の試料ごとの試験終了後及び全ての試料の試験終了後に、上記5で調製した溶液の濃度のうち最も高いものから最も低いものまでの間の一定の濃度（以下この7において「調製濃度」という。）に調製した溶液について、上記4(2)に示す操作により試験を行い、算定された濃度と調製濃度との差を求める。

(2)　上記(1)により求められた差が調製濃度の±10％の範囲を超えた場合には、是正処置を講じた上で上記(1)で行った試験の前に試験を行ったおおむね10の試料及びそれらの後に試験を行った全ての試料について再び分析を行う。その結果、上記(1)により求められた差が再び調製濃度の±10％の範囲を超えた場合には、上記4及び5の操作により試験し直す。

別表第21

滴定法

ここで対象とする項目は、塩化物イオンである。

1　試薬

(1)　精製水

測定対象成分を含まないもの

(2)　硝酸銀溶液（５w／v%）

(3)　クロム酸カリウム溶液

別表第12の１(16)の例による。

(4)　塩化ナトリウム溶液（0.01mol／L）

塩化ナトリウム0.584gを精製水に溶かして１Lとしたもの

(5)　硝酸銀溶液（0.01mol／L）

硝酸銀1.7gを精製水に溶かして１Lとしたもの

この溶液は、褐色瓶に入れて冷暗所に保存する。

この溶液１mlは、塩化物イオンとして0.355mgを含む量に相当する。

なお、次の操作により硝酸銀溶液（0.01mol／L）のファクター(f)を求める。

塩化ナトリウム溶液（0.01mol／L）25mlを白磁皿に採り、クロム酸カリウム溶液0.2mlを指示薬として加え、硝酸銀溶液（0.01mol／L）を用いて淡黄褐色が消えずに残るまで滴定する。別に、精製水45mlを白磁皿に採り、塩化ナトリウム溶液（0.01mol／L）5.0mlを加え、以下上記と同様に操作して精製水について試験を行い、補正した硝酸銀溶液（0.01mol／L）のml数aから次式によりファクターを算定する。

ファクター(f)＝20／a

2　試料の採取及び保存

試料は、精製水で洗浄したガラス瓶又はポリエチレン瓶に採取し、速やかに試験する。速やかに試験できない場合は、冷暗所に保存し、２週間以内に試験する。

3　試験操作

検水100mlを白磁皿に採り、クロム酸カリウム溶液0.5mlを指示薬として加え、硝酸銀溶液（0.01mol／L）を用いて淡黄褐色が消えずに残るまで滴定し、これに要した硝酸銀溶液（0.01mol／L）のml数bを求める。別に、精製水100mlを白磁皿に採り、塩化ナトリウム溶液（0.01mol／L）5.0mlを加え、以下検水と同様に操作し、これに要した硝酸銀溶液（0.01mol／L）のml数cを求め、次式により検水中の塩化物イオンの濃度を算定する。

塩化物イオン（mg／L）＝〔b－（c－５／f)〕×f×0.355×1000／100

この式において、fは硝酸銀溶液（0.01mol／L）のファクターを表す。

別表第22

滴定法

ここで対象とする項目は、カルシウム、マグネシウム等（硬度）である。

1　試薬

(1)　精製水

測定対象成分を含まないもの

(2)　シアン化カリウム溶液（10w／v%）

(3)　塩酸（１＋９）

(4)　塩化マグネシウム溶液（0.01mol／L）

酸化マグネシウム0.403gを少量の塩酸（１＋９）で溶かし、水浴上で塩酸臭がなくなるまで加温した後、精製水を加えて１Lとしたもの

(5)　アンモニア緩衝液

塩化アンモニウム67.5gをアンモニア水570mlに溶かし、精製水を加えて１Lとしたもの

(6)　塩酸ヒドロキシルアミン

(7)　エチルアルコール（95v／v%）

測定対象成分を含まないもの

(8)　EBT溶液

エリオクロムブラックT0.5g及び塩酸ヒドロキシルアミン4.5gをエチルアルコール（95v／v%）に溶かして100mlとしたもの

この溶液は、褐色瓶に入れて冷暗所に保存する。

(9)　EDTA溶液（0.01mol／L）

エチレンジアミン四酢酸二ナトリウム（２水塩）3.722gを精製水に溶かして１Lとしたもの

この溶液１mlは、炭酸カルシウムとして１mgを含む量に相当する。

この溶液は、褐色瓶に入れて冷暗所に保存する。

2　試料の採取及び保存

試料は、精製水で洗浄したガラス瓶又はポリエチレン瓶に採取し、速やかに試験する。速やかに試験できない場合は、冷暗所に保存し、72時間以内に試験する。

3　試験操作

検水100mlを三角フラスコに採り、シアン化カリウム溶液（10w／v%）数滴、塩化マグネシウム溶液（0.01mol／L）１ml及びアンモニア緩衝液２mlを加える。これにEBT溶液数滴を指示薬として加え、EDTA溶液（0.01mol／L）を用いて液が青色を呈するまで滴定し、これに要したEDTA溶液（0.01mol／L）のml数aから、次式により検水中の硬度を検水に含まれる炭酸カルシウムの濃度として算定する。

硬度（炭酸カルシウムmg／L）＝(a－1)×1000×１／100

なお、シアン化カリウム溶液（10w／v%）を加えなくても滴定の終点が明瞭な場合は、その操作を省略することができる。

4　空試験

精製水100mlを採り、以下上記３と同様に操作して硬度を求める。

別表第23

重量法

ここで対象とする項目は、蒸発残留物である。

1　試薬

精製水

2　器具

蒸発皿

3　試料の採取及び保存

試料は、精製水で洗浄したガラス瓶又はポリエチレン瓶に採取し、速やかに試験する。速やかに試験できない場合は、冷暗所に保存し、2週間以内に試験する。

4　試験操作

105～110℃で乾燥させてデシケーター中で放冷後、秤量した蒸発皿に、検水を100～500ml採り、水浴上で蒸発乾固する。次に、これを105～110℃で2～3時間乾燥させ、デシケーター中で放冷後、秤量し、蒸発皿の前後の重量差a mgを求め、次式により検水中の蒸発残留物の濃度を算定する。

蒸発残留物（mg／L）＝a×1000／検水（ml）

別表第24

固相抽出―高速液体クロマトグラフ法

ここで対象とする項目は、陰イオン界面活性剤である。

1　試薬

(1)　精製水

測定対象成分を含まないもの

(2)　メチルアルコール

測定対象成分を含まないもの

(3)　過塩素酸ナトリウム

(4)　アセトニトリル

測定対象成分を含まないもの

(5)　窒素ガス

測定対象成分を含まないもの

(6)　陰イオン界面活性剤標準原液

デシルベンゼンスルホン酸ナトリウム、ウンデシルベンゼンスルホン酸ナトリウム、ドデシルベンゼンスルホン酸ナトリウム、トリデシルベンゼンスルホン酸ナトリウム及びテトラデシルベンゼンスルホン酸ナトリウムのうち直鎖アルキル基の末端以外の炭素にフェニル基が結合したものそれぞれ100mgをメチルアルコールに溶かして100mlとしたもの

この溶液1mlは、デシルベンゼンスルホン酸ナトリウム、ウンデシルベンゼンスルホン酸ナトリウム、ドデシルベンゼンスルホン酸ナトリウム、トリデシルベンゼンスルホン酸ナトリウム及びテトラデシルベンゼンスルホン酸ナトリウムをそれぞれ1mg含む。

この溶液は、冷暗所に保存する。

(7)　陰イオン界面活性剤標準液

陰イオン界面活性剤標準原液をメチルアルコールで10倍に薄めたもの

この溶液1mlは、デシルベンゼンスルホン酸ナトリウム、ウンデシルベンゼンスルホン酸ナトリウム、ドデシルベンゼンスルホン酸ナトリウム、トリデシルベンゼンスルホン酸ナトリウム及びテトラデシルベンゼンスルホン酸ナトリウムをそれぞれ0.1mg含む。

この溶液は、使用の都度調製する。

2　器具及び装置

(1)　固相カラム

スチレンジビニルベンゼン共重合体若しくはオクタデシルシリル基を化学結合したシリカゲルを詰めたもの又はこれと同等以上の性能を有するもの

(2)　高速液体クロマトグラフ

ア　分離カラム

内径4.6mm、長さ15～25cmのステンレス管に、オクタデシルシリル基を化学結合した粒径が3～5μmのシリカゲルを充填したもの又はこれと同等以上の分離性能を有するもの

イ　移動相

最適条件に調製したもの

例えば、アセトニトリルと精製水を体積比で65：35の割合で混合した液1Lに過塩素酸ナトリウム12.3gを溶かしたもの

ウ　検出器

蛍光検出器で、励起波長221nm付近、蛍光波長284nm付近に設定したもの

3　試料の採取及び保存

試料は、精製水で洗浄したガラス瓶又はポリエチレン瓶に採取し、速やかに試験する。速やかに試験できない場合は、冷暗所に保存し、72時間以内に試験する。

4　試験操作

(1)　前処理

固相カラムにメチルアルコール5ml、精製水5mlを順次注入する。次に、検水500ml（検水に含まれるそれぞれの陰イオン界面活性剤としての濃度が0.5mg／Lを超える場合には、0.02～0.5mg／Lとなるように精製水を加えて500mlに調製したもの）を毎分約30mlの流量で固相カラムに流す。次いで、固相カラムの上端からメチルアルコール5mlを緩やかに流し、試験管に採る。試験管の溶出液に窒素ガスを緩やかに吹き付けて2mlとし、これを試験溶液とする。

(2)　分析

上記(1)で得られた試験溶液の一定量を高速液体クロマトグラフに注入し、それぞれの陰イオン界面活性剤のピーク面積を求め、下記5により作成した検量線から試験溶液中のそれぞれの陰イオン界面活性剤の濃度を求め、検水中のそれぞれの陰イオン界面活性剤の濃度を算定する。

それぞれの陰イオン界面活性剤の濃度を合計して陰イオン界面活性剤としての濃度を算定する。

5　検量線の作成

陰イオン界面活性剤標準原液又は陰イオン界面活性剤標準液をメスフラスコ4個以上に採り、それぞれにメチルアルコール

を加えて、濃度を段階的にした溶液を調製する。この場合、調製した溶液のそれぞれの陰イオン界面活性剤としての濃度は、上記４(1)に示す検水の濃度範囲から算定される試験溶液の濃度範囲を超えてはならない。以下上記４(2)と同様に操作して、それぞれの陰イオン界面活性剤の濃度とピーク面積との関係を求める。

６　空試験

精製水500mlを採り、以下上記４(1)及び(2)と同様に操作して試験溶液中のそれぞれの陰イオン界面活性剤の濃度を求め、検量線の濃度範囲の下限値を下回ることを確認する。

求められた濃度が当該濃度範囲の下限値以上の場合は、是正処置を講じた上で上記４(1)及び(2)と同様の操作を再び行い、求められた濃度が当該濃度範囲の下限値を下回るまで操作を繰り返す。

７　連続試験を実施する場合の措置

オートサンプラーを用いて10以上の試料の試験を連続的に実施する場合には、以下に掲げる措置を講ずる。

(1)　おおむね10の試料ごとの試験終了後及び全ての試料の試験終了後に、上記５で調製した溶液の濃度のうち最も高いものから最も低いものまでの間の一定の濃度（以下この７において「調製濃度」という。）に調製した溶液について、上記４(2)に示す操作により試験を行い、算定された濃度と調製濃度との差を求める。

(2)　上記(1)により求められた差が調製濃度の±20％の範囲を超えた場合には、是正処置を講じた上で上記(1)で行った試験の前に試験を行ったおおむね10の試料及びそれらの後に試験を行った全ての試料について再び分析を行う。その結果、上記(1)により求められた差が再び調製濃度の±20％の範囲を超えた場合には、上記４及び５の操作により試験し直す。

別表第24の２

液体クロマトグラフ―質量分析法

ここで対象とする項目は、陰イオン界面活性剤である。

１　試薬

(1)　精製水

別表第24の１(1)の例による。

(2)　メチルアルコール

別表第24の１(2)の例による。

(3)　アセトニトリル

別表第24の１(4)の例による。

(4)　ぎ酸（0.1ｖ／ｖ％）

(5)　内部標準原液

４―ドデシルベンゼンスルホン酸ナトリウム―$^{13}C_6$ 1mgをメチルアルコールに溶かして100mlとしたもの

この溶液１mlは、４―ドデシルベンゼンスルホン酸ナトリウム―$^{13}C_6$を10μg含む。

この溶液は、冷暗所に保存する。

(6)　内部標準液

内部標準原液をメチルアルコールで100倍に薄めたもの

この溶液１mlは４―ドデシルベンゼンスルホン酸ナトリウム―$^{13}C_6$を0.1μg含む。

この溶液は、使用の都度調製する。

(7)　陰イオン界面活性剤標準原液

別表第24の１(6)の例による。

(8)　陰イオン界面活性剤標準液

陰イオン界面活性剤標準原液をメチルアルコールで100倍に薄めたもの

この溶液１mlは、デシルベンゼンスルホン酸ナトリウム、ウンデシルベンゼンスルホン酸ナトリウム、ドデシルベンゼンスルホン酸ナトリウム、トリデシルベンゼンスルホン酸ナトリウム及びテトラデシルベンゼンスルホン酸ナトリウムをそれぞれ0.01mg含む。

この溶液は、使用の都度調製する。

２　器具及び装置

(1)　液体クロマトグラフ―質量分析計

ア　分離カラム

内径2.1mm、長さ10～15cmのステンレス管に、オクチル基を化学結合した粒径が1.7～３μmのシリカゲルを充填したもの又はこれと同等以上の分離性能を有するもの

イ　移動相

最適条件に調製したもの

例えば、Ａ液はぎ酸（0.1ｖ／ｖ％）、Ｂ液はアセトニトリルのもの

ウ　移動相流量

対象物質の最適分離条件に設定できるもの

例えば、毎分0.3mlの流量で、Ａ液とＢ液の混合比が35：65のもの

エ　検出器

別表第17の２の２(4)エの例による。

オ　モニターイオンを得るための電圧

別表第17の２の２(4)オの例による。

３　試料の採取及び保存

別表第24の３の例による。

４　試験操作

(1)　前処理

検水（検水に含まれるそれぞれの対象物質としての濃度が0.5mg／Ｌを超える場合には、0.01～0.5mg／Ｌとなるように精製水を加えて調製したもの）１mlに対してアセトニトリル１mlの割合で加えて混合し、内部標準液を試験溶液の内部標準物質濃度がおおむね５μg／Ｌとなるよう一定量注入し、これを試験溶液とする。

ただし、検水中の硬度などの夾雑成分に影響されず、必要な精度が得られる場合は、内部標準液の添加を省略することができる。

(2)　分析

上記(1)で得られた試験溶液の一定量を液体クロマトグラフ―質量分析計に注入し、表１に示す対象物質と内部標準物質とのモニターイオンのピーク面積の比を求め、下記５により

作成した検量線から試験溶液中のそれぞれの対象物質の濃度を求め、検水中のそれぞれの対象物質の濃度を算定する。

ただし、内部標準液の添加を省略した場合は、表1に示す対象物質のモニターイオンのピーク面積を求め、下記5により作成した検量線から試験溶液中のそれぞれの対象物質の濃度を求め、検水中のそれぞれの対象物質の濃度を算定する。

それぞれの対象物質の濃度を合計して陰イオン界面活性剤としての濃度を算定する。

表1　モニターイオンの例

検出器／対象物質	別表第17の2の2(4)エ①に該当する検出器	別表第17の2の2(4)エ②に該当する検出器	
	モニターイオン（m／z）	プリカーサイオン（m／z）	プロダクトイオン※1（m／z）
デシルベンゼンスルホン酸ナトリウム	297	297	119、183
ウンデシルベンゼンスルホン酸ナトリウム	311	311	119、183
ドデシルベンゼンスルホン酸ナトリウム	325	325	119、183
トリデシルベンゼンスルホン酸ナトリウム	339	339	119、183
テトラデシルベンゼンスルホン酸ナトリウム	353	353	119、183
4—ドデシルベンゼンスルホン酸ナトリウム—$^{13}C_6$ ※2	331	331	176、189

※1プロダクトイオンをモニターイオンとする。
※2は内部標準物質である。

5　検量線の作成

陰イオン界面活性剤標準液をメスフラスコ4個以上に採り、それぞれに精製水を加えて、濃度を段階的にした溶液を調製する。この場合、調製した溶液のそれぞれの対象物質の濃度は、上記4(1)に示す検水の濃度範囲を超えてはならない。以下上記4(1)及び(2)と同様に操作して、対象物質と内部標準物質とのモニターイオンのピーク面積の比を求め、対象物質の濃度との関係を求める。

ただし、内部標準液の添加を省略した場合は、以下上記4(1)及び(2)と同様に操作して、対象物質のモニターイオンのピーク面積を求め、対象物質の濃度との関係を求める。

6　空試験

精製水を一定量採り、以下上記4(1)及び(2)と同様に操作して試験溶液中の対象物質の濃度を求め、検量線の濃度範囲の下限値を下回ることを確認する。

求められた濃度が当該濃度範囲の下限値以上の場合は、是正処置を講じた上で上記4(1)及び(2)と同様の操作を再び行い、求められた濃度が当該濃度範囲の下限値を下回るまで操作を繰り返す。

7　連続試験を実施する場合の措置

オートサンプラーを用いて10以上の試料の試験を連続的に実施する場合には、以下に掲げる措置を講ずる。

(1)　おおむね10の試料ごとの試験終了後及び全ての試料の試験終了後に、上記5で調製した溶液の濃度のうち最も高いものから最も低いものまでの間の一定の濃度（以下この7において「調製濃度」という。）に調製した溶液について、上記4(1)及び(2)に示す操作により試験を行い、算定された濃度と調製濃度との差を求める。

(2)　上記(1)により求められた差が調製濃度の±20%の範囲を超えた場合には、是正処置を講じた上で上記(1)で行った試験の前に試験を行ったおおむね10の試料及びそれらの後に試験を行った全ての試料について再び分析を行う。その結果、上記(1)により求められた差が再び調製濃度の±20%の範囲を超えた場合には、上記4及び5の操作により試験し直す。

別表第25

パージ・トラップ—ガスクロマトグラフ—質量分析法

ここで対象とする項目は、ジェオスミン及び2—メチルイソボルネオールである。

1　試薬

(1)　精製水

測定対象成分を含まないもの

(2)　アスコルビン酸ナトリウム

(3)　チオ硫酸ナトリウム溶液（0.3w／v%）

(4)　メチルアルコール

測定対象成分を含まないもの

(5)　内部標準原液

ジェオスミン—d_3又は2，4，6—トリクロロアニソール—d_3のいずれか0.010gをメチルアルコールに溶かして10mlとしたもの

この溶液1mlは、ジェオスミン—d_3又は2，4，6—トリクロロアニソール—d_3を1mg含む。

この溶液は、調製後直ちにねじ口バイアルに入れて冷凍保存する。

(6)　内部標準液

内部標準原液をメチルアルコールで、ジェオスミン—d_3では1000～100000倍に、2，4，6—トリクロロアニソール—d_3では250～25000倍に薄めたもの

この溶液1mlは、ジェオスミン—d_3を0.01～1μg又は2，4，6—トリクロロアニソール—d_3を0.04～4μg含む。

この溶液は、使用の都度調製する。

(7)　ジェオスミン及び2—メチルイソボルネオール標準原液

ジェオスミン及び2—メチルイソボルネオールのそれぞれ0.010gをメチルアルコールに溶かして100mlとしたもの

この溶液1mlは、ジェオスミン及び2—メチルイソボルネオールをそれぞれ0.1mg含む。

この溶液は、調製後直ちに10mlずつをねじ口バイアルに

入れて冷凍保存する。

(8) ジェオスミン及び2―メチルイソボルネオール標準液

ジェオスミン及び2―メチルイソボルネオール標準原液をあらかじめメチルアルコール少量を入れたメスフラスコに一定量採り、メチルアルコールで100倍の濃度に薄めたもの

この溶液1mlは、ジェオスミン及び2―メチルイソボルネオールをそれぞれ0.001mg含む。

この溶液は、使用の都度調製する。

2 器具及び装置

(1) ねじ口瓶

別表第14の2(1)の例による。

(2) ねじ口バイアル

別表第17の2(2)の例による。

(3) パージ・トラップ装置

ア パージ容器

別表第14の2(3)アの例による。

イ 恒温槽

別表第14の2(3)イの例による。

ウ トラップ管

内径2mm以上、長さ5～30cmのもので、ステンレス管又はこの内面にガラスを被覆したもので、ポリ―2,6―ジフェニル―p―ジフェニレンオキサイドを0.2～0.3g充填したもの又はこれと同等以上の吸着性能を有するもの

エ 脱着装置

別表第14の2(3)エの例による。

オ クライオフォーカス装置

別表第14の2(3)オの例による。

(4) ガスクロマトグラフ―質量分析計

ア 分離カラム

内径0.25～0.53mm、長さ15～30mの溶融シリカ製のキャピラリーカラムで、内面に5%フェニル―95%ジメチルポリシロキサンを0.3～1μmの厚さに被覆したもの又はこれと同等以上の分離性能を有するもの

イ 分離カラムの温度

対象物質の最適分離条件に設定できるもの

例えば、40℃を1分間保持し、毎分10℃の速度で上昇させ220℃にできるもの

ウ 検出器

別表第14の2(4)ウの例による。

エ イオン化電圧

別表第14の2(4)エの例による。

オ キャリアーガス

別表第14の2(4)オの例による。

3 試料の採取及び保存

別表第17の3の例による。

4 試験操作

(1) 前処理

検水(検水に含まれるそれぞれの対象物質の濃度が0.0001mg/Lを超える場合には、0.000001～0.0001mg/Lとなるように精製水を加えて調製したもの)に内部標準液を試験溶液の内部標準物質濃度がジェオスミン―d_3がおおむね0.005～0.5μg/L及び2,4,6―トリクロロアニソール―d_3がおおむね0.02～2μg/Lとなるよう一定量注入し、これを試験溶液とする。

(2) 分析

上記(1)で得られた試験溶液5～25mlをパージ容器に採り、パージ容器及びトラップ管を恒温槽で加温する。次いで、パージ・トラップ装置及びガスクロマトグラフ―質量分析計を操作し、表1に示すジェオスミン及び2―メチルイソボルネオールのそれぞれと内部標準物質とのフラグメントイオンのピーク高さ又はピーク面積の比を求め、下記5により作成した検量線から検水中のジェオスミン及び2―メチルイソボルネオールのそれぞれの濃度を算定する。

表1 フラグメントイオンの例

対象物質	フラグメントイオン(m/z)
ジェオスミン	108、111、112、125、149
2―メチルイソボルネオール	95、107、108、135
ジェオスミン―d_3 ※	115、128
2,4,6―トリクロロアニソール―d_3 ※	195、197、213、215

※印は内部標準物質である。

5 検量線の作成

ジェオスミン及び2―メチルイソボルネオール標準液をメスフラスコ4個以上に採り、それぞれに試験溶液と同じ割合となるように内部標準液を加え、更にメチルアルコールを加えて、濃度を段階的にした溶液を調製する。次いで、段階的に調製した溶液を一定の割合でメスフラスコに採り、それぞれに精製水を加えて一定量とする。この場合、調製した溶液のジェオスミン及び2―メチルイソボルネオールのそれぞれの濃度は、上記4(1)に示す検水の濃度範囲を超えてはならない。また、内部標準物質の濃度が上記4(1)に示す試験溶液の内部標準物質濃度と同一になるよう調整する。以下上記4(1)及び(2)と同様に操作してジェオスミン及び2―メチルイソボルネオールのそれぞれと内部標準物質とのフラグメントイオンのピーク高さ又はピーク面積の比を求め、ジェオスミン及び2―メチルイソボルネオールのそれぞれの濃度との関係を求める。

6 空試験

精製水を一定量採り、以下上記4(1)及び(2)と同様に操作して試験溶液中のジェオスミン及び2―メチルイソボルネオールのそれぞれの濃度を求め、検量線の濃度範囲の下限値を下回ることを確認する。

求められた濃度が当該濃度範囲の下限値以上の場合は、是正処置を講じた上で上記4(1)及び(2)と同様の操作を再び行い、求められた濃度が当該濃度範囲の下限値を下回るまで操作を繰り返す。

7 連続試験を実施する場合の措置

オートサンプラーを用いて10以上の試料の試験を連続的に実

施する場合には、以下に掲げる措置を講ずる。

(1) おおむね10の試料ごとの試験終了後及び全ての試料の試験終了後に、上記５で調製した溶液の濃度のうち最も高いものから最も低いものまでの間の一定の濃度（以下この７において「調製濃度」という。）に調製した溶液について、上記４(1)及び(2)に示す操作により試験を行い、算定された濃度と調製濃度との差を求める。

(2) 上記(1)により求められた差が調製濃度の±20％の範囲を超えた場合には、是正処置を講じた上で上記(1)で行った試験の前に試験を行ったおおむね10の試料及びそれらの後に試験を行った全ての試料について再び分析を行う。その結果、上記(1)により求められた差が再び調製濃度の±20％の範囲を超えた場合には、上記４及び５の操作により試験し直す。

別表第26

ヘッドスペース―ガスクロマトグラフ―質量分析法

ここで対象とする項目は、ジェオスミン及び２―メチルイソボルネオールである。

1 試薬

(1) 精製水

別表第25の１(1)の例による。

(2) アスコルビン酸ナトリウム

(3) チオ硫酸ナトリウム溶液（0.3w／v％）

(4) 塩化ナトリウム

測定対象成分を含まないもの

(5) メチルアルコール

別表第25の１(4)の例による。

(6) 内部標準原液

別表第25の１(5)の例による。

(7) 内部標準液

別表第25の１(6)の例による。

(8) ジェオスミン及び２―メチルイソボルネオール標準原液

別表第25の１(7)の例による。

(9) ジェオスミン及び２―メチルイソボルネオール標準液

別表第25の１(8)の例による。

2 器具及び装置

(1) ねじ口瓶

別表第14の２(1)の例による。

(2) ねじ口バイアル

別表第17の２(2)の例による。

(3) バイアル

容量20～80mlのもの

(4) セプタム

(5) ポリテトラフルオロエチレンシート

別表第15の２(5)の例による。

(6) 金属製キャップ

(7) 金属製キャップ締め器

(8) 恒温槽

80℃に設定できるもの

(9) トラップ管

内径２mm以上、長さ５～30cmのもので、ステンレス管又はこの内面にガラスを被覆したものにポリ―2，6―ジフェニル―p―ジフェニレンオキサイドを0.2～0.3g充填したもの又はこれと同等以上の吸着性能を有するもの

ただし、トラップ操作を行わない場合は、この装置を使用しなくてもよい。

(10) 脱着装置

トラップ管を180～250℃の温度に急速に加熱できるもの

ただし、トラップ操作を行わない場合は、この装置を使用しなくてもよい。

(11) ガスクロマトグラフ―質量分析計

ア 試料導入部

別表第15の２(11)アの例による。

イ 分離カラム

別表第25の２(4)アの例による。

ウ 分離カラムの温度

別表第25の２(4)イの例による。

エ 検出器

別表第14の２(4)ウの例による。

オ イオン化電圧

別表第14の２(4)エの例による。

カ キャリアーガス

別表第14の２(4)オの例による。

3 試料の採取及び保存

別表第17の３の例による。

4 試験操作

(1) 前処理

80℃で塩化ナトリウムが過飽和になるように塩化ナトリウムの一定量をバイアルに加えた後、検水（検水に含まれるそれぞれの対象物質の濃度が0.0002mg／Lを超える場合には、0.000001～0.0002mg／Lとなるように精製水を加えて調製したもの）をバイアル容量に対して0.40～0.85となるように採り、内部標準液を試験溶液の内部標準物質濃度がジェオスミン―d_3がおおむね0.005～0.5μg／L及び2，4，6―トリクロロアニソール―d_3がおおむね0.02～２μg／Lとなるよう一定量注入する。直ちにポリテトラフルオロエチレンシート、セプタム及び金属製キャップをのせ、金属製キャップ締め器で密閉する。次いで、バイアルを振り混ぜた後、恒温槽で30分間以上静置し、これを試験溶液とする。

(2) 分析

上記(1)で得られた試験溶液の気相の一定量をガスクロマトグラフ―質量分析計（トラップ操作を行う場合にはトラップ管及び脱着装置を接続したもの）に注入し、別表第25の表１に示すジェオスミン及び２―メチルイソボルネオールのそれぞれと内部標準物質とのフラグメントイオンのピーク高さ又はピーク面積の比を求め、下記５により作成した検量線から試験溶液中のジェオスミン及び２―メチルイソボルネオールのそれぞれの濃度を求め、検水中のジェオスミン及び２―メ

チルイソボルネオールのそれぞれの濃度を算定する。

5　検量線の作成

ジェオスミン及び2—メチルイソボルネオール標準液をメスフラスコ4個以上に採り、それぞれに試験溶液と同じ割合となるように内部標準液を加え、更にメチルアルコールを加えて、濃度を段階的にした溶液を調製する。精製水を上記4(1)と同様に採り、これに段階的に調製したメチルアルコール溶液を一定の割合で注入する。この場合、調製した溶液のジェオスミン及び2—メチルイソボルネオールのそれぞれの濃度は、上記4(1)に示す検水の濃度範囲を超えてはならない。また、内部標準物質の濃度が上記4(1)に示す試験溶液の内部標準物質濃度と同一になるよう調整する。以下上記4(1)及び(2)と同様に操作して、ジェオスミン及び2—メチルイソボルネオールのそれぞれと内部標準物質とのフラグメントイオンのピーク高さ又はピーク面積の比を求め、ジェオスミン及び2—メチルイソボルネオールのそれぞれの濃度との関係を求める。

6　空試験

精製水を一定量採り、以下上記4(1)及び(2)と同様に操作して試験溶液中のジェオスミン及び2—メチルイソボルネオールのそれぞれの濃度を求め、検量線の濃度範囲の下限値を下回ることを確認する。

求められた濃度が当該濃度範囲の下限値以上の場合は、是正処置を講じた上で上記4(1)及び(2)と同様の操作を再び行い、求められた濃度が当該濃度範囲の下限値を下回るまで操作を繰り返す。

7　連続試験を実施する場合の措置

オートサンプラーを用いて10以上の試料の試験を連続的に実施する場合には、以下に掲げる措置を講ずる。

(1)　おおむね10の試料ごとの試験終了後及び全ての試料の試験終了後に、上記5で調製した溶液の濃度のうち最も高いものから最も低いものまでの間の一定の濃度（以下この7において「調製濃度」という。）に調製した溶液について、上記4(1)及び(2)に示す操作により試験を行い、算定された濃度と調製濃度との差を求める。

(2)　上記(1)により求められた差が調製濃度の±20%の範囲を超えた場合には、是正処置を講じた上で上記(1)で行った試験の前に試験を行ったおおむね10の試料及びそれらの後に試験を行った全ての試料について再び分析を行う。その結果、上記(1)により求められた差が再び調製濃度の±20%の範囲を超えた場合には、上記4及び5の操作により試験し直す。

別表第27

固相抽出—ガスクロマトグラフ—質量分析法

ここで対象とする項目は、ジェオスミン及び2—メチルイソボルネオールである。

1　試薬

(1)　精製水

別表第25の1(1)の例による。

(2)　アスコルビン酸ナトリウム

(3)　ジクロロメタン

測定対象成分を含まないもの

(4)　メチルアルコール

別表第25の1(4)の例による。

(5)　窒素ガス

測定対象成分を含まないもの

(6)　内部標準原液

別表第25の1(5)の例による。

(7)　内部標準液

内部標準原液をメチルアルコールでジェオスミン—d_3では2000倍に、2，4，6—トリクロロアニソール—d_3では500倍に薄めたもの

この溶液1mlは、ジェオスミン—d_3を0.5μg又は2，4，6—トリクロロアニソール—d_3を2μg含む。

この溶液は、使用の都度調製する。

(8)　ジェオスミン及び2—メチルイソボルネオール標準原液

別表第25の1(7)の例による。

(9)　ジェオスミン及び2—メチルイソボルネオール標準液

別表第25の1(8)の例による。

この溶液1mlは、ジェオスミン及び2—メチルイソボルネオールをそれぞれ0.001mg含む。

2　器具及び装置

(1)　ねじ口瓶

容量500～1000mlのもので、ポリテトラフルオロエチレン張りのキャップをしたもの

(2)　ねじ口バイアル

別表第17の2(2)の例による。

(3)　固相カラム

オクタデシル基を化学結合したシリカゲルを詰めたもの又はこれと同等以上の性能を有するもの

(4)　脱水用カラム

無水硫酸ナトリウムを詰めたもの又はこれと同等以上の脱水性能を有するもの

(5)　遠心分離機

(6)　遠心沈澱管

容量10mlで共栓付きのもの

(7)　ガスクロマトグラフ—質量分析計

ア　試料導入部

150～200℃の温度にしたもの

イ　分離カラム

別表第25の2(4)アの例による。

ウ　分離カラムの温度

別表第25の2(4)イの例による。

エ　検出器

別表第14の2(4)ウの例による。

オ　イオン化電圧

別表第14の2(4)エの例による。

カ　キャリアーガス

別表第14の2(4)オの例による。

3　試料の採取及び保存

試料は、精製水で洗浄したねじ口瓶に泡立てないように採水し、満水にして直ちに密栓し、速やかに試験する。速やかに試験できない場合は、冷蔵保存し、72時間以内に試験する。

なお、残留塩素が含まれている場合には、試料1Lにつきアスコルビン酸ナトリウム0.01～0.5gを加える。

4　試験操作

(1)　前処理

固相カラムにジクロロメタン5ml、メチルアルコール5ml及び精製水5mlを順次注入する。次に、検水500ml（検水に含まれるそれぞれの対象物質の濃度が0.0001mg／Lを超える場合には、0.000001～0.0001mg／Lとなるように精製水を加えて500mlに調製したもの）に内部標準液5µlを加え、毎分10～20mlの流量で流した後、遠心分離により固相カラムの水分を除去する。次いで、固相カラムの上端からジクロロメタン2mlを緩やかに流し、試験管に採る。遠心分離による水分の除去が十分でない場合は、固相カラムとあらかじめジクロロメタンで洗浄した脱水用カラムを直列に接続し、固相カラム側からジクロロメタン4mlを緩やかに流し、試験管に採る。試験管の溶出液に窒素ガスを緩やかに吹き付けて0.5ml以下まで濃縮し、これにジクロロメタンを加えて0.5mlとし、これを試験溶液とする。

(2)　分析

上記(1)で得られた試験溶液の一定量をガスクロマトグラフ―質量分析計に注入し、別表第25の表1に示すジェオスミン及び2―メチルイソボルネオールのそれぞれと内部標準物質とのフラグメントイオンのピーク高さ又はピーク面積の比を求め、下記5により作成した検量線から試験溶液中のジェオスミン及び2―メチルイソボルネオールのそれぞれの濃度を求め、検水中のジェオスミン及び2―メチルイソボルネオールのそれぞれの濃度を算定する。

5　検量線の作成

ジェオスミン及び2―メチルイソボルネオール標準液を段階的にメスフラスコ4個以上に採り、精製水を加えて500mlとする。この場合、調製した溶液のジェオスミン及び2―メチルイソボルネオールのそれぞれの濃度は、上記4(1)に示す検水の濃度範囲を超えてはならない。以下上記4(1)及び(2)と同様に操作して、ジェオスミン及び2―メチルイソボルネオールのそれぞれと内部標準物質とのフラグメントイオンのピーク高さ又はピーク面積の比を求め、ジェオスミン及び2―メチルイソボルネオールのそれぞれの濃度との関係を求める。

6　空試験

精製水500mlを採り、以下上記4(1)及び(2)と同様に操作して試験溶液中のジェオスミン及び2―メチルイソボルネオールのそれぞれの濃度を求め、検量線の濃度範囲の下限値を下回ることを確認する。

求められた濃度が当該濃度範囲の下限値以上の場合は、是正処置を講じた上で上記4(1)及び(2)と同様の操作を再び行い、求められた濃度が当該濃度範囲の下限値を下回るまで操作を繰り返す。

7　連続試験を実施する場合の措置

オートサンプラーを用いて10以上の試料の試験を連続的に実施する場合には、以下に掲げる措置を講ずる。

(1)　おおむね10の試料ごとの試験終了後及び全ての試料の試験終了後に、上記5で調製した溶液の濃度のうち最も高いものから最も低いものまでの間の一定の濃度（以下この7において「調製濃度」という。）に調製した溶液について、上記4(1)及び(2)に示す操作により試験を行い、算定された濃度と調製濃度との差を求める。

(2)　上記(1)により求められた差が調製濃度の±20%の範囲を超えた場合には、是正処置を講じた上で上記(1)で行った試験の前に試験を行ったおおむね10の試料及びそれらの後に試験を行った全ての試料について再び分析を行う。その結果、上記(1)により求められた差が再び調製濃度の±20%の範囲を超えた場合には、上記4及び5の操作により試験し直す。

別表第27の2

固相マイクロ抽出―ガスクロマトグラフ―質量分析法

ここで対象とする項目は、ジェオスミン及び2―メチルイソボルネオールである。

1　試薬

(1)　精製水

別表第25の1(1)の例による。

(2)　アスコルビン酸ナトリウム

(3)　塩化ナトリウム

別表第26の1(4)の例による。

(4)　メチルアルコール

別表第25の1(4)の例による。

(5)　内部標準原液

別表第25の1(5)の例による。

(6)　内部標準液

別表第25の1(6)の例による。

(7)　ジェオスミン及び2―メチルイソボルネオール標準原液

別表第25の1(7)の例による。

(8)　ジェオスミン及び2―メチルイソボルネオール標準液

別表第25の1(8)の例による。

2　器具及び装置

(1)　ねじ口瓶

別表第14の2(1)の例による。

(2)　ねじ口バイアル

別表第17の2(2)の例による。

(3)　バイアル

別表第15の2(3)の例による。

(4)　セプタム

(5)　ポリテトラフルオロエチレンシート

別表第15の2(5)の例による。

(6)　バイアルキャップ

(7)　固相マイクロ抽出装置

ア　恒温槽

60～80℃の範囲内で一定の温度に保持でき、検水のかくはんが可能であるもの

イ　固相マイクロ抽出（SPME）ファイバー

直径110µm、長さ1cmのフューズドシリカにジビニルベンゼンをポリジメチルシロキサンを用いて65µmの厚さに被覆したもの又はこれと同等以上の吸着性能を有するもので、金属製中空針に収納できるもの

ウ　加熱部

ヘリウムガス又は窒素ガスを流しながら250℃以上の温度で固相マイクロ抽出（SPME）ファイバーを加熱できるもの

ただし、加熱を行う必要がない場合は使用しなくてもよい。

(8)　ガスクロマトグラフ―質量分析計

ア　試料導入部

固相マイクロ抽出（SPME）ファイバーから対象物質を加熱脱着できるもの

イ　分離カラム

内径0.20～0.53mm、長さ15～60mの溶融シリカ製のキャピラリーカラムで、内面に5％フェニル―95％ジメチルポリシロキサンを0.1～0.5µmの厚さで被覆したもの又はこれと同等以上の分離性能を有するもの

ウ　分離カラムの温度

対象物質の最適分離条件に設定できるもの

例えば、40℃を3分間保持し、毎分10℃の速度で上昇させ170℃にし、更に毎分20℃の速度で上昇させて250℃にして3分間保持できるもの

エ　検出器

別表第14の2(4)ウの例による。

オ　イオン化電圧

別表第14の2(4)エの例による。

カ　キャリアーガス

別表第14の2(4)オの例による。

3　試料の採取及び保存

別表第27の3の例による。

4　試験操作

(1)　前処理

塩化ナトリウムが過飽和になるように塩化ナトリウムの一定量をバイアルに加えた後、検水（検水に含まれるそれぞれの対象物質の濃度が0.00005mg／Lを超える場合には、0.000001～0.00005mg／Lとなるように精製水を加えて調製したもの）をバイアル容量に対して0.50～0.75となるように採り、内部標準液を試験溶液の内部標準物質濃度がジェオスミン―d_3がおおむね0.005～0.5µg／L及び2，4，6―トリクロロアニソール―d_3がおおむね0.02～2µg／Lとなるよう一定量注入する。直ちにポリテトラフルオロエチレンシート、セプタム及びバイアルキャップをのせ、密閉する。次いで、バイアルを振り混ぜて塩化ナトリウムを溶解させた後、恒温槽で、かくはんしながら5分間以上加温し、これを試験溶液とする。

(2)　分析

上記(1)で得られた試験溶液の気相中に固相マイクロ抽出（SPME）ファイバーを露出させ、恒温槽で、かくはんしながら試験溶液を20分間以上加温し、ジェオスミン及び2―メチルイソボルネオールを抽出する。次いで、固相マイクロ抽出（SPME）ファイバーをガスクロマトグラフ－質量分析計に導入し、ジェオスミン及び2―メチルイソボルネオールを加熱脱着する。別表第25の表1に示すジェオスミン及び2―メチルイソボルネオールのそれぞれと内部標準物質とのフラグメントイオンのピーク高さ又はピーク面積の比を求め、下記5により作成した検量線から試験溶液中のジェオスミン及び2―メチルイソボルネオールのそれぞれの濃度を求め、検水中のジェオスミン及び2―メチルイソボルネオールのそれぞれの濃度を算定する。

5　検量線の作成

ジェオスミン及び2―メチルイソボルネオール標準液をメスフラスコ4個以上に採り、それぞれに試験溶液と同じ割合となるように内部標準液を加え、更にメチルアルコールを加えて、濃度を段階的にした溶液を調製する。次いで、精製水を上記4(1)と同様に採り、これに段階的に調製した溶液を精製水10mlに対して5µlの割合で注入する。この場合、調製した溶液のジェオスミン及び2―メチルイソボルネオールのそれぞれの濃度は、上記4(1)に示す検水の濃度範囲を超えてはならない。また、内部標準物質の濃度が上記4(1)に示す試験溶液の内部標準物質濃度と同一になるよう調整する。以下上記4(1)及び(2)と同様に操作して、ジェオスミン及び2―メチルイソボルネオールのそれぞれと内部標準物質とのフラグメントイオンのピーク高さ又はピーク面積の比を求め、ジェオスミン及び2―メチルイソボルネオールのそれぞれとの関係を求める。

6　空試験

精製水を一定量採り、以下上記4(1)及び(2)と同様に操作して試験溶液中のジェオスミン及び2―メチルイソボルネオールのそれぞれの濃度を求め、検量線の濃度範囲の下限値を下回ることを確認する。

求められた濃度が当該濃度範囲の下限値以上の場合は、是正処置を講じた上で上記4(1)及び(2)と同様の操作を再び行い、求められた濃度が当該濃度範囲の下限値を下回るまで操作を繰り返す。

7　連続試験を実施する場合の措置

オートサンプラーを用いて10以上の試料の試験を連続的に実施する場合には、以下に掲げる措置を講ずる。

(1)　おおむね10の試料ごとの試験終了後及び全ての試料の試験終了後に、上記5で調製した溶液の濃度のうち最も高いものから最も低いものまでの間の一定の濃度（以下この7において「調製濃度」という。）に調製した溶液について、上記4(1)及び(2)に示す操作により試験を行い、算定された濃度と調製濃度との差を求める。

(2) 上記(1)により求められた差が調製濃度の±20%の範囲を超えた場合には、是正処置を講じた上で上記(1)で行った試験の前に試験を行ったおおむね10の試料及びそれらの後に試験を行った全ての試料について再び分析を行う。その結果、上記(1)により求められた差が再び調製濃度の±20%の範囲を超えた場合には、上記4及び5の操作により試験し直す。

別表第28

固相抽出—吸光光度法

ここで対象とする項目は、非イオン界面活性剤である。

1 試薬

(1) 精製水

測定対象成分を含まないもの

(2) アスコルビン酸ナトリウム

(3) 亜硫酸水素ナトリウム溶液（1w／v%）

(4) チオ硫酸ナトリウム溶液（0.3w／v%）

(5) メチルアルコール

測定対象成分を含まないもの

(6) 窒素ガス

測定対象成分を含まないもの

(7) トルエン

測定対象成分を含まないもの

(8) チオシアノコバルト(II)酸アンモニウム溶液

チオシアン酸アンモニウム9.12gを精製水20mlに溶かし、別に硝酸コバルト（6水塩）0.932gを精製水20mlに溶かし、使用時に1：1の割合に混合したもの

(9) 水酸化ナトリウム溶液（4w／v%）

(10) 塩化カリウム

(11) PAR溶液

4—（2—ピリジルアゾ）—レゾルシノール0.01gを水酸化ナトリウム溶液（4w／v%）を用いてpH値が11程度になるように調整しながら精製水で100mlとし、更に精製水で10倍に薄め使用時にpH値が9.5程度になるように調整したもの

ただし、完全に溶けないときは、上澄み液を希釈する。

(12) 非イオン界面活性剤標準原液

ヘプタオキシエチレンドデシルエーテルとして0.100gをメチルアルコールに溶かして100mlとしたもの

この溶液1mlは、ヘプタオキシエチレンドデシルエーテル1mgを含む。

(13) 非イオン界面活性剤標準液

非イオン界面活性剤標準原液をメチルアルコールで100倍に薄めたもの

この溶液1mlは、ヘプタオキシエチレンドデシルエーテル0.01mgを含む。

この溶液は、使用の都度調製する。

2 器具及び装置

(1) 遠心分離管

容量が10mlで、ふた付きの振盪可能なもの

(2) 固相カラム

スチレンジビニルベンゼン共重合体、オクタデシル基を化学結合したシリカゲル又はこれと同等以上の性能を有するもの

(3) 振盪（とう）器

(4) 遠心分離機

(5) パスツールピペット

(6) 吸収セル

光路長10mmで容量1mlのもの

(7) 分光光度計

3 試料の採取及び保存

試料は、精製水で洗浄したガラス瓶に採取し、速やかに試験する。速やかに試験できない場合は、冷暗所に保存し、72時間以内に試験する。

なお、残留塩素が含まれている場合には、試料1Lにつきアスコルビン酸ナトリウム0.01〜0.5g、亜硫酸水素ナトリウム溶液（1w／v%）1ml又はチオ硫酸ナトリウム溶液（0.3w／v%）1〜2mlを加える。

4 試験操作

(1) 前処理

固相カラムにメチルアルコール5ml及び精製水5mlを順次注入する。次に、水酸化ナトリウム溶液（4w／v%）を用いてpH値を9に調整した検水1000ml（検水に含まれる非イオン界面活性剤としての濃度が0.04mg／Lを超える場合には、0.005〜0.04mg／Lとなるように精製水を加えて1000mlに調製したもの）を毎分10〜20ml（ディスク型の固相カラムを使用する場合は10〜100ml）の流量で固相カラムに流し、更に精製水10mlを流した後、吸引又は窒素ガスを通気して固相カラムを乾燥させる。次いで、固相カラムの通水方向とは逆から（ディスク型の固相カラムを使用する場合は通水方向から）トルエンを緩やかに流し、遠心分離管に5mlを採り、これを試験溶液とする。

(2) 分析

上記(1)で得られた試験溶液にチオシアノコバルト(II)酸アンモニウム溶液2.5ml及び塩化カリウム1.5gを加えて5分間振り混ぜ、回転数約2,500rpmで10分間遠心分離する。パスツールピペットを用いてトルエン層4mlを別の遠心分離管に移し、PAR溶液1.5mlを加え、静かに3分間振り混ぜる。これを回転数約2,500rpmで10分間遠心分離し、トルエン層を除去する。

この溶液の一部を吸収セルに採り、分光光度計を用いて波長510nm付近で吸光度を測定し、下記5により作成した検量線から試験溶液中の非イオン界面活性剤の濃度をヘプタオキシエチレンドデシルエーテルの濃度として求め、検水中の非イオン界面活性剤の濃度を算定する。

5 検量線の作成

非イオン界面活性剤標準液を段階的にメスフラスコ4個以上に採り、それぞれに精製水を加えて1000mlとする。この場合、調製した溶液の非イオン界面活性剤としての濃度は、上記4(1)に示す検水の濃度範囲を超えてはならない。以下上記4(1)及び

(2)と同様に操作して、ヘプタオキシエチレンドデシルエーテルの濃度と吸光度との関係を求める。

6　空試験

精製水1000mlを採り、以下上記4(1)及び(2)と同様に操作して試験溶液中の非イオン界面活性剤の濃度を求め、検量線の濃度範囲の下限値を下回ることを確認する。

求められた濃度が当該濃度範囲の下限値以上の場合は、是正処置を講じた上で上記4(1)及び(2)と同様の操作を再び行い、求められた濃度が当該濃度範囲の下限値を下回るまで操作を繰り返す。

7　連続試験を実施する場合の措置

オートサンプラーを用いて10以上の試料の試験を連続的に実施する場合には、以下に掲げる措置を講ずる。

(1)　おおむね10の試料ごとの試験終了後及び全ての試料の試験終了後に、上記5で調製した溶液の濃度のうち最も高いものから最も低いものまでの間の一定の濃度（以下この7において「調製濃度」という。）に調製した溶液について、上記4(1)及び(2)に示す操作により試験を行い、算定された濃度と調製濃度との差を求める。

(2)　上記(1)により求められた差が調製濃度の±20%の範囲を超えた場合には、是正処置を講じた上で上記(1)で行った試験の前に試験を行ったおおむね10の試料及びそれらの後に試験を行った全ての試料について再び分析を行う。その結果、上記(1)により求められた差が再び調製濃度の±20%の範囲を超えた場合には、上記4及び5の操作により試験し直す。

別表第28の2

固相抽出―高速液体クロマトグラフ法

ここで対象とする項目は、非イオン界面活性剤である。

1　試薬

(1)　精製水

別表第28の1(1)の例による。

(2)　アスコルビン酸ナトリウム

(3)　亜硫酸水素ナトリウム溶液（1w／v%）

(4)　チオ硫酸ナトリウム溶液（0.3w／v%）

(5)　メチルアルコール

別表第28の1(5)の例による。

(6)　四ホウ酸ナトリウム溶液（0.01mol／L）

(7)　窒素ガス

別表第28の1(6)の例による。

(8)　トルエン

別表第28の1(7)の例による。

(9)　チオシアノコバルト(II)酸アンモニウム溶液

別表第28の1(8)の例による。

(10)　水酸化ナトリウム溶液（4w／v%）

(11)　塩化カリウム

(12)　PAR溶液

別表第28の1(11)の例による。

(13)　非イオン界面活性剤標準原液

別表第28の1(12)の例による。

(14)　非イオン界面活性剤標準液

別表第28の1(13)の例による。

2　器具及び装置

(1)　遠心分離管

別表第28の2(1)の例による。

(2)　固相カラム

別表第28の2(2)の例による。

(3)　振盪器

(4)　遠心分離機

(5)　パスツールピペット

(6)　高速液体クロマトグラフ

ア　分離カラム

内径4.6mm、長さ15～25cmのステンレス管で、オクタデシルシリル基を化学結合した粒径が5μmのシリカゲルを充填したもの又はこれと同等以上の分離性能を有するもの

イ　移動相

最適条件に調製したもの

例えば、四ホウ酸ナトリウム溶液（0.01mol／L）とメチルアルコールを体積比で62：38の割合で混合したもの

ウ　可視吸収検出器

波長510nm付近に設定したもの

3　試料の採取及び保存

別表第28の3の例による。

4　試験操作

(1)　前処理

固相カラムにメチルアルコール5ml及び精製水5mlを順次注入する。次に、水酸化ナトリウム溶液（4w／v%）を用いてpH値を9に調整した検水500ml（検水に含まれる非イオン界面活性剤としての濃度が0.05mg／Lを超える場合には、0.002～0.05mg／Lとなるように精製水を加えて500mlに調製したもの）を毎分10～20ml（ディスク型の固相カラムを使用する場合は10～100ml）の流量で固相カラムに流し、更に精製水10mlを流した後、吸引又は窒素ガスを通気して固相カラムを乾燥させる。次いで、固相カラムの通水方向とは逆から（ディスク型の固相カラムを使用する場合は通水方向から）トルエンを緩やかに流し、遠心分離管に5mlを採り、これを試験溶液とする。

(2)　分析

上記(1)で得られた試験溶液にチオシアノコバルト(II)酸アンモニウム溶液2.5ml及び塩化カリウム1.5gを加えて5分間振り混ぜ、回転数約2,500rpmで10分間遠心分離する。パスツールピペットを用いてトルエン層4mlを別の遠心分離管に移し、PAR溶液0.75mlを加え、静かに3分間振り混ぜる。これを回転数約2,500rpmで10分間遠心分離し、トルエン層を除去する。

この溶液の一定量を高速液体クロマトグラフに注入し、コバルトと4―（2―ピリジルアゾ）―レゾルシノールの錯体

のピーク高さ又はピーク面積を求め、下記5により作成した検量線から試験溶液中の非イオン界面活性剤の濃度をヘプタオキシエチレンドデシルエーテルの濃度として求め、検水中の非イオン界面活性剤の濃度を算定する。

5　検量線の作成

非イオン界面活性剤標準液を段階的にメスフラスコ4個以上に採り、それぞれに精製水を加えて500mlとする。この場合、調製した溶液の非イオン界面活性剤としての濃度は、上記4(1)に示す検水の濃度範囲を超えてはならない。以下上記4(1)及び(2)と同様に操作して、ヘプタオキシエチレンドデシルエーテルの濃度とコバルトと4―（2―ピリジルアゾ）―レゾルシノールの錯体のピーク高さ又はピーク面積との関係を求める。

6　空試験

精製水500mlを採り、以下上記4(1)及び(2)と同様に操作して試験溶液中の非イオン界面活性剤の濃度を求め、検量線の濃度範囲の下限値を下回ることを確認する。

求められた濃度が当該濃度範囲の下限値以上の場合は、是正処置を講じた上で上記4(1)及び(2)と同様の操作を再び行い、求められた濃度が当該濃度範囲の下限値を下回るまで操作を繰り返す。

7　連続試験を実施する場合の措置

オートサンプラーを用いて10以上の試料の試験を連続的に実施する場合には、以下に掲げる措置を講ずる。

(1)　おおむね10の試料ごとの試験終了後及び全ての試料の試験終了後に、上記5で調製した溶液の濃度のうち最も高いものから最も低いものまでの間の一定の濃度（以下この7において「調製濃度」という。）に調製した溶液について、上記4(1)及び(2)に示す操作により試験を行い、算定された濃度と調製濃度との差を求める。

(2)　上記(1)により求められた差が調製濃度の±20%の範囲を超えた場合には、是正処置を講じた上で上記(1)で行った試験の前に試験を行ったおおむね10の試料及びそれらの後に試験を行った全ての試料について再び分析を行う。その結果、上記(1)により求められた差が再び調製濃度の±20%の範囲を超えた場合には、上記4及び5の操作により試験し直す。

別表第29

固相抽出―誘導体化―ガスクロマトグラフ―質量分析法

ここで対象とする項目は、フェノール類である。

1　試薬

(1)　精製水
　測定対象成分を含まないもの

(2)　硫酸銅（5水塩）

(3)　リン酸（1＋9）

(4)　アセトン
　測定対象成分を含まないもの

(5)　アスコルビン酸ナトリウム

(6)　チオ硫酸ナトリウム溶液（0.3w／v%）

(7)　メチルアルコール
　測定対象成分を含まないもの

(8)　酢酸エチル
　測定対象成分を含まないもの

(9)　塩酸

(10)　空気又は窒素ガス
　測定対象成分を含まないもの

(11)　無水硫酸ナトリウム
　測定対象成分を含まないもの

(12)　N, O―ビス(トリメチルシリル)トリフルオロアセトアミド

(13)　内部標準原液
　アセナフテン―d_{10}1.00gをアセトンに溶かして10mlとしたもの
　この溶液1mlは、アセナフテン―d_{10}100mgを含む。
　この溶液は、調製後、直ちに冷凍保存する。

(14)　内部標準液
　内部標準原液をアセトンで10000倍に薄めたもの
　この溶液1mlは、アセナフテン―d_{10}0.01mgを含む。
　この溶液は、使用の都度調製する。

(15)　臭素酸カリウム・臭化カリウム溶液
　臭素酸カリウム2.78g及び臭化カリウム10gを精製水に溶かして1Lとしたもの

(16)　ヨウ化カリウム

(17)　でんぷん溶液
　別表第13の1(14)の例による。

(18)　炭酸ナトリウム（無水）

(19)　イソアミルアルコール
　測定対象成分を含まないもの

(20)　ヨウ素酸カリウム溶液（0.017mol／L）
　別表第13の1(12)の例による。

(21)　硫酸（1＋5）

(22)　チオ硫酸ナトリウム溶液（0.1mol／L）
　別表第13の1(15)の例による。

(23)　フェノール標準原液
　フェノール1gを精製水に溶かして1Lとしたもの
　なお、次に定める方法により、その含有するフェノールの濃度を測定する。
　この溶液50mlを共栓付き三角フラスコに採り、精製水約100mlを加えた後、臭素酸カリウム・臭化カリウム溶液50ml及び塩酸5mlを加えて、白色沈澱を生じさせる。密栓して静かに振り混ぜ、10分間静置後、ヨウ化カリウム1gを加え、チオ硫酸ナトリウム溶液（0.1mol／L）を用いて滴定し、液の黄色が薄くなってから1～2mlのでんぷん溶液を指示薬として加え、液の青色が消えるまで更に滴定し、これに要したチオ硫酸ナトリウム溶液（0.1mol／L）のml数bを求める。別に、精製水100mlに臭素酸カリウム・臭化カリウム溶液25mlを加えた溶液について同様に操作し、これに要したチオ硫酸ナトリウム溶液（0.1mol／L）のml数cを求め、次式により溶液に含まれるフェノールの濃度（mg／ml）を算定する。

フェノール濃度（mg／ml）＝〔（2c－b）／50〕×f×1.569

この式において、fはチオ硫酸ナトリウム溶液（0.1mol／L）のファクターを表す。

この溶液は、褐色瓶に入れて冷蔵保存する。

(24) クロロフェノール標準原液

2―クロロフェノール、4―クロロフェノール、2，4―ジクロロフェノール、2，6―ジクロロフェノール及び2，4，6―トリクロロフェノールのそれぞれ100mgを別々のメスフラスコに採り、それぞれにアセトンを加えて100mlとしたもの

これらの溶液1mlは、2―クロロフェノール、4―クロロフェノール、2，4―ジクロロフェノール、2，6―ジクロロフェノール及び2，4，6―トリクロロフェノールをそれぞれ1mg含む。

これらの溶液は、褐色瓶に入れて冷凍保存する。

(25) フェノール類混合標準液

フェノールとして0.1mgに相当するフェノール標準原液とそれぞれのクロロフェノール標準原液0.1mlずつをメスフラスコに採り、アセトンを加えて10mlとしたもの

この溶液1mlは、フェノール、2―クロロフェノール、4―クロロフェノール、2，4―ジクロロフェノール、2，6―ジクロロフェノール及び2，4，6―トリクロロフェノールをそれぞれ0.01mg含む。

この溶液は、使用の都度調製する。

2 器具及び装置

(1) 固相カラム

ジビニルベンゼン―N―ビニルピロリドン共重合体又はこれと同等以上の性能を有するもの

(2) バイアル

(3) ガスクロマトグラフ―質量分析計

ア 試料導入部

別表第15の2(11)アの例による。

イ 分離カラム

内径0.20～0.53mm、長さ25～30mの溶融シリカ製のキャピラリーカラムで、内面に100%ジメチルポリシロキサンを0.1～0.25μmの厚さに被覆したもの又はこれと同等以上の分離性能を有するもの

ウ 分離カラムの温度

対象物質の最適分離条件に設定できるもの

例えば、50℃を2分間保持し、毎分5℃の速度で80℃まで温度を上昇させ、その後毎分10℃の速度で上昇させ140℃とした後、毎分30℃の速度で290℃まで上昇させ7分間保持できるもの

エ 検出器

別表第14の2(4)ウの例による。

オ イオン化電圧

別表第14の2(4)エの例による。

カ イオン源温度

機器の最適条件に設定する。

キ キャリアーガス

別表第14の2(4)オの例による。

3 試料の採取及び保存

試料は、精製水で洗浄したガラス瓶に採取し、満水にして密栓する。試料は、氷冷して輸送し、速やかに試験する。速やかに試験できない場合は、試料1Lにつき硫酸銅（5水塩）1g及びリン酸（1＋9）を加えてpH値を約4とし、冷暗所に保存し、72時間以内に試験する。

なお、残留塩素が含まれている場合には、試料1Lにつきアスコルビン酸ナトリウム0.01～0.5g又はチオ硫酸ナトリウム溶液（0.3w／v%）1～2mlを加える。

4 試験操作

(1) 前処理

固相カラムに酢酸エチル10ml、メチルアルコール10ml及び精製水10mlを順次注入する。次に、あらかじめ塩酸を用いてpH値を2とした検水500ml（検水に含まれるそれぞれのフェノールとしての濃度が0.01mg／Lを超える場合には、0.0005～0.01mg／Lとなるように精製水を加えて500mlに調製したもの）を毎分10～20mlの流量で固相カラムに流し、更に精製水10mlを流した後、30分間以上空気又は窒素ガスを通気して固相カラムを乾燥させる。次いで、固相カラムに通水方向の逆から酢酸エチル5mlを緩やかに流し、試験管に採る。試験管の溶液に酢酸エチルを加えて5mlとし、更に無水硫酸ナトリウムを用いて十分脱水する。この溶液1mlをバイアルに採り、N，O―ビス（トリメチルシリル）トリフルオロアセトアミド50μlを加えて1時間以上静置する。静置後、内部標準液20μlを加え、これを試験溶液とする。

(2) 分析

上記(1)で得られた試験溶液の一定量をガスクロマトグラフ―質量分析計に注入し、表1に示すそれぞれのフェノール類とアセナフテン―d_{10}とのフラグメントイオンのピーク高さ又はピーク面積の比を求め、下記5により作成した検量線から試験溶液中のそれぞれのフェノール類の濃度を求め、検水中のそれぞれのフェノール類の濃度を算定する。

それぞれのフェノール類の濃度をフェノールに換算し、その濃度を合計してフェノール類としての濃度を算定する。

表1 フラグメントイオン

フェノール類	フラグメントイオン（m／z）
フェノール	151、166
2―クロロフェノール	185、200
4―クロロフェノール	185、200
2，4―ジクロロフェノール	219、234
2，6―ジクロロフェノール	219、234
2，4，6―トリクロロフェノール	253、268
アセナフテン―d_{10} ※	164、162

※印は内部標準物質である。

5 検量線の作成

フェノール類混合標準液を段階的にメスフラスコ4個以上に採り、それぞれに精製水を加えて500mlとする。この場合、調製した溶液のそれぞれのフェノールとしての濃度は、上記4(1)に示す検水の濃度範囲を超えてはならない。以下上記4(1)及び(2)と同様に操作して、それぞれのフェノール類とアセナフテン—d_{10}とのフラグメントイオンのピーク高さ又はピーク面積の比を求め、それぞれのフェノール類の濃度との関係を求める。

6　空試験

精製水500mlを採り、以下上記4(1)及び(2)と同様に操作して試験溶液中のそれぞれのフェノール類の濃度を求め、検量線の濃度範囲の下限値を下回ることを確認する。

求められた濃度が当該濃度範囲の下限値以上の場合は、是正処置を講じた上で上記4(1)及び(2)と同様の操作を再び行い、求められた濃度が当該濃度範囲の下限値を下回るまで操作を繰り返す。

7　連続試験を実施する場合の措置

オートサンプラーを用いて10以上の試料の試験を連続的に実施する場合には、以下に掲げる措置を講ずる。

(1)　おおむね10の試料ごとの試験終了後及び全ての試料の試験終了後に、上記5で調製した溶液の濃度のうち最も高いものから最も低いものまでの間の一定の濃度（以下この7において「調製濃度」という。）に調製した溶液について、上記4(1)及び(2)に示す操作により試験を行い、算定された濃度と調製濃度との差を求める。

(2)　上記(1)により求められた差が調製濃度の±20%の範囲を超えた場合には、是正処置を講じた上で上記(1)で行った試験の前に試験を行ったおおむね10の試料及びそれらの後に試験を行った全ての試料について再び分析を行う。その結果、上記(1)により求められた差が再び調製濃度の±20%の範囲を超えた場合には、上記4及び5の操作により試験し直す。

別表第29の2

固相抽出—液体クロマトグラフ—質量分析法

ここで対象とする項目は、フェノール類である。

1　試薬

(1)　精製水

別表第29の1(1)の例による。

(2)　硫酸銅（5水塩）

(3)　リン酸（1＋9）

(4)　アセトン

別表第29の1(4)の例による。

(5)　アスコルビン酸ナトリウム

(6)　チオ硫酸ナトリウム溶液（0.3w／v%）

(7)　メチルアルコール

別表第29の1(7)の例による。

(8)　塩酸

(9)　空気又は窒素ガス

別表第29の1(10)の例による。

(10)　臭素酸カリウム・臭化カリウム溶液

別表第29の1(15)の例による。

(11)　ヨウ化カリウム

(12)　でんぷん溶液

別表第13の1(14)の例による。

(13)　炭酸ナトリウム（無水）

(14)　イソアミルアルコール

別表第29の1(19)の例による。

(15)　ヨウ素酸カリウム溶液（0.017mol／L）

別表第13の1(12)の例による。

(16)　硫酸（1＋5）

(17)　チオ硫酸ナトリウム溶液（0.1mol／L）

別表第13の1(15)の例による。

(18)　フェノール標準原液

別表第29の1(23)の例による。

(19)　クロロフェノール標準原液

別表第29の1(24)の例による。

(20)　フェノール類混合標準液

フェノールとして1mgに相当するフェノール標準原液とそれぞれのクロロフェノール標準原液を1つのメスフラスコに等量採り、メチルアルコールで100倍に薄めたもの

この溶液1mlは、フェノール、2—クロロフェノール、4—クロロフェノール、2，4—ジクロロフェノール、2，6—ジクロロフェノール及び2，4，6—トリクロロフェノールをそれぞれ0.01mg含む。

この溶液は、使用の都度調製する。

2　器具及び装置

(1)　固相カラム

ジビニルベンゼン—N—ビニルピロリドン共重合体若しくはN含有スチレンジビニルベンゼン—メタクリレート共重合体を詰めたもの又はこれと同等以上の性能を有するもの

(2)　液体クロマトグラフ—質量分析計

ア　分離カラム

内径2.1mm、長さ10cmのステンレス管に、オクタデシルシリル基を化学結合した粒径が3μmのシリカゲルを充填したもの又はこれと同等以上の分離性能を有するもの

イ　移動相

最適条件に調製したもの

例えば、A液は精製水、B液はメチルアルコールのもの

ウ　移動相流量

対象物質の最適分離条件に設定できるもの

例えば、毎分0.15mlの流量で、A液とB液の混合比が80：20のものを、1分後に60：40にして10分間保持した後、B液の割合を毎分2ポイントずつ上昇させて20：80にして5分間保持できるもの

エ　検出器

次のいずれかに該当するもの

①　選択イオン測定（SIM）又はこれと同等以上の性能を有するもの

②　選択反応測定（SRM）又はこれと同等以上の性能を

有するもの

オ　モニターイオンを得るための電圧

上記エ①に該当する検出器を用いる場合にあっては、大気圧化学イオン化法（APCI法）(負イオン測定モード）で、最適条件に設定できる電圧

上記エ②に該当する検出器を用いる場合にあっては、大気圧化学イオン化法（APCI法）(負イオン測定モード）により得られたプリカーサイオンを開裂させてプロダクトイオンを得る方法で、最適条件に設定できる電圧

3　試料の採取及び保存

別表第29の3の例による。

4　試験操作

(1)　前処理

固相カラムにメチルアルコール5mlおよび精製水5mlを順次注入する。次に、あらかじめ塩酸を用いてpH値を2とした検水500ml（検水に含まれるそれぞれのフェノールとしての濃度が0.01mg／Lを超える場合には、0.0005～0.01mg／Lとなるように精製水を加えて500mlに調製したもの）を毎分10～20mlの流量で固相カラムに流し、更に精製水5mlを流した後、10分間以上空気又は窒素ガスを通気して固相カラムを乾燥させる。次いで、固相カラムに通水方向の逆からメチルアルコールを緩やかに流し、試験管に1mlを採り、その溶液に精製水を加えて5mlとし、これを試験溶液とする。また、固相カラムに通水方向からメチルアルコールを緩やかに流す場合は、試験管に2mlを採り、その溶液に精製水を加えて10mlとし、これを試験溶液とする。

(2)　分析

上記(1)で得られた試験溶液の一定量を液体クロマトグラフ—質量分析計に注入し、表1に示すそれぞれのフェノール類のモニターイオンのピーク高さ又はピーク面積を求め、下記5により作成した検量線から試験溶液中のそれぞれのフェノール類の濃度を求め、検水中のそれぞれのフェノール類の濃度を算定する。

それぞれのフェノール類の濃度をフェノールに換算し、その濃度を合計してフェノール類としての濃度を算定する。

表1　モニターイオンの例

検出器 フェノール類	2(2)エ①に該当する検出器	2(2)エ②に該当する検出器	
	モニターイオン（m／z）	プリカーサイオン（m／z）	プロダクトイオン※（m／z）
フェノール	93	93	65
2—クロロフェノール	127、129	127、129	91、35
4—クロロフェノール	127、129	127、129	91、35
2，4—ジクロロフェノール	161、163	161、163	125、35
2，6—ジクロロフェノール	161、163	161、163	125、35
2，4，6—トリクロロフェノール	195、197	195、197	159、35

※プロダクトイオンをモニターイオンとする。

5　検量線の作成

フェノール類混合標準液を段階的にメスフラスコ4個以上に採り、それぞれに精製水を加えて500mlとする。この場合、調製した溶液のそれぞれのフェノールとしての濃度は、上記4(1)に示す検水の濃度範囲を超えてはならない。以下上記4(1)及び(2)と同様に操作して、それぞれのフェノール類のモニターイオンのピーク高さ又はピーク面積を求め、それぞれのフェノール類の濃度との関係を求める。

6　空試験

精製水500mlを採り、以下上記4(1)及び(2)と同様に操作して試験溶液中のそれぞれのフェノール類の濃度を求め、検量線の濃度範囲の下限値を下回ることを確認する。

求められた濃度が当該濃度範囲の下限値以上の場合は、是正処置を講じた上で上記4(1)及び(2)と同様の操作を再び行い、求められた濃度が当該濃度範囲の下限値を下回るまで操作を繰り返す。

7　連続試験を実施する場合の措置

オートサンプラーを用いて10以上の試料の試験を連続的に実施する場合には、以下に掲げる措置を講ずる。

(1)　おおむね10の試料ごとの試験終了後及び全ての試料の試験終了後に、上記5で調製した溶液の濃度のうち最も高いものから最も低いものまでの間の一定の濃度（以下この7において「調製濃度」という。）に調製した溶液について、上記4(1)及び(2)に示す操作により試験を行い、算定された濃度と調製濃度との差を求める。

(2)　上記(1)により求められた差が調製濃度の±20％の範囲を超えた場合には、是正処置を講じた上で上記(1)で行った試験の前に試験を行ったおおむね10の試料及びそれらの後に試験を行った全ての試料について再び分析を行う。その結果、上記(1)により求められた差が再び調製濃度の±20％の範囲を超えた場合には、上記4及び5の操作により試験し直す。

別表第30

全有機炭素計測定法

ここで対象とする項目は、有機物（全有機炭素（TOC）の量）である。

1　試薬

(1)　精製水

イオン交換法、逆浸透膜法、蒸留法又は紫外線照射法の組合せによって精製したもので、全有機炭素濃度が0.1mg／L以下のもの又は同等以上の品質を有するもの

(2)　全有機炭素標準原液

フタル酸水素カリウム0.425gを精製水に溶かして200mlとしたもの

この溶液1mlは、炭素1mgを含む。

この溶液は、冷暗所に保存すると2か月間は安定である。

(3) 全有機炭素標準液

全有機炭素標準原液を精製水で100倍に薄めたもの

この溶液1mlは、炭素0.01mgを含む。

この溶液は、使用の都度調製する。

(4) その他

装置に必要な試薬を調製する。

2 装置

全有機炭素定量装置

試料導入部、分解部、二酸化炭素分離部、検出部、データ処理装置又は記録装置などを組み合わせたもので、全有機炭素の測定が可能なもの

3 試料の採取及び保存

試料は、精製水で洗浄したガラス瓶又はポリエチレン瓶に採取し、速やかに試験する。速やかに試験できない場合は、冷暗所に保存し、72時間以内に試験する。

4 試験操作

(1) 前処理

全有機炭素の測定において、検水に懸濁物質が含まれている場合には、ホモジナイザー、ミキサー、超音波発生器等で懸濁物質を破砕し、均一に分散させ、これを試験溶液とする。

(2) 分析

装置を作動状態にし、上記(1)で得られた試験溶液の一定量を全有機炭素定量装置で測定を行い、検水中の全有機炭素の濃度を算定する。

5 検量線の作成

全有機炭素標準液をメスフラスコ4個以上に採り、それぞれに精製水を加えて、濃度を段階的にした溶液を調製する。以下装置の補正方法に従い検量線に相当する補正を行う。

6 連続試験を実施する場合の措置

オートサンプラーを用いて10以上の試料の試験を連続的に実施する場合には、以下に掲げる措置を講ずる。

(1) おおむね10の試料ごとの試験終了後及び全ての試料の試験終了後に、上記5で調製した溶液の濃度のうち最も高いものから最も低いものまでの間の一定の濃度(以下この6において「調製濃度」という。)に調製した溶液について、上記4(2)に示す操作により試験を行い、算定された濃度と調製濃度との差を求める。

(2) 上記(1)により求められた差が調製濃度の±20%の範囲を超えた場合には、是正処置を講じた上で上記(1)で行った試験の前に試験を行ったおおむね10の試料及びそれらの後に試験を行った全ての試料について再び分析を行う。その結果、上記(1)により求められた差が再び調製濃度の±20%の範囲を超えた場合には、上記4及び5の操作により試験し直す。

別表第31

ガラス電極法

ここで対象とする項目は、pH値である。

1 試薬

(1) 精製水

(2) 無炭酸精製水

精製水を約5分間煮沸して二酸化炭素及び炭酸を除いた後、空気中から二酸化炭素を吸収しないように常温まで放冷したもの又はこれと同程度の品質を有するもの

(3) フタル酸塩標準緩衝液(0.05mol/L)

フタル酸水素カリウム10.21gを無炭酸精製水に溶かして1Lとしたもの

(4) リン酸塩標準緩衝液(0.025mol/L)

リン酸二水素カリウム3.40g及びリン酸一水素ナトリウム3.55gを無炭酸精製水に溶かして1Lとしたもの

(5) ホウ酸塩標準緩衝液(0.01mol/L)

四ホウ酸ナトリウム(10水塩)3.81gを無炭酸精製水に溶かして1Lとしたもの

2 装置

pH計

それぞれの標準緩衝液を使用する場合は、液温により表1に示すpH値にメータの指針を合わせる。

表1 各温度における標準緩衝液のpH値

液温(℃)	フタル酸塩標準緩衝液(0.05mol/L)	リン酸塩標準緩衝液(0.025mol/L)	ホウ酸塩標準緩衝液(0.01mol/L)
0	4.01	6.98	9.46
5	4.01	6.95	9.39
10	4.00	6.92	9.33
15	4.00	6.90	9.27
20	4.00	6.88	9.22
25	4.01	6.86	9.18
30	4.01	6.85	9.14
35	4.02	6.84	9.10
40	4.03	6.84	9.07
45	4.04	6.83	9.04
50	4.06	6.83	9.01
55	4.08	6.84	8.99
60	4.10	6.84	8.96

3 試料の採取及び保存

試料は、精製水で洗浄したガラス瓶又はポリエチレン瓶に採取し、速やかに試験する。速やかに試験できない場合は、冷暗所に保存し、12時間以内に試験する。

4 試験操作

pH計を用いて検水のpH値を測定する。

別表第32

連続自動測定機器によるガラス電極法

ここで対象とする項目は、pH値である。

1　試薬

(1)　精製水

(2)　無炭酸精製水

別表第31の1(2)の例による。

(3)　フタル酸塩標準緩衝液（0.05mol／L）

別表第31の1(3)の例による。

(4)　リン酸塩標準緩衝液（0.025mol／L）

別表第31の1(4)の例による。

(5)　ホウ酸塩標準緩衝液（0.01mol／L）

別表第31の1(5)の例による。

2　装置

ガラス電極による連続自動測定機器で、繰り返し性±0.1pH以内の性能を有するもの

3　装置の校正

あらかじめ電極部分及び配管の洗浄を行った後、上記1の各標準緩衝液を用いて2点校正を行う。

4　測定操作

装置に検水を通してpH値を測定する。

備考

1　定期保守は、下記2の保守管理基準を満たすため、装置の取扱説明書に従い、定期的にガラス電極及びその周辺の洗浄、点検整備、標準緩衝液による校正等を行う。

2　保守管理基準は、運用中の装置について常時保持されていなければならない精度の基準で、±0.1pH以内とする。保守管理基準が満たされていない場合は、上記備考1により、保守管理基準が満たされていることを確認する。

別表第33

官能法

ここで対象とする項目は、味である。

1　試薬

(1)　精製水

(2)　粒状活性炭

(3)　無臭味水

精製水を粒状活性炭1L当たり毎分100～200mlで通したもの又はこれと同程度の品質を有するもの

2　試料の採取及び保存

試料は、精製水で洗浄したガラス瓶に採取し、直ちに試験する。直ちに試験できない場合は、冷暗所に保存し、12時間以内に試験する。

3　試験操作

検水100mlを採り、40～50℃に加温した後、口に含んで塩素味以外の味を調べる。

4　空試験

無臭味水100mlを採り、以下上記3と同様に操作して味を調べる。

別表第34

官能法

ここで対象とする項目は、臭気である。

1　試薬

(1)　精製水

(2)　粒状活性炭

(3)　無臭味水

別表第33の1(3)の例による。

2　試料の採取及び保存

別表第33の2の例による。

3　試験操作

検水100mlを容量300mlの共栓付き三角フラスコに採り、軽く栓をして40～50℃の温度に加温し、激しく振った後、直ちに塩素臭以外の臭気を調べる。

4　空試験

無臭味水100mlを採り、以下上記3と同様に操作して臭気を調べる。

別表第35

比色法

ここで対象とする項目は、色度である。

1　試薬

(1)　精製水

測定対象成分を含まないもの

(2)　色度標準原液

塩化白金酸カリウム(Ⅳ)2.49g及び塩化コバルト（6水塩）2.02gを塩酸200mlに溶かし、精製水を加えて1Lとしたもの

この溶液は、色度1000度に相当する。

この溶液は、褐色瓶に入れて冷暗所に保存する。

(3)　色度標準液

色度標準原液を精製水で10倍に薄めたもの

この溶液は、色度100度に相当する。

(4)　色度標準列

色度標準液0から20mlを段階的に比色管に採り、それぞれに精製水を加えて100mlとしたもの

2　器具

比色管

共栓付き平底無色試験管で、底部から30cmの高さに100mlの刻線を付けたもの

3　試料の採取及び保存

別表第31の3の例による。

4　試験操作

検水100mlを比色管に採り、色度標準列と比色して検水中の色度を求める。

5　空試験

精製水100mlを採り、以下上記4と同様に操作して色度を求める。

別表第36

透過光測定法

ここで対象とする項目は、色度である。

1　試薬

(1)　精製水

別表第35の1(1)の例による。

(2)　色度標準原液

別表第35の1(2)の例による。

(3)　色度標準液

別表第35の1(3)の例による。

この溶液は、色度100度に相当する。

2　器具及び装置

(1)　吸収セル

光路長が50mm又は100mmのもの

(2)　分光光度計又は光電光度計

3　試料の採取及び保存

別表第31の3の例による。

4　試験操作

検水100ml（検水の色度が10度を超える場合には、10度以下となるように精製水を加えて100mlに調製したもの）の一部を吸収セルに採り、分光光度計又は光電光度計を用いて、波長390nm付近で吸光度を測定し、下記5により作成した検量線から検水中の色度を算定する。

5　検量線の作成

色度標準液をメスフラスコ4個以上に採り、それぞれに精製水を加えて、濃度を段階的にした溶液を調製する。この場合、調製した溶液の色度は、上記4に示す検水の色度の範囲を超えてはならない。以下上記4と同様に操作して、色度と吸光度との関係を求める。

6　空試験

精製水を一定量採り、以下上記4と同様に操作して色度を算定する。

7　連続試験を実施する場合の措置

オートサンプラーを用いて10以上の試料の試験を連続的に実施する場合には、以下に掲げる措置を講ずる。

(1)　おおむね10の試料ごとの試験終了後及び全ての試料の試験終了後に、上記5で調製した溶液の色度のうち最も高いものから最も低いものまでの間の一定の色度（以下この7において「調製色度」という。）に調製した溶液について、上記4に示す操作により試験を行い、算定された色度と調製色度との差を求める。

(2)　上記(1)により求められた差が調製色度の±20%の範囲を超えた場合には、是正処置を講じた上で上記(1)で行った試験の前に試験を行ったおおむね10の試料及びそれらの後に試験を行った全ての試料について再び試験を行う。その結果、上記(1)により求められた差が再び調製色度の±20%の範囲を超えた場合には、上記4及び5の操作により試験し直す。

別表第37

連続自動測定機器による透過光測定法

ここで対象とする項目は、色度である。

1　試薬

(1)　精製水

(2)　色度標準原液

別表第35の1(2)の例による。

(3)　色度校正用標準液

色度標準原液を精製水で100倍に薄めたもの

この溶液は、色度10度に相当する。

装置に付属している色度標準板を使用する場合は、この溶液を適宜希釈して整合性を確認する。

(4)　色度ゼロ校正水

精製水を孔径約0.2μmのメンブランフィルターを通して微粒子を除去したもの

2　装置

透過光測定方式による連続自動測定機器で、定量下限値が0.2度以下（変動係数10%）の性能を有するもの

3　装置の校正

あらかじめ光学系の測定部分及び配管の洗浄を行った後、色度ゼロ校正水、色度校正用標準液を通水して、装置のゼロ点及びスパンを繰り返し校正する。

(1)　ゼロ点校正

装置に色度ゼロ校正水を通水する。信号が十分に安定するまで通水した後、ゼロ点を合わせる。

(2)　スパン校正

色度校正用標準液を通水又は色度標準板を用いて校正する。

なお、機種によって色度校正用標準液又は色度標準板で校正したにもかかわらず、水道水の測定値が別表第36で測定した値と一致しない場合は、別表第36で測定した値にスパンを合わせる。

4　測定操作

装置に検水を通して色度を測定する。

備考

1　定期保守は、下記2の保守管理基準を満たすため、装置の取扱説明書に従い、定期的に洗浄、点検整備、色度校正用標準液による校正等を行う。

2　保守管理基準は、運用中の装置について常時保持されていなければならない精度の基準で、±0.5度以内とする。保守管理基準が満たされていない場合は、上記備考1により、保守管理基準が満たされていることを確認する。

別表第38

比濁法

ここで対象とする項目は、濁度である。

1　試薬

(1)　精製水

測定対象成分を含まないもの

(2) ポリスチレン系粒子懸濁液（1w／w%）

表1に示す5種類の標準粒子（ポリスチレン系粒子）

表1　標準粒子（ポリスチレン系粒子）

種類　※	呼び径（μm）
No.6	0.5
No.7	1.0
No.8	2.0
No.9	5.0
No.10	10.0

※印はJISZ8901による種類である。

(3) ポリスチレン系粒子懸濁液

それぞれのポリスチレン系粒子懸濁液（1w／w%）を十分に懸濁させた後、速やかにそれぞれ1.000gを別々のメスフラスコに採り、精製水を加えて100mlとしたもの

これらの溶液1mlは、ポリスチレンをそれぞれ0.1mg含む。

(4) 濁度標準液

5種類のポリスチレン系粒子懸濁液をよく振り混ぜながら表2に示す量をメスフラスコに採り、精製水を加えて500mlとしたもの

この溶液は、濁度100度に相当する。

表2　濁度標準液（100度）調製時におけるポリスチレン系粒子懸濁液（0.1mgポリスチレン／ml）の混合比率及び分取量

種　類	混合比率（%）	分取量（メスフラスコ500mlに対して）（ml）
No.6	6	10.0
No.7	17	28.3
No.8	36	60.0
No.9	29	48.3
No.10	12	20.0

(5) 濁度標準列

濁度標準液0から10mlを段階的に比色管に採り、それぞれに精製水を加えて100mlとしたもの

2　器具

比色管

別表第35の2の例による。

3　試料の採取及び保存

別表第31の3の例による。

4　試験操作

検水100mlを比色管に採り、濁度標準列と比濁して検水の濁度を求める。

5　空試験

精製水100mlを採り、以下上記4と同様に操作して濁度を求める。

別表第39

透過光測定法

ここで対象とする項目は、濁度である。

1　試薬

(1) 精製水

別表第38の1(1)の例による。

(2) ポリスチレン系粒子懸濁液（1w／w%）

別表第38の1(2)の例による。

(3) ポリスチレン系粒子懸濁液

別表第38の1(3)の例による。

(4) 濁度標準液

別表第38の1(4)の例による。

この溶液は、濁度100度に相当する。

2　器具及び装置

(1) 吸収セル

別表第36の2(1)の例による。

(2) 分光光度計又は光電光度計

3　試料の採取及び保存

別表第31の3の例による。

4　試験操作

検水を吸収セルに採り、分光光度計又は光電光度計を用いて、波長660nm付近で吸光度を測定し、下記5により作成した検量線から検水中の濁度を算定する。

5　検量線の作成

濁度標準液をメスフラスコ4個以上に採り、それぞれに精製水を加えて、濃度を段階的にした溶液を調製する。以下上記4と同様に操作して、濁度と吸光度との関係を求める。

6　空試験

精製水を一定量採り、以下上記4と同様に操作して濁度を求める。

7　連続試験を実施する場合の措置

オートサンプラーを用いて10以上の試料の試験を連続的に実施する場合には、以下に掲げる措置を講ずる。

(1) おおむね10の試料ごとの試験終了後及び全ての試料の試験終了後に、上記5で調製した溶液の濁度のうち最も高いものから最も低いものまでの間の一定の濁度（以下この7において「調製濁度」という。）に調製した溶液について、上記4に示す操作により試験を行い、算定された濁度と調製濁度との差を求める。

(2) 上記(1)により求められた差が調製濁度の±10%の範囲を超えた場合には、是正処置を講じた上で上記(1)で行った試験の前に試験を行ったおおむね10の試料及びそれらの後に試験を行った全ての試料について再び試験を行う。その結果、上記(1)により求められた差が再び調製濁度の±10%の範囲を超えた場合には、上記4及び5の操作により試験し直す。

別表第40

連続自動測定機器による透過光測定法

ここで対象とする項目は、濁度である。

1　試薬

(1)　精製水

(2)　ポリスチレン系粒子懸濁液（1w／w%）

別表第38の1(2)の例による。

(3)　ポリスチレン系粒子懸濁液

別表第38の1(3)の例による。

(4)　濁度標準液

別表第38の1(4)の例による。

(5)　濁度校正用標準液

濁度標準液を精製水で薄めたもの

希釈割合は、装置で指定している濁度となるようにする。

装置に付属している濁度標準板を使用する場合は、この溶液との整合性を確認する。

(6)　濁度ゼロ校正水

精製水を孔径約0.2μmのメンブランフィルターを通して微粒子を除去したもの

2　装置

透過光方式の連続自動測定機器で、定量下限値が0.1度以下（変動係数10%）の性能を有するもの

3　装置の校正

あらかじめ光学系の測定部分及び配管の洗浄を行った後、濁度ゼロ校正水、濁度校正用標準液を通水して、装置のゼロ点及びスパンを繰り返し校正する。

(1)　ゼロ点校正

装置に濁度ゼロ校正水を通水する。信号が十分に安定するまで通水した後、ゼロ点を合わせる。

(2)　スパン校正

濁度校正用標準液を通水又は濁度標準板を用いて校正する。

なお、機種によって濁度校正用標準液又は濁度標準板で校正したにもかかわらず、水道水の測定値が別表第39又は別表第41で測定した値と一致しない場合は、別表第39又は別表第41で測定した値にスパンを合わせる。

4　測定操作

装置に検水を通して濁度を測定する。

備考

1　定期保守は、下記2の保守管理基準を満たすため、装置の取扱説明書に従い、定期的に洗浄、点検整備、濁度校正用標準液による校正等を行う。

2　保守管理基準は、運用中の装置について常時保持されていなければならない精度の基準で、±0.1度以内とする。保守管理基準が満たされていない場合は、上記備考1により、保守管理基準が満たされていることを確認する。

別表第41

積分球式光電光度法

ここで対象とする項目は、濁度である。

1　試薬

(1)　精製水

別表第38の1(1)の例による。

(2)　ポリスチレン系粒子懸濁液（1w／w%）

別表第38の1(2)の例による。

(3)　ポリスチレン系粒子懸濁液

別表第38の1(3)の例による。

(4)　濁度標準液

別表第38の1(4)の例による。

この溶液は、濁度100度に相当する。

2　装置

積分球式濁度計

3　試料の採取及び保存

別表第31の3の例による。

4　試験操作

積分球式濁度計を用いて検水中の散乱光量を測定し、下記5により作成した検量線から検水中の濁度を算定する。

5　検量線の作成

濁度標準液をメスフラスコ4個以上に採り、それぞれに精製水を加えて、濃度を段階的にした溶液を調製する。以下上記4と同様に操作して、濁度と吸光度との関係を求める。

6　空試験

精製水を一定量採り、以下上記4と同様に操作して濁度を求める。

7　連続試験を実施する場合の措置

オートサンプラーを用いて10以上の試料の試験を連続的に実施する場合には、以下に掲げる措置を講ずる。

(1)　おおむね10の試料ごとの試験終了後及び全ての試料の試験終了後に、上記5で調製した溶液の濁度のうち最も高いものから最も低いものまでの間の一定の濁度（以下この7において「調製濁度」という。）に調製した溶液について、上記4に示す操作により試験を行い、算定された濁度と調製濁度との差を求める。

(2)　上記(1)により求められた差が調製濁度の±10%の範囲を超えた場合には、是正処置を講じた上で上記(1)で行った試験の前に試験を行ったおおむね10の試料及びそれらの後に試験を行った全ての試料について再び試験を行う。その結果、上記(1)により求められた差が再び調製濁度の±10%の範囲を超えた場合には、上記4及び5の操作により試験し直す。

別表第42

連続自動測定機器による積分球式光電光度法

ここで対象とする項目は、濁度である。

1　試薬

(1)　精製水

(2)　ポリスチレン系粒子懸濁液（１w／w%）

別表第38の１(2)の例による。

(3)　ポリスチレン系粒子懸濁液

別表第38の１(3)の例による。

(4)　濁度標準液

別表第38の１(4)の例による。

(5)　濁度校正用標準液

別表第40の１(5)の例による。

希釈割合は、装置で指定している濁度となるようにする。

装置に付属している濁度標準板を使用する場合は、この溶液との整合性を確認する。

(6)　濁度ゼロ校正水

別表第40の１(6)の例による。

2　装置

積分球式光電光度方式の連続自動測定機器で、定量下限値が0.1度以下（変動係数10%）の性能を有するもの

3　装置の校正

あらかじめ光学系の測定部分及び配管の洗浄を行った後、濁度ゼロ校正水、濁度校正用標準液を通水して、装置のゼロ点及びスパンを繰り返し校正する。

(1)　ゼロ点校正

装置に濁度ゼロ校正水を通水する。信号が十分に安定するまで通水した後、ゼロ点を合わせる。

(2)　スパン校正

濁度校正用標準液を通水又は濁度標準板を用いて校正する。

なお、機種によって濁度校正用標準液又は濁度標準板で校正したにもかかわらず、水道水の測定値が別表第39又は別表第41で測定した値と一致しない場合は、別表第39又は別表第41で測定した値にスパンを合わせる。

4　測定操作

装置に検水を通して濁度を測定する。

備考

1　定期保守は、下記２の保守管理基準を満たすため、装置の取扱説明書に従い、定期的に洗浄、点検整備、濁度校正用標準液による校正等を行う。

2　保守管理基準は、運用中の装置について常時保持されていなければならない精度の基準で、±0.1度以内とする。保守管理基準が満たされていない場合は、上記備考１により、保守管理基準が満たされていることを確認する。

別表第43

連続自動測定機器による散乱光測定法

ここで対象とする項目は、濁度である。

1　試薬

(1)　精製水

(2)　ポリスチレン系粒子懸濁液（１w／w%）

別表第38の１(2)の例による。

(3)　ポリスチレン系粒子懸濁液

別表第38の１(3)の例による。

(4)　濁度標準液

別表第38の１(4)の例による。

(5)　濁度校正用標準液

別表第40の１(5)の例による。

希釈割合は、装置で指定している濁度となるようにする。

装置に付属している濁度標準板を使用する場合は、この溶液との整合性を確認する。

(6)　濁度ゼロ校正水

別表第40の１(6)の例による。

2　装置

散乱光測定方式の連続自動測定機器で、定量下限値が0.1度以下（変動係数10%）の性能を有するもの

3　装置の校正

あらかじめ光学系の測定部分及び配管の洗浄を行った後、濁度ゼロ校正水、濁度校正用標準液を通水して、装置のゼロ点及びスパンを繰り返し校正する。

(1)　ゼロ点校正

装置に濁度ゼロ校正水を通水する。信号が十分に安定するまで通水した後、ゼロ点を合わせる。

(2)　スパン校正

濁度校正用標準液を通水又は濁度標準板を用いて校正する。

なお、機種によって濁度校正用標準液又は濁度標準板で校正したにもかかわらず、水道水の測定値が別表第39又は別表第41で測定した値と一致しない場合は、別表第39又は別表第41で測定した値にスパンを合わせる。

4　測定操作

装置に検水を通して濁度を測定する。

備考

1　定期保守は、下記２の保守管理基準を満たすため、装置の取扱説明書に従い、定期的に洗浄、点検整備、濁度校正用標準液による校正等を行う。

2　保守管理基準は、運用中の装置について常時保持されていなければならない精度の基準で、±0.1度以内とする。保守管理基準が満たされていない場合は、上記備考１により、保守管理基準が満たされていることを確認する。

別表第44

連続自動測定機器による透過散乱法

ここで対象とする項目は、濁度である。

1　試薬

(1)　精製水

(2)　ポリスチレン系粒子懸濁液（1w／w%）

別表第38の1(2)の例による。

(3)　ポリスチレン系粒子懸濁液

別表第38の1(3)の例による。

(4)　濁度標準液

別表第38の1(4)の例による。

(5)　濁度校正用標準液

別表第40の1(5)の例による。

希釈割合は、装置で指定している濁度となるようにする。

装置に付属している濁度標準板を使用する場合は、この溶液との整合性を確認する。

(6)　濁度ゼロ校正水

別表第40の1(6)の例による。

2　装置

透過散乱方式の連続自動測定機器で、定量下限値が0.1度以下（変動係数10%）の性能を有するもの

3　装置の校正

あらかじめ光学系の測定部分及び配管の洗浄を行った後、濁度ゼロ校正水、濁度校正用標準液を通水して、装置のゼロ点及びスパンを繰り返し校正する。

(1)　ゼロ点校正

装置に濁度ゼロ校正水を通水する。信号が十分に安定するまで通水した後、ゼロ点を合わせる。

(2)　スパン校正

濁度校正用標準液を通水又は濁度標準板を用いて校正する。

なお、機種によって濁度校正用標準液又は濁度標準板で校正したにもかかわらず、水道水の測定値が別表第39又は別表第41で測定した値と一致しない場合は、別表第39又は別表第41で測定した値にスパンを合わせる。

4　測定操作

装置に検水を通して濁度を測定する。

備考

1　定期保守は、下記2の保守管理基準を満たすため、装置の取扱説明書に従い、定期的に洗浄、点検整備、濁度校正用標準液による校正等を行う。

2　保守管理基準は、運用中の装置について常時保持されていなければならない精度の基準で、±0.1度以内とする。保守管理基準が満たされていない場合は、上記備考1により、保守管理基準が満たされていることを確認する。

水道法関係法令集－令和６年４月版－

2024年６月５日　発行

監　修…………水道法令研究会

発行者…………荘 村 明 彦

発行所…………中央法規出版株式会社
〒110-0016　東京都台東区台東３－29－１
中央法規ビル
TEL　03-6387-3196
https://www.chuohoki.co.jp/

印刷所…………サンメッセ株式会社

ISBN978-4-8243-0062-1

本書のコピー、スキャン、デジタル化等の無断複製は、著作権法上での例外を除き禁じられています。また、本書を代行業者等の第三者に依頼してコピー、スキャン、デジタル化することは、たとえ個人や家庭内での利用であっても著作権法違反です。

落丁本・乱丁本はお取り替えいたします。

本書の内容に関するご質問については、下記URLから「お問い合わせフォーム」にご入力いただきますようお願いいたします。
https://www.chuohoki.co.jp/contact/

A062